ESSAI

SUR

NTOMOLOGIE HORTICOLE.

PARIS. — IMPRIMERIE HORTICOLE DE E. DONNAU

RUE CASSETTE, 9.

ESSAI

SUR

L'ENTOMOLOGIE HORTICOLE

COMPRENANT

L'HISTOIRE

DES INSECTES NUISIBLES A L'HORTICULTURE

AVEC

L'INDICATION DES MOYENS PROPRES A LES ÉLOIGNER

OU A LES DÉTRUIRE

ET L'HISTOIRE DES INSECTES

ET AUTRES ANIMAUX UTILES AUX CULTURES

Par le Dr BOISDUVAL

Chevalier de la Légion d'honneur
Vice-Président de la Société impériale et centrale d'horticulture de France
Membre honoraire de la Société royale d'horticulture de Londres
Membre honoraire des Sociétés entomologiques de France, de Belgique, de Russie, et de Stettin
Membre de la Société de botanique de France
Membre de l'Académie impériale des naturalistes de Moscou
Membre de l'Académie des Georgophiles de Florence, etc., etc., etc.

Quam magna sunt opera tua, Jehovah!

OUVRAGE ILLUSTRÉ DE 125 FIGURES GRAVÉES SUR BOIS

PARIS

LIBRAIRIE D'HORTICULTURE DE E. DONNAUD

9, RUE CASSETTE, 9

1867

PRÉFACE.

Depuis longtemps un grand nombre de membres des sociétés d'horticulture souhaitaient de posséder une sorte de Manuel entomologique qui leur fît connaître les insectes nuisibles aux jardins et les moyens proposés jusqu'ici pour les détruire.

C'est pour répondre à leurs désirs que nous avons rédigé cet ouvrage ; mais la tâche était d'une exécution difficile, et nous ne savons pas si nous l'avons convenablement remplie. Les horticulteurs qui seront nos juges décideront cette question.

Les ouvrages de la nature de celui-ci ne peuvent être que le résumé plus ou moins fidèle des connaissances acquises au moment de leur apparition. Nous avons donc, à nos propres observations, poursuivies pendant plusieurs années, ajouté tout ce que nous avons trouvé de meilleur dans les travaux de nos devanciers. Ils sont nombreux, bien qu'à vrai dire l'Entomologie appliquée soit une science toute moderne. Étant nécessairement basée sur la connaissance des mœurs des insectes, les Réaumur, les

Rœsel, les Degeer et tous ceux qui ont marché sur leurs traces, lui ont, sans aucun doute, préparé les voies. Mais leurs observations, d'un prix inestimable, étaient faites en vue de la *science pure*, et ce n'est guère qu'à la fin du siècle dernier que plusieurs entomologistes ont donné aux leurs une direction pratique.

A l'Allemagne revient l'honneur d'avoir rendu à l'économie agricole, horticole et forestière les premiers services de ce genre. Elle a produit successivement les utiles travaux de Schmidberger (1), de Bouché (2), de Kollar (3), de Nœrdlinger (4), de Kaltenbach (5), et surtout le splendide ouvrage de Ratzeburg (6), sur les insectes nuisibles aux forêts.

En Angleterre, feu notre ami et collègue John

(1) Josef Schmidberger. Beitræge zur Obstbaumzucht und zur Naturgeschichte der den Obsbæumen schædlichen insecten. — Publié à Linz par cahiers, de 1827 à 1836.

(2) Bouché Gartendirector in Berlin. Naturgeschichte der schædlichen und nützlichen Garten-Insecten, Berlin, 1838, et en outre plusieurs mémoires sur les Coccides, publiés in Stettin Entomolog. Zeitung, 1844-1846.

(3) Kollar Vincenz. Naturgeschichte der Insecten in besug auf Landwirtschaft und Forstklutur. Wien, 1837.

(4) Nœrdlinger. Die kleinen Feinde der Landwirtschaft, etc. Stuttgart et Augsbourg, 1855.

(5) Kaltenbach. Monographie der Familien der pflanzenlæuse etc. Aix-la-Chapelle, 1843. — Die Feinde, des Apfelbaumes unter den Insecten. Progr. d. hoher Bügersch. Aix-la-Chapelle, 1858.

(6) Ratzeburg die Forstinsecten oder Abbildung und Beschreibung der in den Wældern Preussens und der Nachbarstaaten als schædlich oder nützlich Insecten. Berlin, 3 vol. in-4°, ornés de très-belles planches coloriées.

Curtis (1), Loudon (2), et surtout le savant professeur Westwood (3), occupent le premier rang parmi les auteurs qui ont cultivé l'entomologie à ce point de vue.

A défaut d'ouvrages de longue haleine, l'Italie doit, sur ce sujet, à Angelini de Vérone, Ricci d'Ancône, Buniva de Turin, Costa de Naples, Savi de Pise, et à Passerini de Florence, d'intéressantes notices insérées dans les journaux d'agriculture de leur localité.

La Belgique, qui n'avait encore rien produit en ce genre, possède maintenant un travail récent de M. A. Dubois (4), qui pourra rendre à l'agriculture des services réels.

Les États-Unis ne sont pas restés en arrière et peuvent citer principalement, les travaux de Thomas Say, de W. T. Harris, auteur d'un ouvrage classique sur les insectes nuisibles de la Nouvelle-Angleterre, et ceux de Asa Fitch.

Quant à la France, elle ne possédait qu'un assez

(1) Curtis (John). Farm insects being the nat. histor. and economy of the ins. injurious to the field crops of Great Britain and Ireland, etc. London, 1860.

(2) Loudon. Treatise on insects injurious, by Vincent Kollar, translated from the german. 1 vol. in-12, 1840.

(3) Westwood. Articles upon the ins. *injurious to various* tree in London, in *arboretum ;* et une infinité de notices insérées dans le Gardener's chronicle et le Gardener's magazine de 1847 à 1859 et dans une foule d'autres recueils.

(4) Dubois (Alphonse). Traité d'entomologie horticole inséré dans le *Bulletin de la fédération des sociétés d'horticulture de Belgique.*

grand nombre de notices, dont les plus récentes sont dues à Audouin, Boyer de Fonscolombe, le D' Eugène Robert et surtout à notre collègue M. Guérin-Meneville, lorsque, de 1850 à 1853, feu Macquart fit paraître dans les *Mémoires de l'Académie de Lille* un travail d'ensemble sur les insectes nuisibles; dans cet ouvrage qui n'est pas sans mérite, l'auteur a introduit à tort, selon nous, quelques espèces qui ne se rencontrent que très-accidentellement sur certains végétaux et qu'on est fort surpris de voir figurer au nombre des animaux malfaisants.

Presque à la même époque notre collègue, M. Géhin, publiait dans le *Bulletin de la Société d'histoire naturelle de la Moselle*, des observations d'un haut intérêt sur les insectes nuisibles, principalement sur ceux qui attaquent les arbres fruitiers dans son département.

Un peu plus tard, en 1857, M. E. Blanchard commençait la publication de sa *Zoologie agricole*, ouvrage dont les belles planches font regretter que d'autres travaux aient empêché l'auteur de poursuivre cette entreprise.

En 1862, M. le colonel Goureau, un des rares entomologistes qui s'inspirent de Réaumur et de Degeer, a donné au public, dans le *Bulletin de la Société des sciences historiques et naturelles de l'Yonne*, sur les insectes nuisibles dans ce département et sur leurs nombreux parasites, un ouvrage capital, et qui sera difficilement surpassé.

Enfin, tout récemment, M. le professeur Girard, naturaliste qui donne de belles espérances, a publié sur les métamorphoses des insectes en général, un ouvrage très-intéressant, dans lequel se trouvent des détails sur quelques insectes nuisibles.

On voit par cette énumération, que nous aurions pu étendre bien davantage, qu'en outre de la connaissance de la plupart des langues de l'Europe, une bibliothèque étendue serait indispensable à celui de nos collègues qui voudrait se mettre au courant de ce qui a été écrit sur la matière. Cela suffit pour justifier notre entreprise. Il faut ajouter qu'à un ou deux près, tous les auteurs que nous venons de citer, présentent une lacune regrettable : ils se taisent sur les insectes qui attaquent les végétaux cultivés dans les serres ou sous châssis. L'importance toujours croissante de cette branche de l'horticulture, nous a, au contraire, engagé à donner une attention spéciale aux ennemis qu'elle a à craindre.

Notre travail encourra le reproche qui a été adressé à tous nos prédécesseurs. On se plaindra qu'il n'indique pas toujours les moyens de détruire les insectes dont il signale les ravages. A quoi nous répondrons que le même observateur ne peut pas tout faire et que nous aurons toujours rendu quelques services aux horticulteurs, en leur dévoilant les mœurs des espèces contre les ravages desquelles nous n'avons pu leur indiquer de remède. Il y a parmi eux un grand nombre d'excellents observateurs qui sauront bien découvrir, pour se délivrer des insectes dont il s'agit, les moyens qui nous sont restés inconnus.

Il pourra arriver aussi qu'un insecte dont nous n'avons pas parlé, parce qu'en ce moment il est rare et ne cause aucun dommage, apparaîtra tout à coup dans certaines localités, sous l'influence de causes inconnues et occasionnera des dégâts considérables. Nous reprocher de l'avoir passé sous silence, équivaudrait à nous blâmer de ne pas connaître l'avenir.

A côté du mal, la nature a souvent mis le remède. S'il est des animaux nuisibles, il en est d'autres qui les détruisent et qui, par là, nous sont éminemment utiles. Ce sont pour nous de puissants auxiliaires dont les services sont trop souvent méconnus, et qui sont traités en ennemis, tandis qu'on devrait, au contraire, favoriser leur multiplication. Beaucoup d'insectes sont dans ce cas, et il nous a paru de la plus haute importance de les signaler. Il en est de même de beaucoup d'oiseaux, de plusieurs petits mammifères et même de quelques reptiles.

On s'apercevra sans peine que nous n'avons pas voulu faire un ouvrage de science, mais bien de l'entomologie populaire destinée aux gens du monde, aux instituteurs primaires et, plus spécialement, à nos collègues les horticulteurs. Nous avons donc écarté, autant que cela était possible, les termes et les théories scientifiques, comme d'un autre côté nous avons intercalé dans notre texte, quand cela nous a paru nécessaire, les figures des insectes dont il s'agissait;

figures qui eussent été inutiles à des entomologistes de profession.

Notre travail eût été plus long et plus pénible, s'il n'eût été allégé par les secours obligeants qui nous sont venus de divers côtés. Nous devons spécialement des remercîments à MM. Rivière, Savoye, Thibaut et Keteleêr, Burel, Houllet, Chantin, Laurent, etc., qui ont eu la bonté de mettre leurs serres à notre disposition, pour y étudier les insectes nuisibles, ainsi qu'à MM. Duchefdelaville, Louesse, Laizier, Verlot, Rose Charmeux, Margottin et Verdier, qui nous ont fourni des échantillons de plantes plus ou moins endommagées.

Qu'il nous soit surtout permis, en finissant, d'exprimer à notre honorable président, M. le maréchal Vaillant (1), notre gratitude respectueuse pour nous avoir permis de lui dédier cet ouvrage dont nous ne nous dissimulons pas les imperfections.

(1) Nous avons demandé à notre savant président, qui depuis longtemps s'occupe de la question des animaux utiles et des animaux nuisibles, la permission de lui dédier notre livre. Dans sa réponse que nous reproduisons, d'autre part, M. le Maréchal manifeste hautement son opinion relativement à l'étude de la zoologie appliquée à l'agriculture et à l'horticulture.

A M. le Dr BOISDUVAL.

Nogent-sur-Marne, 20 septembre 1866.

MONSIEUR LE VICE-PRÉSIDENT ET CHER CONFRÈRE,

La lettre que vous m'avez fait l'honneur de m'écrire, le 3 de ce mois, a beaucoup couru avant de me parvenir. Je crains que ce re-

*tard involontaire que j'ai apporté à vous répondre ne vous ait con-
trarié et n'ait dérangé vos projets : j'en serais désolé.*

*Vous me faites une offre trop flatteuse pour que je ne l'accepte pas
avec reconnaissance. Je vous prie donc de recevoir mes remerciments.
Il y a bien longtemps que je déplore l'ignorance dans laquelle restent
pour ainsi dire toutes les personnes qui s'occupent d'horticulture,
relativement aux insectes qui font tant de mal à nos jardins, et à
ceux qui sont nos auxiliaires les plus utiles ; nous tuons tout sans
distinction, ou nous ne tuons rien. Amis précieux, ou ennemis terribles, tout y passe, et, s'il y a des exceptions, elles sont dues bien
plus à la beauté des formes et à l'éclat des couleurs qu'aux qualités
utiles ou aux services à espérer. Il est bien temps que cela cesse :
nos instituteurs primaires, s'ils pouvaient donner à leurs élèves
quelques notions sur les insectes qui rendent inutiles tant de soins
et de peines, et sur les animaux que Dieu a créés pour être comme
nos collaborateurs, mériteraient non moins de reconnaissance qu'en
apprenant à ces enfants à greffer et à bouturer. Linné, je crois, a
dit que le but de l'agriculture et de l'horticulture était de rendre la
vie des hommes plus facile et plus agréable en augmentant et variant
les produits destinés à l'alimentation de nos semblables : comment
atteindre ce but si nous abandonnons sans lutte et sans efforts la
meilleure partie de ces produits à tous ces animaux que nous ne
connaissons que par leurs méfaits ?*

*Veuillez agréer, mon cher confrère, l'assurance de ma considé-
ration et de mes sentiments affectueux.*

Maréchal VAILLANT.

ESSAI

SUR

L'ENTOMOLOGIE HORTICOLE.

INTRODUCTION.

L'entomologie est cette partie de l'histoire naturelle qui traite de la connaissance des insectes.

Le mot *Insecte* vient du latin *insectum* qui n'est lui-même qu'une contraction d'*intersectum*, entrecoupé, parce que le corps de ces petits animaux est composé d'anneaux ou de sections; mais, si on suivait à la lettre cette définition, il faudrait comprendre dans la classe des insectes, tous les êtres dépourvus de squelette intérieur et offrant un corps divisé en un nombre plus ou moins grand de sections ou d'articulations, comme l'avaient fait Aristote, Pline, Swammerdam et quelques autres, de sorte que les lombrics, *vers de terre*, se trouvaient réunis par ces auteurs aux insectes proprement dits. Linné, le plus grand naturaliste des temps passés, en sépara ces derniers, mais il réunit aux insectes, les Crustacés, les Araignées et les Myriapodes (*bêtes à mille pattes*) sous le nom d'Aptères (privés d'ailes). Depuis ce grand naturaliste la science a marché et a fait d'immenses progrès; les travaux de Cuvier, Lamarck, Duméril, Latreille, Savigny, Blainville, etc., ont mieux limité la classe des insectes. Les Crustacés, les Arachnides et les Myriapodes en ont été retranchés et sont devenus les types de classes particulières. Cependant l'entomologie générale comprend toujours, comme partie intégrante de l'étude des insectes, celle des Aptères de Linné. Dans ce petit ouvrage, destiné spécialement à des horticulteurs et non à des savants, nous agirons de même; nous ne séparerons pas les Aptères nuisibles aux jardins, des insectes proprement dits.

Comme nous écrivons pour des personnes qui, pour la plupart, connaissent mieux les plantes et leur culture que la zoologie, il n'est peut-être pas inutile de leur donner ici, un aperçu très-sommaire de l'organisation extérieure des insectes et de les mettre au courant des principaux termes employés par les entomologistes.

Les insectes, comme les animaux appartenant aux classes supérieures, ne sont pas composés d'une pièce unique. Ils ont comme ceux-ci leurs organes de la nutrition, de la respiration, de la locomotion et de la reproduction auxquels on pourrait ajouter ceux d'une sorte de circulation. Ce sont des animaux à sang blanc et froid. Nous ne dirons rien de leur anatomie interne, malgré les magnifiques travaux publiés à ce sujet qui ont immortalisé leurs auteurs. Nous ne parlerons que de la charpente proprement dite. Il importe peu à un jardinier de savoir que Lyonet ait passé quarante années de sa vie à disséquer la chenille du *Cossus* qui ronge les arbres de nos boulevards et qu'il ait constaté qu'elle avait quatre mille quarante et un muscles. La magnifique anatomie du hanneton par Strauss, véritable monument de notre siècle, ne l'intéresserait pas davantage ; il ne voudrait pas risquer ses yeux pour vérifier leurs travaux et s'exposer à devenir aveugle comme Tirésias, Savigny, et Strauss, qui ont voulu voir de trop près les secrets de la nature.

Tout insecte, avant d'être parfait, passe par trois périodes différentes qui sont : l'état d'œuf, de larve, de nymphe. Sous la forme parfaite il présente trois régions distinctes : la tête, le tronc ou corselet et l'abdomen.

La tête, sauf dans les Arachnides, est munie de deux yeux et de deux antennes, et porte les instruments ciboires, c'est-à-dire ceux qui servent à la manducation et à l'alimentation.

Les yeux sont généralement ronds, quelquefois échancrés ou semi-lunaires ; ils sont composés d'une multitude de petites facettes qui, lorsqu'ils sont opaques, les font paraître comme rugueux ; ils varient pour la couleur : dans quelques races les yeux sont ternes et sans reflet ; dans d'autres, au contraire, ils sont très-brillants et ont des reflets rouges, jaunes, verts, ou même couleur d'or. Dans presque tous les ordres, il y a sur la tête d'autres petits yeux appelés yeux lisses ou *stemmates*. Ces derniers servent-ils à la vision ? C'est ce que nous ignorons ; dans les papillons où ils existent, ils sont tellement cachés et recouverts par les poils qu'ils ne peuvent guère leur servir à se diriger. Dans quelques Aptères de Linné, chez les araignées par exemple, les yeux sont petits, et ressemblent aux stemmates ou yeux lisses dont nous venons de parler ; mais ils sont plus gros et bien visibles sans l'aide de la loupe. Dans les animaux de cette classe ils sont au nombre de quatre à huit, dont la disposition varie. Il y a quelques insectes à qui la nature a refusé, comme à certains animaux supérieurs, l'organe de la vision, c'est lorsqu'ils sont appelés à vivre dans un milieu où cette fonction leur est inutile. Beaucoup de larves, entre autres les chenilles, sont aveugles. Les yeux ne leur sont utiles et ne se montrent qu'à l'état parfait.

Les antennes, vulgairement appelées *cornes*, sont des appendices mobiles, articulés, plus ou moins développés, au nombre de deux, insérés en dedans des yeux; elles varient pour la longueur, la forme et le nombre des articles. Elles sont : *cylindriques*, lorsqu'elles sont partout d'un diamètre égal; — *filiformes*, lorsqu'elles ressemblent à un fil; — *sétacées*, quand elles vont en diminuant de la base au sommet et qu'elles se terminent par une pointe déliée comme une soie de sanglier; — *moniliformes*, quand chaque article ressemble à un grain de collier ou de chapelet; — *prismatiques*, lorsqu'elles ont la forme d'un prisme; — *fusiformes*, lorsqu'elles ont la forme d'un fuseau; — *serrées*, quand elles ont quelque ressemblance avec les dents d'une scie; — *pectinées*, lorsqu'elles sont garnies de longues dents disposées comme celles d'un peigne; — *plumeuses*, lorsque les dents ressemblent aux barbes d'une plume; — *perfoliées*, quand les articles sont aplatis et paraissent enfilés par leur milieu; — *lamellées*, lorsque les articles terminaux peuvent s'écarter comme les feuillets d'un livre; — en *massue*, lorsqu'elles se terminent à leur extrémité par un renflement; — *velues*, *épineuses*, *cotonneuses*, adjectifs qui n'ont pas besoin d'explication.

Les savants ne sont pas d'accord sur l'office des antennes : les uns pensent que c'est l'organe du toucher, d'autres que c'est celui de l'ouïe, et quelques-uns qu'elles sont le siège de l'odorat, opinion que pour notre compte nous partageons, jusqu'à preuve contraire.

Les organes servant à l'alimentation constituent par leur ensemble la partie que les entomologistes appellent la bouche. Celle-ci est en général formée des pièces suivantes : les *mandibules*, les *mâchoires*, les *palpes*, la *lèvre supérieure* ou *labre* et le *menton*; mais il est facile de concevoir que cet appareil doit varier beaucoup dans son mode de structure et qu'il doit être approprié à la manière de vivre de chaque famille. Il n'est pas nécessaire d'être bien savant pour s'apercevoir que la bouche d'un hanneton, d'une courtilière, d'une punaise, d'un papillon, d'une abeille, d'un puceron, d'une mouche, d'une araignée, etc., ont une organisation bien différente quant aux formes et à la disposition des parties constituantes. Il arrive donc que, dans certains groupes, la modification est telle que les pièces se confondent pour former une sorte de bec ou rostre, ou bien une trompe ou même un suçoir qui remplit l'office d'une pompe aspirante.

Les mâchoires et les mandibules sont plus ou moins développées chez les insectes broyeurs, soit à l'état parfait, soit à l'état de larve. Elles se meuvent latéralement comme une paire de ciseaux, mais jamais de bas en haut comme dans les animaux supérieurs, chez lesquels d'ailleurs il n'y a de mobile que la mâchoire inférieure.

Dans l'ordre des Lépidoptères (papillons) les larves ou

chenilles ont la bouche organisée comme les insectes broyeurs, tandis qu'à l'état parfait la modification est si grande que les mandibules et les mâchoires sont remplacées par une trompe roulée entre les palpes, à l'aide de laquelle ils aspirent le miel dans la corolle des fleurs.

Les palpes, au nombre de quatre, sont des appendices articulés comme les antennes, dont deux placés sur le bord des mâchoires, sont appelés palpes *maxillaires*, et deux insérés sur le bord des lèvres, sont nommés palpes *labiaux*. Les premiers ont communément de quatre à six articles, tandis que les seconds n'en n'ont jamais plus de quatre. Ces organes fournissent souvent d'assez bons caractères génériques. Nous passons sous silence quelques autres petites pièces dont la connaissance n'est nécessaire qu'à celui qui s'occupe d'entomologie d'une manière tout à fait scientifique.

Le tronc, appelé aussi *thorax*, est, comme le dit Audouin, cette partie du squelette placée entre la tête et l'abdomen. Le dessus du thorax s'appelle le *corselet*, le dessous la *poitrine;* le thorax est composé de trois arceaux : le *prothorax*, le *mésothorax* et le *métathorax*. Les organes de la locomotion sont attachés au thorax. Les trois arceaux dont nous venons de parler sont peu distincts en dessus et le plus ordinairement semblent ne former qu'une seule pièce.

Les pattes, ou pieds, sans compter la hanche, sont formées de trois parties : la cuisse, la jambe et le tarse ; ce dernier se termine le plus souvent par une petite griffe nommée crochet, ou une dilatation formant une petite ventouse, comme par exemple dans la

mouche commune qui marche sur les corps les plus
lisses. Les pattes varient énormément en raison des
fonctions qu'elles ont à remplir. Dans certains cas la
première paire est convertie en un organe de pré-
hension. Dans plusieurs groupes les mâles présentent
une dilatation aux tarses antérieurs; dans d'autres au
contraire c'est la dernière paire qui diffère énormément des autres, par la longueur et le renflement
des cuisses; c'est ce qui arrive chez les insectes sauteurs;
dans la famille des abeilles les pattes sont garnies de
brosses afin de pouvoir se charger du pollen des fleurs;
chez les insectes nageurs le tarse prend souvent la
forme d'une rame; quelquefois les pattes sont extrêmement longues et servent plutôt à soutenir l'insecte
qu'à marcher; les cousins et les tipules sont dans ce
cas.

Les ailes, au nombre de quatre ou de deux seulement,
sont des appendices formés de deux lames ou membranes
soutenues par des nervures, faisant l'office de baguettes.
Ces organes très-variables, diaphanes ou opaques, toujours insérés à la partie latérale du thorax, ont le plus
ordinairement pour fonction d'exécuter le vol.

Les ailes supérieures chez les Coléoptéres, sont coriaces, opaques et recouvrent les ailes inférieures qui
sont membraneuses; elles portent le nom d'*élytres* ou
d'étuis. Chez les Orthoptères et les Hémiptères, où elles
sont plus ou moins coriaces à la base et membraneuses à
l'extrémité, on les appelle encore élytres, mais mieux
hémélytres; dans les autres ordres elles conservent le
nom d'ailes.

L'abdomen ou corps est la partie de l'insecte qui fait

suite au thorax; il renferme le tube digestif, les ovaires dans les femelles, et en outre les organes qui caractérisent chacun des sexes (1). L'abdomen chez plusieurs femelles se termine par un oviducte plus ou moins développé qui s'allonge ou se raccourcit comme les pièces d'une lunette. Dans certaines femelles d'hyménoptères, *frelons*, *guêpes*, *abeilles*, etc., il est armé d'une aiguillon rétractile et fistuleux qui communique avec la poche à venin.

Les organes servant à la respiration sont appelés stygmates; ils se présentent sous la forme de petits trous ou petites ouvertures disposées des deux côtés du corps et communiquant avec les trachées répandues à l'intérieur. C'est par ces espèces de petites boutonnières que l'air vivifiant pénètre dans l'organisme. Léon Dufour, un savant de premier ordre que la mort a enlevé récemment à ses nombreux amis, suppose que le sens de l'odorat si développé chez les insectes réside dans les trachées.

Tous les animaux appartenant à la grande classe des insectes de Linné ne respirent pas cependant par des trachées; il y a des Arachnides qui ont des espèces de poumons, et d'autres des trachées. Ces deux modes de respiration ont servi à diviser la grande classe des Arachnides en deux ordres, les Arachnides pulmonaires et les Arachnides trachéennes. Mais tous les êtres appartenant à la classe des insectes, telle qu'elle a

____

(1) Quelques savants, et Walckenaer lui-même, ont prétendu que l'organe mâle des araignées était placé dans les palpes, mais il est démontré aujourd'hui que les palpes de ces animaux ne jouent, au moment du rapprochement des sexes, que le rôle d'excitateurs.

été restreinte par les naturalistes de notre époque, respirent par des trachées aussi bien à l'état de larve qu'à l'état parfait : c'est pour eux une loi sans exception, comme c'en est une pour les poissons de respirer dans l'eau par des *branchies* appelées vulgairement *ouïes*.

Quoique les insectes soient dépourvus d'appareil vocal, beaucoup d'espéces cependant émettent des sons dont les causes sont très-différentes, mais où la respiration ne parait jouer qu'un rôle très-secondaire ; ainsi le bourdonnement des mouches, des cousins, des abeilles, des cerfs-volants, des hannetons, etc., est un effet du mouvement des ailes. Le bruit que font les capricornes et même le criocère du lys lorsqu'on le serre dans la main, est occasionné par le frottement mécanique des différents segments les uns contre les autres ; il suffit d'une petite gouttelette d'huile pour faire cesser le bruit. La stridulation des grillons (*cri-cris*) est due à l'action de leurs pattes postérieures qui sont un peu dentelées, dont elles se servent comme d'un archet pour *jouer du violon* sur le bord de leurs élytres. Cette musique ennuyeuse est toujours dans le même ton comme celle d'une crécelle. Chez les cigales mâles, dont on entend le chant tout l'été dans le midi de la France, la cause est tout autre : ces Hémiptères ont un appareil sonore logé dans le premier anneau de l'abdomen, et parfaitement décrit par Réaumur. Cet appareil est composé de deux caisses de tambour recouvertes par deux espèces de cymbales, ou lames cornées s'avançant plus ou moins sur l'abdomen. Ici c'est à l'air qui s'échappe de ces cavités dont les membranes sont très-contractiles, qu'est dû le bruit en question. Quoi qu'il en soit, les femelles ne sont pas sourdes à ces

accents monotones et on les voit s'approcher tout doucement dès qu'elles entendent l'appel du mâle.

Nous ne terminerons pas sans dire un mot d'un autre
insecte qui fait entendre un cri plaintif lorsqu'on le prend
ou qu'entré dans un appartement il craint de ne pouvoir
s'en échapper. C'est le *sphinx atropos* (papillon à tête de
mort) (1). On ne connaît pas encore d'une manière bien
exacte la cause de ce cri. Réaumur et Rossi l'attribuent
au frottement des palpes contre la trompe. Selon un
observateur, cité par le Révérend Père Engramelle et
Ernst, le bruit en question est occasionné par l'air renfermé sous les épaulettes, et chassé avec force par le
mouvement des ailes.

Le D\ Lorey, ancien chirurgien des armées, a fait en
Italie diverses recherches à ce sujet, à la suite desquelles il est arrivé à conclure, que cette stridulation
plaintive est produite par l'air qui s'échappe d'une trachée

(1) Le papillon *à tête de mort* est propre à l'Afrique et aux
Indes orientales. Dans les années chaudes il passe la Méditer-
ranée, poussé par les vents du sud, et se répand dans l'Europe
méridionale ou tempérée et quelquefois même jusqu'en Angleterre. Cette apparition a lieu ordinairement en juin, et les femelles à leur arrivée déposent leurs œufs sur des plantes analogues à celles où elles ont vécu dans leur enfance.

Généralement elles choisissent des Solanées, telles que la
pomme de terre, le lyciet, la tomate, l'alkékenge ou des Jasmi-
nées. La chenille grandit promptement; lorsqu'elle est adulte
elle est fort grosse, d'un beau jaune citron avec sept bandes
obliques bleues et vertes. Elle se métamorphose en juillet et
août, et le papillon éclot en septembre. Souvent il y a une seconde génération à la fin de septembre, mais les chenilles et
les chrysalides qui en proviennent périssent toutes pendant
l'hiver. Ce n'est donc qu'une nouvelle migration arrivant d'A-
frique, qui peut propager ce sphinx en Europe, l'année d'après.

Il y a des années où ce papillon est très-commun en France,
on a vu quelquefois dans le Midi, des champs entiers de

située de chaque côté de l'abdomen ; le Dr Lorey a pratiqué l'amputation des palpes, de la trompe, des ailes et de la tête, et le même cri de douleur continuait à sortir du tronçon restant.

Il y a bientôt trente ans, nous avons fait de notre côté, avec feu notre collègue Duponchel, quelques expériences pour découvrir la cause de ce cri de douleur. Après avoir disséqué vivants plusieurs de ces Lépidoptères, nous avions cru l'avoir trouvée dans le frottement du thorax contre l'écusson ; mais M. le colonel Goureau qui, depuis nous, a fait d'autres recherches, pense qu'il n'existe chez cet insecte aucun organe spécial capable de produire ce bruit. Il le compare à la vérité, avec doute, au piaulement des Hyménoptères et des Diptères, lequel est, dit-il, produit par les vibrations du thorax mis en mouvement par les muscles puissants qu'il renferme et qui donnent l'impulsion aux ailes lorsque leur action est complète.

pommes de terre complétement dépouillés de leurs feuilles par sa chenille.

Le cri de douleur que fait entendre cet insecte et l'empreinte bien marquée d'une tête de mort qu'il porte sur son corselet, ont concouru à lui donner une sorte de célébrité. Il y avait autrefois des contrées de la Bretagne où il était regardé comme l'avant-coureur de la mort. Réaumur raconte, dans ses mémoires, qu'un bon curé de cette province l'a décrit dans le Mercure de France (juillet 1730) comme revêtu de tout ce qu'une pompe funèbre a de plus triste et de plus lugubre.

Le papillon à tête de mort est commun aux îles Maurice et Bourbon pendant toute l'année ; les habitants de ces îles le regardent comme fort dangereux et le nomment *Aille*. Ils croient même qu'il peut aveugler les personnes qui se trouvent dans une chambre où il pénètre, par la prétendue poussière qu'il répand en volant. Ce qu'il y a de plus extraordinaire, c'est que Bernardin de Saint-Pierre, dans son voyage à l'île de France, se soit fait l'écho d'une pareille fable.

La nourriture des insectes est tantôt végétale et tantôt animale. La plupart se nourrissent de différentes parties des plantes : racines, tiges, feuilles, fleurs et graines; d'autres sucent le sang des animaux ou vivent de matières animales en décomposition; d'autres se contentent de matière mielleuse ou mucoso-sucrée. En général, à l'état parfait, les insectes mangent moins qu'à l'état de larve et occasionnent moins de dégâts.

La durée de la vie de ces animaux est ordinairement assez courte, elle est de quelques semaines au plus; les mâles périssent après l'accouplement et les femelles après la ponte; il y a cependant quelques exceptions; certaines espèces dont l'éclosion a lieu à l'automne, passent tout l'hiver dans l'engourdissement et se réveillent au printemps pour s'accoupler et propager l'espèce; d'autres, comme la punaise des lits, peuvent supporter le jeûne pendant plusieurs années; il est vrai qu'en Europe cette dernière reste toujours à l'état de larve ou de nymphe, c'est-à-dire qu'elle ne prend jamais d'ailes. Si elle arrivait à l'état tout à fait complet, elle subirait peut-être la loi commune. Quelques auteurs se sont assurés que les puces nourrissaient leurs larves en leur dégorgeant du sang, et qu'ainsi elles peuvent voir leurs enfants.

Les insectes, pour se reproduire, s'accouplent comme les animaux appartenant aux classes supérieures. Cette opération dure plus ou moins longtemps, selon les races; chez quelques espèces, elle est instantanée; chez d'autres, l'union est quelquefois d'une vingtaine d'heures. La femelle après la fécondation, par un instinct qui lui est propre, dépose ses œufs dans un lieu où sa jeune famille trouvera en naissant une nourriture assurée et une table bien servie.

Les insectes sont ovipares, c'est-à-dire qu'ils pondent des œufs, ou quelquefois ovovivipares ; dans ce dernier cas, l'éclosion a lieu dans le ventre de la mère. Les œufs assez souvent éclosent immédiatement après la ponte, le plus ordinairement au bout de 10 à 15 jours. Quelquefois l'évolution n'a lieu qu'au bout de neuf mois, comme dans la *livrée* ou *bague* des arbres fruitiers, le bombyx du saule, le bombyx zigzag (*Spongieuse* des forestiers), etc.

Après la sortie de l'œuf, le premier état porte le nom de *larve*, vulgairement *ver*, ou de *chenille* comme dans les papillons, ou de *fausse-chenille* comme dans les tenthrédines, connues sous le nom de *mouches à scie*. Ordinairement les larves ne ressemblent nullement aux insectes qui en sortiront plus tard. En effet, quelle ressemblance y a-t-il entre un *ver blanc* et un hanneton, entre une chenille qui se traîne sur les feuilles et un papillon, ou bien entre un *asticot* et une mouche? Dans l'ordre des Hémiptères cependant, la différence est bien moins sensible entre la larve et l'insecte parfait ; les punaises, les pucerons, les kermès appellés insectes à demi-métamorphose, ne paraissent pas, pour un œil peu exercé, subir de grandes modifications.

Les larves ont le plus ordinairement six pattes écailleuses ; il y en a beaucoup aussi qui sont apodes comme chez les Longicornes, les Charançons, les Buprestes et la plupart des Diptères, et qui ne se meuvent que par la seule contraction de leurs anneaux. Dans les chenilles, il y a, outre les pattes écailleuses, qui sont les vraies pattes de l'insecte parfait, de *quatre à dix* pattes membraneuses, munies chacune d'une petite couronne contractile, garnie de petits crochets qui leur servent à se cramponner aux végétaux. Chez les fausses-chenilles des *mouches à scie* que les jardiniers prennent souvent pour de véritables chenilles, il y a *toujours* plus de *dix* pattes membraneuses.

La durée de l'existence d'un insecte à l'état de larve varie énormement. Il y a des espèces comme beaucoup de mouches où elle n'est que de très-peu de jours, il en est d'autres chez lesquelles elle est de deux ou trois ans : les hannetons, quelques taupins sont dans ce cas ; il en est de même de la chenille du cossus qui ronge le tronc des arbres, et de celle du *Bombyx Matronula*, qui ne subissent leur dernière métamorphose que la troisième année. Nous avons nourri pendant six années dans notre cabinet des larves d'un bupreste, trouvées chez un marchand de bois des Iles au milieu d'une bille de *bois jaune* ; elles ont peu grossi et ont fini par se dessécher. On cite l'histoire d'un autre bupreste exotique qui est sorti d'un meuble fabriqué depuis une quinzaine d'années.

Le second état des insectes est désigné par le nom de *Nymphe* pour tous les insectes, sauf pour les Lépidoptères ou papillons où il prend celui de *Chrysalide* : sous cette forme, les insectes ne prennent aucune nourriture. Il faut pourtant encore en excepter les Hémiptères qui mangent et se promènent sous leurs différents états.

L'éclosion des nymphes n'a rien de général, elle varie selon les genres, les espèces et les influences climatériques. Certaines espèces éclosent au bout de trois ou quatre jours, d'autres après une quinzaine de jours ; beaucoup passent l'hiver dans un sommeil léthargique.

Le froid retarde le développement des nymphes, mais il ne les tue pas ; nous en avons vu de gelées et tout à fait cassantes qui dégelaient tout doucement avec les premières chaleurs et éclosaient parfaitement bien. Les chrysalides des papillons blancs du chou et autres Crucifères, restent, tout l'hiver, exposées à nu, sur les treillages, le long des murailles et supportent le froid le plus rigoureux sans que cela nuise aucunement à leur développement. Nous avons vu aussi dans le Midi, lorsqu'il fait une extrême chaleur, des chrysalides rester dans un état léthargique. Ici une température trop élevée produit le même effet que le froid.

Les nymphes ou les chrysalides d'une même espèce éclosent quelquefois fort irrégulièrement : les *Bombyx Everia* et *Lanestris* qui, d'après Ratzeburg, occasionnent de grands dégâts dans les forêts de l'Allemagne, sont dans ce cas. Nous avons vu éclore des chrysalides de ces papillons en septembre, après trois mois de métamorphose, d'autres au printemps de l'année suivante, en plus grande quantité ; mais ce qu'il y a de plus curieux, c'est que de la même ponte, de la même éducation tenue dans le même milieu, il nous en est né pendant *sept années*, en avril et en septembre. Sage prévoyance de la nature qui ne veut pas exposer tout d'un coup, une espèce à sa propre ruine et qui tient toujours en réserve quelques individus pour propager la race et continuer l'espèce. Il en est de même dans le règne végétal ; toutes les graines ne lèvent pas la même année (1).

(1) En entomologie comme en botanique, les matériaux se

En général, les insectes sont pour nos cultures des petits ennemis d'autant plus redoutables, que, par leur exiguïté ou par leurs ruses, ils échappent souvent à nos investigations; mais il faut se soumettre à la volonté de la Providence; elle a voulu qu'ils eussent leur place au soleil et le droit de s'asseoir au grand banquet de la nature. L'homme, en sa qualité de roi de la création actuelle, a la vanité de croire que la terre a été créée pour lui seul. Dans sa pensée tous ses produits lui appartiennent et tout ce qui l'importune ou ne contribue pas à son bien-être est inutile. *Vanitas vanitatum!* Plus de philosophie et moins d'orgueil ; chez l'homme le mécanisme de la vie, n'est pas plus compliqué que chez un scarabée ou un puceron; le créateur, que l'homme ne l'oublie pas, ne tient nullement à la conservation des individus, il tient à la conservation des espèces. Quand celles-ci deviennent trop nombreuses, il ouvre sa main

sont tellement accumulés, qu'aujourd'hui il est devenu impossible à un seul homme d'embrasser, comme au temps de Linné, l'étude complète de tout l'ensemble et de descendre dans les détails. C'est pour cette raison que beaucoup de savants ne s'occupent que d'un seul ordre, qu'ils restreignent même à un seul pays. D'autres se contentent d'une seule famille.

De nos jours, l'un se livre à l'étude des Hyménoptères, un autre à celle des Coléoptères, un troisième à celle des Hémiptères ou des Lépidoptères, etc. D'autres enfin s'en tiennent exclusivement aux familles des Carabiques, des Longicornes, des Curculionites, etc., etc.; car le nombre des insectes dépasse de plus du triple celui des végétaux. En effet, il n'y a peut-être pas une plante qui, sur son sol natal, ne nourrisse cinq ou six espèces d'ordres différents. Chez nous, le chêne de nos bois est mangé par plus de soixante espèces, le rosier sert de pâture à plus de vingt, le poirier en nourrit encore un plus grand nombre. Par contre, les arbres exotiques qui ont été naturalisés en Europe et qui proviennent de semis, sont très-rarement attaqués par les insectes. Ainsi les noyers, les marronniers d'Inde, le mûrier à puissante et laisse échapper les épidémies : chaque espèce rentre dans les limites qui lui sont assignées.

Les insectes, comme les animaux placés plus haut dans l'échelle des êtres, ont aussi leurs épidémies. Dans certaines années une grande partie des larves périt sans cause connue, ou faute d'une nourriture suffisante. Dans d'autres circonstances, des chenilles sont tuées par la *muscardine*. Ne voit-on pas souvent périr des essaims entiers d'abeilles par une maladie spéciale (1)? Quel est l'entomologiste qui n'a pas remarqué, dans ses excursions, des Hyménoptères ou des Diptères morts et couverts d'une efflorescence blanchâtre, cramponnés encore aux tiges où ils étaient venus se fixer avant de rendre le dernier soupir ?

Outre les épidémies, les insectes ou leurs larves ont des ennemis excessivement nombreux dans les parasites qui vivent à leurs dépens, tels sont les Coccinelles et

papier (*Broussonétia*), le vernis du Japon, les platanes, les acacias de l'Amérique du Nord (*Robinia*), qui dans leur pays natal sont dévorés par une foule d'espèces, n'éprouvent chez nous aucun dommage de la part des insectes ; il en est de même de nos végétaux transportés de graine dans les pays étrangers. Nos choux, si souvent rongés, par différentes sortes de chenilles, n'ont plus de parasites au Brésil.

Il faut remarquer cependant que, si l'on introduit en Europe des arbres très-voisins sous le rapport spécifique, de ceux qui y croissent naturellement, comme certaines espèces de saules, de peupliers ou de Pomacées de l'Amérique du Nord, ils finiront par partager le sort de leurs congénères européens. L'instinct des insectes va même plus loin ; ils saisissent quelquefois des analogies ou des affinités qui pourraient échapper à des botanistes. Nos chenilles, qui se nourrissent de plantes tétradynames, telles que choux, radis, navet, etc., mangent très-bien des capucines, du réséda ou des sommités de câprier ; d'autres qui vivent sur nos épilobes se retrouvent souvent sur les fuchsias.

(1) Au moyen âge il survint une maladie qui faisait périr

leurs larves, les larves des Syrphes, celles des Hémérobes, des Chalcidites, des Ichneumonides, des mouches
Tachines, etc., sans compter d'autres ennemis qui les enlèvent et les emportent dans leurs nids pour que leurs
petits en naissant trouvent une nourriture toute prête.

Ces parasites se chargent de rétablir une partie
de l'équilibre ; plus une espèce devient nombreuse,
plus les parasites deviennent nombreux, et le bien vient
de l'excès du mal. Si une espèce, comme nous en avons
vu l'année dernière des exemples dans nos bois des environs de Paris, se multiplie outre mesure, on voit apparaître en quantité des Chalcidites, des Ichneumonides, etc.,
qui se hâtent de déposer leurs œufs dans le corps des
chenilles. Ces parasites deviennent tellement nombreux
qu'en peu d'années ils finissent par anéantir en grande
partie ces êtres malfaisants ; eux-mêmes disparaissent
ne trouvant plus où placer le berceau de leur progéniture. Le fléau cesse, les espèces restent.

Que n'a-t-on pas écrit, il y a une vingtaine d'années,
sur la pyrale de Pilérius (*tortrix Pileriana, pyrale de la
vigne*), qui a exercé de si grands ravages dans les vignobles de la Bourgogne, et est venue jusqu'aux portes de
Paris, défier les vignerons d'Argenteuil ? Feu Audouin
fut, en sa qualité de professeur d'entomologie, chargé
par le gouvernement, de voir ce qu'il y aurait à faire pour
conjurer un aussi grand désastre. Il y mit le plus grand
zèle, il publia de savants mémoires ; mais il ne fit rien
pour la destruction de la pyrale, et il ne pouvait rien

presque toutes les abeilles ; l'église se voyant sur le point de
manquer de cire pour l'exercice du culte, ordonna des prières
et des processions publiques pour conjurer cette épidémie.

faire. Pendant plus de trois ans les vignerons ne cessèrent de faire entendre leurs plaintes aux sociétés d'agriculture, implorant leur savoir et leur secours contre un ennemi inconnu jusqu'alors. On essaya de tout, même des pélerinages. Enfin des parasites nombreux que l'on n'attendait pas, se chargèrent de la besogne, et en peu de temps la pyrale de la vigne fut sinon anéantie, au moins rendue tellement rare, qu'aujourd'hui il serait difficile de s'en procurer un exemplaire.

Les larves dont la vie est souterraine, comme celles appelées *vers blancs*, *vers gris*. ont peu de parasites ; leur manière de vivre les met à l'abri de la tarière des Ichneumonides et des Chalcidites. Pour cette raison ces animaux destructeurs se montrent assez régulièrement dans les mêmes proportions.

Après avoir dit un mot des insectes parasites, nous ne devons pas passer sous silence les services importants que nous rendent, tous les jours, d'autres auxiliaires appartenant à différentes classes du règne animal et sur lesquels on ne saurait trop appeler la sollicitude et la protection des agriculteurs et des horticulteurs. Ces êtres bienfaisants, auxquels la nature a assigné pour nourriture des insectes de tous les ordres, sont appelés par les naturalistes animaux insectivores.

Nous mentionnerons seulement les espèces suivantes :

MAMMIFÈRES.

Les CHAUVES-SOURIS (*Vespertilio*) vivent exclusivement d'insectes qu'elles saisissent au vol. Dès la chute du jour on les voit se livrer à une chasse incessante qui se prolonge une partie de la nuit. Les insectes viennent-ils à disparaître, elles s'engourdissent dans leur retraite jusqu'au premier printemps.

La MUSAREIGNE (*Sorex araneus*). Elle ressemble presque à une souris, avec le museau beaucoup plus allongé ; ce petit animal nocturne se promène après la chute du jour dans les jardins à la recherche des insectes, des araignées terrestres, des lombrics et des limaces.

Le HÉRISSON (*Erinaceus europæus*), autre animal nocturne connu de tout le monde, vit, comme les musareignes, d'insectes, de chenilles, de lombrics et de limaçons qu'il chasse la nuit avec une adresse et une agilité qu'on ne soupçonnerait pas chez ce petit mammifère. Il ne dédaigne pas les fruits, il a quelquefois le défaut de goûter aux fraises et de monter dans le bas des treilles pour manger les raisins à sa portée.

La TAUPE (*Talpa europæa*) est un petit animal fouisseur ; elle creuse des galeries souterraines pour déterrer des chrysalides, des vers blancs et des lombrics, elle est entièrement carnassière. Elle n'attaque pas les racines, mais elle coupe un peu avec ses pattes de devant les radicelles les plus tendres qui se trouvent sur son passage, sans que pour cela la végétation en souffre.

Ce petit mammifère, dont les adversaires se convertissent tous les jours, commence à trouver des protecteurs là où il ne comptait que des ennemis. Les agronomes les plus instruits le regardent aujourd'hui comme l'un de nos plus utiles auxiliaires. Il dévore des quantités énormes de *vers blancs*, de *vers gris*, etc. Notre illustre président, M. le maréchal Vaillant, qui porte un si grand intérêt à nos cultures françaises, a voulu s'assurer par lui-même de la quantité de vers blancs que ce petit animal, tenu en captivité, pouvait détruire en 24 heures. Il résulte de ses expériences qu'il en consomme plusieurs fois son poids.

La taupe a un grand appétit ; il lui faut ses quatre repas tous les jours : son premier déjeuner au lever du soleil, son second de 9 à 10 heures, son dîner de 2 à 3, et un copieux souper le soir. Selon les *taupiers*, ce sont les heures où elle *travaille*. C'est précisément à ces mêmes heures qu'ils guettent ses mouvements ondulatoires pour lui faire une guerre à mort. S'ils ne réussissent pas à l'assommer avec leur houe, ils la prennent avec des piéges tendus dans ses galeries. Nous faisons donc des vœux pour que les cultivateurs, devenus moins ignorants, comprennent mieux leurs intérêts et congédient leurs taupiers. Ils s'apercevront vite qu'il est bien préférable d'avoir, de place en place, quelques petits monticules de terre excellente, que de voir, comme cette année, les prairies et les champs dévastés et

2*

rendus stériles par les larves des hannetons ou par les *vers gris*.

Nous nous attendons à rencontrer en Normandie quelques contradicteurs entêtés, ne fût-ce que les habitants des communes, de Crocy, Vignats, Baumais, la-Hoguette, etc., aux environs de Falaise, dont la plupart sont *taupiers* de père en fils.

Le BLAIREAU (*Ursus meles*) est aussi un quadrupède nocturne ; il passe le jour tout entier au fond de son terrier, caché comme un renard, et n'en sort guère qu'au milieu de la nuit. C'est un des plus grands destructeurs de vers blancs. Il fouit la terre pour en extraire les larves ou y découvrir les nids de bourdons. Il est, comme son congénère l'ours, très-friand de miel ; il mange aussi des sauterelles, des hannetons, des mulots et des serpents.

REPTILES.

Parmi les reptiles on ne saurait trop protéger les grenouilles, la salamandre terrestre et les crapauds malgré leur triste *facies* ; ce sont les amis de nos jardins ; ils se nourrissent exclusivement de lombrics, de limaces, de chenilles, de cloportes et d'insectes ; malheureusement, il leur arrive souvent d'avaler quelques insectes carnassiers, qui, comme eux, cherchent leur proie pendant la nuit.

Les lézards eux-mêmes vivent d'insectes qu'ils saisissent avec autant d'agilité que d'adresse.

OISEAUX.

C'est dans la classe des oiseaux principalement, que l'agriculture et l'horticulture trouvent de nombreux amis dont les services ne sont pas assez appréciés. C'est à eux et aux parasites qu'incombe la charge de maintenir l'équilibre dans la classe des insectes. Sans leur secours, l'air serait obscurci par des nuées de ces petits animaux, et toutes nos récoltes seraient anéanties. La Société protectrice des animaux ne saurait trop invoquer en leur faveur la sollicitude du gouvernement.

Les FAUVETTES (*Sylvia*) font partie d'un genre très-nombreux en espèces. Ces oiseaux portent généralement le nom de *becs-fins*. Toutes les fauvettes vivent de larves ou d'insectes à l'état parfait. Ces êtres bienfaisants, sauf le rouge-gorge, la fauvette traîne-buisson et le troglodyte, nous quittent aux premiers froids et vont dans des contrées moins inhospitalières chercher une nourriture qu'ils ne trouvent plus lorsque, chez nous, la nature est engourdie.

Nous avons d'autres petits oiseaux insectivores sédentaires qui bravent la rigueur des hivers ; de ce nombre sont :

Les MÉSANGES (*Parus major, cœruleus, ater, caudatus, atricapillus*), connues vulgairement sous les noms de *charbonnière*, de *petite charbonnière*, de *mésange bleue*, de *queue de poêle* et de *tête noire*. Ces petits oiseaux, malgré leur caractère insociable et leur férocité à l'égard des autres oiseaux dont ils percent souvent le crâne pour leur manger la cervelle, voyagent rarement seuls ; on les voit en petites sociétés plus ou moins nombreuses explorer les écorces des arbres dans tous les sens, éplucher les mousses et les lichens, et poursuivre leurs investigations jusqu'à l'extrémité des plus petites branches. Les mésanges rendent de très-grands services en débarrassant les arbres fruitiers d'une infinité de petits insectes, qui n'attendent que le printemps pour se multiplier.

Elles ne dédaignent pas, lorsque les insectes viennent à leur manquer, les semences oléagineuses. Une espèce, la mésange à tête noire, est très-friande des petits pois lorsqu'ils commencent à se former, elle est quelquefois très-nuisible dans les jardins. Aussi les cultivateurs ont-ils inventé pour l'effrayer toutes sortes d'épouvantails.

La SITTELLE (*Sitta europœa*) vulgairement *torchepot*.

Le GRIMPEREAU (*Certhya familiaris*) et les différentes sortes de PICS et d'EPEICHES nous rendent aussi, pendant l'année entière, des services. Ces derniers, il est vrai, creusent les arbres pour y déposer leurs œufs, mais le mal est bien moins grand que le bien qu'ils font.

Le MARTINET (*Cypselus murarius*), exclusivement insectivore, chasse le matin et le soir, un peu avant le coucher du soleil. Il passe la plus grande partie du jour en repos dans quelque trou de muraille ou dans les crevasses des vieilles tours. Il ne fait que deux repas, mais ils sont copieux. M. Florent Prévost, qui depuis longtemps s'occupe spécialement de la nourriture des oiseaux à l'état sauvage, a trouvé après le déjeuner ou le souper d'un martinet jusqu'à huit cents insectes dans son jabot.

Les HIRONDELLES (*Hirundo domestica, urbica et riparia*) vivent d'insectes comme les martinets. Pendant toute la belle saison, on les voit raser la surface des eaux et des prairies, n'ayant d'autre occupation qu'une chasse continuelle. Le temps devient-il pluvieux ou plus froid, elles effleurent de leurs ailes les murailles pour attraper les insectes réfugiés sous les corniches. Une seule hirondelle, selon M. Prévost, ne mange pas moins de mille insectes par jour.

L'ENGOULEVENT (*Caprimulgus europæus*), appelé vulgairement *crapaud-volant*, *tête-chèvre*, est un oiseau nocturne ; il se montre lorsque le jour est complétement tombé. Cet oiseau, presque de la taille d'une grive, est pourvu d'une bouche énorme, tenue constamment ouverte pour engloutir les insectes qu'il saisit au vol. Sa principale nourriture consiste en papillons de nuit dont il a soin, comme les chauves-souris, de rejeter les ailes. On voit souvent, le matin, les allées des bois jonchées d'ailes de bombyx et de géomètres dont le corps a été dévoré par les engoulevents.

Le COUCOU (*cuculus canorus*), accusé à tort de manger les œufs des autres oiseaux, ne vit au contraire que de larves et d'insectes. M. Prévost n'a trouvé dans son estomac que des chenilles, des sauterelles et même des chenilles velues. La femelle du coucou ne pond jamais dans le nid des oiseaux granivores, tels que pinsons, chardonnerets, etc., mais, dirigée par son instinct, elle sait parfaitement découvrir le nid d'un insectivore pour y placer son œuf.

Les TRAQUETS (*Saxicola rubetra et œnanthe*), dont l'un des deux est connu sous le nom vulgaire de *Motteux*, sont de petits oiseaux à plumage assez élégant ; ils se tiennent à terre ou sautillent de buisson en buisson, et nous quittent au milieu de l'automne, comme les fauvettes dont ils ont les mœurs. Ils vivent exclusivement d'insectes. Le motteux se plaît dans les terres fraîchement labourées, qu'il effleure de son vol bas pour se reposer sur la motte la plus élevée, il fait une grande consommation de larves de taupins.

Les BERGERONNETTES (*Motacilla flava et cinerea*), appelées vulgairement *Lavandières* ou *Hoche-queues*, sont aussi des petits oiseaux qui vivent exclusivement de larves d'insectes. On les voit souvent dans les champs suivre le laboureur de très-près, saisir les petits vermisseaux mis à découvert par la charrue, ou se rapprocher des mares, des ruisseaux pour attraper sur leur bord quelques larves aquatiques. Ils nous quittent lorsque le froid devient trop vif et nous reviennent de très-bonne heure.

Le GOBE-MOUCHE (*Muscicapa griseola*) est assez rare

aux environs de Paris, tandis que, dans certaines contrées du nord de la France, il est très-commun et rend d'importants services en détruisant quantité d'insectes. L'oiseau appelé *becfigue*, *Muscicapa atricapilla*, se trouve dans une grande partie de la France, mais n'est commun que dans nos départements méridionaux et en Italie ; c'est aussi un grand destructeur d'insectes. Malheureusement les habitants du Midi, ne comprenant pas les services qu'il rend à l'agriculture, lui font une guerre acharnée.

L'ÉTOURNEAU (*Sturnus vulgaris*), vulgairement *Sansonnet*, omnivore, mange une grande quantité de vers et de limaces. A l'automne, on rencontre les étourneaux par bandes très-nombreuses dans les prairies, fouillant la terre avec leur bec pour déterrer quelques larves d'insecte. On les voit aussi souvent s'abattre sur le dos des moutons dans les champs, cherchant dans la laine un gros insecte parasite (*Melophagus ovinus*) dont ils sont très-friands.

LE MOINEAU (*Fringilla domestica*), *pierrot* des Parisiens, appartient à la famille des conirostres et est, comme ses congénères, un oiseau granivore. Cependant il ne dédaigne pas, de temps en temps, de faire un *extra* et de se régaler d'insectes. On le voit souvent s'élancer après un hanneton, le saisir au vol, lui ouvrir le ventre d'un coup de bec et lui dévorer les entrailles, ou bien encore, après les pluies du printemps, voltiger dans les jardins, de rosier en rosier, et visiter avec soin les têtes de ces arbustes pour y découvrir les petites chenilles ou les chrysalides des pyrales cachées entre les feuilles. Malheureusement sa conduite est loin d'être sans reproches ; il brise les jeunes pousses des rosiers, et quand il lui prend fantaisie de se rafraîchir en se mettant à un régime végétal, il dévore les plants de laitue, les feuilles des œillets, les bourgeons des pruniers, etc. Au reste, il a cela de commun avec les autres oiseaux granivores qui ont besoin, par raison de santé, de se mettre au vert de temps en temps, aussi bien en liberté qu'en captivité. Si le pierrot n'avait que ces seuls défauts, on pourrait les lui pardonner, mais il pousse l'effronterie jusqu'à venir sous nos yeux compléter ses repas par un dessert composé de cerises, de raisins, etc. Les jardiniers lui font particulièrement la guerre à cause de cette gourmandise, et aussi parce qu'ils ne peuvent pas ensemencer une pelouse sans que les pierrots viennent manger les graines de graminées.

On le voit par l'exposé des faits, c'est à coup sûr un coupable ; mais après avoir entendu en sa faveur la plaidoirie de notre aimé et honorable collègue, le docteur Pigeaux, organe de la société protectrice des animaux, ne pourrait-on pas, avant de le condamner à mort, invoquer en sa faveur des circonstances atténuantes ? C'est au jury des horticulteurs à prononcer.

Les PIES GRIÈCHES (*Lanius*), dont nous possédons dans nos campagnes trois ou quatre espèces, sont classées avec raison parmi les oiseaux insectivores. Elles sont d'un caractère sauvage et féroce. Elles ne vivent pas exclusivement d'insectes, elles font la guerre aux petits oiseaux nouvellement éclos, et ne mangent des insectes que comme hors-d'œuvre ou lorsqu'elles ne trouvent plus d'autre nourriture. Il y a une espèce entre autres, la *pie grièche écorcheur* (*Lanius excubitor*), qui, lorsqu'elle n'a plus faim, embroche des sauterelles ou de gros coléoptères aux épines des prunelliers, pour les retrouver dans un moment de disette.

Les CORBEAUX (*Corvus corone, cornix, frugilegus* et *monedula*), quatre espèces qui se rencontrent aux environs de Paris, pendant l'hiver, mais dont l'une, la *corneille mantelée*, nous quitte au printemps pour aller nicher dans le haut Nord. Ces oiseaux sont voraces et omnivores, c'est-à-dire qu'ils mangent de tout. Ils aiment les charognes et les proies mortes, mais, comme ils n'en trouvent pas toujours, ils se jettent sur les insectes, les vers et les limaces, et en détruisent de très-grandes quantités. Dès le milieu de l'automne et pendant tout l'hiver, on les voit, par bandes nombreuses dans les champs, piocher la terre avec leur bec puissant, pour trouver des vers blancs et autres larves qu'ils savent parfaitement bien découvrir. Ce sont des animaux dont on ne reconnaît pas assez les services. On leur reproche dans certaines contrées où l'on cultive beaucoup de noyers, de savoir trop bien l'époque de la maturité des noix. Il leur arrive aussi, dans des moments d'égarement, de manger des petits oiseaux dans leur nid, et même quelquefois dans des fermes isolées, voisines des bois, d'enlever des petits poulets nouvellement éclos, lorsqu'ils manquent de nourriture pour leurs petits.

La PIE (*Corvus pica*) n'est pas moins vorace que les corneilles ou corbeaux : elle est également omnivore.

Elle détruit dans les praires et les champs beaucoup de vers, de limaces et de larves d'insectes, elle enlève aussi quelquefois des petits poulets dans les fermes.

En terminant, nous unissons nos vœux à ceux de la Société protectrice des animaux pour que l'on épargne tous les oiseaux utiles, et nous appelons, avec cette même Société, l'attention du gouvernement de la France sur une question intéressant à un si haut dégré l'agriculture et l'horticulture. Le jour n'est pas loin, nous l'espérons, où, éclairé par les sociétés savantes, il prendra des mesures sévères pour empêcher la destruction des couvées. On ne verra pas toujours les départements de la Meurthe, de la Moselle, de la Meuse et des Vosges, faire impunément, au moment du passage, une aussi grande destruction de becs-fins. Ce n'est pas par centaines, mais par milliers, que les braconniers prennent, à l'aide de différents engins tendus au bord des bois et des forêts, des rouges-gorges, des gorges-bleues, etc.

UTILITÉ DE QUELQUES INSECTES.

Les insectes pour la plupart sont les ennemis du cultivateur sur lequel ils prélèvent de très-lourds impôts. Quelques espèces, pourtant en assez petit nombre, il est vrai, sont indispensables comme agents de salubrité, ou comme donnant des produits dont l'homme a su tirer un grand parti.

Pour ce qui est relatif à la salubrité, nous citerons ces mouches qui viennent nous importuner jusque dans nos demeures et goûter avant nous à tous nos aliments. Elles sont chargées d'une grande mission hygiénique, c'est de faire disparaître toutes les substances animales dont les miasmes pestilentiels compromettraient la santé publique. Linné a pu le dire, sans trop d'exagération : trois mouches dévoreront plus vite le cadavre d'un cheval qu'un lion ne pourrait le faire dans le même espace de temps.

Les Nécrophores sont des coléoptères dont l'utilité n'est pas moins manifeste. Ils remplissent les fonctions de *croque-morts*; pour cette raison, ils ont reçu les noms de *humator*, *sepultor*, etc. Ces insectes enterrent à une certaine profondeur tous les petits quadrupèdes, les reptiles, etc., qu'ils trouvent morts, pour placer dans leur cadavre le berceau de leur famille.

Les Silphes ou *boucliers* sont des coléoptères de taille moyenne comme les nécrophores; ils contribuent puissamment à la destruction des charognes. On peut donc les considérer aussi comme rendant des services. Une espèce de ce genre a des habitudes toutes différentes : elle ne mange pas de proie morte, elle se tient généralement dans les arbres et vit exclusivement de chenilles et de larves de mouches à scie (fausses-chenilles).

USAGE DES INSECTES EN MÉDECINE.

Depuis les temps les plus reculés on élève des abeilles en domesticité pour obtenir le miel qu'elles recueillent sur les fleurs. Cette matière, si utile autrefois, avant la découverte du sucre, est encore fort employée de nos jours pour édulcorer des boissons. Elle est indispensable pour la fabrication du pain d'épice. Elle sert dans plusieurs contrées à préparer une boisson fermentée appelée hydromel (1).

Outre le miel, les abeilles produisent de la cire qui entre dans un grand nombre de compositions pharmaceutiques et dont il serait difficile de se passer dans plusieurs industries. On faisait autrefois des bougies de luxe, dites bougies d'Antony, avec de la cire blanchie à la rosée. Depuis les beaux travaux de M. Chevreul sur les corps gras et sa découverte de la stéarine, on ne fabrique plus guère de bougies de cire. Cette substance, d'un prix assez élevé, est réservée pour l'éclairage des autels.

Les CANTHARIDES (*Litta vesicatoria*), appelées vulgairement *mouches cantharides, mouches de Milan, mouches d'Espagne*, sont des coléoptères qui rendent de très-grands services à la médecine lorsqu'on a besoin d'employer des vésicants.

Le MELOÉ (*Meloe proscarabæus*) de l'ordre des coléoptères, est un insecte à abdomen très-développé et à élytres

(1) Au moyen âge les communications de la province avec Paris étaient rares, les chemins impraticables et le vin y arrivait difficilement, on n'en voyait que sur la table des grands. Les bourgeois aisés de cette grande cité naissante, avant la *cervoise* (sorte de bière), ne connaissaient d'autre boisson, que l'hydromel. Aujourd'hui leurs descendants ont oublié jusqu'au nom de cette liqueur, qui cependant figure encore sur le tarif des octrois de la ville de Paris.

assez courtes, surtout dans les femelles ; il se traîne
dans les lieux arides et incultes, et, lorsqu'on le saisit, il
rejette par la bouche une liqueur verdâtre. Les méloés
étaient jadis fort employés en médecine pour la prépa-
ration d'une sorte de pommade épispastique, appelée
onguent de scarabées. Aujourd'hui, son usage est à peu
près abandonné.

Citons encore une espèce d'hémiptère de la tribu des
Coccides.

Le KERMÈS DU CHÊNE VERT (*Chermes ilicis*). Il ressemble
aux kermès de nos arbres fruitiers et jouissait jadis
d'une grande réputation pour réparer les forces épui-
sées. On en faisait un sirop dit *sirop alkermès*, et une
espèce d'opiat appelé *confection alkermès*. De nos jours,
il n'est plus employé qu'à colorer cette liqueur bien
connue des touristes, sous le nom d'*Alchermes liquido*,
et vendue si cher par les religieux du couvent de
Sainte-Marie-Nouvelle à Florence.

USAGE DES INSECTES POUR L'ALIMENTATION DE L'HOMME.

L'homme, poussé par la faim, n'étant pas, comme les
animaux, dirigé par l'instinct, a dû, dans les temps
primitifs, essayer de manger de toutes les substances
organiques à sa portée. L'expérience et son intelligence
lui apprirent à distinguer le bon du mauvais.

Selon la Bible, les Israélites, après leur fuite de la
terre d'Egypte, vivaient de *manne* qu'ils recueillaient

3

dans les déserts de l'Arabie, substance mucoso-sucrée qui se produit encore de nos jours, et qui, selon le savant Ehrenberg, est le résultat de la piqûre d'une espèce de kermès (*Chermes manniparus*) sur un *tamarix*. Cette matière se concrète pendant la fraîcheur de la nuit et se liquéfie à l'ardeur du soleil. Les Israélites, malgré leur sobriété, mangeaient sans doute quelque autre chose, car il n'est pas supposable que cette nourriture seule ait pu soutenir leurs forces pendant quarante années. Le même *tamarix*, le même kermès existent toujours en Arabie et dans le Dongola ; la sécrétion produite par la piqûre de l'insecte est toujours comme au temps de Moïse, mais les habitants n'en font aucun usage aujourd'hui.

Nous lisons dans l'Écriture que saint Jean, fils de Zacharie, s'est nourri longtemps de sauterelles (*Acridium migratorium*). Les Grecs appelaient acridophages des populations entières qui en vivaient ; il y a encore certaines contrées de l'Afrique où les indigènes recueillent ces insectes dévastateurs pour les manger. Olivier et Bruguères, envoyés en Perse à la fin du siècle dernier, ont vu vendre sur les marchés de Bagdad ces Orthoptères par sacs comme des céréales. On les faisait moudre et on en préparait une sorte de brouet. On mange aussi les sauterelles cuites comme des crevettes, dans l'eau avec un peu de sel, ou simplement grillées.

Au Mexique, on recueille aux bords des grands lacs, les œufs de deux espèces de punaises aquatiques (*Coryxa* et *Notonecta*), qui y sont excessivement communs ; pour les obtenir plus facilement et en quantité, les Indiens placent dans l'eau des brins de jonc ou de roseau sur les-

quels les femelles de ces insectes viennent déposer leurs
œufs ; au bout de quelques jours, ils en sont entièrement
couverts. Alors, on les retire de l'eau et on détache les
œufs avec une brosse, pour les faire sécher et les conserver. On en fait des gâteaux et des potages. M. Guérin-
Menneville nous a montré de ces œufs assez semblables
à des grains de semoule.

Les Romains, au rapport de Pline, considéraient comme
une nourriture de luxe, la larve du *Cossus*. Voici comment
il s'exprime (liber 17, caput 37) au sujet de cette frian-
dise. « *Vermiculantur magis minusve quædam arbores
omnes tamen fere : idque aves cavi corticis sono experiun-
tur. Jam quidem et in hoc luxuria esse cœpit : prægrandes-
que roborum delicatiore sunt in cibo : cossos vocant : atque
etiam farina saginati, hi quoque altiles fiunt...* (1) » Est-ce
bien du cossus gâte-bois qui perfore les arbres de nos
boulevards, dont Pline a voulu parler, ou n'est-ce pas
plutôt de la larve de quelque grand Capricorne, tel que
le *Cerambyx Heros*, autrefois si commun sur les vieux
chênes du bois de Boulogne? Ce qui, contre l'opinion
de Linné et de Fabricius, autoriserait à le croire, c'est
que Pline ajoute : « *Omnes tamen in cerastem figurantur
sonumque edunt parvuli stridoris* (2). »

(1) Presque tous les arbres sont perforés par les vers, mais
pas tous au même degré ; les oiseaux savent parfaitement reconnaître au son creux que rend l'écorce sous leur bec ceux
qui renferment des larves ; les plus grandes qui vivent dans
le tronc des chênes sont aujourd'hui considérées comme un
mets de luxe : on les appelle Cossus ; on augmente leur qualité
en les engraissant avec de la farine.

(2) Toutes ces larves se transforment en un *Céraste* (Capricorne),
qui fait entendre une petite stridulation.

Aux Antilles, à la Guyane et ailleurs, on mange les grosses larves du charançon palmiste (*Calandra palmarum*) et celle d'un gros capricorne. On les roule dans de la farine et on les fait frire comme des goujons, ou l'on en fait simplement des brochettes que l'on fait rôtir devant le feu. Des personnes qui en ont goûté, nous ont assuré que c'est un mets très-délicat comparable à du gras de jambon.

Les indigènes des environs de Natal et du pays des Amazoulous sont très-friands d'une grosse chenille velue, qui vit en familles nombreuses sur une espèce de *mimosa*. Ils la font rôtir pour griller les poils, et, lorsqu'ils la trouvent cuite à point, ils la mangent avec délices. C'est même, selon Delegorgue, le célèbre chasseur d'éléphants et d'hippopotames, la seule cause qui l'ait empêché, lorsqu'il était chez le roi Panda, d'obtenir autant d'insectes parfaits qu'il l'aurait désiré. Lorsqu'il découvrait sur un *mimosa* une famille de ces chenilles prêtes à se métamorphoser et qu'il revenait le lendemain pour en recueillir quelques exemplaires, il ne trouvait plus que des Cafres attablés au pied de l'arbre.

Les Chinois, plus civilisés que les Cafres, tirent un excellent parti des vers à soie dont ils ont dévidé le cocon. Ils les pralinent dans du sucre et les servent sur leurs tables comme des dragées.

Dans la Nouvelle-Grenade, sur les marchés de Bogota, où la civilisation est aussi avancée que dans nos villes d'Europe, on vend à certaines époques de l'année, par petites mesures, comme des noisettes ou des châtaignes, les chrysalides d'une grande hespérie dont la chenille est fort commune sur plusieurs espèces d'*Acacia*. On les fait cuire à l'eau avec un peu de sel et de piment (*Capsicum*).

Le docteur Vinson rapporte que, pendant que l'ambassade française dont il faisait partie, assistait au couronnement de Rhadama II, il remarquait avec une certaine curiosité le fils de ce malheureux roi, enfant de 10 à 12 ans, croquant comme des amandes, pendant la cérémonie, les chrysalides d'une espèce de bombyx propre à Madagascar, peut-être le même que celui que nous avons décrit autrefois sous le nom de *bombyx Rhadama*.

On ne sert aucun de ces plats sur nos tables européennes, mais on y voit figurer d'autres animaux, qui sont toujours du ressort de l'entomologie et font partie des insectes aptères de Linné. Tels sont les homards, les langoustes, les écrevisses, les palémons, les crevettes, etc. Qui sait si, dans deux mille ans, la postérité ne s'étonnera pas que nous ayons fait nos délices de ces sortes d'insectes, comme les Anglais s'étonnent, de nos jours, que, dans quelques contrées de la France, l'on mange des escargots et des grenouilles ?

UTILITÉ DES INSECTES DANS L'INDUSTRIE.

L'insecte le plus utile à l'industrie, et dont le produit est devenu l'une des branches les plus importantes du commerce, est, sans contredit, le Bombyx du mûrier, qui file nos étoffes de luxe. Sa chenille, connue de tout le monde sous le nom de *ver à soie*, est élevée en domesticité depuis les temps les plus reculés par les Chinois. Sous l'in-

fluence de cette longue domestication, le bombyx du
mûrier a subi de telles modifications que l'on ne connaît plus le type sauvage ; il est de tous les bombyx fi-
leurs celui qui donne la meilleure soie et celui dont l'éducation se fait le plus facilement. Malheureusement, depuis
plusieurs années, et on ne sait pas au juste sous qu'elle
influence les vers à soie périssent en grand nombre, par
diverses épidémies. Dans cet état de choses, on a cherché à
remplacer le bombyx du mûrier par d'autres bombyx séricigènes du genre *Saturnia*. MM. Eugène Robert, Cha-
vannes et surtout M. Guérin-Menneville ont fait à ce sujet
de nombreux essais dont le résultat, sans être négatif,
n'est pas encore de nature à rassurer complétement nos
magnaniers.

Le premier sur lequel on avait fondé quelques espérances, est la *Saturnia Mylitta,* appelée *toussah* par les Indiens. Ce grand Bombycite sur lequel nous avons
publié en 1859 une petite notice dans les Annales de la
Société entomologique, donne un cocon souvent plus
gros qu'un œuf de pigeon, composé d'une soie très-forte
et abondante, mais qui n'est pas apte à faire ces beaux
tissus que l'on obtient avec la soie de Chine. Les Indiens
en font des étoffes grossières qu'ils appellent *korah*, employées par les Européens qui résident au Bengale pour
vêtements d'été et pour couvrir des meubles. Au reste, le
toussah ne s'élève pas en domesticité dans l'Inde, comme
nos vers à soie. On recueille les cocons à l'état sauvage,
et l'on fait accoupler les papillons dont on veut obtenir
la graine. Dès que les œufs sont éclos, on transporte les
petites chenilles dans les *jungles* (bois épais), et on les
place sur les arbres destinés à les nourrir, dont les prin-

cipaux sont les *terminalia alata* et *tomentosa*, quelques *zizyphus* et surtout une plante que nous ne connaissons pas, qui porte le nom hindostani de *koosun* (1); lorsque l'éducation est terminée, les Indiens détachent les cocons, les entassent dans des corbeilles ou des sacs, et les portent au marché, puis ils coupent les arbres à la hauteur d'environ 1 mètre pour la commodité des gardiens qui doivent surveiller les chenilles l'année suivante. Le *toussah* abonde dans une grande partie du Bengale jusqu'à l'Himalaya, principalement dans les districts de Ramgurh et Hazarubaugh.

Nous avons vu des cocons de toussah éclore à Paris dans les serres du jardin des plantes; mais malheureusement il a été impossible de les naturaliser, faute d'une nourriture et d'une température convenables.

On utilise aussi dans l'Inde, aux environs de Sylhet, le cocon d'une autre saturnie, quoiqu'il soit moins riche en soie que celui du toussah. A la fin de 1853, cette espèce que nous avons appelée *Saturnia Ricini* a été introduite en France et les premiers individus sont éclos également au jardin des plantes. On les a conservés et multipliés pendant quelques années. Mais, comme les générations de cet insecte sont très-rapprochées, et que, chez nous, le ricin ne conserve pas ses feuilles pendant

(1) M. Garcin de Tassy, membre de l'Institut et professeur d'hindostani, que nous avons consulté à ce sujet, nous a remis la petite note suivante : « *Koosun* ou plutôt *Kooshoom* (Kûsûm), est le nom du *carthamus tinctorius*. J'ai vérifié la chose exactement. » Si, comme nous avons toute raison de le croire, le *koosun* est bien le carthame, on pourrait peut-être élever cette espèce dans le Midi où la plante croît naturellement.

l'hiver, comme dans le royaume d'Assam, on a été obligé de renoncer à son éducation.

En 1858, M. Guérin-Menneville, qui, comme nous l'avons déjà dit, s'occupe spécialement de la question des vers à soie, fit venir de la Chine une espèce moins délicate, la *Saturnia Cynthia*, ver à soie de l'Ailante, que l'on élève aujourd'hui très-facilement avec les feuilles du vernis du japon, *ailantus glandulosa*. Cette espèce, fort voisine du *Ricini*, produit une soie dont on peut tirer un excellent parti.

Nous pensons que le ver à soie du chêne *(Saturnia Yama maï)* a plus d'avenir que toutes les saturnies précédentes. Il est originaire du Japon et du nord de la Chine, dont le climat a quelques rapports avec le nôtre; on peut le nourrir avec des feuilles de chêne ou de frêne. L'insecte parfait ressemble beaucoup au toussah avec lequel MM. Tatarinoff et Gaschkewitsch l'ont confondu ; mais il en est bien distinct par la forme du cocon, qui n'a pas, comme chez le toussah, une espèce de pédicule en forme d'anse. M. Guérin-Menneville l'élève avec succès et en a retiré une très-belle soie. C'est sans doute de cette Saturnide, que Latreille nous a parlé souvent, sous le nom de *ver à soie du chêne*, et dont il nous disait avoir vu le dessin entre les mains de son collègue, M. Huzard.

Outre les nouveaux vers à soie dont nous venons de parler et qui, dans l'Inde, la Chine et le Japon, fournissent une soie employée à fabriquer des étoffes solides, il y a d'autres papillons de la famille des bombycites dont les indigènes utilisent la soie. Telle est la processionnaire de Madagascar *(bombyx Rhadama)*, qui vit à la manière de nos Yponomeutes en familles nombreuses sous une grande tente de soie, dont les fils très-forts et presque inaltérables ne peuvent être dévidés ; les Hovas cardent cette soie comme de la filoselle et en font des tissus qui, dans les familles aisées, servent à vêtir les morts.

En dehors des insectes séricigènes il en existe d'autres très-utiles à l'industrie ; telles sont les espèces suivantes : *Cynips gallæ tinctoriæ*, espèce de petite mouche à quatre ailes qui pique les feuilles d'un chêne très-commun dans l'Asie Mineure, pour y déposer sa progéniture, et dont la piqûre produit ces excroissances connues dans le commerce sous le nom de *noix de galle*. On rencontre souvent, sur les chênes de nos bois, des excroissances analogues produites par un insecte du même genre, mais qui sont loin d'avoir la propriété de celles qui viennent du Levant. La noix de galle est une substance de première nécessité ; c'est la base de notre encre à écrire, et rien ne pourrait la remplacer pour la belle teinture noire.

Il existe encore un autre cynips (*Cynips ficus caricæ*), avec lequel on pratique en Orient la caprification (1), opération qui consiste à porter sur un figuier cultivé, des figues sauvages habitées par des *cynips*, lesquels en sortent tout chargés de pollen et pénètrent dans les figues dont on veut hâter la maturité. L'efficacité de cette méthode, qui n'est plus en usage que dans le Levant, est attribuée par certains auteurs uniquement à la piqûre du cynips, et non à la poussière fécondante que fournissent les fleurs mâles à l'entrée du calice commun. On sait, en effet, que, chez nous, les fruits piqués par des insectes

____

(1) Le nom de caprification vient de *caprificus*, figuier des chèvres, figuier sauvage.

mûrissent plus vite que les autres. Dans la Provence, on pratique un autre genre de caprification, on pique les figues que l'ont veut avancer, avec une aiguille ou un petit stylet de bois, trempés dans un peu d'huile d'olive. M. Rivière nous a appris que les cultivateurs des environs d'Argenteuil emploient le même procédé.

On élève, depuis des siècles, au Mexique, la cochenille (*Coccus cacti*) sur plusieurs sortes d'*Opuntia*, plus spécialement sur l'espèce appelée *Coccinellifera*.

Cet insecte ne prospère véritablement bien que dans son pays natal. On l'a transporté à Madère où il a réussi à moitié. On a aussi essayé son éducation en Algérie, mais avec peu de succès. La cochenille que, pendant bien des années, on a prise pour une graine, est l'une des branches importantes du commerce du Mexique. Elle fournit la plus belle couleur écarlate et c'est d'elle que l'on retire le carmin si employé de nos jours pour la peinture de la nature morte et la réparation de la nature vive.

On recueille dans l'Inde et au Sénégal une espèce d'Arachnide rouge (*Trombidium tinctorium*) qui, dans ces pays, est employée aux mêmes usages que la cochenille.

La cire d'arbre que l'on récolte en Chine et qui remplace très-bien la cire des abeilles, est produite par la piqûre d'un espèce de kermès (*Ceroplastus pe-la*) sur le *Rhus succedanea*, arbuste très-commun dans le Céleste Empire. Les Chinois, pour le multiplier, disposent sur les branches des petites bottes de paille ou de jonc d'une forme conique; les insectes viennent se loger sous cet abri, que l'on transporte au bout de quelques jours sur des arbres disposés à cet effet.

La *gomme-laque*, qui joue un si grand rôle dans l'industrie, est produite dans l'Inde et l'Indo-Chine par une espèce de cochenille (*Coccus Lacca*) dont la piqûre sur les *Ficus religiosa*, *Indica* et plusieurs autres espèces propres à ces contrées, ainsi que sur plusieurs espèces de *Croton*, détermine, sur ces plantes laiteuses, une sécrétion résineuse très-abondante qui se durcit et constitue après avoir été fondue la gomme-laque du commerce.

Les habitants de la côte de Guinée font une espèce de savon en broyant un carabique très-commun à certaines époques de l'année (*Hypolithus saponarius*), et en le pétrissant avec de la cendre de Baobab (*Adansonia digitata*).

EMPLOI DES INSECTES COMME OBJETS DE LUXE, POUR LA TOILETTE DES DAMES.

Depuis quelques années la mode des fleurs artificielles s'est un peu calmée, et aujourd'hui il est d'extrême bon genre de les remplacer par des oiseaux-mouches ornés des plus vives couleurs; mais il est encore de meilleur ton, dans les soirées du grand monde, d'employer des insectes aux reflets brillants, pour des coiffures de bal fort originales, que nos artistes savent arranger de diverses façons gracieuses. Ces objets étant en général d'un prix assez élevé, et n'étant pas par conséquent à la portée de toutes les dames, comme les fleurs et les rubans, ce luxe pourra durer encore quelques années.

C'est seulement dans l'ordre des Lépidoptères et des Coléoptères que l'on trouve ces *fleurs animales*.

Nous avons vu l'année dernière de ces magnifiques *papillons bleus*, à reflets métalliques si purs et si brillants; les *Morpho Rhetenor* et *Cypris*, destinés à être posés sur la tête de grandes dames pour la modique somme de 250 fr. chacun. Ont fait aussi usage de plusieurs autres beaux *Morphos* bleus de l'Amérique du Sud, tels que *Ménélas*, *Adonis*, et *Anaxibie*, etc.; ils coûtent moins cher et sont plus abordables aux femmes du demi-monde. Le reflet de tous ces papillons est d'un effet merveilleux aux lumières, le bleu des rubans paraît verdâtre à côté.

Les marchands *naturalistes*, dont la plupart sont fort habiles, ont l'art de les préparer et de les rendre assez solides en fixant leurs ailes avec un vernis à la gomme-laque sur de la gaze argentine. Dans cet état, s'il ne leur arrive aucun accident, ils peuvent servir pour deux ou trois soirées. On fait encore usage, pour coiffures, de papillons plus petits et qui ont aussi de très-beaux reflets d'un bleu changeant, tels que les *Chlorippes Laurence* et *Cyanophthalme*. Nous avons vu même des parures faites avec une espèce indigène, le *Polyommate de la verge d'or* dont la couleur d'un rouge-aurore rutilant était d'un bel effet.

Les principaux coléoptères qui aient la vogue pour coiffures, ou pour garnitures de robes, sont les suivants :

Le petit hanneton bleu, *Hoplia farinosa*, très-commun dans le centre de la France et dont les marchands vendent des milliers.

Puis viennent les espèces exotiques à reflets éblouissants, mais d'un prix beaucoup plus élevé, comme les *Chrysochroa divittata* et *dives* de la Chine ; le *Julodis equisignata* de Cochinchine, le *Pachyrhynque perlé* des îles Philippines, les *Entimus Imperialis et Augustus* du Brésil ; l'*Eumolpe* de Surinam ; le Colaspis *flavipes*, etc. On monte en épingles et en boutons la *Casside varioleuse* et le *Præpodes Regalis*.

INSECTES APTÈRES DE LINNÉ.

Les animaux par lesquels nous commençons, ne sont plus pour la plupart, comme au temps de Linné, considérés comme des insectes proprement dits. Les travaux des savants de notre époque ont apporté de grands changements à la classification de ce grand naturaliste et ont rendu bien moins hétérogène cette masse innombrable d'articulés, dont l'organisation offre de si grandes différences. L'anatomie a puissamment contribué à faire disparaître ce qu'il y avait d'incohérent dans cette réunion d'êtres aussi dissemblables, où se trouvaient des animaux à *six*, *huit*, *dix* et même à plus de *cent pattes* ; où les écrevisses, les crabes, les araignées, les acarus, les poux, les puces, faisaient partie de la même classe que les papillons, les guêpes et les hannetons. Il en résulte qu'aujourd'hui le mot *Aptère* n'est plus qu'un adjectif signifiant dépourvu d'ailes. Mais les gens du monde et nos cultivateurs, en général, peu au courant des nouvelles méthodes, regardent toujours comme des insectes les animaux en question. Pour cette raison, ainsi que nous l'avons déjà dit dans l'introduction, nous comprenons, dans un ouvrage destiné spécialement à des agriculteurs et à des horticulteurs, les espèces nuisibles ou utiles appartenant aux classes détachées des insectes par les entomologistes modernes.

Latreille (*Règne animal de Cuvier*) divise en trois classes les APTÈRES des anciens auteurs : les CRUSTACÉES, les MYRIAPODES et les ARACHNIDES. Il laisse les autres APTÈRES dans la classe des insectes, mais il en fait trois ordres : les THYSANOURES, les PARASITES et les SUCEURS. Ces trois derniers ordres ne renferment pas d'animaux nuisibles aux cultures; le premier a pour type les *Podures*, les *Lépismes*, entre autres, la *Forbicine* de Geoffroy, *Lepisma saccharina*, petit insecte très-vif, ressemblant à un petit poisson argenté. Tout le monde a vu courir dans les boîtes, les armoires, dans les vieilles boiseries, etc., ce petit animal qui nous vient, dit-on, de l'Amérique.

Le second ordre, celui des PARASITES, ne renferme que des insectes *épizoïques*, c'est-à-dire qui vivent sur des animaux vivants, comme les *poux*, les *liothées*, etc.; enfin l'ordre des SUCEURS est représenté par les différentes espèces de *puces*.

Iʳᵉ CLASSE. — CRUSTACÉS.

On appelle Crustacés, toute une série d'animaux articulés dont l'enveloppe externe est plus ou moins coriace,
le plus souvent même d'une apparence osseuse, et dépourvus, comme les insectes proprement dits, de squelette intérieur; exemple : les écrevisses, les crabes, les
homards, etc.

Quelques personnes, par la raison que ces animaux
vivent généralement dans l'eau (1), les regardent par
ignorance comme des poissons : absolument comme
les moines, qui considéraient comme tels, les sarcelles,
les râles, les canards sauvages, les macreuses, etc., parce
que ces oiseaux se tiennent habituellement sur les eaux.

Nous le demandons au plus ignorant, quelle analogie
y a-t-il, entre un poisson pourvu d'un squelette intérieur comme tous les autres vertébrés et qui se meut
à l'aide de ses nageoires, et une écrevisse qui a des pattes
pour marcher et des antennes comme les insectes ? Les
gens du monde et les pêcheurs désignent les crustacés
sous le nom de *Coquillages*, sans doute parce qu'ils comparent l'enveloppe coriace de ces êtres aux coquilles des
huîtres et des moules.

(1) Il y a aussi dans nos colonies des gros crabes appelés
Tourlourous, appartenant au genre *Gécarcin*, qui sont terrestres et
se retirent dans les trous comme des lapins. Une espèce, le
Carnifex, vit dans les cimetières. La chair du tourlourou est,
dit-on, aussi bonne que celle de la langouste.

Cette classe d'animaux ne nous fournit qu'une seule espèce nuisible aux cultures, plus particulièrement aux plantes cultivées en serres. Elle appartient à l'ordre des CRUSTACÉS ISOPODES, c'est-à-dire à pattes d'égale longueur. On la trouve partout, elle est connue de tout le monde, c'est le cloporte, *Oniscus asellus* de Linné.

Le cloporte est d'une couleur ardoisée plus ou moins

1. — Cloporte.

brune en dessus, blanchâtre en dessous, de forme ovalaire; sa tête est petite, distincte du premier anneau et pourvue de deux antennes coudées. Les pattes ou pieds sont au nombre de sept paires, terminées chacune par un petit ongle qui leur sert à s'acrocher et à grimper le long des murs et des pots de jardins. Chez les femelles il existe sous le ventre une membrane formant une espèce de poche destinée à contenir les œufs pendant l'incubation; ces œufs restent ainsi adhérents à la mère jusqu'au moment de l'éclosion, comme cela a lieu chez la femelle de l'écrevisse, *Astacus fluvialitis*. Les petits cloportes, quelques jours après leur naissance, sont presque blancs et ne commencent à prendre la couleur ardoisée qu'après la première mue.

Le cloporte, lorsqu'on le saisit, se roule en boule en se repliant sur lui-même, pour abriter sa partie ventrale qui est la plus sensible aux agents extérieurs; dans cet état il est arrondi comme un pois. C'est à cette particularité qu'il partage avec d'autres petits animaux du même groupe, qu'il doit son nom : *Cloporte* qui ferme sa porte.

Les cloportes sont nocturnes ; c'est pendant la

nuit qu'ils commettent leur dépredations. Quoiqu'on
ait dit qu'ils vivaient du détritus des végétaux,
ils mangent parfaitement bien les plantes vertes,
surtout les Orchidées dans les serres chaudes ; ils en sont
plus avides que des autres plantes. Dans les jardins, lorsqu'une plante herbacée est de nature à s'étaler en rosace sur un pot et à le recouvrir en partie comme certaines primulacées, saxifrages, etc., il n'est pas rare de
la voir dépérir et mourir de langueur. Si on dépote la
plante, on ne tarde pas à s'apercevoir que le collet
des racines est rongé par une famille de jeunes
cloportes.

Ces animaux aiment la vie en commun, ils se réunissent ordinairement en sociétés assez nombreuses ;
ils se tiennent cachés pendant le jour dans les crevasses
des murs, sous les écorces des arbres, sous les pierres,
sous les pots, sous les plantes et surtout dans les buis ;
dans les serres chaudes, non-seulement ils se réfugient
sous les pots ou dans quelque coin peu éclairé, mais ils
pratiquent dans les paniers ou corbeilles à Orchidées des
galeries au milieu de la mousse ou du *sphagnum*, d'où
il est fort difficile de les déloger.

Nous ne connaissons jusqu'à présent aucun moyen
pour bannir de nos jardins ces hôtes parasites ; pour
les détruire il faut les saisir ; dans les serres où leurs ravages sont plus à craindre qu'ailleurs, on les prend avec
des pommes de terre évidées et creusées en godet. On
les dispose de place en place comme de petites cloches ;
le matin on les visite, et presque toujours on y
trouve des cloportes qui sont venus s'y cacher pour y
passer la journée. Dans les jardins on en peut prendre

de grandes quatités en laissant pendant deux ou trois jours dans les allées, des mauvaises herbes provenant des sarclages ; lorsqu'on enleve ces tas d'herbes fanées on rencontre dessous des centaines de cloportes que l'on n'a plus que la peine d'écraser avec les pieds ; ce moyen n'est pas d'une propreté extrême dans un parterre d'agrément, mais c'est à notre connaissance le seul praticable avec succès.

Les Crustacés isopodes ou cloportes ne meurent pas comme les insectes après l'accouplement et la ponte, ils vivent plusieurs années et continuent de grossir. Ils paraissent n'avoir comme les écrevisses qu'une génération par an. Ils ont peu d'ennemis ; les oiseaux qui fréquentent nos jardins en sont peu friands ; les grenouilles, les salamandres terrestres, les crapauds, les musareignes, les hérissons et les scolopendres s'en accommodent assez bien et en détruisent une certaine quantité.

2ᵉ CLASSE. — MYRIAPODES.

La classe des myriapodes se compose d'animaux articulés pourvus de pieds plus nombreux que dans aucune autre classe, disposés par paires, et dont le nombre varié depuis 10 à 12 paires jusqu'à plus de cent cinquante. Ces êtres connus sous le nom vulgaire de *mille pieds*, de *bêtes à mille pattes*, sont terrestres et se tiennent pendant le jour cachés sous les pots ou dans leur intérieur, entre la terre et les parois, sous les pierres, sous les écorces des arbres, dans les fissures des murs, etc.; on les partage en deux familles dont la première porte le nom de *Diplopodes*.

FAMILLE DES DIPLOPODES.

Cette famille très-nombreuse en genres et en espèces est constituée par des animaux très-allongés, cylindriques, vermiformes, généralement d'une teinte roussâtre plombée ou d'une couleur noirâtre, d'une consistance crustacée comme les cloportes, munis de deux antennes peu allongées, et de pieds nombreux disposés régulièrement comme une petite frange des deux côtés du corps. Dans cette famille appelée par Latreille, celle des CHILOGNATHES, nous ne rencontrons de nuisible aux jardins que le genre *Iulus* de Linné.

GENRE IULE. IULUS Linné.

Les Iules habitent les lieux frais et humides. Ce sont
des animaux généralement inoffensifs, qui marchent lentement, et que l'on voit souvent, après les pluies, grimper sur les tiges ou à la base des arbres où ils se tiennent allongés comme des chenilles, dans les crevasses, ou
dans la mousse qui couvre les écorces. Ils sont plutôt
nocturnes que diurnes. Si on les touche, ils se laissent
tomber et se contournent en spirale comme des petits serpents. Les femelles déposent leurs œufs par paquets dans
la terre humide ou sous la mousse. Les petits après l'é-
closion sont blanchâtres, pourvus d'un très-petit nombre
de pattes, à peine visibles. Ce n'est qu'après les premières mues, qu'ils prennent leur couleur noirâtre ou
roussâtre et qu'ils sont munis de tous leurs pieds. Ils se
nourrissent en général de détritus de végétaux. Dans
notre climat les plus grandes espèces atteignent à peine
la grosseur d'un crayon et la longueur de cinq à six
centimètres ; mais dans les régions intertropicales on
en rencontre de plus gros que le doigt et longs de
quinze à vingt centimètres. Trois espèces d'iules sont
nuisibles aux jardins.

Iule des sables, iulus sabulosus Linn.

Il est un peu moins gros qu'une plume d'oie, long
d'environ six centimètres, d'une couleur noirâtre quelquefois un peu cendrée, avec le bord des segments un
peu plus pâle et deux lignes d'un roux ferrugineux,
parallèles, rapprochées, sur le dos. Il a quatre-vingt-

quatre paires de pattes. Cet iule que l'on rencontre partout, dans les bois, dans les marais et les jardins, s'introduit quelquefois dans les pots, ronge les plantes au collet de la racine et les fait périr de langueur comme les cloportes. A Paris où les jardins sont généralement secs, ce myriapode ne produit pas de grands dommages. Il n'en est pas de même de l'espèce suivante :

Iule des fraises, iulus fragariarum Lamarck.

Cette petite espèce est mince, longue, effilée, tout à fait vermiforme, d'une couleur brune assez pâle ; elle est marquée d'une série bilatérale de petites taches rougeâtres ou même d'un rouge vif ; elle se tient ordinairement sous le paillis dans les plantations de fraisiers ; elle s'introduit dans le fruit à l'époque de la maturité, dévore la pulpe et reste repliée dans l'intérieur comme un petit serpent. Le trou par lequel elle a pénétré n'est pas toujours très-grand ; aussi arrive-t-il souvent que des fraises sont cueillies sans que l'on se doute qu'elles contiennent des iules. On s'en aperçoit seulement en les mangeant à un craquement sous les dents. Ce petit myriapode préfère les grosses espèces de fraises, mais les petites qui sortent du *Fragaria vesca* n'en sont point exemptes : nous l'avons trouvé très-souvent à l'automne, dans la variété dite des quatre saisons.

L'iule dont nous venons de parler a été décrit primitivement par Bosc (*Bulletin de la société philom.*, en 1792), sous le nom de *guttulatus*, à cause des petites taches latérales rouges dont son corps est orné. Quelques années plus tard Lamarck (*Hist. nat. des. anim.*, t. V, p. 45) le fit connaître sous celui de *fragariarum* que nous avons conservé comme faisant mieux connaître ses mœurs; mais dans un ouvrage plus scientifique que le nôtre, on devrait adopter le nom donné par Bosc comme jouissant de la priorité.

M. Paul Gervais, un de nos zoologistes les plus distingués, en a fait un genre nouveau sous le nom de *Blaniulus* (*Bullet. de la Soc. philom.* 1836, p. 72), qui a pour unique caractère l'absence des yeux. Pour tout le reste, ce nouveau genre ne diffère pas beaucoup des iules proprement dits.

Iule terrestre, iulus terrestris Linn.

Ce petit iule se trouve en certains endroits, plus fréquemment que les deux espèces précédentes; il est plus petit que celui des sables; sa couleur générale est brune; il est très-luisant et ses antennes sont très-courtes. Il se rencontre souvent dans les jardins et se nourrit, à l'occasion, des fruits tombés des arbres. Geoffroy (*Histoire des insectes des environs de Paris*) l'a décrit sous le nom d'*iule à deux cents pattes*.

Notre bon et estimé collègue le Dr Andry qui a rempli avec tant de zèle, pendant nombre d'années, les fonctions de secrétaire général de notre Société d'horticulture, nous a remis plusieurs exemplaires de ce myriapode trouvés par lui dans son jardin.

Dans les serres chaudes, sous les pots enfoncés dans la tannée des bâches, l'on rencontre deux autres espèces d'iules observés fréquemment au Jardin des Plantes par M. Gervais; comme ils ne se trouvent nulle part ailleurs aux environs de Paris, et qu'ils ont une certaine ressemblance avec une espèce de l'île de la Réunion, ce savant suppose, avec quelque raison, qu'ils ont été importés de l'étranger avec des plantes exotiques, et que, se trouvant dans un milieu convenable, ils s'y sont naturalisés et continuent de s'y multiplier. Nous verrons dans la suite que plusieurs petits animaux articulés vivant dans nos serres sur certains végétaux exotiques, nous viennent aussi de l'étranger.

Les deux iules en question, sont l'iule de Decaisne, *iulus Decaisneus*, mince, allongé et d'un gris lilas; l'autre, l'iule lucifuge, *iulus lucifugus*, est plus petit que l'*iule terrestre* de nos jardins et d'une couleur blanchâtre. Aucun fait jusqu'à présent ne démontre que ces deux myriapodes, nocturnes comme leurs congénères, occasionnent quelque dommage dans les pots. Peut-être se nourrissent-ils exclusivement de tannée en décomposition.

FAMILLE DES CHILOPODES.

La famille des Chilopodes que l'on pourrait appeler *Kilopodes* (mille pieds), comprend tous ces myriapodes connus par les anciens auteurs sous le nom de *Scolopendres*. Le corps de ces articulés est aplati, déprimé, composé d'anneaux imbriqués, non crustacés comme dans les iules; leur tête est bien distincte, plus ou moins cordiforme et porte une paire d'antennes composées d'un grand nombre d'articles; les pattes sont nombreuses et disposées latéralement le long du corps.

Ces animaux courent vite en faisant des ondulations
et en serpentant ; ils sont généralement carnassiers et
se nourrissent de podures, de lepismes, d'araignées, de
cloportes, de lombrics, de chenilles, de limaces, etc.
Ce sont pour la plupart des insectes utiles qu'il faut respecter dans les serres chaudes et dans les jardins. On
les trouve sous les pierres, les pots, le bois pourri, les
mousses, les feuilles sèches, entre les fissures des vieilles
cloisons et quelquefois jusque dans l'intérieur des habitations ; ils déposent leurs œufs par petits tas dans la
terre ou sous les débris des végétaux. Les petits en naissant ont une couleur beaucoup plus pâle que les adultes
et le nombre de leurs anneaux s'accroît souvent avec
l'âge. La morsure de plusieurs espèces est quelquefois
douloureuse : chez quelques grandes scolopendres exotiques, elle est plus terrible que la piqûre du scorpion.
Ces myriapodes sont répandus sur tout le globe : on en
connaît plus de trois cents espèces ; en France, il n'y en
a qu'un petit nombre appartenant aux genres suivants :

GENRE SCUTIGÈRE. SCUTIGERA Lamarck.

Corps allongé, point vermiforme ou linéaire, paraissant divisé en dessus en huit segments et en dessous en
quinze anneaux portant chacun une paire de pattes; antennes très-longues ; pieds allongés, surtout ceux de la
partie postérieure du corps.

Scutigère coléoptrée, scutigera coleoptrata Fabr.

Cette espèce, qui est bien la scolopendre à 28 pattes
de Geoffroy, a le corps moins aplati et moins déprimé

que celui des scolopendres proprement dites, un peu rétréci en pointe à son extrémité; les antennes sont à peu près de la longueur du corps, composées d'une multitude de petits articles; les pattes sont grêles et très-longues, surtout les postérieures; elles égalent presque la longueur du corps; elles se désarticulent au moindre contact et jouissent encore, après avoir été détachés, d'une contractilité pareille à celles des Arachnides à longues pattes, appelées *faucheurs*. On trouve cette scutigère sous les vieilles caisses, quelquefois sous les pots, entre les vieilles planches, dans les greniers et les lieux peu fréquentés des maisons; elle ne se montre que la nuit. On la voit alors courir fort vite à la recherche d'araignées, de cloportes et autres insectes dont elle fait sa nourriture; elle pique ces petits animaux avec le crochet de sa bouche et le venin qu'elle inocule les tue subitement. C'est surtout après les temps orageux et pluvieux qu'on la rencontre le plus fréquemment. Dans les serres les scutigères sont très-utiles pour faire la chasse de nuit aux cloportes.

Le genre scolopendre tel qu'il a été réduit par les les savants qui se sont occupés spécialement de ces chilopodes, tels que MM. Brandt, Latreille, Newport, Gervais, etc., ne se trouve pas aux environs de Paris. Quatre à cinq espèces habitent le midi de l'Europe et une centaine les pays étrangers.

GENRE CRYPTOPS. CRYPTOPS Leach.

Ce genre est établi sur des petits myriapodes qui ressemblent entièrement aux scolopendres, sauf les yeux qui n'existent pas. Leur corps est aplati, formé de vingt et un segments ; les antennes sont de longueur moyenne, moniliformes, composées de dix-sept articles.

Nous trouvons dans nos jardins sous les pots et les feuilles mortes deux espèces vivant aux dépens des lombrics, des limaces et des chenilles; ce sont :

Cryptops des jardins, cryptops hortensis Leach.

D'un roux ferrugineux avec la tête rétrécie en avant ; antennes et pattes velues.

Cryptops de Savigny, cryptops Savigny Leach.

D'une couleur fauve avec les antennes et l'extrémité plus ferrugineuses.

GENRE LITHOBIE. LITHOBIUS Leach.

Ce genre est encore un démembrement des *Scolopendres* de Linné. Il a pour caractères : un corps composé de dix-sept segments sans compter la tête, alternativement plus petits et plus grands ; des antennes moniliformes de 20 à 40 articles ;- quinze paires de pattes. Nous ne trouvons aux environs de Paris que l'espèce suivante :

Lithobie à tenailles, lithobius forcipatus Gervais.

Cette espèce est la scolopendre à trente pattes de Geoffroy. C'est la plus grande espèce de chilopode que

nous ayons dans nos jardins ; elle est d'une couleur jaune
un peu roussâtre ; ses pattes sont bien développées, celles
de la dernière paire sont plus longues, dirigées en arrière et forment une espèce de queue fourchue. Elle
court fort vite, souvent en serpentant. Sa nourriture se
compose de cloportes, limaces, lombrics et chenilles.
Lorsqu'on veut la saisir, elle se retourne pour mordre et
occasionne chez quelques individus une certaine douleur,
mais dont la suite n'est jamais sérieuse, si ce n'est pour
les petits animaux qu'elle tue ou paralyse.

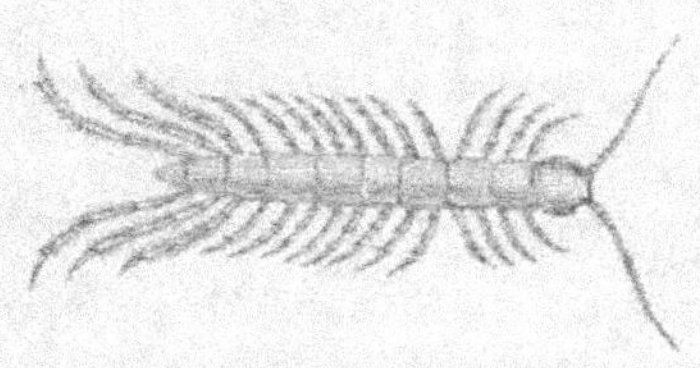

2. — Lithobie à tenailles.

On trouve cette lithobie très-fréquemment dans les
parcs, les bois et les jardins, elle recherche les endroits
obscurs, d'où elle ne sort que la nuit ; pendant le jour,
elle se tient cachée sous les pots, sous les caisses et les
feuilles mortes. C'est une amie des horticulteurs.

GENRE GÉOPHILE. GEOPHILUS.

Corps très-long, très-mince, linéaire, formé d'un très-
grand nombre d'anneaux (plus de quarante) ; antennes de
14 articles ; pattes très-nombreuses, courtes, de longueur

égale, de 40 jusqu'à plus de 150 paires ; yeux nuls ou peu distincts. Les géophiles sont des espèces de petites *bêtes à mille pattes* connues de tous les jardiniers. Ils se tiennent dans la terre et dans les pots à fleurs ; lorsqu'on les touche ils se pelotonnent et cherchent à mordre ; mais leur morsure est moins sensible que celle des lithobies ; quelques espèces sont phosphorescentes. Ils se nourrissent de lombrics et de chenilles. Nous avons mis plusieurs fois des chenilles dans un pot ou dans une boîte avec des géophiles , le lendemain , toutes les chenilles étaient mortes ou dévorées et souvent ce myriapode était enroulé autour du cadavre d'une de ses victimes. Au reste, ils sont fort inoffensifs et nous rendent des services ; nous en exceptons les deux espèces suivantes.

Il en est une, probablement celle appelée par Geoffroy *la scolopendre à 144 pattes*, qui a parfois produit des accidents très-graves. Ce géophile ou une espèce voisine, s'est quelquefois introduit par le nez dans les sinus frontaux de l'homme, et a déterminé, pendant plusieurs années, des douleurs atroces que rien ne pouvait ni combattre ni apaiser.

M. le Dr Robineau Desvoidy, auteur de beaux travaux sur les Muscides et observateur très-clairvoyant, nous a envoyé de St-Sauveur une espèce de géophile qui avait vécu 21 mois dans les sinus frontaux d'un pauvre journalier devenu étique à force de souffrir et d'être privé de sommeil. Un beau matin, il va trouver Robineau et lui apporte une scolopendre toute vivante qu'il avait rendue en se mouchant à la suite d'une prise de tabac qu'il avait aspirée avec force pour calmer la douleur qu'il ressentait dans le côté de la tête. Les souf-

frances cessèrent immédiatement et la guérison fut instantanée.

Quelque temps après, le Dr Descuret, l'auteur de la
Physiologie des passions, nous apporta un géophile qu'une
dame avait gardé, pendant plus de deux ans, également
dans les sinus frontaux. La souffrance était si grande
qu'elle en était presque devenue folle. Sans son mari,
dit M. Descuret, elle se serait jetée par la fenêtre ; elle
n'obtenait un peu de soulagement qu'en respirant de
l'éther. Elle répétait sans cesse qu'elle avait *une bête*
qui lui rongeait la cervelle et qu'elle voulait en finir. Un
jour, après une forte inhalation de ce liquide, M. Descuret vit sortir de la narine gauche de cette dame une
espèce de scolopendre qu'il ramassa sur son oreiller.
Nous conservons encore ce myriapode, long de près de
trois pouces. Inutile de dire que la dame en question
fut guérie aussi vite que le malade du Dr Robineau.

Notre bon et zélé collègue, Alexandre Lefebvre, entomologiste bien connu, a communiqué à la Société
entomologique de France en 1833 un fait analogue.
M. Schoutetten en a signalé un semblable dans les
Comptes rendus des travaux de l'Académie de Metz. On
trouve aussi dans les *Mémoires de l'Académie des sciences
de Paris*, 1708 et 1733, deux cas de ce genre.

C'est évidemment lorsque l'on s'endort par terre sur
une pelouse ou dans un bois, que ce petit animal s'introduit dans la cavité nasale. *La bête à mille pattes* dont nous
venons de parler, appartient à l'espèce appelée par Linné
Scolopendra electrica. Elle n'est pas rare dans les bois et
les jardins ; elle est de couleur brune ou roussâtre.

Géophile frugivore, geophilus carpophagus.

Long d'environ six à sept centimètres, tête, antennes et extrémité du corps fauve, dessus du dos d'un roux violacé. On le trouve quelquefois logé dans les prunes, les abricots et même dans les pêches, mais bien plus rarement.

3ᵉ CLASSE. — ARACHNIDES.

Cette classe renfermant une immense quantité d'espèces, tant indigènes qu'exotiques, formait autrefois le grand genre *Aranea* de Linné, et comprenait tous les petits animaux appellés vulgairement des *araignées*. Aujourd'hui on la divise en deux ordres : les ARANÉIDES et les ACARIDES, subdivisés en plusieurs tribus et en beaucoup de genres.

L'ordre des ARANÉIDES, qui comprend les araignées proprement dites, étant bien connu des horticulteurs, nous exposerons succinctement les caractères qui lui sont propres, afin qu'ils ne les confondent pas avec d'autres petits animaux sans ailes, comme les *Acarus*, par exemple, qui appartiennent au second ordre des Arachnides.

Antennes nulles; corselet d'une seule pièce réuni à la tête; celle-ci pourvue de quatre, six ou huit yeux; organes de la manducation situés au-dessous de la partie antérieure du corselet; deux mandibules en pinces munies d'un onglet; deux mâchoires pourvues de deux palpes de cinq articles; huit pattes de sept articles, terminées chacune par deux ou trois griffes; abdomen suspendu au corselet par un pédicule d'une seule pièce, terminé vers l'anus par un certain nombre de mamelons ou filières destinées à élaborer la soie.

Les araignées, après l'accouplement, pondent un très-grand nombre d'œufs renfermés dans une petite pelote de soie arrondie, très-solide, imperméable à l'eau, tantôt blanche, tantôt grisâtre, tantôt verdâtre ou jaune, et quelquefois recouverte de grains de terre. Les petits, en sortant de l'œuf, sont déjà à l'état complet et ne subissent aucune métamorphose, seulement ils changent de peau plusieurs fois.

Les araignées, pour parler le langage ordinaire, sont carnassières; elles se nourrissent de différentes sortes d'insectes ; les unes sont chasseresses et courent sur la terre à la recherche de leur proie ; les autres moins agiles vivent dans des trous à la porte desquels elles dressent des piéges ; beaucoup d'espéces tendent des filets dans les arbres et les arbustes de nos jardins ou sur les plantes basses, ou même dans nos habitations, pour attraper les mouches et les petits papillons qui ont l'imprudence de se jeter ou de s'accrocher à ces rets, appelés *toiles d'araignée*. Il y a peu d'animaux doués d'autant d'intelligence. Rien n'est plus curieux que l'industrie des araignées.

Tout le monde a remarqué ces araignées tantôt noirâtres, tantôt grisâtres, tantôt d'un jaune citron, tantôt blanchâtres et quelquefois vertes, courant sur la terre dans les champs, les jardins, les prairies ou sur les plantes, à la poursuite de quelque petit insecte, et dont les femelles portent avec elles leurs œufs renfermés dans une petite boule de soie. Celles-ci ne font point de toiles, elles sont vagabondes, elles ne nuisent aucunement aux horticulteurs; au contraire, elles font la guerre à certains insectes nuisibles, notamment aux larves des *mouches à scie*.

Chacun connaît aussi l'industrie de quelques espéces qui filent et tissent des toiles horizontales, comme l'araignée domestique des maisons, et celles qui les tendent verticalement dans nos jardins en les attachant aux arbustes, aux rosiers et aux plantes d'automne. Ces filets sont disposés de façon à ce que les insectes puissent s'y accrocher lorsqu'en voltigeant ils donnent dans le piège. L'araignée, qui ordinairement se tient en embuscade au milieu de sa toile ou cachée dans quelque coin, se jette aussitôt sur sa proie, l'emmaillotte et la garrotte avec des fils de soie. Si elle est affamée, elle la dévore sur-le-champ; dans le cas contraire, elle la tient en réserve pour la sucer plus tard. Ensuite elle rejette le cadavre de la victime et se met à réparer sa toile. Ces sortes d'araignées attachent à leur toile le cocon soyeux qui contient les œufs. Il y a aussi des araignées bien connues qui ont la faculté de faire de petits sauts : on en a fait le genre *Attus*. Feu Walckenaer en décrit un grand nombre d'espèces dont plusieurs se trouvent en France et aux environs de Paris. Elles se tiennent dans des tuyaux de soie entre les feuilles ou même sous les pierres : elles ne font point de toile, elles chassent sur les feuilles ou à terre et se retirent dans leur habitation. Les femelles portent leurs œufs dans une petite boule de soie. La durée de la vie des araignées est de plusieurs années, mais on ne sait pas au juste quel est le terme de leur existence. Elles changent de peau comme les myriapodes.

Ces pauvres araignées, malgré les services qu'elles nous rendent, ont été bien calomniées; on les a accusées d'occasionner des empoisonnements, lorsqu'il s'en trouvait dans la boisson ou les aliments. On a dit que leur morsure était dangereuse et que même leur simple contact était venimeux. Il n'est pas rare de rencontrer des gens qui attribuent le moindre bouton sur le visage, sur le cou, etc., à une araignée qui a effleuré leur peau. On en voit d'autres qui regardent comme malfaisants les fruits sur lesquels elles se sont promenées. Cela tient à la répugnance qu'elles font éprouver à certaines personnes, à cause de leur couleur souvent assez livide, de leur longues pattes velues et de leur démarche peu gracieuse. On a même vu et l'on voit encore des personnes assez impressionnables pour se trouver presque mal si elles aperçoivent une araignée sur leurs vêtements, comme d'autres à l'aspect d'un reptile ou même d'une souris. On cite l'exemple de braves militaires dont l'idiosyncrasie était telle qu'ils ne pouvaient supporter la vue de ces animaux.

Pour ce qui est du poison, c'est une véritable fable. Les araignées n'empoisonnent pas plus ceux qui les avalent que s'ils avalaient une mouche. Plusieurs peuplades sauvages en sont très-friandes. Les habitants de la Nouvelle-Calédonie font leurs délices d'une grande espèce d'Épéire qui leur paraît d'un goût exquis. L'astronome Lalande et plusieurs autres ont mangé avec plaisir des araignées. Pour cela, on leur enlève les pattes et la tête, on lave l'abdomen pour le débarrasser de la poussière, on le frotte ensuite d'un peu de beurre et on le mange. L'espèce la plus délicate paraît être l'araignée domestique ; elle a, dit-on, un goût de noisette. Quant aux petites espèces, tout le monde en mange sans s'en douter. Il n'est personne qui, en avalant des grains de raisin à l'automne, n'ait englouti, en même temps, beaucoup de petites araignées appartenant au genre *Théridion*.

On prétend même que certaines arachnides ont une propriété aphrodisiaque. Feu le baron Larrey (*Journal de pharmacie et des sciences accessoires*, 1822, p. 250) rapporte l'histoire d'une femme qui voulant se défaire de son mari et croyant, d'après le préjugé général, les araignées venimeuses, mit huit grosses araignées noires dans ses aliments, à son insu. Loin d'être empoisonné, le mari se trouva beaucoup plus animé et fit goûter les plaisirs de l'amour à celle qui voulait lui donner la mort. Walckenaer dit que, dans certaines contrées de l'Amérique du Sud, les femmes réduisent en poudre des araignées et mettent cette poudre dans les aliments de leurs maris pour exciter leur ardeur. Dans d'autres pays, il y a des femmes qui avalent des araignées lorsqu'elles désirent des enfants.

Relativement à la morsure des araignées, il y a bien quelques faits, mais ils ont été singulièrement exagérés. Quelque violent que soit l'effet de leur venin sur les insectes qu'elles piquent, ce venin, dans les espèces de nos contrées, n'a pas une action bien prononcée sur l'homme ; les piqûres mêmes des plus grandes espèces ne sont pas plus sérieuses que la piqûre d'une abeille ou d'un cousin. La douleur disparaît sans autre accident. Dans les pays chauds où il existe de grandes espèces d'araignées, leur morsure est plus dangereuse et occasionne quelquefois un peu de fièvre. Des auteurs du XVIᵉ et du XVIIᵉ siècle ont même prétendu qu'il y avait eu des cas qui s'étaient terminés par la mort, ce qui est peu croyable. Tout le monde a entendu parler de cette grosse araignée de la Pouille assez commune aux environs de la ville de Tarente (*Lycosa Apuliæ*), et appelée, pour cette raison, la

Tarentule. On a écrit des volumes sur la piqûre de cette lycose et sur la maladie dite *Tarentisme*.

Il est regrettable que des médecins aussi sérieux que Boccone , Valetta, Valentini, n'aient pas fait complétement table rase de toutes ces exagérations.

On prétendait que, lorsque quelqu'un était mordu par une tarentule, au temps des journées les plus chaudes de l'été, il en résultait un spasme soudain, un froid mortel, puis une chaleur accompagnée de fièvre et d'un délire qui donnait une sorte de folie gaie à celui qui en était atteint. Le malade criait, riait, dansait en faisant toutes sortes de contorsions extravagantes ; pour le guérir, on lui jouait une sorte de pastorale nommée la *Tarentola* et on le faisait danser jusqu'à ce qu'il tombât de fatigue ; alors on le couchait, et, après une abondante transpiration il était guéri. Le temps a fait justice de ces fables des siècles passés. La *tarentule* existe toujours dans l'ancien royaume de Naples ; elle produit quelquefois la fièvre chez certains individus qui en ont été piqués, particulièrement chez les femmes nerveuses, mais la guérison s'obtient facilement à l'aide de quelques sudorifiques, sans musique. De tout cela il ne nous reste plus qu'une chose : la *Tarentelle*.

Nous pourrions encore ajouter, pour rassurer les personnes qui craignent le venin des araignées, ce qu'en dit un célèbre naturaliste enlevé trop tôt à la science et à ses amis, le docteur Dugès de Montpellier (*Annales des sciences naturelles*, VI, p. 211) : « Nous avons souvent vu des araignées irritées, la *clubiona nutrix* surtout, lorsqu'elle défendait ses petits , émettre une gouttelette, parfaitement limpide, par la fente de leurs crochets, redressés et prêts à frapper l'ennemi qui avait violé leur domicile, et les excitait par de nouvelles attaques. La propriété délétère de cette humeur est assez démontrée par les effets qu'en ressentent les insectes piqués, ne fût-ce que par une patte, ainsi que l'observe avec toute raison Treviranus.

» Nous avons voulu pousser plus loin nos observations et, à l'imitation de quelques zélés naturalistes, éprouver sur nous-même les effets de leurs morsures. Plusieurs fois des *Épéires*, des *Ségestries* et autres nous ont fait sentir un pincement peu douloureux, l'épiderme n'ayant pas été traversé. La *Dysdère érythrine*, plus petite, mais pourvue de crochets proportionnellement plus longs et surtout plus aigus, a produit plus d'effet sur nos doigts : une cuisson vive, mais très-passagère, a été le résultat de cette piqûre. La *Clubione nourrice*, choisie de la plus grande taille, puissamment armée et pourvue de grosses glandes, n'a produit également que des piqûres si fines et si superficielles que j'aurais cru l'épiderme intact, sans le vif sentiment de cuisson, le petit gonflement et la rougeur qui se montraient à chaque endroit pressé par la pointe des crochets. Ces effets durèrent à peine une demi-heure. Enfin une grande araignée dite des caves, *Segestria perfida*, appartenant à une espèce réputée venimeuse dans nos pays tempérés, a été choisie pour sujet d'expérience principale : elle avait neuf lignes de long, mesurée des mandibules aux filières. Saisie entre les doigts du côté du dos, par les pattes ployées et ramassées ensemble (c'est ainsi qu'il faut prendre les araignées vivantes pour éviter leurs piqûres et s'en rendre maître sans les mutiler), je la posai sur de trois pouces de longueur, a été étranglé en dix minutes, malgré sa vive résistance. »

Nous avons dit qu'en général les araignées, dans les jardins, devaient être considérées comme des êtres bienfaisants, qui nous débarrassent d'une foule de tenthrédines, de cécidomyie, de cousins, de taons, etc. Il nous reste à dire quelques mots de certaines espèces en très-petit nombre nuisibles aux cultures ou incommodes dans les parterres d'agrément.

Épéire diadème. — Epeira diadema.

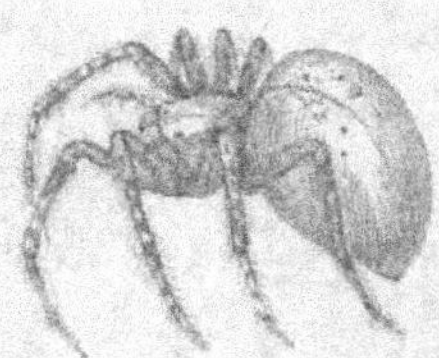

Cette espèce est l'une des plus communes dans les jardins, à l'automne. Elle a été appelée par Geoffroy *l'araignée à croix papale*. Le fond de sa couleur est brun ou roussâtre plus ou moins clair. L'abdomen est allongé avec deux tubercules latéraux plus ou moins apparents à la partie antérieure; il est marqué d'une ligne de points blancs ou d'un blanc jaunâtre, traversée par trois autres lignes semblables formant une croix, et, en outre, de chaque côté, d'une raie en festons. Cette araignée s'accouple en été et pond ses œufs à l'automne; elle ne construit pas de nid; elle se tient cachée entre des feuilles qu'elle rapproche et lie avec des fils de soie. Elle ourdit et tisse une toile verticale orbiculaire, assez grande dans les lieux éclairés et trop souvent à travers les allées des modernes les ont divisés en une immense quantité de genres. Degeer, Hermann, Savigny, Latreille, Lamarck, Leach, Nitzsch, Dugès, Heyden, Muller, Sundwall, Koch, Paul Gervais, Kolenati (1), Lucas, etc., les ont étudiés d'une manière toute spéciale et en ont fait connaître un grand nombre d'espèces.

Les *Acarus*, comme les autres Arachnides ont huit pattes lorsqu'ils sont adultes ; dans le jeune âge, ils n'en ont quelquefois que six. Leurs appendices buccaux ou organes de la manducation varient selon les fonctions qu'ils ont à remplir ; leurs pattes antérieures sont munies de petites griffes ou de pinces à l'aide desquelles ils se fixent et se cramponnent au corps dont ils doivent se nourrir. Les pattes postérieures ou celles de la dernière paire, ont quelquefois l'avant-dernier article garni de soies roides au nombre de quatre. Leur abdomen, d'une forme arrondie, plus ou moins ovalaire, est muni chez quelques espèces, comme dans l'*Acarus* de la gale humaine, de quatre soies dont deux plus longues, tandis que dans celui du fromage (*Acarus domesticus*), il n'y en a que deux. On voit aussi quelquefois d'autres soies plus courtes sur les côtés du corps.

Les métamorphoses des Acarides sont fort simples ; les

(1) Koletani a publié, dans les *Mémoires de l'Académie de Saint-Pétersbourg* et particulièrement dans les *Bulletins de Moscou*, T. II, III, IV, V, VI, VII, et VIII, de 1845 à 1857, de grands travaux sur cet ordre d'animaux, qu'il désigne sous le nom de *Meletemata*, avec dix planches fort bien exécutées. Il nous suffira, pour donner une idée des études de ce savant, de dire qu'il a fait près d'une centaine de genres, rien qu'avec les parasites des chauves-souris.

femelles sont ovipares ou vivipares, les petits naissent en tout semblables à leurs parents, sauf une paire de pattes qui leur manque quelquefois. Ils croissent rapidement et, au bout de quelques jours, ils sont aptes à se reproduire. Les femelles sont d'une excessive fécondité ; c'est ce qui explique la multiplication rapide et innombrable de ces petits êtres.

La plupart de ces animaux sont si petits qu'ils échappent à notre vue et qu'on ne peut les étudier qu'à l'aide du microscope.

Les Acarides se nourrissent tantôt de substances animales en décomposition, tantôt de végétaux et tantôt ils sucent les animaux vivants. Quelques espèces vivent aux dépens les unes des autres.

Dans cet ouvrage spécialement destiné à nos collègues de la Société d'horticulture, nous n'avons pas à nous occuper des parasites nombreux qui se trouvent sur les animaux vivants, comme par exemple de l'Acarus qui vit dans les pustules de la gale humaine, désigné par les auteurs modernes sous le nom de *Sarcoptes scabiei*. Les personnes désireuses de connaître l'histoire de ce parasite, pourront consulter la thèse remarquable que notre savant confrère le Dr Aubé a soutenue à la Faculté de médecine ; le travail de M. Raspail dans les *Annales des sciences d'observation* et dans sa *Chimie organique*, et le mémoire de Baude dans les *Annales des sciences médicales*, 1834.

Nous ne parlerons que pour mémoire de la *Mite du fromage* que tout le monde avale sans s'en douter. Elle ressemble beaucoup à celle de la gale, mais elle est plus allongée et n'a que deux soies à l'extrémité

du corps. Linné l'a décrite sous le nom d'*Acarus domes-*
ticus. Latreille en a fait le genre *Tyroglyphus* et l'a appelée *T. siro*. Cet acarus abonde sur le fromage un peu
vieux et toute la vermoulure que l'on remarque à sa surface est composée d'innombrables familles de mites, de
leurs excréments et de leurs œufs. Selon Lyonet, ces
petits animaux sont vivipares. Ce dernier auteur décrit et
figure une seconde espèce de mite du fromage qui est un
peu plus longue, et qui vit sur les fromages de Gruyère.

Il est inutile de rien dire ici de la mite de la farine
(*Acarus farinæ*), figurée par Degeer, ni de la mite des
collections (*Acarus destructor)*, de Schrank, très-bien
figurée par Lyonet. Cette dernière n'est malheureusement que trop connue des personnes qui ont des collections d'insectes. L'odeur particulière qu'elle répand dans
les boîtes fait vite reconnaître sa présence. C'est, avec
les larves d'Anthrènes et de Dermestes, le plus grand fléau
des collections. Il y a une autre mite que l'on mange
souvent au dessert, c'est l'*Acarus passularum* de Hering,
qui vit sur les figues sèches et qui a été figurée par Dujar-
din dans ses *Observations microscopiques*, pl. 17, fig. 10.
Nous avons trouvé aussi une autre espèce de mite sur de
vieilles dattes rongées par le *Bostrichus dactyliperda*.

Le nombre des Acarides vivant sur les végétaux est
bien plus considérable qu'on ne le suppose généralement.
Nous avons examiné les feuilles de différentes plantes
atteintes de la maladie appelée *grise* par les jardiniers,
et nous avons cru reconnaître que les *Acarus* n'étaient
pas toujours les mêmes. Nous pensons être dans le vrai
en disant que chaque plante nourrit souvent une espèce
particulière.

Pourquoi n'en serait-il pas des parasites épiphytes comme des parasites épizoïques? Les études des savants qui se sont occupés de ces derniers, nous ont appris que le plus souvent chaque animal sert de pâture à une et fréquemment à plusieurs espèces. Pour le naturaliste, la *puce* du blanc n'est pas la même que celle du nègre ; celle du chat n'est pas la même que celle de l'homme et, à plus forte raison, que celle du chien, chez laquelle M. Haliday n'a découvert que des rudiments d'antennes et que, pour ce motif, Curtis a retirée du genre *Pulex* pour la placer dans le genre *Ceratopsyllus*. On nous objectera peut-être que les puces des animaux sautent quelquefois sur l'homme. Cela est vrai, mais elles n'y restent pas longtemps. Il en est de même des *Liothées*, poux des oiseaux et de nos volailles de basse-cour, qui quittent l'animal aussitôt après sa mort, et se répandent sur les mains et sur d'autres parties du corps où ils occasionnent des démangeaisons momentanées, mais ils n'y restent pas non plus, et périssent promptement, ne pouvant vivre que sur telle ou telle espèce d'oiseau. M. Lorquin, voyageur naturaliste, qui a parcouru une grande partie de l'archipel Indien, nous a appris que le *pou noir*, dont le corps des Malais est souvent couvert, ne reste jamais sur les hommes appartenant à la race blanche.

Relativement à *la grise* (1) et aux animaux que l'on rencontre sous les feuilles attaquées de cette maladie, les opinions sont bien partagées : les uns, et le nombre en est assez grand, croient que la présence des *Acarus* est la

____

(1) Quelques jardiniers donnent aussi le nom de grise aux feuilles attaquées par les *Thrips*.

cause immédiate de cette affection ; d'autres, au contraire, prétendent que ce parasite n'existe sur les feuilles que parce que la plante est languissante et préalablement malade ; ils appuient assez judicieusement leur opinion sur certains faits. Ils demandent pourquoi les lauriers-roses vigoureux, jeunes et d'une belle venue, sont moins attaqués par les *Kermès* que les vieux pieds qui languissent dans des caisses ; pourquoi les rosiers envahis par les *Puccinia* et les *Uredo* ont des acarus sous les feuilles malades, quand on ne peut en découvrir sous des feuilles parfaitement saines ; pourquoi les scolytes dont on a tant parlé, n'attaquent que les arbres souffreteux et épargnent les arbres vigoureux ; enfin pourquoi certains parasites épizoïques ne peuvent vivre que sur des animaux malades, dont les humeurs sont modifiées par un état pathologique particulier.

Pour répondre à ces questions, il y aurait une expérience facile à faire, et à la portée de tous les jardiniers. Ce serait de prendre dans un jardin une branche de Dahlia atteinte de la grise et de la transporter dans un autre jardin éloigné, où toutes les plantes de ce genre sont vigoureuses et d'une belle venue ; en fixant cette branche malade à un pied bien portant, on verrait si au bout de quelques jours la contagion a eu lieu. Ce que nous disons pour le Dahlia, pourrait se faire de même pour les haricots, etc.

Les *Acarus* de la grise sont considérés par divers auteurs comme appartenant à une seule et même espèce, quel que soit le végétal sur lequel on les observe. Nous ne pouvons partager cette opinion d'une manière complète, attendu que nous avons étudié la grise pendant plusieurs années, sur un très-grand nombre de feuilles malades, et que nous avons la conviction d'y avoir trouvé des espèces très-différentes.

Linné a connu un acarus de la grise qu'il a appelé *Acarus telarius*, acarus tisserand. D'après ce savant naturaliste, il se trouve sur les feuilles des plantes qui n'ont pas assez d'air, comme celles qui sont renfermées dans les serres; il les recouvre, dit-il, d'un tissu de fils parallèles qui les étouffent. Linné ajoute qu'en automne on le rencontre sous les feuilles du tilleul. Hermann, le célèbre Aptérologiste, dit qu'il ne l'a jamais observé ni sur les plantes de serres ni sur celles cultivées dans les orangeries; mais, il a vu, en Alsace, des œillets élevés en pot devant des fenêtres, donnant sur une cour peu aérée, qui en avaient éprouvé de grands dommages; les feuilles étaient roulées par les fils de ce tisserand. L'Acarus décrit par Linné est-il bien celui qui donne la grise si commune dans nos jardins? Quant à celui du tilleul, il a été décrit par Turpin dans les *Mémoires des savants étrangers*, sous le nom de *Tetranychus tiliarum*.

L'acarus que nous allons décrire, fait partie du genre *Trombidium* de Hermann; Léon Dufour et Dugès le mettent dans le genre *Tetranychus*; Westwood en fait un sarcopte. A l'exemple du naturaliste suédois, nous le laissons dans le grand genre *Acarus*.

1. Acarus tisserand. Acarus telarius Linné?

Cette petite Arachnide pullule sous les feuilles de beaucoup de plantes atteintes de la maladie appelée *grise* par les jardiniers; elle est ovalaire, jaunâtre, avec une tache

d'un jaune orangé de chaque côté du dos ; la tête est petite, terminée par un petit bec ; elle a huit pattes munies de petites soies roides
ayant chacune un petit crochet ; on voit aussi sur les
côtés du corps d'autres petites
soies semblables , mais plus
courtes. Ce petit acarus paraît
quelquefois verdâtre lorsqu'il
est gorgé du suc de la plante.
Il court 'assez vite et paraît
agile. Il se tient cramponné
aux feuilles à l'aide de ses
petites griffes qui s'engagent

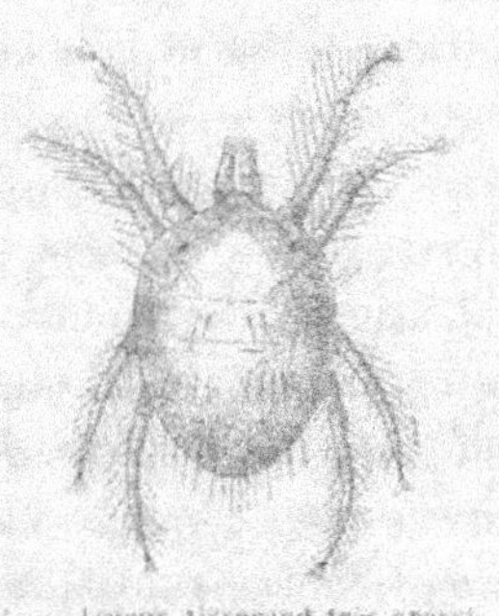

4. — Acarus tisserand très grossi.
(Grise des jardiniers.)

dans le tissu de soie tapissant la face inférieure.

Les feuilles atteintes de la grise ont un aspect languissant ; elles sont jaunâtres ou grisâtres en dessus, avec
quelques espaces d'une teinte plus claire, formant des
espèces de marbrures ; leurs rebords sont légèrement
repliés et comme un peu roulés en dessous : leur face
inférieure est blanchâtre et un peu luisante.

Si, dans cet état, on examine au microscope le dessous
d'une feuille, on y découvre des centaines d'acarus à tous
les âges, ainsi que des œufs collés à la toile ourdie sur
cet organe.

Des feuilles de Dahlia, de haricots et de *Convolvulus
volubilis*, nous ont offert un acarus que nous considérons
comme appartenant à la même espèce, sans toutefois le
garantir d'une manière absolue. Nous répéterons ici ce
que nous avons dit : ces petits êtres n'ayant pas encore
été étudiés suffisamment par les Aptérologistes, on con-

fond probablement plusieurs espèces sous le nom d'acarus tisserand. Nous nous hasardons à en séparer les acarus suivants que nous regardons comme assez distincts par leur forme et leur *habitat*.

2. Acarus des melons. Acarus cucumeris.

L'acarus des melons vit aussi sur le concombre et le cornichon ; il est plus globuleux que le tisserand, un peu plus petit, d'une teinte uniforme. Il est dans certaines années assez commun chez les maraîchers. Lorsque ces Cucurbitacées sont attaquées de la grise, on est obligé d'arracher les pieds malades. Il ne faut pas confondre la grise avec une espèce de *Myscelium*, sorte d'*Erysiphe* qui forme des taches blanches laiteuses sur les feuilles. Nous n'avons pas à nous occuper de ce cas de pathologie végétale. Un jour, il se trouvera dans notre société, il faut l'espérer, un observateur dévoué qui entreprendra la tâche difficile de nous faire connaître les maladies occasionnées aux végétaux par les champignons épiphytes.

3. Acarus du rosier. Acarus rosarum.

Il est plus allongé que les deux précédents, d'un vert très-pâle presque transparent ; il vit sous les feuilles de certaines variétés de rosiers et se trouve, tantôt seul et tantôt en compagnie d'un autre petit *Acarus rouge* que nous désignons sous le nom d'*Acarus Pucciniæ*.

Nous n'avons jamais rencontré ces deux Arachnides que sous des feuilles malades, dont la face inférieure était couverte par l'*Uredo rosæ* et la *Puccinia rosæ*, croissant pêle-mêle, l'une à côté de l'autre. Ils nous ont paru même vivre aux dépens de ces deux champignons hypophylles.

Les feuilles des rosiers, envahies par ces deux parasites végétaux, sont en dessous d'un jaune d'ocre, parsemées de gros points bruns; elles sont variées en dessus de taches et de marbrures de différentes teintes, dans lesquelles on aperçoit quelquefois les petites larves d'une tenthrédine rongeant le parenchyme.

4. Acarus du tilleul. Acarus tiliarum Turpin.

Il est de la taille et de la forme du tisserand, mais son corps est moins arrondi, plus elliptique, d'un jaune pâle demi-transparent, à bords inégaux, pointillé sur les côtés. Si nous parlons ici de cet acarus, ce n'est pas parce qu'il vit sur le tilleul, mais bien parce qu'on le trouve aussi sous les feuilles de nos roses trémières. M. Rivière nous à remis de ces feuilles qui en étaient infestées; parmi ces acarus vivaient en même temps quelques pucerons égarés, des larves de Cicadelle et des *Oribates* (autre espèce d'acarides). Ces derniers nous ont paru vivre aux dépens de l'acarus du tilleul. Nous avons conservé, deux ou trois jours, ces feuilles dans notre boîte à herboriser pour les étudier, et nous avons été étonné de voir que les Oribates avaient tout dévoré, sauf les pucerons et les larves des cicadelles.

Comme la plupart des pucerons, les acarus phyllophages vivent presque tous de la même manière. Ils apportent dans les feuilles la même modification. Ils étalent sur la face inférieure un léger tissu de soie qui forme une espèce d'enduit brillant. Ils se promènent tranquillement et avec une certaine agilité sur cette toile où ils se maintiennent à l'aide de leurs griffes. Ils n'entament pas les feuilles, ils se nourrissent seulement de leur suc, et comme ils s'y trouvent en grande quantité, la maladie fait des progrès rapides, particulièrement sous certaines influences atmosphériques.

On a proposé différents moyens pour détruire la grise, mais, hâtons-nous de le dire, aucun n'a réussi. On a recommandé l'usage de la fleur de soufre employée avec un succès bien constaté contre l'*Oïdium Tuckeri* (maladie de la vigne) et contre les *Erysiphes* (*blanc, meunier*), qui se développent sur une infinité de plantes, surtout sur les rosiers, les verveines, les pensées, etc. On a conseillé de fréquents bassinages et des arrosements avec une décoction de tabac. Ce dernier moyen, s'il était bien employé, pourrait être utile; mais lorsque l'on arrose avec ce liquide le dessus des feuilles, c'est comme si on ne faisait rien, car les acarus se tiennent pendant l'opération fort tranquilles, et en pleine sécurité sous la face inférieure. Il faudrait, pour agir avec succès, se servir d'une seringue recourbée, de manière à arroser de bas en haut et à bien mouiller le dessous des feuilles avec la décoction de tabac. On pourrait encore essayer dans le même but une solution excessivement étendue de sulfure de chaux.

Les acarus ont aussi des ennemis qui les dévorent : les *Oribates* dont nous avons déjà parlé à propos de la grise des roses trémières, et quelques trombidions.

Il existe un autre acarus d'une petitesse extrême, gros comme un grain de poussière, entièrement grisâtre et assez agile, qui vit entre les squammes de certaines espèces de Liliacées, principalement des Jacinthes ; il est, dans certaines années, assez abondant à l'automne, et cause quelquefois des démangeaisons aux personnes qui manient une grande quantité d'oignons ; au reste, il a cela de commun avec les acarus des feuilles. Pendant que nous étudiions la *grise*, nous avons eu à la fois dans notre cabinet une grande quantité de feuilles malades ; à mesure que celles-ci se desséchaient, les acarus les abandonnaient, se repandaient de tous côtés, montaient après nous et nous occasionnaient aux bras et au visage des chatouillements et des démangeaisons assez désagréables.

Nous ne trouvons mentionné nulle part l'acarus de la Jacinthe, nous ne savons pas s'il n'a pas déjà été observé par quelque naturaliste. Nous lui donnons le nom provisoire d'*acarus des Jacinthes, Acarus hyacinthi.*

Acarus du camellia. Acarus coccineus Schrank.

Cette petite espèce n'est visible qu'à l'aide d'une bonne loupe, elle tapisse le dessus des feuilles du camellia d'un tissu de soie très-léger, auquel s'attache la poussière. Elle est d'un rouge foncé, de forme ovalaire, et rougit les doigts lorsqu'on l'écrase. Si, après avoir nettoyé la feuille où elle s'est établie, on examine celle-ci, on voit qu'elle est picotée de place en place, et que les points où ce petit parasite a enfoncé son suçoir, ont pris une teinte roussàtre. Nous l'avons observé à l'automne sur des camellias dans plusieurs jardins, spécialement chez MM. Thibaut et Ketteleër. On le trouve aussi sur quelques autres plantes de serre.

Acarus cinabre. Acarus cinnabarinus.

C'est dans les serres chaudes de M. Savoye que nous avons fait la connaissance de cet acarus, sur des pieds de *Dracæna Australis*. Grâce à l'obligeance de cet habile horticulteur, nous avons été à même de l'observer depuis l'état d'œuf jusqu'à celui d'insecte parfait. Lorsqu'il éclot, il est d'abord vert ou d'un vert jaunâtre ; plus tard, il est varié de noir et de vert : après son dernier changement de peau, il devient d'une belle couleur rouge-aurore. Il est un peu plus gros que celui du camellia, il tapisse le *dessous* des feuilles des *Dracæna* de fils de soie, sur lesquels il se promène à la manière des araignées. Il fait beaucoup de mal aux feuilles qu'il suce, il arrête leur végétation et les rend malades.

Il n'est pas difficile de le détruire ; il suffit pour cela de placer, pendant deux ou trois jours, dans une serre froide les plantes attaquées par cette vermine. M. Savoye nous a apporté un *Dracæna Australis* sur lequel on pouvait compter ces parasites par centaines. Il avait à peine resté 24 heures dans notre cabinet, que tout avait disparu ; le changement de température les avait fait périr complétement.

Acarus hématode. Acarus hæmatodes.

Ce petit parasite nous a été communiqué par M. Rivière qui l'a remarqué sous les feuilles de la variété rouge du ricin (*ricinus communis*), cultivée, fréquemment aujourd'hui, dans les squares et les jardins de Paris.

Il est ovale-arrondi, d'un rouge-sanguin foncé; il file sous les feuilles, entre les divisions des premières nervures, un tissu lâche semblable à de petites toiles d'araignée. Il est très-petit et visible seulement avec une forte loupe. Nous n'osons pas répondre que ce petit acarus et le précédent soient véritablement des espèces nouvelles; il nous a été impossible de les reconnaître sur les belles planches d'Hermann, ni dans les auteurs qui se sont occupés d'Aptérologie. Cependant nous devons dire que notre *hæmatodes* se rapproche beaucoup du *Raphignathus ruberrimus* que Dugès a découvert sous les pierres et qu'il décrit comme une espèce nouvelle.

Les ricins sont en général assez vigoureux et le dommage qu'ils en éprouvent est peu appréciable.

Acarus du poirier. Acarus pyri.

Cet acarus est relativement très-gros, globuleux, vésiculeux, d'un rouge-brun un peu transparent, très-visible à la vue simple.

Il vit sur les gros rameaux des poiriers dont l'intérieur est rongé par la *Zeuzère*; il se tient ordinairement en petits groupes serrés à la bifurcation des branches.

Cet insecte n'attaque pas les arbres vigoureux et bien portants; il n'est que l'indice d'une mort prochaine.

Nous ne garantissons pas que ce soit une espèce nouvelle.

Acarus roussâtre. Acarus russulus.

Ce petit acarus, qui a probablement été importé

du Mexique ou de quelque autre contrée de l'Amérique centrale, ne se trouve que sur les Cactées, particulièrement sur les *mamillaria*, les *echinocactus* et genres voisins ; il est connu des amateurs de plantes grasses sous le nom de *rouget*. Cette petite arachnide d'un roux-ferrugineux est presque microscopique ; elle fait beaucoup de tort aux plantes sur lesquelles elle s'établit, et si l'on n'y apporte pas un prompt remède, elle ne tarde pas à les faire périr.

Les fumigations de tabac peuvent, en pareil cas, être employées avec succès. M. Landry, de Passy, détruit cet acarus en saupoudrant ses plantes avec du tabac.

Acarus des champignons. Acarus fungorum.

Nous avons remarqué, lorsque nous sommes descendu dans certaines parties des catacombes ou dans les carrières occupées par des champignonistes, que le champignon des couches, *agaricus edulis*, était souvent envahi par un acarus visible à l'œil nu, qui couvrait le pédicule et se répandait même entre les lames du chapeau. Il est arrondi, d'un gris-roussâtre étiolé.

Cette mite est peut-être connue des aptérologistes ; mais nous n'avons pas pu la reconnaître dans leurs ouvrages ; elle est, avec un petit Brachélytre que les champignonistes appellent *capucin*, un fléau pour ce genre de culture.

Acarus ferrugineux. Acarus ferrugineus.

Encore un acarus que nous n'avons pu reconnaître dans les auteurs. Il vit dans les serres sur les *cyclamen*

Coum et *Persicum*, et fait souvent de grands ravages.
Il pique les feuilles en dessous, en commençant à la
base des pétioles. Lorsque celles-ci sont attaquées par
ce petit insecte, elles prennent une couleur violacée ou
roussâtre en dessus ; leur végétation s'arrête, elles se fanent et tombent. En les examinant à la loupe, on voit que
leur dessous est couvert de petits points noirâtres occasionnés par les piqûres de ce parasite microscopique. Il est
d'une excessive petitesse, d'un rouge ferrugineux plus
ou moins foncé.

Lorsque les *cyclamen* commencent à être attaqués, ce
dont on s'aperçoit au premier coup d'œil, le seul remède
est d'enlever les pots malades et de brûler les tubercules, afin d'empêcher ces petits êtres de se répandre
sur les plantes voisines.

Nous avons en ce moment deux pots envahis par ces
acarus et nous en avons vu souvent dans le même état,
dans les serres de M. Fournier, le seul de nos jardiniers qui cultive en grand à Paris ce genre de plantes.
Cet habile horticulteur a essayé l'emploi de la fleur de
soufre, mais à peu près sans succès.

Acarus du laurier-tin. Acarus tini.

Le laurier-tin qui croît naturellement dans le Midi
et celui qui est cultivé dans les jardins de Paris sont
sujets à être envahis par une espèce de grise occasion-
née par un petit acarus roussâtre, très-arrondi, qui se
multiplie d'une façon prodigieuse sous la face inférieure
de leurs feuilles. Nous ignorons si ce petit parasite a été
décrit, mais nous n'avons pas pu le reconnaître sur les

planches d'Hermann. On trouve souvent sous ces mêmes
feuilles un petit kermès noir (*chermes pygmæus*), arrondi,
marqué dans son centre d'un petit point blanc cotonneux.

Acarus linger. Acarus lintearius.

Nous croyons que ce très-petit acarus est bien le
Tetranychus lintearius de Léon Dufour. Il est rouge,
garni de petits poils blancs ; il file une petite toile lâche
comme l'espèce précédente. Nous l'avons trouvé sous les
feuilles du séringat, où il fait peu de mal.

Acarus de la vigne. Acarus vitis.

Lorsque, vers la fin de l'été, on voit des feuilles de
vignes marbrées en dessus de larges taches jaunes, c'est
souvent l'indice de la présence d'un très-petit parasite qui
vit en famille sous la face inférieure. En examinant cette
feuille avec une très-forte loupe, on voit d'abord qu'elle
est tapissée d'un tissu soyeux assez lâche, comme de très-
petites toiles d'araignées, au milieu duquel on aperçoit
se promener de nombreux acarides d'une grande petitesse, d'un vert-jaune transparent, moitié plus petits que
l'acarus tisserand, avec lequel ils ont quelque ressemblance. Nous n'avons trouvé ce petit insecte dans aucun
des auteurs que nous avons consultés. L'aurait-on confondu avec celui qui produit la grise? C'est peu croyable,
parce que le tisserand enduit le dessous des feuilles d'un
tissu serré fortement adhérent, tandis que l'acarus de

la vigne file un tissu très-lâche comme de la toile d'a-
raignée.

Pour les jardiniers, cette maladie est une espèce de
grise. Comme elle ne se manifeste que vers la fin de l'été,
elle nuit peu à la maturation du raisin et à la vigne elle-
même.

Nous venons de signaler les acarus que nous avons
observés sur les feuilles; il nous reste à faire connaître
quelques autres petits insectes aptères appartenant à des
genres voisins ; nous commencerons par le

Lepte automnal. Leptus autumnalis Latr.

Ce petit acaride, connu de tout le monde sous les noms
vulgaires de *rouget*, d'*aoûtin*, etc., n'est guère visible qu'à
l'aide d'une forte loupe. Il n'a que six pattes apparentes,
son corps est assez mou, sa tête est distincte, terminée
par un petit bec ou suçoir, sa couleur générale est d'un
rouge-brique foncé. Il est très-commun sur les pelouse
et les graminées pendant les mois de juillet, d'août et de
septembre; il ne fait aucun tort aux plantes, mais il est
fort incommode pour les personnes qui se promènent sur
les gazons ou qui se couchent sur l'herbe ; il grimpe le
long des jambes, pénètre dans la peau et cause des démangeaisons insupportables. Latreille a conseillé, pour calmer
ces démangeaisons, souvent aussi vives que celles de la
gale, des lotions avec de l'eau et du vinaigre. On emploie
avec plus de succès la benzine ou la décoction de tabac.
M. White a découvert et décrit les œufs du lepte au-
tomnal dans le journal de Daniel Cooper en 1842; il a

fait à ce sujet une observation très-curieuse : il a remarqué qu'à Blackheath et aux environs, les cailloux étaient couverts des œufs de ce parasite et que ce sont ces mêmes œufs que l'on a décrits comme des Cryptogames, sous le nom de *Craterium pyriforme*.

GENRE TROMBIDION. TROMBIDIUM Fabr.

Ce genre a été établi par Fabricius aux dépens des acarus de Linné et adopté par la plupart des entomologistes. Il a pour caractères : des mandibules en griffes ; un corps renflé, assez mou, portant les quatre pattes postérieures ; les quatre autres pattes sont attachées à une protubérance étroite et mobile sur laquelle se trouvent les yeux.

Trombidio nsoyeux. Trombidium holosericeum.

Il n'y a pas un jardinier qui ne connaisse cette espèce de petite araignée d'un beau rouge velouté, qui se promène lentement sur la terre sèche et que Geoffroy a nommée la *Tique rouge satinée*. Le trombidion soyeux est assez petit, mais on n'a pas besoin de loupe pour le voir ; il est entièrement d'un rouge vermillon, d'une forme presque carrée, marqué sur le corps de plusieurs dépressions ou enfoncements qui le font paraître ridé.

Ce petit animal rend des services et ne fait aucun mal ; il est carnassier et se nourrit de petits acarus et de leurs œufs. On le trouve souvent sous les feuilles malades de la grise.

GENRE ORIBATE. ORIBATES.

Autant les trombidions ont le corps mou, autant les Oribates l'ont coriace. En cela ils ressemblent un peu aux *Tiques* que l'on voit si souvent sur les chiens, sur les animaux qui courent dans les bois et même quelquefois sur l'homme. Le corps des oribates paraît être formé d'une seule pièce, il est souvent garni sur les côtés de petites pointes ou de poils roides ; les pattes sont assez longues et onguiculées ; les organes de la manducation sont peu distincts ; leur démarche est lente. Ils vivent de petits insectes, d'acarus, de kermès, etc. : ils sont par cela même utiles à l'horticulture.

En 1858, M. Rivière nous apporta un grand nombre d'individus de l'*Oribates geniculata* (*la tique noire des pierres* de Geoffroy), qui s'étaient multipliées d'une manière prodigieuse dans la serre chaude de l'ancien jardin de l'École de médecine ; c'était au point que plusieurs Orchidées en étaient couvertes. Cet habile observateur fut un peu effrayé de l'apparition subite de toutes ces tiques sur une famille de plantes qu'il affectionne d'une manière toute particulière ; mais il fut vite rassuré lorsqu'il vit qu'aucune feuille n'avait subi la la plus légère altération, et que ces petits animaux, ainsi que nous le lui avions dit, faisaient la chasse aux acarus, aux thrips, etc., dont ils mangent les œufs et les larves. Au bout de quelques mois, tout avait disparu. D'où venait cette légion d'oribates ? Nous pensons que des œufs, ou des individus récemment éclos, avaient été

apportés avec la mousse et le *sphagnum* dont les horticulteurs font usage pour la culture des Orchidées exotiques, et que le développement avait eu lieu dans les paniers ou corbeilles qui contenaient ces plantes.

L'acaride dont nous venons de parler, s'aperçoit facilement sans qu'il soit nécessaire de faire usage de la loupe.
Son corps est arrondi, un peu globuleux, d'un noir assez
brillant, garni sur les côtés de soies de la même couleur ;
le corselet est distinct de l'abdomen, muni de deux petites pointes. Les pattes sont plus longues que le corps,
d'une couleur noire, avec les cuisses des deux paires antérieures renflées. On le rencontre assez souvent aux
environs de Paris dans les lieux frais, sous les pierres et
sous les écorces ; il est très-bien figuré par Degeer.

CLASSE DES INSECTES.

Ainsi que nous l'avons dit au commencement du chapitre précédent, les animaux dont nous venons de parler, ne sont plus des insectes proprement dits pour les naturalistes de notre époque.

La classe des insectes, telle qu'elle est réduite aujourd'hui, se compose d'êtres offrant les caractères suivants :

Tous subissent des métamorphoses, c'est-à-dire qu'à la sortie de l'œuf, ils sont à l'état de larves, plus tard à l'état de nymphes, et, en dernier lieu, à l'état parfait.

Tous ont six pattes et de deux à quatre ailes, au moins dans les mâles.

Tous ont une tête bien distincte, munie d'une paire d'antennes et de deux yeux immobiles.

Les entomologistes divisent la grande classe des insectes en huit ordres dont les caractères, assez faciles à saisir, sont tirés du nombre et de la nature des ailes.

Premier ordre. COLÉOPTÈRES.

De χολεός, gaîne, étui, et de πτερόν, aile. Insectes à quatre ailes, dont les supérieures sont coriaces et renferment, comme sous des étuis, les inférieures qui sont membraneuses et pliées en travers. Exemple : le hanneton, le

5. — Coléoptères. Cétoine dorée. *Cetonia aurata*.

cerf-volant, la cétoine, les charançons, *la bête à bon Dieu*, etc.

Deuxième ordre. ORTHOPTÈRES.

De ὀρθός, droit, et de πτερόν, aile. Insectes à quatre ailes, dont les deux inférieures pliées longitudinalement et recouvertes par les supérieures qui sont plus ou moins

6. — Orthoptères. Criquet voyageur, vulgairement sauterelle voyageuse.

coriaces, réticulées ou parcourues par de grosses nervures. Exemple : les sauterelles, les criquets, la courtilière, etc.

Troisième ordre. **HÉMIPTÈRES**.

De ἥμισυς, demi, et de πτερόν, aile. Insectes à quatre
ailes, dont les supérieures sont coriaces à la base, avec
l'extrémité membraneuse, et les inférieures tout à fait

7. — Hémiptères. Punaise des crucifères. *Pentatoma decoratum.*

membraneuses. Exemple : la punaise des choux, la
punaise verte des fruits, etc.

Quatrième ordre. **NÉVROPTÈRES**.

De νεῦρον, nerf, et de πτερόν, aile. Insectes à quatre ailes transparentes, finement réticulées comme de la gaze.

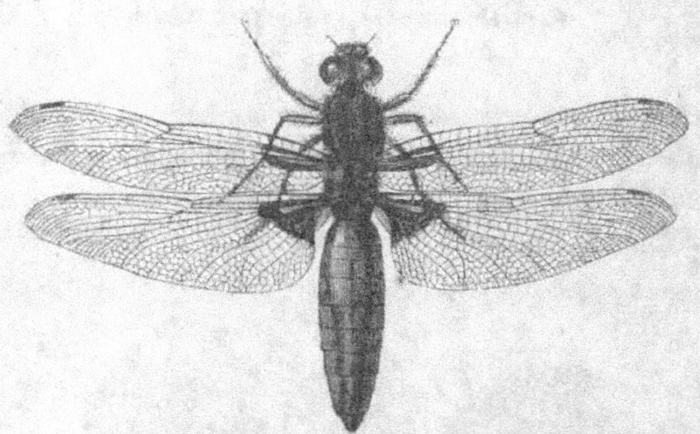

8. — Névroptères. Libellule déprimée. *Libellula depressa*.

Exemple : les libellules, les *Demoiselles* qui voltigent aux bords des eaux.

Cinquième ordre. HYMÉNOPTÈRES.

De ὑμήν, membrane, et de πτερόν, aile. Insectes à quatre

9. — Hyménoptères. Bourdon terrestre. *Bombus terrestris.*

ailes transparentes, divisées par des petites nervures en

cellules inégales de différentes formes. Exemple : les abeilles, les guêpes, les bourdons, les mouches à scie, etc.

Sixième ordre. **LÉPIDOPTÈRES**.

De λεπίς, écaille, et de πτερόν, aile. Insectes à quatre ailes recouvertes d'une poussière farineuse ou plutôt de

10. — Lépidoptères. Vanesse grande tortue. *Vanessa polychloros*.

très-petites écailles imbriquées. Exemple : les papillons, les pyrales, les bombyx, les teignes, etc.

Septième ordre. **RHIPIPTÈRES**.

De ῥιπίς, éventail, et de πτερόν, aile. Insectes à quatre ailes plissées en éventail. Cet ordre est établi sur un très-petit nombre d'insectes très-rares, et ne comprend

que deux genres dont les larves vivent sur les hyménoptères. Les horticulteurs n'auront jamais à s'inquiéter de
ces petits animaux.

Huitième ordre. DIPTÈRES.

De δίς, deux, et de πτερόν, aile. Insectes à deux ailes
transparentes. Exemple : la mouche commune, les taons,
les cousins, etc.

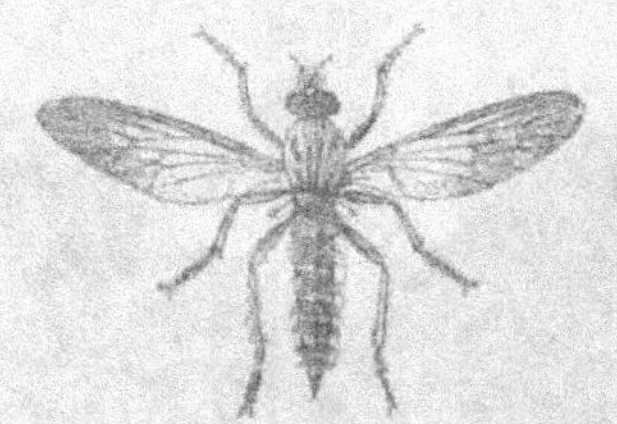

11. — Diptères. Asile germanique. *Asilus germanicus*.

Les caractères des ordres, tels que nous venons de les
exposer, ne sont pas de la plus rigoureuse exactitude;
ils ne sont pour ainsi dire qu'accessoires : le naturaliste
a dû en chercher d'autres plus positifs ; il ne pouvait
s'en tenir exclusivement à la nature et au nombre des
ailes. Chez les autres animaux, les organes de la manducation sont placés en première ligne ; c'est aussi dans ces
derniers qu'il a trouvé les véritables éléments d'une
classification naturelle.

Nous avons adopté, à l'exemple des anciens auteurs, la
méthode la plus simple, comme suffisante pour qu'un
horticulteur ou un amateur puissent rapporter tel insecte qu'ils rencontreront, à tel ou tel ordre.

1ᵉʳ ORDRE. — COLÉOPTÈRES.

Cet ordre, ainsi que nous venons de l'indiquer, est bien distinct de tous les autres, par ses quatre ailes dont les supérieures en forme d'étuis, à suture droite, recouvrent les deux inférieures qui sont pliées en travers, et par ses mandibules et ses mâchoires. Personne ne le confondra avec les papillons, les mouches, les sauterelles, les abeilles, les punaises, etc.

L'ordre des Coléoptères renferme aujourd'hui plus de cinquante mille espèces ; il est partagé en quatre grandes sections, en raison du nombre des articles des tarses, savoir :

Pentamères, cinq articles à tous les tarses ;

Hétéromères, cinq articles aux tarses des deux premières paires de pattes et quatre à la dernière ;

Tétramères, quatre articles à tous les tarses ;

Trimères, trois articles à tous les tarses.

Chacune de ces sections se divise en familles, qui elles-mêmes se subdivisent en tribus et celles-ci en genres.

L'ordre des Coléoptères est, après celui des Lépidoptères, un de ceux qui fournissent le plus d'ennemis aux cultivateurs, mais il leur offre aussi quelques bons amis qu'ils ne sauraient trop protéger.

FAMILLE DES CARABIQUES.

Cette famille est composée d'insectes essentiellement carnassiers, qui non-seulement ne font aucun mal, mais qui, au contraire, rendent d'importants services dans les jardins, en dévorant la nuit les limaces, les lombrics et les chenilles.

On accuse le zabre bossu, *Zabrus gibbus*, de faire exception à cette règle générale. On a remarqué que, lorsqu'il était abondant, il occasionnait des dommages assez considérables dans les champs de blé et d'orge. Sa larve vit plusieurs années; elle se tient cachée pendant le jour à une certaine profondeur dans la terre, d'où elle sort la nuit pour se nourrir de la moelle de ces céréales.

Il y a un autre carabique, *Harpalus germanus*, que nous avons trouvé assez souvent sur les pelouses cramponné à des épillets de graminées, mais qui probablement ne grimpe le long des tiges que pour attraper quelques petits insectes, tels que des *thrips*, etc.

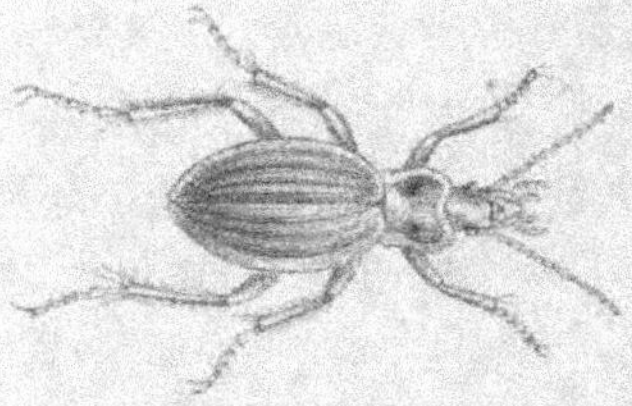

12. — Carabe doré. *Carabus auratus.*

Le Carabe doré, *carabus auratus*, appelé vulgairement *Couturière*, est un bel insecte, d'un joli vert doré, avec le corselet à reflet cuivreux. Depuis le commencement du printemps jusqu'au milieu de l'été, on le voit courir sur la terre, dans les jardins, non-seulement pendant le jour, mais aussi pendant la nuit. Il est très-vorace et fait une chasse incessante aux lombrics et aux chenilles. C'est pour le jardinier un excellent auxiliaire. On ne saurait trop le respecter. Nous conseillons même de recueillir tous ceux que l'on trouve à la campagne et de les rapporter dans les parcs ou dans les jardins. Comme cet insecte ne s'envole jamais, il s'y multipliera facilement. Nous dirons la même chose de deux autres carabes noirs, dont l'un a le bord des élytres rougeâtre et l'autre un peu cuivreux : le premier est le Carabe purpurescent, *Carabus purpurascens*; le second, la Carabe des jardins, *Carabus hortensis*. Ces deux insectes ne se rencontrent guère dans les jardins de Paris, mais ils sont assez communs dans les jardins à la campagne.

On voit aussi dans les parcs un gros carabe, moitié plus gros que celui appelé *Couturière*, entièrement d'un noir mat et rugueux. C'est le Procruste coriace, *Procrustes coriaceus*. Ces insectes rendent tous de très-utiles services aux cultivateurs. Il en est de même des Calosomes, surtout du calosome inquisiteur, *Calosoma inquisitor*. Il est un peu moins grand que le carabe doré dont nous donnons la figure ; il est plus raccourci, proportionnellement plus large, d'une couleur noirâtre plus ou moins cuivreuse ou bronzée, quelquefois un peu violette. Le corselet est moitié plus large que la tête, entièrement ponctué et ridé. Les élytres sont striées et chaque strie est marquée d'une ligne de points enfoncés. Le dessous du corps est verdâtre plus ou moins cuivreux.

Il se trouve quelquefois très-communément dans les parcs et dans les bois, mais jamais dans les jardins. C'est un grand mangeur de chenilles. Il monte souvent jusqu'au haut des arbres pour leur faire la chasse. L'année dernière où les bois des environs de Paris ont été si cruellement maltraités par les chenilles, surtout par celles de la Pyrale verte, *Tortrix viridana*, et du Bombyx processionnaire, on voyait des quantités de ce Calosome courant sur la terre, aux bois de Boulogne et de Vincennes.

On rencontre aussi sur les chênes un autre Calosome (*Calosoma Sycophanta*) moitié plus gros que le précédent, d'un vert-doré des plus brillants, dont la larve vit dans les nids de processionnaires.

Outre ces grandes espèces de carabiques, il y en a une foule de petits, de couleur noire ou plus ou moins bronzée, qui restent pendant le jour cachés sous les pierres, sous les pots ou sous les feuilles, et qui sont également fort utiles dans les jardins.

FAMILLE DES BRACHÉLYTRES.

Les insectes de cette famille, ainsi que leur nom l'indique, ont les élytres courtes comme les *perce-oreilles*. Il semblerait que la nature leur a refusé un habillement complet et ne leur a donné qu'une *veste*. Voici à quels caractères on peut les reconnaître :

Tête ovoïde, séparée du corselet par un étranglement ou espèce de cou ; corps long et étroit avec les antennes moniliformes, un peu renflées vers le bout ; mandibules avancées, pointues et croisées ; corselet en carré plus ou moins long, arrondi postérieurement ; élytres recouvrant au plus le tiers de la longueur du corps.

Ces insectes, lorsqu'ils marchent et quelquefois lorsqu'on les touche, relèvent la partie postérieure de leur abdomen comme pour se défendre, mais ils sont très-inoffensifs.

La famille des Brachélytres est essentiellement carnassière, elle rend les mêmes services que celle des Carabiques. Pas une espèce n'est nuisible aux jardins. Les entomologistes les ont divisés en un grand nombre de genres dont le plus important est le genre Staphylin. Nous donnons la description de deux espèces communes.

L'une, appelée Staphylin odorant, *Staphylinus olens*, est la plus grande espèce des environs de Paris. Elle est entièrement noire, très-finement pointillée, avec la tête plus large que le corselet.

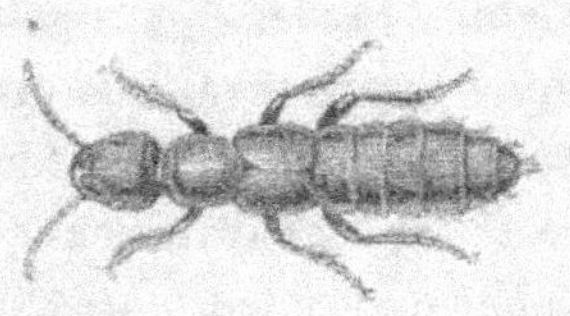

13. — Staphylin odorant.
Staphylinus olens.

L'autre, le Staphylin Érythroptère, *S. Erythropterus*, est noir avec les élytres et les pattes jaunes. Outre ces deux espèces il y en a d'autres plus petits, tous noirs, étroits et assez allongés qu'il faut toujours respecter.

Nous avons trouvé fréquemment sous des feuilles de roses-trémières, couvertes par l'*Acarus tiliarum*, un très-petit insecte de la famille des Brachélytres (*Aleo-*

chara bipustulata) qui nous a paru se nourrir de ce petit parasite microscopique. Les Aléochares sont de petits brachélytres très-agiles, assez nombreux en espèces. On les rencontre ordinairement sous les pierres, les mousses, mais surtout dans les champignons en décomposition, dont ils paraissent vivre sous leur premier état.

FAMILLE DES SERRICORNES.

La famille des Serricornes, établie par Latreille, a pour caractères : antennes des mâles généralement dentées en scie comme le nom l'indique, plus rarement pectinées ; antennes des femelles plus grêles, filiformes ou sétacées ; élytres recouvrant tout le dessus de l'abdomen ; cinq articles à chacun des tarses, comme chez tous les coléoptères appartenant à la grande section des pentamères.

On partage les Serricornes en deux groupes, les STERNOXES et les MALACODERMES : les premiers se reconnaissent facilement à leur corps d'une consistance solide, à leur tête enfoncée dans le corselet jusqu'aux yeux, et à leurs antennes appliquées dans le repos sur les côtés ; à leur sternum dilaté aux deux extrémités, s'avançant en façon de mentonnière et se terminant du côté de l'abdomen par un prolongement en forme de corne : les seconds (*Malacodermes*) ont, pour la plupart, ainsi que leur nom l'indique, le corps d'une consistance assez molle, avec la tête très-inclinée et entièrement découverte. Leur sternum ne se prolonge pas sur l'abdomen en forme de corne.

Les Sternoxes ont été partagés en deux tribus, les *Buprestides* et les *Élatérides*.

TRIBU DES BUPRESTIDES.

Corps ovale, elliptique. d'une consistance très-dure; tête engagée jusqu'au yeux dans le corselet ; antennes en scie, composées de onze articles, s'appliquant dans une rainure du sternum.

Le grand genre bupreste comprend aujourd'hui plus de cinq cents espèces dont quelques-unes sont d'une grande taille; il a été subdivisé en plusieurs sous-genres. Aux environs de Paris et dans le nord de l'Europe, on ne trouve que de petites espèces.

Les larves des Buprestides sont xylophages, c'est-à-dire qu'elles vivent dans le bois. Elles ne sont pas très-préjudiciables à nos arbres fruitiers. Il paraît qu'il n'en est pas tout à fait de même pour la sylviculture; Ratzeburg, dans son magnifique ouvrage, en figure dix espèces appartenant, pour la plupart, au sous-genre *Agrilus*, qu'il regarde comme très-nuisibles aux forêts de l'Allemagne. Dans nos vergers, on en rencontre une, signalée par MM. Audouin, Macquart, Blanchard, Géhin et Goureau, comme pouvant, lorsqu'elle est abondante, faire beaucoup de mal aux arbres fruitiers, c'est :

L'agrile vert. Agrilus viridis

Cet insecte, dont Audouin et M. E. Blanchard paraissent avoir élevé la larve dans des branches de poirier et qu'ils considèrent comme une espèce non décrite, semble être tout à fait identique avec l'*Agrilus viridis* ; le nom d'*Agrilus pyri* doit lui être rapporté comme synonyme.

La larve que nous n'avons jamais observée, ressemble pour la forme aux autres larves de buprestes ; elle est apode, renflée antérieurement, amincie vers l'extrémité, d'une couleur d'os ou un peu lavée de rougeâtre ; elle creuse sous les écorces des galeries tortueuses qu'elle remplit de vermoulure. Elle vit près d'une année et se métamorphose en nymphe dans une petite cavité de l'aubier. L'insecte, selon notre collègue le Dr Aubé, perce l'écorce pour se mettre en liberté, et laisse une ouverture qui, par la forme, ressemble en petit à celle d'un four.

Il varie pour la couleur et pour la taille; il n'a guère plus de 8 millimètres de longueur. Le corselet et les élytres sont tantôt bleuâtres et tantôt bronzés. Il est commun dans les bois des environs de Paris. Il doit être très-polyphage, car M. Aubé en a trouvé une petite famille vivant entre le bois et l'écorce du bouleau, et nous avons pris, très-fréquemment, l'insecte parfait sur des tilleuls, dans des lieux où il n'y avait pas trace de bouleaux. Macquart assure qu'il est dans certains endroits très-nuisible aux poiriers dont il fait périr les branches. Jusqu'à présent aucun pépiniériste de nos environs ne s'est plaint de ses ravages.

Dans le midi de l'Europe, il y a un autre Buprestide, d'assez grande taille (*Capnodis tenebricosa*), qui vit à l'état de larve dans le tronc des arbres fruitiers.

TRIBU DES ÉLATÉRIDES.

Les insectes de cette tribu ont pour caractères : le stylet du sternum s'enfonçant, à la volonté de l'animal, dans une cavité de la poitrine située immédiatement au-dessus de la seconde paire de pattes ; le dernier article des palpes sécuriforme. Cette tribu a pour type le grand genre *Elater* de Linné, elle est aujourd'hui subdivisée en un nombre considérable de sous-genres.

GENRE TAUPIN. ELATER.

Les taupins sont généralement ovales, elliptiques, presque cunéiformes ; leur enveloppe est d'une consistance dure et solide ; leur tête est, comme celle des buprestes, enfoncée jusqu'aux yeux dans le corselet. Les antennes sont légèrement dentées en scie, quelquefois pectinées, appliquées dans le repos sur les côtés inférieurs du corselet. Celui-ci est trapézoïde, plus large en arrière, avec les angles postérieurs pointus. Les élytres assez étroites sont presque toujours striées. Les pattes sont courtes et contractiles. Le sternum se termine postérieurement par une pointe très-visible appelée stylet.

Les taupins ou *Elater* sont connus des gens du monde sous le nom de *Maréchaux* ; ils doivent ce nom vulgaire à la propriété qu'ils ont, lorsqu'on les couche sur le dos, d'exécuter des espèces de *sauts de carpe* en produisant un petit bruit sec. Afin d'exécuter ces sortes de sauts, ils contractent leurs pattes en baissant inférieurement la tête et le corselet, et, en poussant avec force la pointe ou stylet du sternum contre le bord du trou situé en avant de la poitrine, ils se détendent brusquement comme un ressort. Si l'insecte n'a pas réussi à retomber sur ses pieds, il recommence cette manœuvre jusqu'à ce qu'il soit parvenu à son but. Lorsqu'un danger menace un élater ou qu'on veut le saisir sur une fleur ou sur l'épi d'une graminée, il se laisse tomber à terre et fait le mort.

Les taupins sont très-nombreux en espèces. A l'état parfait, ils sont en général fort innocents; ils se tiennent sur les fleurs, les feuilles de diverses plantes ou sur des épis de graminées. A l'état de larve, ils sont souvent, au contraire, très-nuisibles à l'agriculture. Dans les jardins proprement dits, ils occasionnent moins de dégâts sous cette forme, que dans les champs de blé et dans les pépinières.

M. Jamin, de Bourg-la-Reine, nous a apporté des centaines de larves d'élaters qui dévoraient les racines tendres des jeunes pommiers, pruniers, cerisiers, poiriers, etc., ces larves sont, dans certaines années, un grand fléau pour les arboriculteurs.

Nous avons supposé que ces sortes de *vers* appartenaient à l'élater nébuleux (*Elater murinus*), sans pourtant l'affirmer d'une manière positive, d'autant plus que toutes les larves de ces insectes ne diffèrent que par la taille et par la teinte générale qui est d'un roux plus ou moins pâle. Les horticulteurs les désignent sous le nom de *corde à boyau*.

Toutes les espèces ne vivent pas dans la terre,

nous avons souvent élevé en Normandie, dans du bois pourri provenant de saules creux, les *elater crocatus* et *hæmatodes*. D'un autre côté, il nous est éclos dans de la terre conservée plusieurs années dans des pots servant à l'éducation de chenilles, les *elater murinus*, *sputator*, *lineatus* et *obscurus*, ce qui démontre que les larves des taupins croissent lentement et mettent plusieurs années à arriver au terme de leur développement.

Les larves que nous avons eu l'occasion d'observer, ne nous ont pas offert de très-grandes différences, toutes étaient allongées, presque cylindriques, un peu aplaties, d'une consistance coriace, qui leur a fait donner par les jardiniers anglais le nom de *Wire larves*. Leur couleur était généralement d'un blanc-jaunâtre luisant ou légèrement roussâtre, avec la tête brune, aplatie, munie de deux mâchoires et pourvue de deux petites antennes de trois articles. Elles avaient six pattes écailleuses brunes et un appendice terminal de la même couleur, faisant l'office de pattes anales. Le corps, sans compter la tête, était formé de douze segments, dont le premier recouvert d'une plaque cornée brunâtre.

Les entomologistes qui, comme nous, ont élevé plusieurs larves de ces insectes, les comparent avec raison à celles du *Ténébrion* (*Tenebrio molitor*) ou *vers de farine*, que les oiseleurs donnent aux rossignols et aux fauvettes.

Quand les froids commencent à se faire sentir, les larves des taupins s'enfoncent assez profondément dans la terre. Au mois de décembre de l'année dernière, nous en avons demandé quelques-unes à M. Jamin pour les faire dessiner : à cette époque elles étaient

enfoncées en terre et ce n'est qu'avec peine qu'il a pu en
retrouver deux ou trois exemplaires au pied des arbres
où, quelque temps auparavant, elles étaient par centaines.

Le genre taupin, comme tous les grands genres de
Linné, a été subdivisé en une infinité de sous-genres.
Nous n'avons pas à nous occuper ici de ces subdivisions,
fort utiles pour les entomologistes qui font de la science,
mais moins nécessaires pour les horticulteurs. Les espèces nuisibles sont assez peu nombreuses, nous ne
mentionnerons que les suivantes :

Taupin nébuleux. Elater murinus Germ.

Ce taupin, à l'état d'insecte parfait, ronge, dit-on, le
pédoncule des roses ; dans les endroits où il est commun, comme au Bourg-la-Reine, Fontenay, etc., il passe
pour nuire à la floraison.

Sa couleur générale est, en dessus, d'un brun noirâtre,
variée de gris roussâtre. Les élytres sont pointillées, rugueuses, marquées de très-petites plaques blanchâtres
disséminées sans ordre. Le dessous du corps est brun,
très-finement ponctué. Il appartient au sous-genre *Agryp-
nus*.

14. — Larve du taupin nébuleux,
Elater murinus ?

Sa larve, ou celle que nous
prenons pour telle, dévore l'écorce des racines des

jeunes arbres dans les pépinières et les fait périr. Dans l'énorme quantité que nous a remise M. Jamin, il y en avait qui étaient moitié plus grosses les unes que les autres, ce qui nous fait supposer que les plus petites avaient une année de moins. Il se trouvait aussi, parmi ces dernières, quelques larves de carabiques, qui probablement vivaient aux dépens de celles des taupins.

Taupin obscur. Elater obscurus Fab.

Il est commun dans les parcs et les jardins, depuis le premier printemps jusqu'à la fin de l'année. On le trouve sur les fleurs dans les jardins et sur les pelouses. On rencontre souvent sa larve en labourant et, fréquemment aussi, dans les mottes de terre de bruyère. Ce qui est cause qu'on l'introduit dans les pots sans y faire attention, et qu'elle ronge les racines des jeunes plantes.

Il n'est pas rare de le voir éclore dans les serres, Il est elliptique, pointu, assez fortement pubescent, avec le corselet d'un noir profond. Ses élytres sont d'un brun plus ou moins roussâtre, marquées chacune de neuf stries ponctuées. Les pattes sont également d'un brun roussâtre, un peu ferrugineux. Il appartient au sous-genre *Agriotes*.

Taupin cracheur. Elater sputator Fab.

Il est aussi commun que le précédent, surtout dans les jardins cultivés par nos maraîchers. La larve ressemble à toutes celles que nous connaissons ; elle est très-friande des racines de romaine et de laitue, et fait souvent périr ces salades. Elle vit aussi de beaucoup d'autres racines, principalement de celles des plantes céréales.

L'insecte parfait est de la taille du précédent ; il est d'un noir-brun assez brillant, couvert d'une pubescence jaunâtre, avec la tête et le corselet finement pointillés. Les élytres sont elliptiques, convexes, marquées chacune de neuf stries ponctuées. Les antennes et les pattes sont ferrugineuses. Il fait aussi partie du sous-genre *Agriotes*.

Taupin rayé. Elater lineatus Fab.

La larve de cette espèce est extrêmement commune dans les lieux cultivés ; elle dévore dans les champs les racines du blé, du seigle et de l'avoine, et, dans nos jardins, celles des œillets, des iridées, des giroflées, des juliennes, des carottes, des salsifis, des choux, de la laitue, de la chicorée, etc.; en un mot, elle est très-polyphage et s'accommode de toutes les plantes herbacées ou ligneuses. Il est même fort possible que, parmi celles que nous avons reçues de M. Jamin, et que nous supposons devoir produire l'*elater murinus*, il s'en soit trouvé un certain nombre appartenant au taupin rayé. Il fait partie, comme les deux précédents, du sous-genre *Agriotes*.

L'insecte parfait se rencontre fréquemment en été sur les épis des céréales et sur beaucoup de plantes en fleurs, et, en particulier, dans les jardins, sur les ombelles de carottes, de panais, etc. Il est brunâtre, quelquefois un peu roussâtre, oblong, elliptique, de taille moyenne comme les deux espèces précédentes ; ses élytres sont marquées de lignes alternativement plus obscures et plus claires.

M. Hogg, horticulteur anglais, a proposé, pour détruire les larves de ce taupin, de répandre sur le sol des morceaux de tiges de laitue. Comme elles aiment beaucoup cette plante, elles s'y rendent pendant la nuit ; en les secouant le matin sur une toile, on en prend un grand nombre ; cette opération doit être faite pendant la belle saison. (Voy. *Garden. Magazine*, t. VI, p. 317.)

On trouve aussi, dans nos jardins, à la racine des plantes, d'autres larves de taupins, bien moins communes que celles des espèces précédentes, et dont les dégâts n'ont pas encore été signalés.

FAMILLE DES LAMELLICORNES.

Les lamellicornes se distinguent facilement des autres insectes par leurs antennes terminées en massue, dont les articles sont formés de lames disposées en une sorte d'éventail, ou comme les feuillets d'un livre. Les entomologistes les placent à la fin des pentamères, c'est-à-dire qu'ils ont encore, comme les familles précédentes, cinq articles à tous les tarses.

Leur tête, de grandeur moyenne, est engagée dans le corselet. Leur corps est épais, de forme ovoïde, souvent convexe ou bombée, plus rarement aplatie. Leur première paire de pattes, et quelquefois les autres, sont dentées extérieurement et propres à fouir.

La famille des Lamellicornes est très-nombreuse et a été divisée en une infinité de genres. A l'état de larves, les uns se nourrissent de matières végétales en décomposition, telles que tannée, terreau, bois pourri; d'autres, de matières végéto-animales, comme fumiers, fientes d'animaux herbivores; d'autres, de végétaux vivants. A l'état d'insectes parfaits, ils se nourrissent de feuilles, de pétales de fleurs, de miel ou des liqueurs exsudées par des arbres malades ou nouvellement abattus.

Cette famille est l'une de celles où l'on trouve les plus gros insectes, et dont beaucoup sont remarquables, en ce que les mâles, particulièrement, offrent des éminences en forme de tubercules, de cornes, de fourches, de tridents, etc., situées tantôt à la partie antérieure du corselet, tantôt sur la tête, et quelquefois sur les deux à la fois.

Les larves de lamellicornes se ressemblent toutes plus ou moins. Leur corps est mou, cylindrique, ridé, arqué postérieurement, blanchâtre ou d'un blanc un peu jaunâtre, composé de douze anneaux, portant de chaque côté neuf stigmates. Leurs pattes, au nombre de six, sont cornées, de couleur brune ou ferrugineuse. Leur tête est de la même couleur, pourvue de fortes mandibules. Leur intestin est très-vaste, dilaté en arrière, et les matières qu'il contient, donnent à cette partie une couleur plombée bleuâtre.

Pour se métamorphoser en nymphes, après s'être débarrassées de tous les résidus de la digestion, elles se construisent dans le milieu où elles ont vécu, une coque ovoïde, avec de la terre ou des débris de végétaux qu'elles agglutinent et lient ensemble, à l'aide d'une matière gommeuse qu'elles font sortir de leur corps.

C'est dans la famille des lamellicornes que le cultivateur rencontre son ennemi le plus redoutable.

GENRE HANNETON. MELOLONTHA Fab.

Les espèces appartenant à ce genre présentent les caractères suivants : corps oblong, souvent un peu velu ou pubescent ; yeux arrondis, saillants ; antennes composées de neuf à dix articles, terminées par une massue ovale-allongée, composée de feuillets plus développés chez les mâles que chez les femelles ; pattes de longueur moyenne, avec les jambes antérieures, munies de trois dents latérales.

Hanneton commun. Melolontha vulgaris Fab (1).

Tout le monde connaît le hanneton, et nous croyons inutile d'en donner ici la moindre description. Cet insecte est commun dans le Nord et dans tout le centre de l'Europe ; il est plus rare dans la région méditerranéenne, où il est remplacé par une autre espèce rayée de blanchâtre.

Les hannetons causent les plus grands dégâts dans les jardins, les champs et les prairies, sous leurs deux états, d'insecte parfait et de larve ; dans le premier, ils dépouillent les arbres de leurs feuilles ; dans le second, ils dévorent les racines des plantes herbacées et des arbres, et les font périr.

(1) Le genre *Melolontha* de Fabricius a été partagé par Megerle en plusieurs genres, d'après la forme du corselet, la dentelure des mandibules et la terminaison des crochets des tarses. Les principaux de ces genres sont *Anomala, Hoplia, Omaloplia, Anisoplia, Rhizotrogus,* etc.

La vie d'un hanneton ne se prolonge guère au-delà de dix à douze jours. Si tous les individus naissaient le même jour, on en serait presque débarrassé en une semaine. L'éclosion commence ordinairement en avril et se continue jusqu'à la fin de mai.

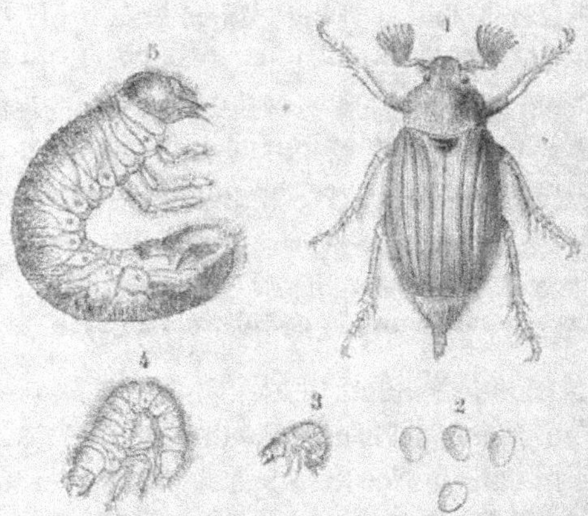

15. — 1. Hanneton commun. *Melolontha vulgaris* — 2. Les œufs. 3. Ver blanc de 1re année. — 4. Le même au printemps de la 2e année. — 5. Ver blanc de 3e année.

Ces insectes naissent ordinairement le soir; dès que leurs élytres sont suffisamment raffermies, il s'envolent et viennent se placer sous les feuilles où ils restent immobiles pendant toute la chaleur du jour, et ne prennent leur essor qu'après le coucher du soleil. Leur vol est lourd et inconsidéré, ils se heurtent contre tous les objets qu'ils rencontrent. On voit les mâles poursuivre les femelles avec une grande ardeur; mais une fois qu'ils sont accouplés, ils tombent dans l'engourdissement et restent attachés à la femelle pendant assez longtemps. Les mâles succombent peu de jours après la fécondation.

Les femelles descendent à terre, creusent avec leurs pattes de devant un trou de 8 à 10 centimètres de profondeur, et y déposent leurs œufs en un petit tas. Ceux-ci sont jaunâtres, au nombre de 20 à 40 au plus, de la grosseur d'un grain de chènevis. La ponte commence en avril et est terminée vers la fin de mai. Les œufs restent cinq à six semaines à l'état d'incubation. Les petites larves éclosent en juin et juillet et sont réunies en famille pendant la première année. Elles ont en miniature la forme qu'elles auront lorsqu'elles seront tout à fait adultes; elles sont blanchâtres, leur peau est ridée, gonflée de graisse, et leur extrémité paraît bleuâtre par l'amas des excréments. Les dégâts qu'elles occasionnent alors ne sont pas encore très-sensibles, elles ne rongent guère que les radicelles des plantes herbacées. A la fin de l'automne elles s'enfoncent assez profondément en terre pour se mettre à l'abri des gelées et des inondations. Au printemps suivant, elles ne vivent plus en famille, leur appétit s'est développé, elles se dispersent dans les cultures, attaquent presque tous les végétaux, se creusent des galeries assez rapprochées de la surface de la terre, dévorent les racines de toutes les plantes basses qu'elles rencontrent : graminées de toutes espèces, fraisiers, oseille, laitue, chicorée, trèfles, luzernes, etc. C'est alors que commencent d'effrayants ravages qui ne cessent qu'avec les premiers froids. A cette époque, elles sont à moitié de leur grosseur; elles s'enfoncent de nouveau à une certaine profondeur pour reparaître avec le printemps; leur appétit est doublé; elles ne se contentent plus de plantes herbacées, elles dévorent les racines des arbres dans les pépinières; cerisiers, pommiers, poiriers, abricotiers, etc., etc., et, dans les jardins, les racines des rhododendrons, des azalées américaines, des rosiers, etc. Les végétaux qu'elles ont attaqués, se fanent et périssent promptement.

Les dégâts occasionnés dans les pépinières des environs de Paris par ces larves, montent, dans certaines années, à plus de trois cent mille francs. Nos collègues, MM. Jamin et Durand, évaluent, pour leur part, à plus de trente mille francs la perte qu'elles leur ont fait éprouver en 1854.

A l'automne, elles s'enfoncent de nouveau dans la terre jusqu'au printemps. Quand elles reparaissent, elles ont acquis presque toute leur grosseur et leur appétit a un peu diminué. En juillet, elles se préparent à se transformer en nymphes; à cet effet, elles s'enfoncent dans la terre à 1 mètre ou $1^{m}.50$ de profondeur; là, elles se construisent une coque ovoïde, dans laquelle elles subissent leur seconde métamorphose. La nymphe est d'une teinte roussâtre. L'insecte parfait éclot en février, mars et avril, mais ne sort de terre que lorsque la température lui paraît convenable. Il arrive quelquefois, à la suite d'années chaudes comme en 1865, que l'éclosion de plusieurs individus a lieu en automne, et que l'on voit des hannetons en octobre. Pour sortir de terre, le hanneton se creuse un passage vertical et laisse dans le sol des trous semblables à ceux que l'on pourrait faire avec une grosse baguette.

Les larves de hannetons, connues sous les noms vulgaires de *vers blancs*, de *Mans*, *versTurcs*, *vers Matis*, etc.; de même que les chenilles des *Agrotis* (*vers gris*), préfèrent les terres meubles et légères comme mieux perméables à l'air. La culture et les labours ont, pour cette raison, beaucoup contribué à favoriser la multiplication des hannetons. Chacun a pu remarquer que ces insectes dévastateurs sont fort abondants à la lisière des bois dans le voisinage des cultures, et que jamais les arbres ne sont dépouillés de leurs feuilles dans le centre des forêts. Les vers blancs craignent la sécheresse ; lorsque cela arrive, ils s'enfoncent en terre et ne remontent qu'après la pluie.

Il y a des hannetons tous les ans, mais c'est tous les quatre ans périodiquement qu'a lieu la grande apparition.

M. le professeur Girard rapporte qu'à la suite d'une famine qu'ils avaient amenée, on lança contre eux les foudres de l'excommunication. En 1479, ils furent cités devant le tribunal ecclésiastique de Lausanne et défendus par un avocat de Fribourg. Après délibération, ils furent bannis du territoire. *O tempora !*

On a proposé une infinité de moyens pour diminuer les ravages des vers blancs. Parmentier a conseillé, dans le temps, de planter des bordures d'oseille ou de laitue autour des endroits qu'on veut préserver. Ils sont très-avides de ces plantes, ils s'y rendent de tous les côtés, et, en fouillant au pied de chaque touffe, on en déterre un certain nombre que l'on écrase chaque jour. Ce moyen, que l'on peut essayer dans un petit jardin où l'on cultive quelques fraisiers, est inapplicable à la grande culture.

M. Gloede, cultivateur de fraises aux environs de Fontainebleau, préconise la fleur de soufre répandue d'abord sur la terre et enterrée ensuite à la bêche. Ce procédé peut avoir quelque valeur, car les larves de hannetons fuient les émanations sulfureuses. Il suffit même d'enterrer des débris de choux comme du fumier, pour les éloigner. Le procédé de M. Baron, d'Antony, a, selon son auteur, un succès constant. Il emploie en petite quantité la matière fécale *pralinée* avec de la chaux et du plâtre. Si ce moyen est aussi efficace que l'assure M. Baron, c'est encore à la présence du soufre qu'il faut attribuer ce résultat.

Un vétéran de l'horticulture, aujourd'hui plus qu'octogénaire, le sieur Duval, jardinier à Issy, a observé pendant de longues années les mœurs des hannetons ; à la suite de ses expériences, il adressa, il y a quatre ou cinq ans, au ministre de l'agriculture et du commerce une note détaillée, contenant un procédé pour la destruction des vers blancs. Cette pièce fut renvoyée à la Société impériale et centrale d'horticulture, qui chargea une commission de faire un rapport sur la valeur du procédé employé par ce jardinier. Les conclusions du rapport ont démontré que, si cette méthode pouvait rendre quelques services dans des petits jardins, elle était inexécutable dans la grande majorité des cas.

Voici, au reste, en peu de mots, en quoi consiste ce procédé. Le sieur Duval, ayant remarqué avec raison que les larves des hannetons périssent dès qu'elles sont exposées au soleil, a eu l'idée de les ramener à la surface du sol. Pour arriver à ce résultat, il sème, en juin, pour les affriander, de la laitue dans un jardin qu'il suppose envahi par les hannetons ; au mois d'août, il retourne le terrain avec un râteau et met à découvert les petites larves de première année, qui sont encore en famille. Celles-ci meurent immédiatement par le seul fait de l'insolation. Notre jardinier recommence plusieurs jours de suite, en profitant d'un beau soleil, pour être bien certain qu'il ne reste plus trace de vers blancs. Son jardin, dit-il, se trouve ainsi exempt de tout ravage pendant quatre ans.

M. Pissot, conservateur du bois de Boulogne, a proposé d'arroser les pelouses ravagées par les vers blancs, avec de l'huile lourde de gaz, étendue d'une grande quantité d'eau (environ trois parties sur cent). Ce moyen, encore a l'essai, n'est pas sans analogie avec celui qu'indique le professeur Ratzeburg de Berlin. « On a observé, dit ce savant, depuis peu, que les vers blancs ont une grande répugnance pour le goudron de charbon de terre, et on a l'espoir de les tenir éloignés des jeunes arbres, en jetant dans les trous disposés pour la plantation, une ou deux feuilles de chêne sèches trempées dans le susdit goudron. »

On pourrait essayer aussi, au moment de la plantation, de répandre, dans les trous destinés à cet usage, un peu de fleur de soufre.

Tous les moyens dont nous venons de parler, ne sont que de bien légers palliatifs. L'agriculture en attend un autre plus radical : le gouvernement le tient dans sa main, c'est le *hannetonnage pratiqué en grand*. Nous avons une loi pour l'échenillage, et cependant, après tout, à quoi se réduit l'échenillage? A la destruction d'une seule espèce de chenille, celle du *bombyx chrysor-rhée*, qui, à l'automne, forme à l'extrémité des branches, une bourse ou un sac d'une soie grisâtre, renfermant dans un paquet de feuilles sèches, une nichée de petites chenilles écloses avant l'hiver. Elles nuiraient sans doute beaucoup aux arbres fruitiers, mais ces dégâts seraient peu de chose, si on les compare aux affreux ravages des vers blancs, qui, plus d'une fois, ont amené la famine, et qui, chaque année, font perdre bien des millions à notre agriculture.

Les chenilles dévorent les bourgeons et les feuilles de nos arbres fruitiers, elles détruisent souvent une partie de la récolte, mais ces mêmes arbres, n'en meurent pas ; l'année suivante ils repoussent avec vigueur ; tandis que ceux dont les racines sont attaquées par les vers blancs sont perdus à tout jamais.

Si nous sommes bien informé, on prépare, en ce moment, un nouveau code rural. Espérons que le gouvernement éclairé de la France, prêtera l'oreille aux justes réclamations des Sociétés d'agriculture et d'horticulture, et que, par une loi sévère, il rendra le hannetonnage obligatoire pour tous.

Nous ne pensons pas qu'à notre époque, il se trouve un seul préfet qui craigne d'être représenté en *hanneton* par le *Charivari*, comme on le fit, il y a une trentaine d'années, pour le spirituel préfet de la Sarthe, qui en 1835, sous le règne du roi Louis-Philippe, fit anéantir 155 millions de hannetons dans une portion de son département.

En France, par esprit de plaisanterie et surtout par ignorance, on a l'habitude de tourner en ridicule les choses les plus sérieuses. A combien de facéties de mauvais goût le grand popularisateur de la pomme de terre, l'illustre Parmentier, n'a-t-il pas été en butte? Sous le premier empire, combien n'a-t-on pas fait de caricatures à propos du sucre de betterave? Aujourd'hui, cependant, ce produit rivalise avec le sucre de canne, et Jean-Jacques Rousseau ne dirait plus : « Je croirai à la chimie quand on me fera du sucre avec autre chose que la canne à sucre. »

Lorsque l'on voudra procéder sérieusement au hannetonnage, on devra commencer cette opération vers le 20 avril et la continuer sans relâche jusqu'à la fin de mai, pour ne pas laisser aux femelles le temps de pondre. C'est le matin, à la rosée, au moment où les insectes sont engourdis, qu'il faudra faire la récolte. Si l'on attendait au milieu de la journée, beaucoup d'individus, échauffés par la chaleur du soleil, prendraient leur essor et échapperaient aux chasseurs. On secouera fortement les jeunes arbres, et, à l'aide de gaules, on fera tomber les hannetons qui se tiendront sur les branches élevées, en ayant soin, bien entendu, d'étendre une toile sous les arbres dans les endroits où il y a de la mousse ou des grandes herbes; sans cette précaution, on perdrait une partie de ces coléoptères, qu'on ne pourrait retrouver qu'avec peine et une perte de temps. La cueillette sera réunie dans des sacs, et on tuera les hannetons, soit en les faisant bouillir, soit en les écrasant. Une fois qu'ils sont morts, ils peuvent être employés comme engrais. Dans quelques contrées de l'Allemagne, on les fait sécher au four, ensuite on les réduit en poudre et on en fait, avec de la farine de maïs, une sorte de pâtée pour nourrir la volaille et surtout pour l'éducation des faisans.

Qui sait si la chimie, dans les grands centres où la récolte sera abondante, ne trouvera pas moyen de les utiliser dans l'industrie, ne fût-ce que pour la fabrication du gaz? Ces animaux sont très-riches en matière grasse.

Hanneton du marronnier. Melolontha hippocastani Fabr.

Il ressemble au hanneton commun dont il est très-voisin; mais il est plus petit et plus raccourci. Son corselet est rougeâtre et le prolongement anal est plus obtus. Il éclot à la même époque, mais il est beaucoup moins commun aux environs de Paris, et ne se trouve guère que dans les bois. Ses habitudes sont les mêmes à l'état de larve et à l'état parfait.

Hanneton foulon. Melolontha fullo Fabr.

Cet insecte, appelé aussi *hanneton du Poitou*, est moitié plus gros que le hanneton commun, il est d'un brun noirâtre marqueté d'une infinité de taches blanches irrégulières. Ratzeburg et d'autres auteurs le considèrent comme nuisible; en France, il est assez rare et ne produit aucun dégât bien appréciable; sa larve, est énorme et vit, dans les dunes, de racines de graminées. On ne le trouve pas aux environs de Paris.

Hanneton solstitial. Melolontha solstitialis Fabr.

Il est moitié plus petit que l'espèce ordinaire; il est d'un brun rougeâtre; ses élytres sont luisantes, d'un jaune testacé, garnies de quelques poils clair-semés avec les côtes assez marquées : il est très-

velu en dessous. Sa larve ressemble au ver blanc ordinaire, avec lequel les horticulteurs la confondent; elle
n'en diffère que par la taille, et par la couleur de la tête
qui est plus brune. Ce petit ver blanc, plus répandu
dans les champs que dans les jardins, est quelquefois
nuisible dans les terrains sablonneux. L'éclosion a lieu
depuis la Saint-Jean jusqu'au milieu de juillet.

Hanneton d'été. Melolontha æstivalis Fabr.

De la taille du précédent auquel il ressemble au
premier coup d'œil, il est d'une couleur jaunâtre pâle,
avec l'écusson et la poitrine couverts de longs poils
jaunâtres. Ses élytres sont d'un jaune roux, luisantes,
avec les côtes très-peu indiquées. Sa larve ressemble à
celle du hanneton solstitial, et fait quelquefois des ravages dans les jardins potagers, en dévorant les racines
de la chicorée et de la laitue; elle aime beaucoup aussi
celles des reines-marguerites. Ce petit hanneton, appelé par les cultivateurs *hanneton d'été*, éclot en août
et septembre. On voit quelquefois des individus précoces
paraître en juillet.

Ces deux dernières espèces ont été retirées par Latreille du genre *Melolontha*, et font aujourd'hui partie
genre *Rhizotrogus*.

Hanneton horticole. Melolontha horticola Fabr.

Ce très-petit hanneton appartient aujourd'hui au
genre *Anisoplia*, et est très-différent de l'espèce com-

mune ; il n'a que 9 à 10 millimètres ; sa tête et son corselet sont d'un vert brillant, avec les élytres d'un jaune-fauve. Les pattes sont noires. Il éclot en mai et juin et se trouve fréquemment à la campagne ; dans les jardins, il dévore les feuilles tendres des pommiers, pruniers, rosiers, etc.; mais c'est surtout dans les champs qu'il produit des dégâts, en entamant les graines des céréales. Les larves sont quelquefois fort nuisibles dans les potagers ; elles rongent les racines des choux et les font souvent périr. Il n'est pas rare d'en rencontrer quelques-unes dans les pots à fleurs. Plusieurs fois nous avons perdu, par son fait, des plantes alpines, telles que saxifrages, *Cortusa Mathioli*, *Artemisia glacialis*, etc. Il nous est né, en 1863, quatre individus qui sont sortis d'un pot de *Hacquetia epipactis*. M. A. Pélé nous a apporté un pot d'*Escalonia* cultivé en serre, dont les racines étaient dévorées par les larves de cet insecte.

Hanneton des champs. Melolontha agricola Fabr.

Il est de la taille du précédent et appartient aussi au genre *Anisoplia*. La tête et le corselet sont verts et pubescents. Les élytres sont d'un fauve-roussâtre assez brillant, marquées d'une tache commune, noirâtre, autour de l'écusson. Ce petit hanneton est très-abondant dans certaines contrées de la France. Il ronge, comme le précédent, les grains tendres du blé et du seigle ; il est quelquefois fort nuisible dans les champs, et peut, lorsqu'il est en nombre, faire perdre jusqu'à un quart de la récolte.

Il ne se rencontre pas souvent dans les jardins; cependant, notre savant collègue, le colonel Goureau, dit, « qu'en mai 1833, il détruisit les rosiers dont il dévora toutes les feuilles et toutes les fleurs; dans certains jardins, c'est à peine s'il resta un rosier intact; ces insectes pendaient aux fleurs comme un essaim d'abeilles; l'année précédente, les pommiers et les pêchers avaient essuyé leurs ravages; on en a vu sur les Acacias (*Robinia*) une si grande quantité, que tout le feuillage a été dévoré et qu'ils tombaient comme la grêle, lorsqu'on secouait l'arbre. »

La petite larve vit des racines de plantes basses; elle est, comme l'insecte parfait, très-polyghage.

Lorsque l'on rencontre, dans les parcs ou même dans les jardins, ces petits hannetons réunis par groupes sur des jeunes branches, il faut les faire tomber dans une espèce de sac ou sur un parapluie renversé, les brûler ou les écraser. Ils ne se tiennent jamais dans les grands arbres, on les voit presque toujours sur les graminées ou les jeunes pousses de première ou de seconde année.

Les jardiniers trouvent dans le terreau des vieilles couches ou dans la tannée en décomposition, une grosse larve d'un jaune-grisâtre sale, avec la tête d'un rouge ferrugineux. Cette larve ne fait aucun mal aux plantes; elle se nourrit exclusivement du détritus des végétaux. Elle vit trois ou quatre années avant de produire l'insecte parfait. Celui-ci porte le nom d'Oryctès nasicorne (*Oryctes nasicornis*), et est appelé vulgairement *Rhinocéros*, *Licorne*, à cause de la corne que le mâle porte sur le milieu de la tête. C'est un insecte fort inoffensif.

GENRE CÉTOINE. CETONIA Fabr.

Ce genre diffère, au premier coup d'œil, des hannetons par son corps très-aplati ; il a, en outre, pour caractères : des antennes de dix articles dont les trois derniers
forment une massue de trois feuillets ; des mandibules
en forme d'écailles membraneuses; le dernier article des
palpes un peu plus gros que le précédent, ovalaire ;
un corps ovale déprimé ; un corselet trapéziforme ; une
pièce axillaire à la base latérale des élytres.

Les Cétoines ont le corps ovale aplati, leur tête est
petite et prolongée en un chaperon plus long que large ;
elles volent très-bien ; mais elles offrent cette particularité, qu'elles prennent leur essor sans ouvrir leurs élytres. Leurs larves vivent trois années, elles se nourrissent généralement de terreau et de bois pourri. Deux
espèces passent pour nuisibles aux jardins.

Cétoine dorée. Cetonia aurata Fabr.

Elle est d'un beau vert bronzé très-brillant en-dessus
et d'un vert cuivreux en-dessous.
Ses élytres sont marquées de
quelques petites taches blanches
éparses. Lorsqu'on la saisit, elle
fait souvent la morte. On la
trouve en juin à la campagne,

16. — Cétoine dorée.
Cetonia aurata.

sur les fleurs en ombelles et en cymes, et très-souvent
dans les jardins, cachée dans les fleurs des pivoines et
des roses ; elle entame un peu ces dernières fleurs et

détruit les étamines de celles que l'on réserve pour
graines. L'autre espèce est la

Cétoine stictique. Cetonia stictica Fabr.

Elle est moitié plus petite que la cétoine dorée, noire
en-dessus et en-dessous, avec un reflet légèrement
bleuâtre ; elle est, en outre, marquée de points blancs
sur les élytres et sur le corselet. C'est sans doute en
raison de ces points blancs sur un fond noir, que Geoffroy lui a donné le nom de *Drap mortuaire*. Cette petite
cétoine paraît en mai ; elle nuit aux jardins, en ce qu'elle
mange les étamines des fleurs des poiriers.

La larve ressemble à un petit *ver blanc*. Feu notre
collègue Basseville, de Passy, nous a remis, dans le
temps, plusieurs pots de fraisiers cultivés à chaud, qui
contenaient un assez grand nombre de ces larves. Nous
supposions qu'elles appartenaient au petit hanneton horticole, mais nous avons été détrompé, lorsqu'au bout de
deux ans, nous avons vu sortir de ces pots la cétoine
stictique.

M. Philibert Baron a apporté, cette année, à la première séance d'avril de notre société, plusieurs centaines
de cétoines stictiques, qu'un jardinier avait déterrées la
veille, dans une couche où les larves, d'après cet horticulteur, avaient fait périr la plupart des plantes.

On voit aussi, de temps en temps, sur les roses, un
coléoptère d'un vert brillant, un peu plus petit et moins
aplati que la cétoine dorée, et dépourvu de pièce axillaire à la base des élytres. C'est la Trichie noble (*Tri-
chius nobilis*). Les jardiniers l'accusent de manger les

pétales des fleurs. Elle est rarement assez commune pour être considérée comme nuisible.

GENRE CANTHARIDE. LYTTA Fabr.

Les cantharides ont le corps allongé, cylindroïde ; la tête cordiforme, portant deux antennes plus longues que le corselet ; une bouche armée de deux mâchoires de longueur moyenne ; un corselet petit, de forme carrée ; des élytres molles, linéaires, aussi longues que l'abdomen.

Ce genre appartient à la section des Hétéromères et à la famille des Trachélides de Latreille. On trouve souvent dans les parcs et quelquefois dans les jardins l'espèce suivante :

Cantharide vésicante. Lytta vesicatoria Fabr.

Elle est d'un vert-doré brillant, avec les antennes noires ; elle varie pour la taille, mais, dans tous les cas, les mâles sont plus petits que les femelles. L'éclosion des cantharides a lieu dans les premiers jours de juin. Elles s'abattent presque toujours en grand nombre sur les différentes sortes de frênes, sur les lilas et les troènes, dont elles

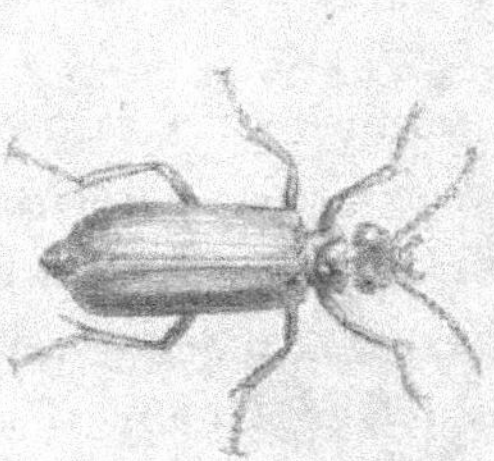

17. — Cantharide vésicante.
Lytta vesicatoria.

dévorent les feuilles ; on les a vues, dans certaines années, se jeter sur les plantes basses et sur les céréales.

Ces insectes exhalent une très-forte odeur de souris, qu'il ne faut pas trop respirer ; nous avons vu des personnes gravement incommodées, pour s'être endormies sous un frêne pleureur couvert de cantharides.

Lorsqu'on s'aperçoit de leur présence, il faut les faire tomber, le matin à la rosée, sur des toiles et les faire périr en les jetant dans du vinaigre bouillant ; après les avoir fait sécher, on pourra les conserver et en tirer parti pour l'usage de la pharmacie.

On ne sait pas encore trop comment vit la larve des cantharides et le temps qu'elle met à se développer. Olivier est le seul auteur qui en donne une description sommaire. Elle est, dit-il, composée de treize anneaux (sans doute qu'il y comprend la tête), mollasse, d'un blanc jaunâtre, pourvue de six pattes écailleuses ; sa tête est arrondie, un peu aplatie, armée de deux mâchoires assez solides.

FAMILLE DES CURCULIONITES OU RHYNCHOPHORES,

Vulgairement *Porte-becs*.

Cette innombrable famille comprend aujourd'hui plus de dix mille espèces ; elle correspond au genre Charançon (*Curculio* de Linné). Les Rhynchophores sont tétramères et ont pour caractères principaux : un corps ovoïde, rétréci en avant, embrassé latéralement par des élytres convexes ; une tête se terminant en un rostre ou bec plus ou moins délié et plus ou moins allongé, portant deux antennes droites (*Orthocères*), ou coudées (*Goniatocères*), composées de neuf, dix, onze ou douze articles, de longueur variable, mais dont le premier est toujours long, et les trois derniers réunis en massue; des pattes robustes avec les cuisses renflées.

Les larves des Rhynchophores ou Charançons sont apodes, c'est-à-dire privées de pattes, elles ont tout au plus quelques mamelons qui en tiennent lieu; elles sont, en général, d'un blanc jaunâtre avec la tête brune ou roussâtre; elles ne vivent jamais à découvert, elles craignent la lumière et se tiennent cachées. Elles attaquent toutes les parties des végétaux; les unes vivent dans l'intérieur des graines ou des fruits, les autres rongent le parenchyme des feuilles, dont elles ont formé des rouleaux ou des cornets; d'autres se tiennent dans la terre et mangent des racines ou le collet des plantes basses; quelques espèces habitent dans des galles; d'autres dévorent l'intérieur des fleurs, et enfin il en est qui vivent dans l'intérieur des tiges de diverses plantes (1).

C'est à l'état de larve que les Charançons sont le plus nuisibles à l'agriculture et à l'horticulture; à l'état d'insecte parfait, ils font beaucoup moins de mal. Il n'y a pas de famille dans l'ordre des Coléoptères où le cultivateur compte une aussi grande quantité de petits ennemis. Les Rhynchophores ou Charançons, comme tous

(1) Selon Frisch, Léon Dufour et Ratzeburg, les larves des *Anthribes* sont carnassières; elles se nourrissent des œufs des *Kermès* et vivent en parasites sous la carapace de ces gallinsectes; on doit par conséquent les mettre au nombre des insectes utiles.

les grands genres de Linné, sont partagés aujourd'hui en
une multitude de coupes génériques. Schœnherr qui a
passé une partie de sa longue existence à étudier les Curculionites, en avait déjà établi plus de six cents. Nous ne
parlerons ici que de ceux qui renferment des espèces
dont la connaissance est indispensable à un bon jardinier. Nous voudrions pouvoir indiquer, en même temps,
les moyens de destruction à mettre en usage, malheureusement ils sont plus limités pour cette famille que
pour toute autre.

Les Charançons portent, en horticulture, selon les localités, les noms vulgaires de *Lisette*, de *Bécare*, de *Bec-
mare*, de *Bêche*, etc.

GENRE RHYNCHITE. RHYNCHITES Herbst.

Ce genre comprend une quarantaine d'espèces propres
à l'Europe pour la plupart ; il se distingue par les
caractères suivants : tête petite, à moitié enfoncée dans
le corselet, se prolongeant en un rostre en forme de
bec, très-long, dilaté à son extrémité ; antennes droites,
insérées au milieu du rostre, composées de onze articles dont les inférieurs un peu plus longs que ceux du
milieu, et dont les derniers réunis en une sorte de massue; corps ovale, allant en se rétrécissant en avant ; mandibules pourvues d'une dent interne; corselet conique,
élargi en arrière, offrant souvent, dans les mâles, une
épine latérale. Plusieurs espèces de Rhynchites sont
très-nuisibles aux cultures, telles sont les suivantes :

Rhynchite Bacchus. Rhynchites Bacchus Schœnherr.

Cette jolie *Lisette*, la plus brillante de nos espèces

européennes, est un peu velue, d'un beau rouge-doré métallique à reflet violacé; elle paraît dans les jardins avec les premiers beaux jours du printemps; elle se nourrit de la séve des jeunes pousses, et s'accouple à la fin de mai ou en juin. La femelle perce avec son rostre les petites poires nouvellement nouées, et dépose dans le petit trou un œuf qu'elle cache en bouchant l'ouverture; cet œuf éclot au bout de cinq à six jours, et la petite larve creuse une galerie dans le fruit. En quatre semaines au plus, après plusieurs changements de peau, elle a acquis tout son développement; alors elle abandonne le fruit, dont elle occasionne toujours la chute, et s'enfonce en terre pour se métamorphoser et éclore au printemps suivant. Il y a des localités où elle fait beaucoup de tort aux poiriers en perçant les jeunes poires.

Pour atténuer le mal que cet insecte occasionne dans les vergers, il faut enlever soigneusement tous les fruits piqués.

On l'a accusé à tort de rouler les feuilles de la vigne pour y déposer ses œufs; c'est sans doute à cette croyance de quelques anciens auteurs, qu'il doit son nom de *Bacchus*.

Rhynchite du bouleau. Rhynchites betuleti ab.

Cette Lisette, à peu près de la taille de l'espèce précédente, est d'un vert-doré brillant ou quelquefois d'un bleu métallique; elle est, dans certaines localités, un fléau pour les viticulteurs. L'insecte parfait éclot en mai et juin, et reparaît à l'automne pour une seconde fois. Il vit sur beaucoup d'arbres qui ne sont pas du ressort de l'horticulture, nous n'en parlons ici que parce qu'il est très-préjudiciable aux vignes. La femelle roule les feuilles et en fait des espèces de cylindres, qu'elle perce à trois ou quatre endroits, pour déposer un œuf dans chaque piqûre. Ensuite elle coupe aux trois quarts le pétiole de ces feuilles, pour arrêter la sève et amener dans leur tissu une modification morbide. Celles-ci se fanent, se flétrissent et finissent par tomber. Lorsque les petites larves ont acquis toute leur croissance, elles quittent leur retraite et s'enfoncent en terre pour se métamorphoser et éclore en septembre, mais, le plus ordinairement, au mois de mai ; les individus nés à l'automne passent l'hiver sous les écorces des arbres ou cachés entre les mousses et les lichens.

Lorsqu'on aperçoit, dans les vignobles, ou sur les treilles, ces espèces de rouleaux suspendus aux ceps, il faut les enlever avec soin et les brûler pour détruire l'insecte dans son berceau.

Rhynchite conique. Rhynchites conicus Herbst.

Cette petite Lisette, que peu d'arboriculteurs ont vue en nature, mais dont tous connaissent parfaitement les effets, est très-commune dans les jardins fruitiers. Elle est d'un bleu foncé avec les antennes noires ; elle offre sur le corselet, et surtout sur les élytres quelques poils épars bien visibles à la loupe. Elle est ailée comme les espèces précédentes et vole très-bien d'un arbre à l'autre. Ce petit insecte est désigné par les jardiniers sous le nom de *coupe-bourgeon*. Les uns l'accusent de faire beau-

coup de mal aux arbres; d'autres, au contraire, le considèrent comme médiocrement nuisible et prétendent que
c'est lui qui a enseigné le *pincement* des arbres fruitiers.
Pour les personnes étrangères à l'arboriculture, nous
exposons ici ses habitudes.

Lorsqu'après l'accouplement la femelle éprouve le
besoin de pondre, elle vient se poser sur une pousse
tendre de poirier (*bourgeon* des jardiniers). Dès qu'elle
a trouvé dans cette partie encore herbacée un endroit
convenable pour y déposer sa progéniture, elle y perce
un petit trou à l'aide de son rostre, et y dépose un œuf;
elle descend ensuite un peu plus bas et avec ses petites
mâchoires elle coupe circulairement le bourgeon aux
trois quarts environ, pour arrêter la séve et en altérer la
nature; elle recommence ce manége sur de nouveaux
bourgeons jusqu'à ce qu'elle ait terminé sa ponte.
C'est alors que, dans le courant de mai, on voit pendre
aux arbres des bourgeons fanés, noircis et presque
desséchés, qui, au bout de quelque temps, se détachent
et tombent. Lorsque les petites larves sont arrivées au terme de leur croissance, elles quittent leur
berceau et s'enfoncent en terre où elles se construisent
une petite coque pour se changer en nymphes. Il
arrive quelquefois que des individus éclosent en
septembre; dans ce cas ils passent l'hiver dans l'engourdissement sous les écorces ou entre les feuilles sèches
pour se réveiller au printemps.

Le *coupe-bourgeon* ne vit pas seulement sur le poirier;
il attaque aussi les jeunes pousses des pruniers, des cerisiers, des abricotiers et même de l'aubépine. L'insecte parfait est très-petit et difficile à prendre;

aussitôt qu'on s'approche d'une branche où il est en travail, au lieu de s'envoler, il se laisse tomber, fait le mort, se confond avec la terre du jardin ou se perd dans l'herbe.

Nous recommandons aux personnes qui craignent les ravages de cette lisette, d'enlever tous les bourgeons fanés qui pendent aux poiriers et de les brûler.

GENRE PHYTONOME. PHYTONOMUS Schœnherr.

Les petits charançons appartenant à ce genre composé de près de cinquante espèces, présentent les caractères suivants : antennes coudées, de longueur médiocre dont l'article basilaire atteint presque les yeux, les autres noueux ; massue des antennes oblongue ; rostre moitié plus long que la tête ; yeux oblongs un peu déprimés ; élytres convexes, ovalaires-oblongues ; pattes ayant les crochets des tarses longs et assez robustes.

Les phytonomes sont de petites lisettes qui causent souvent dans les jardins d'assez grands dommages aux plantes ornementales. La plus nuisible est l'espèce suivante :

Phytonome de la renouée. Pytonomus polygoni Sch.

Il n'est pas rare de voir chez les fleuristes des tiges d'œillets qui languissent, jaunissent et finissent par se dessécher sans pouvoir donner de fleurs. Cette maladie est produite par la petite larve de ce phytonome qui creuse la tige et détruit toute la partie médullaire.

L'insecte parfait est d'une couleur brunâtre avec le corselet marqué de trois lignes blanchâtres. Les élytres sont grisâtres, pubescentes, avec trois lignes noires.

Lorsque l'on s'aperçoit que des tiges d'œillets sont attaquées par la larve de ce phytonome, il faut les couper et les brûler.

GENRE APION. APION Herbst.

Les Apions, dont on connaît aujourd'hui une centaine d'espèces, sont les plus petits des charançons; ils ont pour caractères : des antennes droites, terminées par une massue de trois articles et insérées sur la trompe ou rostre; une tête enchâssée dans le corselet qui est plus long que large, cylindroïde, tronqué carrément à sa base; des élytres ovoïdes donnant au corps une forme presque globuleuse, glabres ou presque glabres; des pattes assez longues avec les tarses spongieux.

Les petites larves des apions ne vivent pas toutes de la même manière. Beaucoup rongent les graines des légumineuses herbacées, et y subissent toutes leurs métamorphoses; d'autres habitent dans les fleurs; quelques-unes se nourrisent de la partie médullaire de différents végétaux, et ne sortent de leur berceau qu'à l'état parfait.

Plusieurs espèces sont très-nuisibles à la grande culture, telles que l'apion du trèfle (*apion apricans*), dont la larve dévore les graines de cette plante; l'apion à pattes jaunes (*apion flavipes*), qui a les mêmes mœurs, et mange aussi les graines du trèfle. On n'en connaît que deux qui occasionnent quelques dégâts dans les jardins.

Apion bronzé. Apion æneum Germar.

Très-petit insecte d'un vert bronzé plus ou moins obscur en dessus, et d'une couleur bleuâtre ou noire en dessous. Il fait quelquefois beaucoup de tort aux roses-trémières (*Alcea rosea*), dont il ronge les bourgeons ; les petites larves, élevées par Kaltenbach, creusent des galeries dans la moelle des Malvacées, et y subissent toutes leurs transformations. L'insecte parfait se montre dès la fin de mars.

Apion violet. Apion violaceum Schœnh.

Ce petit charançon a les élytres plutôt bleues que violettes, et le dessous du corps noir comme l'espèce précédente. Sa larve vit par petites familles dans les tiges de l'oseille, à l'époque où cette plante monte pour fleurir. Comme il n'attaque jamais les feuilles, le mal qu'il fait chez les maraîchers, se borne à faire périr quelques porte-graines.

GENRE BARIS. BARIS Germar.

Les Curculionites appartenant à ce genre, sont ovales, allongés, glabres, avec une trompe arquée supportant les antennes ; leur corselet est un peu plus long que large, en cône tronqué ; leurs pattes sont assez robustes, avec les cuisses un peu renflées.

Baris verdâtre. Baris chlorizans Schœnh.

Ce petit insecte a été très-bien étudié par notre collègue, M. le colonel Goureau. Ce savant, dont tous les entomologistes connaissent les observations persévérantes, donne l'histoire très-détaillée de ses mœurs dans le second supplément de son ouvrage sur les insectes nuisibles. (*Bullet. des sc. histor. et natur. de l'Yonne*, p. 62, 18.)

Il est assez commun aux environs de Paris, de la taille de la lisette coupe-bourgeon, d'un vert terne, sans reflet, avec la tête et les antennes noires; le dessous du corps est d'un vert-bronzé avec les pattes noirâtres. Selon M. Goureau, il éclot dans les premiers jours de septembre, passe l'hiver dans l'engourdissement, et se ranime au printemps pour s'accoupler et propager l'espèce. La femelle pond ses œufs dans les tiges des choux, principalement dans les variétés appelées choux cavalier, choux de Milan, choux de Bruxelles, etc. Dès que les œufs sont éclos, les petites larves creusent des galeries dans ces mêmes tiges, et continuent de s'y développer jusqu'au mois d'août qu'elles sont arrivées à leur grosseur. Les transformations ont lieu dans le milieu où elles ont vécu; l'insecte sort par un petit trou qu'il fait à l'écorce. Il cause un grand dommage aux choux, lorsqu'il est nombreux.

Une autre espèce du même genre, *Baris chloris* de Ziegler, d'un bleu un peu verdâtre en dessus et noire en dessous, fait quelquefois beaucoup de mal dans les plantations de colza. Plienenger (*Isis* 1857, p. 525), pense

que les larves vivent dans des galles, sur les racines, et
se métamorphosent en terre. Nördlinger, p. 175, croit,
au contraire, que la femelle pond dans les tiges, que
les petites larves vivent dans la moelle, et que les transformations ont lieu dans la plante même. Les observations de M. Goureau sur l'espèce précédente qui en est
très-voisine, semblent justifier l'opinion de Nördlinger.

GENRE CEUTORHYNQUE. CEUTORHYNCHUS Shœnh.

Les insectes rapportés a ce genre sont encore plus
petits que notre coupe-bourgeon ; ils ont pour caractères : des antennes coudées de douze articles, dont les trois
derniers forment la massue ; un rostre long, grêle, filiforme, arqué, appliqué sur la poitrine dans le repos ; un
corselet en cône tronqué, pourvu de chaque côté d'un
petit lobule qui cache un peu les yeux ; des élytres ovalaires, plus larges que le corselet, avec les épaules ou
les angles huméraux obtus ; des pattes médiocres, avec
les cuisses renflées.

Ceutorhynque sulcicolle. Ceutorhynchus sulcicollis Sch.

Il est tout noir, avec quelques poils grisâtres ; mais,
ce qui le distingue particulièrement, c'est un sillon longitudinal sur le corselet. Il paraît en juillet et est, sous
son premier état, très-nuisible dans les plantations de
choux et de navets. Après l'éclosion de l'insecte parfait,
l'accouplement a lieu sur les plantes où ces petits charançons sont souvent très-communs ; la femelle descend

10

à terre, pique avec son rostre les choux ou les navets vers le collet, et dépose un œuf dans chaque piqûre.

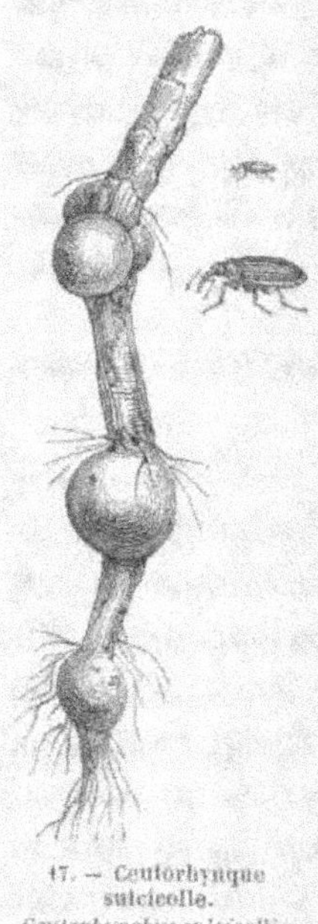

17. — Ceutorhynque sulcicolle.
Ceutorhynchus sulcicollis.

Les petites larves éclosent au bout de quelques jours et déterminent, probablement par l'afflux de la séve, ces sortes de bosselures ou d'excroissances que tous les jardiniers ont remarquées sur les navets et sur les choux. Vers la fin d'octobre, les petites larves ont acquis tout leur développement ; alors elles percent les galles où elles sont renfermées, entrent en terre et se construisent des petites coques dans lesquelles elles restent jusqu'à la fin du printemps, avant de se changer en nymphes. On trouve aussi cet insecte sur le colza, mais moins souvent que le *Baris chloris.*

Nous ne connaissons aucun moyen à opposer à ses ravages. En Angleterre, où ce charançon est extrêmement commun dans les champs de turneps, on a conseillé de faire passer sur la terre un rouleau très-pesant pour écraser les larves renfermées dans leurs petites coques. Nous avons bien peu de confiance dans ce procédé.

Ceutorhynque du navet. Ceutorhynchus napi Schœnh.

Cette petite lisette est devenue, depuis quelque temps, très-commune aux environs de Paris dans les champs, sur les choux et surtout sur les colzas. Il y a quelques années, un de nos collègues de la Société d'horticulture en apporta à une de nos séances plusieurs individus, pour connaître le nom d'un insecte qui, disait-il, faisait de grands dégâts dans les colzas aux environs de Versailles.

Il est presque moitié plus petit que l'espèce précédente, d'une couleur brunâtre variée de petites écailles jaunâtres, qui lui donnent une teinte grise; il se montre au printemps et est d'autant plus nuisible qu'il ronge le cœur et les jeunes feuilles des choux et du colza. Heureusement il n'est pas encore très-répandu chez les maraichers, ni dans les jardins potagers. Les larves vivent en mai dans les tiges du colza et des choux, où elles creusent de nombreuses galeries ; arrivées à toute leur taille, elles se métamorphosent en terre, et l'insecte parfait naît en juillet pour s'accoupler et pondre. M. Goureau suppose qu'il n'y a qu'une partie des nymphes qui éclosent à cette époque et qu'une autre partie reste dans l'engourdissement jusqu'au printemps.

Malheureusement il n'y a encore aucun moyen à opposer à ce nouveau fléau.

Notre collègue, le Dr Aubé, a publié, dans les *Annales de la Société entomologique de France* (1852, Bullet., p. 83), les réflexions suivantes, à propos d'un mémoire de M. Focillon, inséré dans les *Annales de l'Institut agronomique de Versailles*. En examinant ce mémoire, dit-il, on est étonné de trouver une erreur presque à chaque pas ! Ainsi le *Grypidius brassicæ*, regardé comme nouveau, ne me paraît, à en juger par la figure qui accompagne le mémoire, qu'un véritable *ceutorhynchus*, et tout me porte a croire qu'il doit être rapporté à l'*Assimilis* de Fabricius, qui se rencontre très-fréquemment sur un grand nombre de Crucifères, et auquel la description donnée par M. Focillon s'applique assez bien ; je ne puis m'expliquer comment cet insecte a été pris pour un *Grypidius* dont les caractères et les mœurs sont si différents. » Le Ceuthorhynque en question est devenu, depuis quelques années, très-commun sur les colzas aux environs de Paris. Selon M. Focillon, il pique les siliques avec son bec et fait avorter les graines.

GENRE ANTHONOME. ANTHONOMUS Germar.

Les anthonomes, comme leur nom l'indique, sont des petits charançons qui vivent dans les fleurs. Ils ont pour caractères génériques : une tête obconique munie d'un rostre grêle, filiforme, très-peu arqué, portant des antennes coudées terminées en massue pointue; un corselet transversal, rétréci et tronqué en avant ; des élytres ovalaires un peu oblongues, plus larges que le corselet, striées et ponctuées, avec l'angle huméral obtus ; des pattes assez longues, avec les cuisses renflées.

Anthonome des fleurs de pommier. Anthonomus pomorum Sch.

Il est un peu plus grand que le coupe-bourgeon, d'une couleur plus ou moins brunâtre, avec une villosité ou une pubescence grisâtre; ses élytres sont d'un roux testacé obscur, marquées, vers l'extrémité postérieure, d'une tache blanche entourée de noir. Il n'y a peut-être pas un

jardinier qui n'ait remarqué, au mois de mai, qu'une certaine partie des fleurs des pommiers ne s'ouvraient pas et
ressemblaient à des *clous de girofle*. Les fleurs qui présentent cet aspect, sont habitées par un petit ver qui
ronge les organes de la fructification.

19. — Anthonome du pommier. *Anthonomus pomorum*.

Il y a encore, dans certaines localités, des gens
simples qui croient et répétent que cette vermine
est engendrée par des *vents roux*. Pauvres ignorants,
partisans sans le savoir des générations spontanées,
comme si la vie pouvait venir d'ailleurs que de la vie !

L'anthonome du pommier éclot à la fin de mai ou dans
les premiers jours de juin ; il passe l'été, l'automne et
l'hiver dans l'engourdissement, pour se réveiller et s'accoupler vers la fin d'avril, ou dans les premiers jours de

mai. Après la fécondation, la femelle se met à la recherche des *bourres à fruits*, perce les boutons avec son rostre, dépose un œuf dans chaque petit trou, et continue ainsi jusqu'à ce qu'elle ait accompli sa ponte, sans jamais mettre deux œufs dans la même fleur. Au bout de quelques jours, chaque œuf donne naissance à une petite larve, qui dévore les étamines, le pistil et l'ovaire des fleurs des pommiers ; elle grossit rapidement et, quinze jours après sa naissance, elle se transforme en nymphe dans son propre berceau.

Il y·a peu de chose à faire pour se préserver du ravage de cette lisette. On a conseillé d'enlever des pommiers les fleurs rousses qui ne sont pas épanouies et de les brûler. C'est un moyen qu'on peut essayer dans un petit jardin où il ne se trouve que quelques paradis, mais il est impraticable dans un verger de quelque étendue. D'ailleurs, comme cet insecte vole très-bien, il en reviendrait de chez les voisins, et la destruction que l'on aurait faite chez soi serait complétement inutile.

Anthonome du poirier. Anthonomus pyri Schœnherr.

Il ressemble beaucoup à celui des fleurs du pommier. Il est d'une couleur ferrugineuse tirant plus ou moins sur le noirâtre. Ses antennes sont noirâtres. La tête est recouverte d'une pubescence blanche formant une ligne médiane qui se prolonge sur le corselet. Les élytres sont traversées par une bande de duvet blanc, lisérée de noir.

La larve vit en avril dans les *bourres* à fleurs du poirier, et est désignée par M. Forest, dans ses cours d'arboriculture, sous les noms vulgaires *de ver d'hiver* ou *de ver des bourgeons à fleurs*. L'insecte parfait paraît en mai. Il passe l'hiver caché dans les crevasses des écorces et sous les lichens; il se réveille au commencement de mars pour s'accoupler. Une fois la fécondation opérée, la femelle perce les bourgeons avec son long bec et y dépose un œuf qui éclot au bout de huit jours. Aucun bourgeon renfermant une larve ne fleurit. Un cercle noirâtre se forme à sa base et lui-même finit par noircir et se dessécher. Depuis quelques années, cet insecte, qui était presque inconnu aux environs de Paris, est devenu un véritable fléau pour les poiriers en quenouille ou en espalier. Son apparition dans nos jardins, selon l'habile professeur que nous venons de citer, ne remonte pas au-delà de dix à douze ans. La métamorphose a lieu dans le bourgeon. Pour détruire ce nouvel ennemi, il faut enlever en avril tous les bourgeons attaqués et les brûler.

Un autre anthonome vit dans les fleurs des cerisiers. Celles de ces fleurs qui renferment une larve, ne s'ouvrent jamais et deviennent d'une couleur roussâtre. Les mœurs de ce petit charançon, dont les dégâts sont très-limités, sont assez semblables à celles des deux espèces précédentes. Son nom vulgaire est charançon des fleurs du cerisier, et son nom scientifique, *anthonomus cerasi* Schœnherr.

GENRE BALANIN. BALANINUS Germar.

Ce genre, assez voisin des anthonomes, se distingue par les caractères suivants: rostre arqué, très-long, grêle, filiforme, portant des antennes coudées terminées par une massue acuminée ; corselet tubuleux en cône tronqué, avec les angles postérieurs arrondis ; élytres convexes, un peu plus larges que le corselet, avec l'angle huméral arrondi ; pattes assez longues, avec les cuisses en massue.

Balanin des noisettes. Balaninus nucum Schœnh.

Il n'est personne qui n'ait rencontré des noisettes véreuses, et qui n'ait cassé avec ses dents de ces fruits dont l'amertume lui indiquait de suite la présence d'une

20. — Balanin des noisettes. *Balaninus nucum.*

larve. Ce ver, pour nous servir du mot employé par les jardiniers, est blanc, avec la tête brune armée de mâchoires assez robustes ; il est produit par un petit charançon un peu plus grand que l'anthonome du pommier, d'une couleur brunâtre, entièrement recouvert d'un duvet jaunâtre qui lui donne une teinte grisâtre. Ce petit insecte éclot en mai ou dans les premiers jours de juin.

Après l'accouplement, la femelle perce avec son long rostre un petit trou dans les jeunes noisettes et y dépose un œuf. Celui-ci éclot au bout de huit jours, et la jeune larve se met à ronger l'intérieur du fruit. Vers le milieu d'août, elle a acquis toute sa taille. Alors, avec ses fortes mâchoires, elle fait un petit trou rond, par lequel elle sort en s'amincissant et en s'allongeant comme une sangsue. Dès qu'elle est en liberté, elle entre en terre où elle se construit une petite coque, dans laquelle elle reste engourdie jusqu'au mois de mai, époque où elle se transforme en nymphe. Les noisettes attaquées par ce charançon, se détachent et tombent à terre un peu avant leur maturité ; il y en a cependant qui restent sur l'arbre, c'est l'orsqu'il s'en trouve une ou deux de malades au milieu d'un groupe où les autres sont saines.

Dans certaines années, cet insecte est très-commun, et la majeure partie des noisettes sont véreuses. Comme la femelle ne place jamais qu'un œuf dans un fruit, on conçoit que, pour terminer sa ponte, elle doit en attaquer un grand nombre ; c'est pourquoi, sur un même arbre, on n'a souvent que des noisettes renfermant des vers.

Dans les jardins isolés et éloignés des bois, on peut détruire en partie ce Balanin, en ramassant, au mois d'août, toutes les noisettes véreuses tombées à terre et en les brûlant avec les larves qu'elles contiennent encore.

Dans certaines contrées, on rencontre fréquemment

une autre espèce. C'est le *Balaninu scerasorum* Schœnh. qui perce les petites cerises nouvellement nouées et dont la larve ronge l'amande contenue dans le noyau. En France, les dégâts causés par cet insecte n'ont pas encore été remarqués.

GENRE OTIORHYNQUE, OTIORHYNCHUS Germar.

Ce genre renferme un grand nombre d'espèces dont beaucoup habitent l'Europe et la Sibérie. Les Otiorhynques offrent, tous, les caractères suivants : tête de grandeur moyenne, terminée par un rostre de sa longueur, un peu anguleux et pourvu à son extrémité d'une double carène ou d'une carène bifide ; antennes assez longues, grêles, arquées, insérées sur le rostre, avec la massue de forme un peu variable ; corselet convexe, à peu près aussi long que large, tronqué en avant et en arrière ; élytres dures, coriaces, en ovale allongé, convexes, paraissant quelquefois un peu renflées ; des pattes assez longues, avec les cuisses en massue.

Otiorhynque sillonné. Otiorhynchus sulcatus Sch.

Il est tout noir, assez grand, avec les élytres marquées de stries assez profondes formant des sillons, dont les intervalles sont variés de petites teintes grisâtres.

Cette espèce s'introduit dans les serres et sous les châssis pour déposer ses œufs dans les poteries. Sa larve, qui est d'un blanc jaunâtre avec la tête brune, ronge les racines des primevères de la Chine, des saxifrages et de beaucoup d'autres plantes basses telles que fraisiers, cinéraires, etc. Selon Nördlinger, elle est en Allemagne très-nuisible aux jardins, et fait périr ces végétaux en détruisant le collet de la racine.

Lorsque l'on s'aperçoit de la présence de cette larve, il faut rempoter les plantes malades, en ayant bien soin de nettoyer les racines.

Otiorhynque rauque. Otiorhynchus raucus Schœnh.

Ce charançon, assez rare autrefois dans les jardins de Paris, a été, cette année, très-abondant aux environs de Passy. En 1852, feu Rouzet l'avait, d'après une communication de M. Carrière, signalé à la Société entomologique de France comme un insecte nuisible. Il avait, selon l'habile horticulteur dont nous venons de parler, entièrement rongé les feuilles tendres des poiriers, aux environs de Melun. Il paraît qu'il est polyphage, car, à Passy, dans le jardin de notre collègue, M. Lefebvre, il a dévoré les jeunes bourgeons de la vigne. Le Dr Andry, à la séance du 27 avril, nous en a apporté une grande quantité recueillis, le matin même, sur le mur de ce jardin.

Il est moitié moins grand que celui de la livèche auquel il ressemble un peu par la couleur. Sa tête est noirâtre; le corselet est rugueux et également noirâtre; les élytres sont en ovale arrondi, soudées, striées, parsemées de petites taches grises, formées par une courte villosité qui s'enlève par le frottement; les pattes sont d'un brun roussâtre. Nous n'avons aucun renseignement sur ses premiers états. L'insecte parfait se montre vers la fin d'avril, au moment de l'évolution des bourgeons de la vigne et des poiriers.

Comme il est assez gros et qu'il se tient, une partie du jour appliqué contre les murailles, on peut en détruire un grand nombre, si l'on veut se donner la peine de les chercher.

*

Otiorhynque de la livèche. Otiorhynchus ligustici Germ.

Cet insecte, appelé généralement *Bécare* par les jardiniers des environs de Paris, est, d'après les cultivateurs de Montreuil, très-nuisible aux pêchers, dont il ronge les fleurs et les jeunes pousses. M. Graindorge, arboriculteur à Bagnolet, nous en a fait remettre, cette année, une grande quantité qu'il avait recueillis sur ses pêchers. M. Alexis père a eu souvent aussi à se plaindre des dégâts de ce charançon. Il s'en préserve, dit-il, en semant de la luzerne dans le voisinage de ses arbres. Selon cet habile praticien, ce *bécare* a une grande prédilection pour cette légumineuse, mais, si on la fauche, il se jette immédiatement sur les arbres que l'on a voulu protéger.

L'Otiorhynque de la livèche, dont les premiers états sont inconnus, est très-commun en avril et mai aux environs de Paris. On le trouve souvent au bord des routes, grimpant le long des murs pour se réchauffer au soleil.

C'est un de nos gros charançons. Il est noir comme l'espèce précédente. Ses élytres sont bombées, ovales, soudées, fortement striées, avec les côtes ponctuées, et couvertes d'un court duvet écailleux, qui leur donne une couleur d'un gris terreux.

Nous conseillons aux arboriculteurs qui ont à se plaindre de ses ravages, de lui faire, comme au précédent, la chasse le long des murs.

GENRE BRUCHE. BRUCHUS. Linn.

Le genre *Bruchus* a été établi par Linné sur des insectes qui, au premier coup d'œil, ressemblent assez peu aux charançons. A l'état parfait, ils se rencontrent sur les fleurs où ils s'accouplent. Dès que la femelle est fécondée, elle se met en quête d'une graine pour y placer le berceau de sa famille. Le plus ordinairement, elle s'adresse aux gousses des légumineuses, telles que pois, fèves, vesces, lentilles, lupins, etc. Aussitôt que les œufs sont éclos, les petites larves pénètrent dans la graine à peine formée, pour se nourrir de la partie farineuse des cotylédons. Le petit *ver* renfermé dans cette graine, grossit peu à peu, en se creusant une cellule dont il augmente successivement la dimension, sans que l'on trouve, pour ainsi dire, la trace de ses excréments. A l'époque de la maturité de ces légumineuses, les petites larves ont atteint leur entier développement. Elles restent presque engourdies jusqu'au printemps, qu'elles se transforment en nymphes; l'insecte parfait se montre en mai et juin, après être resté quelquefois près d'un mois avant de se décider à sortir de sa cellule. La larve a la précaution de ronger la graine jusqu'à l'*épiderme*, de sorte que la bruche, pour sortir de sa prison, n'a que ce faible obstacle à vaincre pour être en liberté. Après l'éclosion, l'insecte parfait laisse sa porte ouverte sur les pois, les fèves ou les lentilles, sous forme d'un trou arrondi.

Les larves sont proportionnellement assez grosses, renflées au milieu, courtes, arquées, avec une petite tête cornée, munie de fortes mâchoires.

Les bruches ont pour caractères : une tête déprimée et inclinée, pourvue d'un rostre très-court, en forme de museau assez large ; des antennes de onze articles, un peu dentées en scie, un peu élargies au sommet ; des élytres un peu plus courtes que l'abdomen ; des pattes postérieures longues, avec les cuisses très-grosses et un peu épineuses.

Ces insectes sont désignés par les grainetiers, les épiciers, les fruitiers et les cuisinières, par le nom absurde de *pucerons*.

Bruche des pois. Bruchus pisi Linn.

Elle est d'une couleur noirâtre couverte d'un petit duvet blanchâtre qui lui donne une couleur grise. Les élytres sont variées de blanc. L'extrémité de l'abdomen est à découvert, d'une couleur blanchâtre et marquée de deux points noirs. Les pattes sont noires.

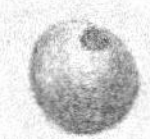
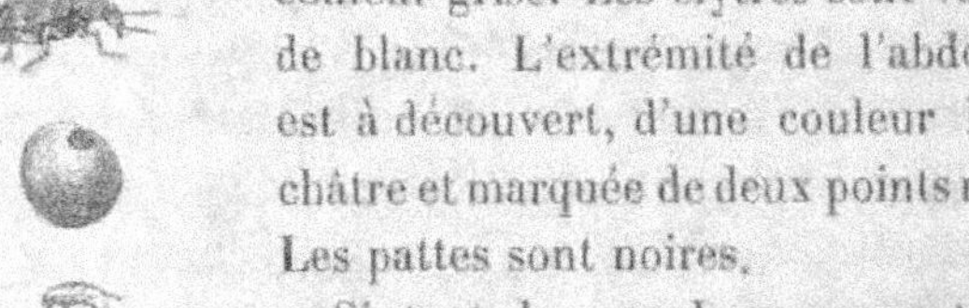

20. — Bruche des pois.
Bruchus pisi.

Si tout le monde ne connaît pas l'insecte, tout le monde connaît les pois véreux. Ceux-ci ne perdent pas pour cela leur propriété germinative, ils lèvent aussi bien que les autres, à moins que la larve n'ait dévoré l'embryon, ce qui est fort rare. Il arrive souvent que l'on sème, de bonne heure, des pois précoces que l'on croit très-sains, mais, en les observant avec attention, on aperçoit une petite tache arrondie, d'une couleur, terne qui indique que la bruche n'a pas encore ouvert la porte de sa demeure. Les insectes ainsi enterrés avec les graines, ne périssent pas, ils éclosent très-bien et sortent de la terre au lieu de naître dans le grenier. Il n'y a aucun danger à redouter lorsque l'on sème des pois percés, dont l'insecte est sorti; mais on peut parfaitement bien naturaliser les bruches dans un jardin où elles n'existent pas, si l'on emploie ceux qui sont marqués du petit cerne dont nous avons parlé.

On a conseillé, pour détruire ces petits animaux, de faire subir aux pois une température de cinquante degrés dans un four de boulanger. Les personnes qui en feront usage pour la cuisine, n'en mangeront pas moins les insectes. Il y a des années où les petits pois sont presque tous attaqués par les bruches; bien des gens avalent à leur dîner, sans s'en douter, des centaines de petits vers à l'état rudimentaire.

Bruche des lentilles. Bruchus pallidicornis Sch.

Les lentilles sont, dans certaines années, très-sujettes à être véreuses, peut-être même plus souvent que les pois. La larve dévore la moitié ou même les trois quarts de la substance féculente; elle a les mêmes habitudes que celle de l'espèce précédente; elle mange de même jusqu'à la maturité des lentilles et reste dans sa cellule, à l'état d'engourdissement, jusqu'au printemps, qu'elle se transforme en insecte parfait. La femelle, comme celle du pois, ne confie jamais plus d'un œuf à une lentille.

Cette bruche est beaucoup plus petite que la précédente. Elle est noire, tiquetée de blanc. Ses antennes sont d'une couleur jaunâtre testacée. Ses éclytres sont marquées ordinairement de deux lignes de points blanchâtres, plus ou moins prononcés et disposés transversalement. L'extremité découverte de l'abdomen est d'un blanc grisâtre avec deux gros points noirs.

Cette espèce porte généralement le nom de *puceron*, chez les grainetiers et les épiciers.

Très-souvent les lentilles dont on fait usage, vers le carême ou les premiers jours du printemps, contiennent des bruches dans leur intérieur ; on ne s'aperçoit de leur présence que lorsqu'elles sont cuites, au craquement que l'insecte produit sous les dents, ou à des petits corps noirâtres que la cuisson a mis à nu. Tandis que celles que l'on mange à l'automne ou au commencement de l'hiver, ne contiennent que des larves réduites en purée par la cuisson ; on les mange avec d'autant moins de répugnance que l'on n'en sait rien.

Il y a dans la Beauce des localités où cet insecte est tellement abondant, que l'on est obligé de suspendre la culture des lentilles pendant deux ou trois années.

Bruche des fèves. Bruchus rufimanus Schœnh.

Cette bruche est un peu plus petite que celle des pois, elle a les mêmes habitudes ; ses antennes sont d'un jaune testacé à leur base et noires à l'extrémité ; les pattes antérieures sont d'un jaune roux ; le corselet est grisâtre ; les élytres sont noires, tachetées de grisâtre ; l'extrémité découverte de l'abdomen est pourvue d'une épaisse pubescence grisâtre, sans points noirs.

La larve vit à la même époque que celles des espèces précédentes et se comporte de la même manière. L'insecte est tout formé et prêt à sortir de sa cellule dès la fin de l'hiver. Le plus ordinairement il est encore renfermé dans les fèves que l'on sème, et l'éclosion a lieu dans la terre.

Le genre bruche se compose d'un grand nombre d'espèces, mais il n'y a que les trois dont nous venons de parler qui soient véritablement nuisibles à l'horticulture. On dit que, dans nos colonies, il y en a une qui fait de grands dégâts dans les plantations de café, en vivant aux dépens des cotylédons de cette plante précieuse. D'autres vivent aussi dans les pois chiches, *Cicer arietinus*, et dans les lupins.

Les Rhynchophores ou Charançons que nous venons de signaler aux horticulteurs, ne sont probablement pas les seuls qui soient préjudiciables aux jardins. Il en existe sans doute beaucoup d'autres dont nous ne connaissons pas les premiers états, qui peuvent aussi causer des dommages à l'arboriculture, à la floriculture et à la culture maraîchère. Il y a une espèce entre autres dont la larve vit dans les têtes et les tiges des artichauts du Midi, dont nous n'avons jamais pu obtenir l'insecte parfait. Nous supposons qu'elle doit produire le *Larinus cynaræ*.

On rencontre, en mai et juin, sur les poiriers, les pommiers et les pruniers, de jolies petites *Lisettes* argentées ou dorées, couvertes d'une fine pubescence et de petites écailles vertes. Ces petits insectes, qui ont le bec ou rostre assez court, sont très-communs sur les arbres fruitiers; ils se contentent de piquer les feuilles d'un petit trou pour se nourrir de leur parenchyme. Nous les regardons comme très-peu dangereux. Ils appartiennent à deux genres très-voisins : Polydrose (*Polydrosus* Germar) et Phyllobie (*Phyllobius* Germar). Nous ne savons rien de positif sur leurs premiers états. Selon Ratzeburg, les larves vivraient de racines.

L'agriculture a bien plus à souffrir d'un autre Charançon qui, dans certaines années, fait d'affreux ravages dans les tas de blé. C'est la Calandre des grains (*Calandra granaria*) ; ce petit insecte se tient caché et engourdi dans les greniers jusqu'au moment où les céréales y sont emmagasinées ; alors il s'accouple et la femelle pond des œufs d'où sortent des petites larves qui pénètrent dans le grain même, où elles se creusent une cellule fermée, pour dévorer à leur aise et sans être troublées, la farine, ne laissant, au moment où l'insecte parfait sort du grain, que l'écorce au cultivateur.

FAMILLE DES XYLOPHAGES.

C'est ainsi que l'on désigne une famille de petits coléoptères noirs ou bruns qui, à l'état de larve, et même à l'état parfait, rongent le bois, mais le plus ordinairement la partie interne des écorces. Tels sont les Tomiques, les Xylothères, les Hylastes et les Hylésines qui, en général, n'attaquent que les Conifères, et enfin les Scolytes, dont on a fait tant de bruit et que l'on accuse de faire périr une immense quantité d'arbres. Ces derniers, dont les sociétés savantes se sont beau-

coup occupées, ont pour caractères : une tête globuleuse portant des antennes de dix articles dont le premier est long et un peu renflé et les deux derniers en
massue aplatie ; un corselet convexe un peu plus long
que large ; des élytres convexes, déprimées ; de fortes
mandibules ; des pattes courtes et robustes, avec des
tarses de cinq articles et des cuisses renflées.

C'est à la fin de mai ou en juin qu'a lieu l'éclosion des
Scolytes. Dès qu'ils sentent leurs téguments assez
raffermis, ils percent les écorces pour se mettre en
liberté et faire usage de leur ailes. Après la fécondation,
la femelle fait, à l'aide de ses fortes mâchoires, un petit
trou à l'écorce de l'arbre qu'elle a choisi, et se creuse
une galerie verticale dans laquelle elle dépose une cinquantaine d'œufs et périt ensuite. Les petites larves,
dès qu'elles sont sorties de l'œuf, pratiquent des boyaux
circulaires dont elles augmentent le diamètre à mesure qu'elles grossissent. Elles continuent de ronger
la partie la plus tendre des écorces jusqu'au printemps
qu'elles se transforment en nymphes. Tel est en deux
mots l'histoire très-abrégée des Scolytes.

On a écrit des volumes sur ces insectes et sur les
dégâts qu'ils causent aux arbres ; mais, après avoir étudié
nous-même cette question pendant longtemps, nous
sommes aujourd'hui convaincu, plus que jamais, que l'on
a pris l'effet pour la cause ou, en d'autres termes, *que
les arbres ne sont attaqués des Scolytes que parce qu'ils
sont préalablement malades* par une cause ou par
une autre, et qu'il est de toute nécessité, pour que
ces rongeurs se propagent, que les couches corticales et
le cambium aient subi une altération morbide. Nous

avons vu qu'il en était de même pour certains charançons : la larve de la *Lisette coupe-bourgeon*, ne peut vivre que dans des rameaux de poirier frappés de mortification.

Tout le monde a pu faire cette remarque : que c'est principalement aux environs des grandes villes que les arbres sont ravagés par les Scolytes. Pourquoi ? Parce que l'air atmosphérique, si nécessaire à l'hygiène végétale, est vicié par les gaz ou les vapeurs se dégageant incessamment de la combustion ou des usines. Le temps n'est peut-être pas éloigné où, à Paris, on ne pourra plus avoir d'ormes dans les promenades publiques. Les fuites de gaz qui s'infiltrent dans la terre, sont funestes à cet arbre et sont une des principales causes de l'état maladif des plantations de la ville. L'autorité municipale se trouvera un jour forcée de recourir à d'autres essences d'origine exotique, qui, chez nous, ne sont pas exposées aux attaques des insectes européens, tel que marronniers, vernis du Japon, faux-acacias, platanes, etc. Ceux-ci au moins ne seront pas envahis par ces scolytes qui n'ont d'autre mission que d'abréger l'état de souffrance des malades ; mais leur vie sera d'autant plus courte que les conduites de gaz seront plus multipliées.

A l'appui de l'opinion que nous avons toujours émise relativement aux Scolytes et genres voisins, nous ne pouvons mieux faire que de citer une note publiée par feu notre collègue, le général Feisthamel, dans les *Annales de la Société Entomologique de France*, en 1837 (t. VI, 1re série, p. 393).

« Une question qui intéresse les forestiers, a été agitée

dans plusieurs séances de la Société. C'est l'opinion qui attribue au scolyte (*Scolytus pygmæus* Gylh.), la grande mortalité survenue parmi les arbres des environs de Paris, pendant l'été de 1835. Un de nos collègues, M. Audouin, a déjà présenté à la Société des observations sur les mœurs de ces coléoptères, et ces observations tendent à prouver que c'est à ces insectes que l'on doit la destruction des cinquante mille pieds d'arbres qui ont péri dans le parc de Vincennes en 1835. Ayant de mon côté suivi *attentivement la marche de la maladie des arbres*, avec mon frère, garde général du parc, je suis aujourd'hui convaincu que les scolytes étaient étrangers à cette destruction. Maintenant je crois devoir donner de nouveaux détails, qui empêcheront de rechercher la cause du mal ailleurs que là où elle existe naturellement.

« L'été de 1835 a été excessivement sec : il n'est pas tombé une goutte d'eau dans les environs de Paris, depuis le 10 mai jusqu'à la fin d'août. Il y avait longtemps qu'on n'avait vu traverser la Seine dans plusieurs endroits de Paris par des enfants ayant à peine de l'eau jusqu'aux genoux.

« Dès la fin de juin, une quantité d'arbres commencèrent à se faner, et leur état de langueur attira l'attention des gardes; ils les examinèrent attentivement et ne purent, malgré toutes les recherches, y trouver les moindres indices de la présence de quelque insecte nuisible. Cependant, la maladie fit des progrès, et bientôt les parties voisines du parc de Saint-Mandé à Saint-Maur, qui ont peu de fond, et dont les terrains sont arides et brûlants, en furent atteintes, les racines ne pouvant pénétrer profondément ; tandis que les bonnes parties du parc , près Vincennes et Nogent, ayant un bon terrain, souffrirent très-peu. Dès lors, l'opinion des gardes de la forêt fut fixée, et l'on verra, ci-après, qu'ils ont eu raison de l'attribuer à la sécheresse et à la mauvaise qualité du terrain , et non à d'autres causes. Le garde général ayant marqué les arbres morts pour être abattus, s'est aperçu qu'une partie de ces arbres qu'il avait visités quelque temps auparavant, et sur lesquels il n'avait aperçu aucune trace d'insectes, étaient littéralement couverts de scolytes ; mais il remarqua, en même temps, que d'autres arbres voisins, qui commençaient à languir, n'en avaient pas encore. Dans une promenade dans le parc, il m'en fit faire l'observation , et c'est en vain que nous dépouillâmes un de ces arbres malades de son écorce ; nous ne pûmes y trouver la trace d'aucune lésion ni piqûre, il en fut de même de plusieurs arbres entièrement morts. Ainsi, aucun arbre de bois blanc ne fut atteint par les scolytes, et cependant il en périt 10 mille ; il mourut de pieds de chênes, sans être atteints des scolytes, également 10 mille, total 20 mille. 30 mille ont été envahis par ces insectes rongeurs ; il est donc évident que le scolyte n'est pour rien dans presque la moitié de la mortalité des arbres. Voyons maintenant le rôle qu'il a pu jouer dans la mortalité du reste. Nous avons vu que les gardes ont remarqué que l'apparition des scolytes n'a fait que suivre la maladie de l'arbre sans jamais la précéder. Maintenant, si ce n'est pas la maladie causée par l'extrême sécheresse qui a fait périr les arbres, la cause en est inconnue, et il ne faut pas l'attribuer aux scolytes, qui, malgré leur abondance dans le parc, ont cessé d'y causer des ravages. En effet, les arbres morts ou mourants sont restés debout jusqu'en 1836. Abattus, ils ont été enlevés dans le courant de mai, encore n'ont-ils pas été conduits hors du parc ; mais seulement, après avoir été façonnés, ils ont été rangés sur le rond-point de la pyramide, route de Vincennes à Saint-Maur. Or, ce rond-point est entouré de jeunes chênes magnifiques. Dans le courant du printemps, les scolytes sont éclos par milliards sur les bûches amoncelées, et tous les entomologistes qui ont visité ces tas de bois, ont pu s'en convaincre ; on devait donc s'attendre qu'ils se jetteraient sur les arbres voisins, dont ils n'étaient séparés que par trois ou quatre mètres de distance, et que bientôt leur présence destructive se ferait sentir. Rien de tout cela n'est arrivé. Pas un arbre du voisinage n'a péri et n'a même été malade, et on n'a trouvé aucune trace de scolytes sur eux.

« Certes les observations sur les mœurs des scolytes, par M. Audouin, sont exactes ; mais je ne crois pas, d'après celles que je leur oppose, qu'on puisse conclure comme notre honorable collègue, que ces insectes soient la cause première de la mortalité des arbres ; ce n'est que dans la sécheresse qu'il faut chercher cette cause ; et cette idée est consolante, puisque les étés aussi secs que celui de 1835 sont extrêmement rares, tandis que le scolyte existant toujours, ses ravages pourraient se renouveler tous les ans. »

Ces observations faites à Vincennes par notre collègue, démontrent évidemment que les scolytes n'attaquent que les arbres malades, et que c'est tout au plus s'ils peuvent hâter leur fin.

Pendant tout le temps que l'on a cru, et plusieurs personnes très-capables le croient peut-être encore, que ces insectes étaient la cause unique de la mortalité ou du dépérissement des arbres de nos promenades, on a cherché tous les moyens possibles pour s'opposer à leurs ravages. On a conseillé, tour à tour, d'élaguer les arbres, de badigeonner le tronc avec du goudron de Norwége ou avec de la chaux, de le laver avec de l'eau fortement salée, etc., et puis en dernier lieu, à Paris, on a essayé la décortication. Mais aucun de ces remèdes n'a rendu la santé aux malades ; ceux-ci ont continué de languir et ont fini par succomber.

Nous ne connaissons qu'un remède, c'est d'agir immédiatement sur la cause, en donnant aux arbres souffrants par la sécheresse, d'abondantes irrigations, après avoir, par un profond labour, rendu la terre perméable à l'eau. Nous croyons aussi que, dans certains cas, les engrais liquides pourraient être employés avec succès.

A ce propos, nous allons citer un fait qui nous a été rapporté par M. Rivière, qui en a été le témoin oculaire. Il y avait à Passy, dans la propriété de M. Guibert, il y a quelques années, un orme de trente ans environ, qui, de jour en jour, devenait plus languissant, et était si souffrant, que les scolytes, qui se tenaient aux aguets, avaient fini par l'envahir de tous les côtés. On ne voulait point sacrifier cet arbre, que le propriétaire voyait avec peine près de succomber, avant d'avoir essayé de quelques remèdes. On n'en employa qu'un seul. On enleva une partie de la mauvaise terre aride qui était épuisée ; on mit à la place de bonne terre neuve et on étancha la soif qui dévorait le malade avec de copieuses irrigations. Le mieux ne se fit pas attendre : au bout de deux mois, il entrait en convalescence, et peu après, sa belle végétation disait assez qu'il était radicalement guéri. Après son rétablissement, on l'aurait écorché vif comme Marsyas, qu'on aurait pas trouvé un seul scolyte sous sa peau. Que sont devenus ces rongeurs ? Ont-ils été noyés par l'abondance de la séve ou sont-ils morts, faute d'une nourriture convenable ?

Nous ne terminerons pas cet article sans donner, pour les personnes que cela pourrait intéresser, les noms des principales espèces de Scolytes que l'on rencontre sur les arbres malades.

1° Le Scolyte destructeur (*Scolytus destructor* Olivier); il vit sous les écorces des ormes. C'est pour lui qu'on a inventé la décortication.

2° Le Scolyte multistrié (*Scolytus multistriatus* Marsham) ; il se trouve avec le précédent, mais plus spécialement dans les branches.

3° Le Scolyte pygmée (*Scolytus pygmæus* Gyllenhal); il vit sous les écorces des chênes malades.

4° Le Scolyte du prunier (*Scolytus pruni* Ratz.) ; il habite sous les écorces des vieux arbres fruitiers malades, tels que poiriers, pommiers, cerisiers, pruniers et abricotiers.

5° Le Scolyte rugueux (*Scolytus rugulosus* Koch) ; il vit souvent en société avec le précédent sur les mêmes arbres.

M. Guérin-Menneville (*Ann. de la Société Entomol. de France* 1848) signale un autre scolyte (*Scolytus amygdali*), qu'il regarde comme une espèce nouvelle, vivant dans le midi de la France sur des amandiers malades.

Ce que nous avons dit de la famille des Xylophages, peut en grande partie s'appliquer à la famille suivante, dont plusieurs espèces sont regardées par divers auteurs comme très-nuisibles. Les larves de ces coléoptères n'attaquent pas toujours les arbres bien portants, elles se rencontrent le plus ordinairement sur des arbres mourant de vieillesse ou languissants.

FAMILLE DES LONGICORNES.

Cette famille est nombreuse, beaucoup moins cependant que celle des Charançons; elle a été établie par Latreille et divisée par lui (*Fam. nat. du Règn. anim.*) en cinq tribus subdivisées aujourd'hui en une infinité de genres. Les insectes qui en font partie, ont tous quatre articles à chacun des tarses, et sont remarquables par leurs antennes, vulgairement *cornes*, au moins aussi longues que le corps. Ils ont en outre pour caractères généraux : des mandibules assez fortes ; des mâchoires n'ayant pas de dent à leur côté interne ; des pattes longues, relativement assez grêles ; un corps allongé, terminé chez les femelles, à l'extrémité abdominale, par un oviducte tubuleux.

Les larves des Longicornes ressemblent un peu à celles des buprestes, elles sont sans pattes ou n'en ont que de très-petits rudiments ; leur corps est mou, blanchâtre ou d'une teinte un peu jaunâtre, renflé en avant, avec une tête écailleuse armée de fortes mandibules ; elles vivent de la fibre ligneuse des arbres qu'elles perforent et labourent en différents sens, ou de racines de végétaux.

Plusieurs auteurs qui ont parlé des insectes nuisibles, décrivent quelques Longicornes, tels que la *Lamia scalaris* et le *Pogonocerus hispidus*, comme préjudiciables à l'arboriculture, parce que leurs larves vivent quelquefois sous l'écorce des pommiers et des poiriers. Nous répéterons ici, pour ces deux insectes, qui d'ailleurs ne sont pas très-communs, ce que nous avons dit à propos des Scolytes, que ces coléoptères ne confient leur postérité qu'à des arbres languissants, dont les sucs sont modifiés par un état de souffrance. Ils ne sont pas les seuls, il y en a d'autres dans le même cas ; ainsi, par exemple, la grande Nécydale que l'on trouve assez abondamment dans certaines années, en juillet, sur quelques-uns des arbres qui bordent le boulevard de la Glacière à Paris, ne se rencontre que sur des ormes malades ayant des plaies suintantes.

Il y a cependant des exceptions ; plusieurs Longicornes, comme le grand capricorne héros, le cerdo, etc., ont des larves qui attaquent des arbres parfaitement sains et perforent le bois dans tous les sens.

Récemment notre illustre président, M. le maréchal Vaillant, qui, comme l'empereur Dioclétien, aime, après avoir châtié les barbares, à se reposer, lorsqu'il le peut, des fatigues de la guerre et des affaires, en cultivant son jardin, nous disait à la Société impériale d'horticulture, qu'en Algérie il était très-difficile de cultiver le

peuplier d'Italie ; que ce arbre prospérait assez bien
pendant les trois premières années, mais que, la quatrième il devenait languissant ; son tronc présentait,
de place en place, des gonflements ou espèces de nodus
produits pas une larve qui lui rongeait le cœur et le
faisait périr.

À la même séance, M. Rivière nous montrait des
tronçons de jeunes peupliers d'Italie, qu'il avait coupés
à Marseille dans la propriété de M. Paulin Talabot ; ils
offraient les mêmes gonflements et ils avaient le cœur miné
par une galerie longue et assez large. Nous avons fendu
ces tronçons avec précaution, l'insecte était sorti : il n'y
avait plus que les excréments de la larve ressemblant à
de la sciure de bois et un petit bout d'une antenne
paraissant annelée de bleuâtre, ce qui nous a fait supposer que l'auteur du mal était la Saperde du peuplier,
Saperda Carcharias (1).

Ratzeburg recommande, pour éviter les ravages de
cette larve, d'enduire, dans le courant de juin, le tronc
des jeunes peupliers avec une bonne couche d'*onguent
de Saint-Fiacre* (mélange de bouse de vache et de terre
argileuse), jusqu'à environ cinq pieds de hauteur. Les
femelles de la *Carcharias*, selon cet auteur, ne pondent jamais sur les arbres recouverts avec cette prépa-
ration, ni sur ceux qui sont âgés de sept à huit ans.

Il y a aussi, comme nous l'avons déjà dit, des Longicornes dont les larves rongent le bois mort et abattu.
M. Audiffret a envoyé, cette année, à notre Société,

---

(1) *Carcharias* est le nom donné par Belon, et, plus tard, par
Linné, au Requin. C'est par allusion à de fortes mandibules
qu'il a été appliqué, comme nom spécifique, à ce longicorne.

une petite boîte pleine de Callidies sanguines (*Callidium sanguineum*), qui étaient sorties de bûches destinées au foyer. Cet insecte dont la larve vit sous les écorces du bois de chauffage, est très-abondant à Paris, dans les chantiers ; il ne nuit pas à l'horticulture et fait peu de mal à la sylviculture.

FAMILLE DES CRIOCÉRIDES.

Les insectes appartenant à cette petite famille étaient compris dans les Eupodes de Latreille. Ils ont pour caractères essentiels : une tête ovale avec les yeux arrondis et saillants ; un corselet carré un peu cylindrique ; des antennes plus longues que le corselet, allant en grossissant de la base au sommet ; des mâchoires cornées, bifides ; des élytres convexes aussi longues que l'abdomen ; des pattes de longueur moyenne avec quatre articles aux tarses.

GENRE CRIOCÈRE. CRIOCERIS Geoffroy.

Antennes moniliformes, de onze articles, plus courtes que le corps, insérées près des yeux sur une tête très-distincte ; mâchoires avancées, bifides, supportant des palpes de quatre articles ; corselet beaucoup plus étroit que les élytres.

Les Criocères, dont nous avons été à même d'observer quatre espèces dans les jardins, sont des insectes assez petits, vivant tous sur des plantes de la grande famille des Liliacées. Le plus remarquable est le

Criocère des lis. Crioceris merdigera Geoffroy.

Tous les jardiniers connaissent un petit insecte d'un rouge vermillon, que l'on trouve dès le mois de mai sur les différentes espèces de lis et sur la *couronne impériale*, appelé très-improprement par quelques personnes *bête à bon Dieu*.

Ce criocère ronge les feuilles, mais le mal qu'il fait n'est rien, en comparaison du dégât que cause sa larve. Après la fécondation, la femelle dépose ses œufs sous les feuilles par petits tas de cinq à six. Les petites larves sortent de l'œuf au bout de quinze jours ; dès qu'elles commencent à marcher, elles se placent à côté les unes des autres, et mangent à la même table. Après le premier changement de peau, elles se dispersent en différents sens sur les feuilles, aussi bien en dessus qu'en dessous ; alors elles les attaquent tantôt par le bout, tantôt par les côtés, souvent même elles les percent par le milieu et, lorsque celles-ci viennent à manquer, elles se jettent sur les tiges. Ces larves sont pares-

21.— Criocère des lis grossi.
Crioceris merdigera.

seuses, se donnent peu de mouvement et ne changent de place que lorsqu'une feuille est en partie dévorée.

Sur les lis envahis par ces insectes on voit de petits tas d'une matière verdâtre, gluante, formés par les excréments de la larve et lui servant de manteau et d'abri protecteurs. Pour se vêtir de la sorte, la nature a donné à son anus une disposition toute particulière : il est retourné de telle façon qu'elle rejette ses excréments sur la partie inférieure de son dos et qu'à l'aide de la contraction de ses anneaux elle s'en recouvre entièrement. Cette larve a la peau transparente et très-délicate ; elle périrait vite, si elle n'avait pas la ressource de se couvrir pour se préserver du soleil. Lorsqu'on la déshabille, elle mange avec une grande avidité pour se faire un nouveau vêtement ; en deux heures au plus, sa toilette est reparée.

Les larves au bout de quinze jours ont pris tout leur accroissement, alors elles entrent en terre pour se métamorphoser en nymphes. L'insecte parfait éclot quinze jours après ; celles qui se transforment en nymphes à l'automne passent l'hiver en terre jusqu'au premier printemps.

Nous avons vu, dans un jardin, à la campagne, une plate-bande de muguet dont toutes les feuilles étaient dévorées par une espèce très-voisine de la précédente, (*Crioceris convallariæ*) ; elle est un peu plus grande et d'un rouge plus vif.

Avec un peu de soin, on peut éviter d'avoir ses lis rongés et couverts de saleté, comme on le voit dans certains jardins mal tenus. Les criocères sont très-visibles et très-faciles à saisir ; il suffit de visiter de temps en temps ses plantes et d'écraser tous les individus que l'on trouve sur les feuilles, pour empêcher leur multiplication. Il peut arriver que quelques sujets échappent à l'œil du jardinier; alors il devra enlever et détruire tous ces petits tas de matière verdâtre qui cachent chacun une larve.

Criocère de l'asperge. Crioceris asparagi Geoffroy.

Il est très-commun au mois de juin sur les asperges; sa tête et ses antennes sont d'un bleu verdâtre; le corselet est rouge; les élytres sont bleues, avec une large bordure d'un jaune fauve.

Ce criocère, dont M. Louis Lhéraut nous a apporté un grand nombre d'individus, dévore, lorsqu'il est à l'état de larve, une partie des feuilles aciculaires des asperges. Aux environs d'Argenteuil et d'Épinay, les cultivateurs prétendent que ce coléoptère est très-nuisible à la végétation de cette plante, que la souche en souffre et que les produits sont moins beaux.

Les premiers états de ce criocère sont en tout semblables à ceux du criocère du lis. Les larves de l'arrière-saison ne donnent leur insecte parfait qu'à la fin de mai de l'année suivante.

On peut prendre et détruire une grande quantité de ces insectes aussitôt qu'ils se montrent, en secouant, le matin, les tiges d'asperges dans un parapluie renversé.

Criocère à douze points. Crioceris duodecimpunctata Latr.

Il vit, comme le précédent, sur les asperges; il y a

même des localités où il est plus abondant. Ses mœurs et ses époques d'apparition sont les mêmes. Il est de la même taille ; son corselet et la partie postérieure de sa tête sont rouges ; ses élytres sont fauves, marquées chacune de six points noirs. On le détruit comme le précédent.

FAMILLE DES CHRYSOMÉLINES.

Cette famille établie par Latreille a pour caractères : un corps ovoïde ou ovale, recouvert par des élytres coriaces ou quelquefois un peu molles ; un corselet transversal, moins long que large ; une tête retirée dans le corselet, portant des antennes de longueur médiocre ; des pattes assez robustes ayant quatre articles à tous les tarses.

GENRE CHRYSOMÈLE. CHRYSOMELA Linné.

Tête ovale, assez petite, retirée sous le corselet : antennes moniliformes de onze articles, insérées près de la bouche, au-devant des yeux, plus courtes que le corps ; palpes maxillaires terminés par deux articles d'égale longueur ; corps ovoïde ou ovale, recouvert par des élytres coriaces. Insectes de taille moyenne.

Les larves des chrysomèles vivent des feuilles des végétaux. Les femelles sont très-fécondes et ont souvent l'abdomen tellement distendu par les œufs que l'extrémité de leur corps déborde les élytres. Après la

fécondation, elles les déposent sur les feuilles. Ceux-ci
éclosent au bout de quelques jours. Les petites larves
sont pourvues de six pattes écailleuses ; leur corps
est allongé et muni de petits tubercules qui laissent
suinter une humeur d'une odeur forte. La transformation en nymphes se fait à l'air libre. Lorsque les
arves ont acquis leur entier développement, elles se
fixent sur une feuille, sur laquelle elles se collent,
pour ainsi dire, avec une humeur visqueuse, sécrétée
par un mamelon situé à la partie postérieure de leur
corps. L'enveloppe se durcit et l'insecte parfait éclot
au bout de quelques jours. Nous ne signalerons que
l'espèce suivante :

Chrysomèle du peuplier. Chrysomela populi Linn.

Cette chrysomèle est une de nos grandes espèces
européennes. La tête, le corselet, le dessous du corps
et les pattes sont d'un vert bleu ; les élytres sont d'un
rouge fauve. Elle est très-commune dans les bois sur les
peupliers, particulièrement sur le tremble, dont la larve
dissèque complétement les feuilles et les réduit à l'état
de dentelle. Nous avons vu, dans des parcs aux environs de Paris, des peupliers blancs entièrement dévorés par cet insecte et surtout par sa larve. Il répand,
lorsque l'on passe dans son voisinage, une odeur acre,
bitumineuse, assez désagréable. Il y a deux ou trois
générations par an. Les individus qui doivent reproduire l'espèce au printemps, passent l'hiver cachés sous
les mousses ou entre les feuilles sèches.

Comme cet insecte se tient de préférence sur les

jeunes cépées dont les feuilles sont plus tendres, on peut en détruire des quantités prodigieuses en battant les branches sur un parapluie renversé.

GENRE EUMOLPE. EUMOLPUS Fabricius.

Insectes à corps ovale, oblong, avec la tête verticale, cachée en partie dans le corselet ; antennes insérées près de l'extrémité antérieure et interne des yeux, écartées, au moins aussi longues que la moitié du corps, ayant les derniers articles comprimés ; mandibules fortement bidentées ; corselet très-voûté, plus large que long ; élytres oblongues, arrondies, enveloppant l'abdomen, moitié plus larges que le corselet ; pattes assez longues. La plupart des auteurs parlent, sans les décrire, des larves d'eumolpes. Nous n'en dirons rien, attendu que nous n'avons jamais eu l'occasion d'en voir *une seule*, pas plus celle de la vigne que celle de l'*asclepias* de nos bois.

Eumolpe de la vigne. Eumolpus vitis Fab.

Cet insecte fait, dans certains pays vignobles, beaucoup de mal à la vigne ; il est connu des cultivateurs sous les noms vulgaires d'*Écrivain* ou de *Bêche* ; il y a même des localités où il porte très-improprement celui de *Lisette*, car il ne ressemble guère à un charançon. Il est rare dans les jardins des environs de Paris, mais il n'en est pas de même à Thomery, près Fontainebleau, où, depuis quelques années, il est devenu fort nuisible.

M. Rose Charmeux, dont tous les horticulteurs connaissent les magnifiques cultures de raisins de table, a depuis longtemps beaucoup à s'en plaindre. Il a eu l'obligeance de nous envoyer pour notre travail un certain nombre de ces insectes, ainsi que des paquets de feuilles de vigne criblées de trous irréguliers.

22. — Eumolpe de la vigne. *Eumolpus vitis.*

L'eumolpe de la vigne est assez petit, légèrement pubescent, avec la tête et le corselet noirs ; les élytres sont d'un roux un peu fauve.

On a dit que sa larve était brunâtre, pourvue de six

pattes et d'une tête écailleuse, armée de mâchoires robustes avec lesquelles elle ronge les jeunes pousses de
la vigne et même les grappes des raisins au moment où
le grain commence à se former. D'après M. Charmeux,
qui n'a jamais aperçu trace de la larve, c'est l'insecte
parfait qui cause tout le mal ; il entame les raisins qui
se fendent ensuite et se racornissent. Selon cet habile
cultivateur, il ne se contente pas des raisins, il perce
les feuilles et en fait une sorte de guipure.

Voici un extrait de la correspondance que nous avons
eue avec M. Charmeux au sujet de cet insecte.

« Les *écrivains* ou eumolpes font de très-grands ravages ; ils découpent à jour les feuilles de la vigne ;
lorsque celles-ci deviennent trop dures, ils attaquent
les grains et les bourgeons. C'est une perte immense
là où ils s'acclimatent. Je pense qu'en terre ils ne rongent pas les racines. J'ai bien cherché, bien observé
et n'ai jamais pu trouver ni les œufs ni la larve. L'eumolpe paraît dès que les premiers bourgeons atteignent une longueur de trente à quarante centimètres,
ce qui indique la fin de mai. Cet insecte est très-
méfiant ; aussitôt que l'on s'approche de lui à deux mètres, il se laisse tomber à terre, fait le mort et se confond
avec le sol. Il faut avoir l'œil bien exercé pour le trouver. Il se comporte de même dans les serres où l'on
chauffe la vigne. Je ne pense pas que sa larve, que l'on
ne connaît pas à Thomery, fasse aucun ravage... Je
suppose que la transformation ne met pas plus d'une
année à s'accomplir et que l'éclosion de l'insecte parfait
a lieu au printemps ; jamais je ne l'ai trouvé accouplé....»

C'est d'après l'autorité de MM. Rose Charmeux et

Rivière que nous attribuons à l'eumolpe de la vigne les perforations d'une feuille que nous avons fait représenter. Nördlinger a aussi fait figurer p. 121 de son ouvrage, une feuille, qui a beaucoup de rapports avec la nôtre, sauf que les découpures ne sont pas tout à fait à jour. La lame de l'épiderme de la face inférieure est représentée intacte, ce qui n'a pas lieu pour les feuilles que nous avons reçues de Thomery. Cet auteur dit que ce travail de sculpture est dû au *Rebenstecher* des Allemands (*Rhynchites betuleti*), *Tagliadizzo* des Italiens, *Coupe-bourgeon* des Français. Ce dernier synonyme n'est pas exact ; en France, le coupe-bourgeon est un petit charançon du même genre (*Rhynchites conicus*), qui coupe les jeunes pousses des poiriers, *bourgeons* des arboriculteurs.

Nous aimons à croire que MM. Charmeux et Rivière sont de trop bons observateurs pour avoir commis une erreur en cette circonstance.

M. Charmeux détruit les eumolpes dans les serres à raisin, avec des cailles qui y vivent en liberté.

GENRE GALERUQUE. GALERUCA Geoffroy.

Coléoptères tétramères faisant partie de la famille des Cycliques de Latreille et de la tribu des Galerucites. Ils ont pour caractères principaux : des antennes d'égale grosseur dans toute leur longueur, moniliformes, de la moitié de la longueur du corps, insérées entre les yeux et très-rapprochées à leur base; un corselet rebordé, rugueux ; des élytres oblongues d'une consistance plutôt tendre que coriace.

Galeruque de l'orme. Galeruca ulmariensis Fabr.

Elle ne se trouve pas dans les jardins, mais il y a des années où, dans les parcs des environs de Paris, et sur les boulevards, toutes les feuilles des ormes sont dévorées et percées par la larve de cet insecte.

La galeruque de l'orme sort de son engourdissement vers la fin de mai et s'accouple immédiatement; les larves exercent leurs ravages pendant les mois de juin et de juillet. Vers la fin de ce dernier mois, on rencontre l'insecte parfait par milliers. Il est en dessus d'une couleur jaunâtre pâle, un peu livide. Le corselet est marqué de trois taches noirâtres. Les élytres ont une bande marginale noire, et vers leur base un trait longitudinal de la même couleur.

Nous ne connaissons aucun moyen de détruire cet insecte qui se tient dans le haut des arbres.

Galeruque de l'aune. Galeruca alni Fab.

Elle ne se trouve pas non plus dans les jardins; mais elle est excessivement abondante dans les parcs, sur les aunes au bord de l'eau. Ses larves font de grands dégâts; elles dévorent et percent à jour les feuilles de ces arbres. Elles sont noirâtres et se tiennent sous les feuilles dont elles rongent le parenchyme.

L'insecte parfait a deux générations; il est de taille moyenne, d'une belle couleur bleue uniforme.

On peut détruire des milliers de cet insecte, en battant les branches des jeunes aunes, sur un parapluie

renversé. Il se laisse facilement tomber sans chercher
à s'envoler.

GENRE ALTISE. HALTICA Geoffroy.

Les altises sont de très-petits coléoptères qui ont
la faculté de sauter, quand on veut les saisir, aussi
lestement que des puces, ce qui leur a valu les noms
vulgaires de *puces des jardins*, de *sauteurs de terre*,
de *tiquets*, etc. Comme les galeruques, ils ne vivent
que de feuilles de végétaux. Les entomologistes les
caractérisent ainsi : tête très-petite avec des antennes
filiformes, plus longues que le corselet, insérées entre
les yeux et très-rapprochées à leur base ; pattes postérieures ayant les cuisses très-renflées ; corps ovale ou
sphérique ; élytres lisses, luisantes, souvent ornées de
couleurs métalliques bleues, vertes ou bronzées.

Les larves des altises sont linéaires, d'une couleur
blanchâtre ou jaunâtre, pourvues de six pattes écailleuses et de deux mâchoires cornées. Elles vivent dans
les fleurs et dans le parenchyme des feuilles, où elles
creusent des galeries en tous sens. Lorsqu'elles sont
arrivées au terme de leur croissance, elles se métamorphosent en terre. L'insecte parfait éclot au bout
d'une quinzaine de jours. L'accouplement a lieu au
printemps, et les femelles déposent ordinairement leurs
œufs sur la face inférieure des feuilles. La plupart des
espèces ont au moins deux générations par an. Une
partie passe l'hiver sous des feuilles sèches ou sous
les écorces des arbres, pour propager l'espèce au
commencement de mai et même beaucoup plus tôt dans

les bâches, où les générations semblent se succéder presque sans interruption.

Les *tiquets* sont très-communs dans les jardins et font beaucoup mal aux plantes potagères, surtout à celles de la famille des Crucifères, dont elles dévorent les feuilles.

Le genre altise renferme une grande quantité d'espèces, plus de deux cent cinquante pour l'Europe seule. Nous en trouvons dans nos jardins environ une douzaine, qui, pour l'horticulteur, qui n'examine pas à la loupe les petites stries de points enfoncés des élytres, sont toutes des *tiquets*. La seule différence qu'il remarque, c'est la couleur jaunâtre, noire ou plus ou moins métallique et la taille plus petite ou un peu plus grande. Pour lui, tous ces insectes sont de petits ennemis qui font le plus grand tort à ses cultures en dévorant les semis dès qu'ils commencent à se montrer. Il y a des jardins où il est impossible de semer sur couche des giroflées, des choux-fleurs, des radis, sans qu'une grande partie ne soit anéantie par ces insectes. Lorsqu'ils se jettent sur des Crucifères adultes, ils criblent les feuilles de milliers de petits trous, et nuisent beaucoup à leur végétation. Ils attaquent aussi les plantes d'agrément, particulièrement les juliennes, la corbeille d'or (*Alyssum saxatile*), les *Myosotis*, le réséda, l'*Aubrietia deltoidea*, les différentes espèces d'œillets, etc.; les plantes aquatiques elles-mêmes cultivées dans les bassins, ne sont pas à l'abri de la voracité de ces insectes.

Nous indiquons sommairement ici les principales espèces qui se trouvent dans les jardins.

Altise potagère. Haltica oleracea Linn.

Elle est d'un bleu métallique brillant, moins petite que la plupart de nos espèces européennes. Elle est polyphage ; dès le premier printemps, elle paraît sur les choux, les radis, le colza, la giroflée, les plantes de la famille des Onagraires (1) et même sur les œillets. On l'accuse, depuis une cinquantaine d'années, de causer de grands dégâts dans les vignes du midi de la France. Est-ce bien à l'*oleracea* qu'il faut attribuer ce mal, ou n'est-ce pas plutôt à l'*haltica ampelophaga* de M. Guérin-Menneville ?

Altise des bois. Haltica nemorum Fabricius.

Noire, moitié plus petite que la précédente ; élytres marquées chacune d'une petite bande d'un jaune pâle.

Cette espèce est très-distincte des autres, et se montre dès le mois de mars, sur les choux, les navets, les radis et les giroflées ; elle est très-commune chez les maraîchers des environs de Paris.

(1) M. Verlot, jardinier chef de l'école de botanique au Muséum, nous a remis une quantité d'individus d'une variété qui vit de préférence sur les *Œnothera*, les *Clarkia*, les *Boisduvalia*, les *Eucharidium*, les *Epilobium*, les *Fuchsia*, etc. Après avoir examiné attentivement cette altise, avec M. Léon Fairmaire, il nous a été impossible de la séparer spécifiquement de l'*oleracea*.

Altise élégante. Haltica concinna Marsham.

D'un noir verdâtre à reflet métallique.

Très-commune dans les jardins sur plusieurs espèces de plantes d'agrément.

Altise des choux. Haltica brassicæ Fab.

D'un noir luisant, sans reflet métallique; élytres marquées chacune de deux petites taches longitudinales jaunâtres.

Cette espèce est assez distincte. Elle est très-commune sur les choux.

Altise mélène. Haltica melæna Illiger.

Très-petite, d'un noir bronzé ou bleuâtre. Ses élytres vues à la loupe paraissent très-confusément ponctuées.

Elle est très-commune sur toutes les plantes crucifères. C'est, après la *nemorum*, l'espèce la plus fréquente dans les bâches, chez les maraîchers. M. Lézier nous en a apporté une grande quantité qu'il avait recueillies, à l'automne de l'année dernière, dans un semis de radis, sous panneau.

Altise noire. Haltica atra Paykull.

D'un noir luisant, ou quelquefois d'un noir à reflet un peu bronzé.

Très-commune dans les jardins sur toutes les crucifères. -

Altise à pattes noires. Haltica nigripes Panzer.

Très-petite, d'un vert-bronzé luisant, ponctuée, avec les antennes et les pattes entièrement noires.

Commune sur les capucines, le réséda, les navets et les radis.

Altise pointillée. Haltica punctulata Marsham.

Très-petite, d'un noir bronzé. Les élytres vues à la loupe sont très-finement ponctuées.

Commune sur les radis.

Altise atricille. Haltica atricilla Fabricius.

D'un jaune pâle, finement ponctuée, avec la tête et le dessous du corps noirs.

Commune sur les plantes d'agrément.

Altise exolète. Haltica exoleta Fabricius.

Espèce très-distincte, d'un jaune d'ocre pâle, avec la tête noire. Élytres ayant la suture d'une couleur brunâtre.

Commune sur les plantes potagères.

Altise rubis. Haltica helxines Fabricius.

La plus jolie des espèces propres à nos jardins ; elle est d'un vert doré, avec la tête et le corselet très-brillants.

On la trouve sur beaucoup de plantes dans les jardins, mais jamais sur les crucifères.

On a préconisé plusieurs moyens pour détruire ou éloigner les altises.

Quelques jardiniers prétendent avoir obtenu un bon résultat en arrosant leurs plantes avec de l'eau dans laquelle on a laissé macérer des champignons des bois en décomposition. D'autres ont employé, disent-ils, avec succès, une légère solution de savon noir. On a conseillé de saupoudrer légèrement la terre d'un peu de soufre mélangé avec partie égale de chaux éteinte à l'air. On a conseillé aussi de couvrir les couches de crottin de cheval. Scheidweiler recommande une solution d'assa-fœtida dans du vinaigre, mélangée avec de l'eau dans laquelle on a fait infuser une forte dose d'absinthe. Un des meilleurs moyens consiste à imprégner de la sciure de bois d'une très-petite quantité d'huile lourde de gaz, et à en répandre une légère couche sur les semis. Nous engageons les maraîchers qui veulent éloigner les *tiquets*, de badigeonner l'intérieur de leurs bâches avec du goudron de gaz.

FAMILLE DES APHIDIPHAGES.

Les coléoptères qui appartiennent à cette famille, dont le nom signifie *mangeurs de pucerons*, n'ont que trois articles aux tarses, leur corps est hémisphérique en dessus, plat en dessous. Leurs pattes sont courtes. Leurs antennes sont composées de onze articles, elles sont terminées en massue et insérées en avant des yeux. Leurs élytres sont généralement lisses, de la longueur de l'abdomen.

Cette famille ne renferme qu'un genre dont la connaissance soit indispensable aux jardiniers, c'est le

GENRE COCCINELLE. COCCINELLA Linné.

Les coccinelles sont connues des gens du monde sous les noms vulgaires de *bêtes à bon dieu*, de *bêtes à la vierge*, de *marmottes*, etc. Mais, il ne faut pas les confondre avec le criocère des lis que quelques ignorants appellent aussi *bête à bon dieu*. Elles ont pour caractères : une tête petite, cachée en partie dans une échancrure du corselet ; des antennes grenues, composées de onze articles, terminées en massue ; deux mandibules et deux mâchoires cornées ; un corselet convexe moins large que les élytres ; des élytres coriaces.

Les coccinelles rendent les plus grands services à l'horticulture en dévorant des quantités énormes de pucerons, mais bien plus cependant à l'état de larves qu'à l'état parfait ; quelques espèces sous cette dernière forme se nourrissent, dit-on, exceptionnellement, de feuilles de végétaux : le fait n'est pas impossible, mais nous ne l'avons jamais observé. Les coccinelles de la dernière éclosion passent l'hiver retirées sous les écorces des arbres, dans les crevasses des murailles, sous les feuilles sèches ou dans les mousses. Au printemps, ou même dès les premiers beaux jours, elles sortent de leur engourdissement et s'accouplent ; alors on rencontre les femelles sur toutes les plantes où il y a des pucerons, cherchant un endroit convenable pour déposer leurs œufs. Ceux-ci sont jaunes et un peu oblongs. Les petites larves éclosent après huit ou dix jours. Elles ne ressemblent en rien à l'insecte parfait. Leur corps est aplati, composé de douze anneaux, tantôt épineux, tantôt raboteux, plus rarement lisses. Leurs pattes sont au nombre de six, très-rapprochées de la tête; leur bouche est pourvue de mâchoires et de quatre palpes. Les pucerons paraissent être la seule nourriture de ces larves; elles les saisissent avec leurs pattes de devant et les hument comme des œufs, ne laissant que la peau. Lorsqu'elles sont arrivées à toute leur taille, elles se raccourcissent et se fixent par leur extrémité anale à une feuille sèche pour se changer en nymphes; celles-ci donnent naissance à l'insecte parfait au bout de huit à quinze jours.

Les coccinelles ont souvent les élytres rouges, marquées de points noirs, dont le nombre et la disposition varient selon les espèces; souvent aussi elles les ont noires, avec des points d'un jaune citron plus ou moins nombreux; plus rarement elles les ont noires avec des taches rouges.

Parmi les espèces qui se trouvent dans les jardins, la plus grande est

La coccinelle à sept points. Coccinella septem-punctata Linn.

Sa tête est noire, marquée de deux points blancs. Son corselet est d'un noir luisant, bordé de blanc

jaunâtre. Ses élytres sont rouges, marquées chacune
de trois points noirs et d'un
autre près de leur base, appartenant aux deux élytres.

23. — 1. Coccinelle à sept points.
Coccinella septempunctata.
2. La larve un peu grossie.

Elle est commune partout;
c'est elle qui porte plus spécialement le nom de *bête à
bon dieu* ; sa larve fait une grande consommation de
pucerons. Nous conseillons aux jardiniers d'épargner
tous les individus qu'ils rencontreront. Nous citerons
encore les espèces suivantes :

**La coccinelle à deux points. Coccinella
bipunctata** Linné.

Plus petite que la précédente. Elle a la tête noire,
marquée de deux petits points blancs. Le corselet est
également noir, avec une grande tache blanche de chaque
côté, les élytres sont rouges et offrent chacune un point
noir sur leur milieu.

Elle fait, comme la précédente, une guerre continuelle
aux pucerons.

La coccinelle à treize points. Tredecimpunctata Fab.

Elle a la tête noire. Le corselet est rouge, avec deux
points et une bande noirs. Les élytres sont rouges, marquées chacune de six points noirs et d'un treizième
sur la suture.

Assez commune dans les jardins.

**La coccinelle à quatre taches. Coccinella quadripustu-
lata** Linné.

Elle est assez petite, toute noire, marquée de quatre
taches d'un rouge sanguin, avec le tour des yeux et le
bord du corselet blanchâtres.

Cette espèce est l'une de celles que l'on rencontre le
plus souvent à Paris, sur les pruniers, au milieu des co
lonies de pucerons.

La coccinelle frontale. Coccinella frontalis Illiger.

Assez petite. Elle a la tête noire. Le corselet est également noir, avec quelques points rougeâtres sur les
côtés. Les élytres sont d'un noir luisant, marquées chacune de deux points rouges.

Assez commune dans les pépinières, sur les arbres
fruitiers infestés de pucerons.

La coccinelle morio. Coccinella morio Fabr.

Illiger la considère comme une variété de l'espèce précédente. Elles se trouvent toutes les deux ensemble sur
les mêmes arbres. Elle est un peu plus petite, entièrement noire. Ses élytres ont vers la base une petite
bande rouge interrompue.

La coccinelle variable. Coccinella variabilis Illiger.

Elle est petite, assez bombée, entièrement noire, avec
deux points rouges sur chaque élytre, dont l'un vers

l'angle huméral et l'autre plus petit, placé un peu plus bas, près du bord externe. Dans une variété il y a une petite bande rouge transversale sur les élytres.

Plus commune à la campagne dans les jardins, qu'à Paris.

Nous pourrions donner une liste bien plus longue de ces insectes bienfaisants. Presque toutes les coccinelles nous rendent les mêmes services. Cependant nous devons dire que nous n'avons trouvé que bien rarement des espèces à points jaunes avec les pucerons.

Les espèces sont extrêmement nombreuses, on en connaît plus de quatre cents répandues sur les différentes parties du globe; partout où l'on rencontre des pucerons, il y a des coccinelles.

Nous recommandons à tous les amateurs de jardins de ne jamais détruire de coccinelles. Nous engageons même ceux qui ont des serres chaudes ou tempérées, à y apporter du dehors les individus qu'ils trouveront à l'automne. Ces insectes feront la chasse aux pucerons et aux larves de thrips.

2me ORDRE. — ORTHOPTÈRES.

Les insectes appartenant à cet ordre ont pour caractères : une bouche composée d'organes propres à la mastication ; deux ailes pliées dans le sens de leur longueur, couvertes par d'autres ailes, espèces de fausses élytres, coriaces, chargées de nervures saillantes ou un peu réticulées; antennes ayant plus de seize articles, peu distincts.

Le corps des Orthoptères est allongé, assez mou ; il est, comme celui des autres insectes, composé de trois parties : la tête, le corselet et l'abdomen ; les pattes sont quelquefois toutes semblables, quelquefois les antérieures sont ravisseuses et propres à saisir, souvent les postérieures sont beaucoup plus longues et conformées de façon à exécuter des sauts. Ces insectes se multiplient énormément, leurs œufs sont en général très-nombreux. Ils ne subissent que des demi-métamorphoses : leurs larves ressemblent à l'insecte parfait, à l'exception des ailes qui ne paraissent qu'après l'état de nymphe.

On a divisé cet ordre en deux sections principales :

Les Coureurs qui ont les pattes uniquement propres à la course et les ailes horizontales ;

Les Sauteurs qui ont les jambes postérieures longues,

propres à sauter, et dont la plupart produisent une stridulation monotone.

SECTION DES COUREURS.

GENRE FORFICULE. FORFICULA Linné.

Ce genre paraît, au premier abord, un peu anormal
parmi les autres Orthoptères, en ce que les ailes inférieures sont pliées en travers comme chez les Coléoptères. Kirby, pour cette raison, en a fait un ordre à part
sous le nom de DERMAPTÈRES. Mais, en tenant compte
des métamorphoses, des mœurs et surtout des organes
de la manducation, il est impossible de les séparer des
autres Orthoptères.

Ce genre, peu recherché des entomologistes, est assez
nombreux en espèces. On rencontre des forficules dans
toutes les parties du monde.

Elles ont toutes pour caractères principaux : un corps
linéaire ; des élytres crustacées ; des tarses n'ayant que
trois articles ; un abdomen mou, terminé par deux
pièces mobiles formant une pince ; des mandibules
bidentées ; des antennes de douze à treize articles, insérées au-devant des yeux.

Forficule auriculaire. Forficula auricularis Linn.

Tout le monde connaît cet insecte sous le nom
vulgaire de *perce-oreille* ou de *pince-oreille*. C'est la seule
espèce européenne qui soit nuisible aux jardins.

Il est d'un brun plus ou moins clair ou plus ou
moins foncé, avec la tête rousse.
Les bords du corselet sont un peu
blanchâtres. Les élytres, très-courtes et un peu débordées par les
ailes, sont marginées de jaune testacé pâle. Les pattes sont jaunes.

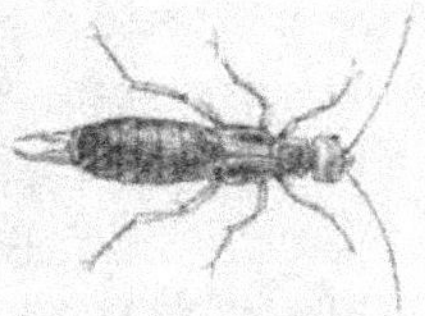

24. — Forficule auriculaire,
Forficula auricularis.

Les perce-oreilles sont nocturnes, et volent très-bien le soir, lors-
qu'ils veulent se transporter d'un endroit à un autre.
Ils sont extrêmement communs dans les jardins, où ils
occasionnent des dégâts en rongeant les boutons des
pêchers en espalier, les tiges à fleurs des œillets et
les jeunes pousses des Dahlias. Mais ils ne s'en tiennent pas là; comme ils aiment beaucoup les fruits
sucrés, ils attaquent les abricots, les prunes, les pêches
et les poires. Il n'est pas rare d'en rencontrer jusque
dans le noyau des pêches, lorsque le fruit se fend un peu
à la maturité, comme cela a lieu dans certaines variétés.
Très-souvent aussi on en trouve dans les grappes de
raisin.

Ces insectes sont rarement isolés, ils sont presque
toujours en petites sociétés. Pendant le jour, ils restent
cachés dans les fruits, sous les écorces des arbres, sous
les caisses de jardin, sous les pierres, etc. Ils aiment
beaucoup aussi à se poser au centre des fleurs en ombelles.

Les perce-oreilles s'accouplent au milieu de l'automne,
et la ponte a lieu seulement au printemps suivant. La
femelle dépose ses œufs par petits tas de quinze à vingt-
cinq sous les écorces des arbres ou sous les pierres.

Ceux-ci sont blancs et éclosent au bout d'un mois environ. Les petits, en naissant, sont d'un blanc étiolé et ne commencent à prendre leur couleur brune qu'après le premier changement de peau. Un fait assez remarquable, c'est que la femelle ne quitte pas ses œufs, ni ses petits nouvellement nés, elle veille sur les uns ou sur les autres, probablement pour les préserver de la voracité des autres insectes : ce qui a fait dire à quelques observateurs très-superficiels que les perce-oreilles et les courtilières couvaient leurs œufs !

Il n'y a qu'une génération par an.

Les perce-oreilles, lorsqu'on les saisit, prennent un air menaçant, ils relèvent la partie postérieure de leur corps comme les staphylins : mais ils ne font, et ils ne peuvent faire aucun mal.

Il existe un préjugé d'après lequel une forficule se serait quelquefois introduite dans l'oreille de personnes endormies sur l'herbe et aurait déterminé des accidents graves. Nous n'avons jamais entendu parler de rien de semblable. Il n'est pas impossible cependant qu'un de ces insectes, pour se cacher, pénètre momentanément dans l'oreille, mais il ne pourra aller bien loin, arrêté qu'il sera par la membrane du tympan et il ressortira vite de cette cavité.

Selon M. Gouréau, que nous avons souvent occasion de citer, le nom de *perce-oreille* aurait été donné à cet insecte à cause de la pince qui termine son corps, et qui ressemble au petit instrument dont les bijoutiers se servent pour percer les oreilles. Quant à celui de forficule il vient du mot latin *forficula*, qui signifie une petite tenaille.

Les jardiniers ont inventé plusieurs moyens pour
prendre les forficules. Les uns emploient des ergots de
mouton ; les autres, des tiges fistuleuses de roseau ou de
quelque grande ombellifère ; d'autres font des petits fa-
gots avec de la paille et des brindilles, qu'ils suspendent
le long des espaliers ou autour des œillets et des Dahlias.
Dès que le jour commence à paraître, ces insectes, qui
fuient la lumière, viennent se réfugier dans ces abris. Il
suffit alors de les secouer pour faire tomber des quantités de perce-oreilles, qu'on n'a plus que la peine
d'écraser.

GENRE BLATTE. BLATTA Linné.

Les blattes, appelées vulgairement *Kankrelats*, *Ka-
kerlacs*, *Cafards*, *Ravets*, etc., sont aussi nommés, très-
mal à propos, *Cri-cris* par les gens du peuple qui en
trouvent quelquefois des débris dans le pain ; ils les
confondent avec le grillon domestique, *Gryllus domesticus*, insecte *musicien*, sauteur, d'un gris jaunâtre, également très-commun chez les boulangers.

Les blattes ont pour caractères essentiels : des antennes très-longues, sétacées, insérées près du bord interne des yeux ; des pattes propres à la course, ayant
toutes cinq articles aux tarses ; un abdomen terminé
par deux courts appendices ; des élytres larges, minces,
croisées, horizontales.

Ces insectes, quoique pourvus d'ailes, volent très-peu,
mais courent la nuit avec une grande agilité. Les espèces sont assez nombreuses ; une seule intéresse les
horticulteurs qui ont des serres chaudes : c'est la

Blatte orientale. Blatta orientalis Linné.

Elle est grande, d'un brun noir. La femelle, aptère, n'a souvent que des rudiments d'élytres. Cette espèce, que l'on dit venir de l'Orient, habite les lieux où règne une température élevée, tels que les établissements de boulangerie, de pâtisserie, les cuisines, etc. ; elle est très-vorace : elle dévore indistinctement toutes les substances alimentaires, le cuir, la laine, la soie, etc.

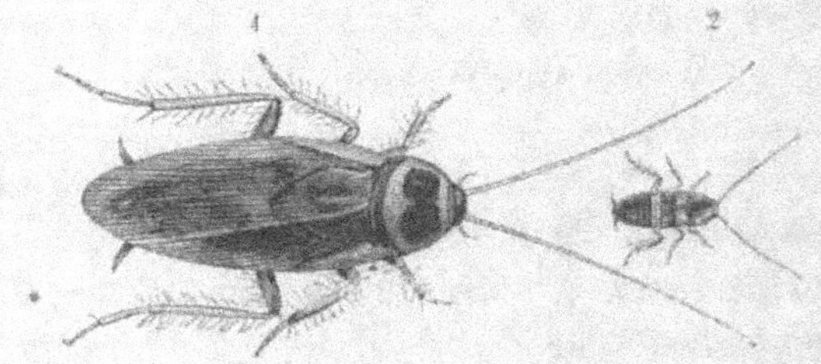

25. — 1. Blatte orientale. *Blatta orientalis.* — 2. Idem jeune.

Depuis quelques années, elle s'est introduite et naturalisée dans les serres chaudes où elle commet de grands dégâts, notamment au Luxembourg et chez MM. Thibaut et Ketteleër, où elle ronge les Orchidées et une infinité d'autres plantes. Il est d'autant plus difficile de la détruire qu'elle ne se montre que la nuit et se tient cachée, pendant le jour, dans les crevasses des murailles, sous les pots, les caisses, etc.

Dans les colonies, où ses déprédations sont plus considérables qu'en France, on lui tend des piéges que l'on amorce avec du lard, du pain d'épice, etc. A cet effet, on prend des boîtes de bois, ouvrant à charnière, percées latéralement, près de leur fond, d'une ouverture étroite de deux ou trois centimètres de longueur. Les blattes qui y entrent pour manger l'apât, y restent cachées pour éviter la lumière du jour. Une fois qu'elles sont prises, on les asphyxie dans les boîtes avec deux ou trois allumettes, ou on les écrase.

Il existe en France une autre grande blatte, *Blatta americana*, qui ressemble un peu à la précédente et que l'on croit originaire des Antilles. Cette dernière ne se trouve à Paris que dans les raffineries, mais elle infeste les magasins et les entrepôts de sucres et autres denrées coloniales dans les ports de mer. Aux îles Bourbon et Maurice, où la blatte américaine est naturalisée dans toutes les habitations, et dévore tout ce qu'elle trouve à sa portée, elle a un terrible ennemi dans un bel insecte hyménoptère, le *Chlorion comprimé*, qui lui fait une guerre acharnée. Après l'avoir saisie par la tête à l'aide de ses mâchoires, il la perce de son puissant aiguillon dont le venin la paralyse et la tue ; puis il l'enlève et l'entraîne dans son nid pour nourrir ses larves. Ce Chlorion est un insecte bienfaisant, que les habitants se gardent bien de détruire ; ils le laissent faire son nid très-tranquillement dans les maisons. Voyez le rapport de Cossigny cité dans le t. VI des *Mémoires de Réaumur*.

SECTION DES SAUTEURS.

GENRE COURTILIÈRE. GRYLLUS Linné.
GRYLLOTALPA Latr.

Ces insectes, dont les espèces sont peu nombreuses, ont pour caractéres principaux : une tête ovale, avancée, profondément enfoncée dans le corselet, munie de petits yeux ovales et d'antennes d'un grand nombre d'articles ; un corselet allongé, recouvert par une espèce de carapace ; des élytres très-courtes ; des ailes plus longues que le corps et terminées par des lanières recourbées et contournées sur elles-mêmes ; un abdomen assez mou, offrant à l'extrémité deux appendices filiformes ; des pattes postérieures propres à sauter, terminées par un tarse de trois articles muni de deux crochets ; des pattes antérieures ayant les tarses et les jambes dilatées, aplaties, dentées, en forme de mains et propres à fouir.

Courtilière commune. Gryllus gryllotalpa Linné.
Gryllotalpa vulgaris Latr.

Tous les jardiniers connaissent cet insecte, qui porte, dans certaines localités, les noms de *taupe-grillon*, de *taupette*, de *perce-chaussée*, etc. C'est un des animaux les plus nuisibles à l'agriculture et à la culture maraîchère. Il y a même des endroits où il est impossible d'y cultiver des plantes potagères.

Les courtilières, lorsqu'elles ont acquis leur entier développement, sont d'un gris jaunâtre pâle. Le soir, selon Latreille, elles s'appellent en faisant entendre un petit cri analogue à celui que produisent les grillons, mais beaucoup plus faible. C'est pendant la nuit qu'elles s'envolent ou se promènent sur la terre pour s'accoupler.

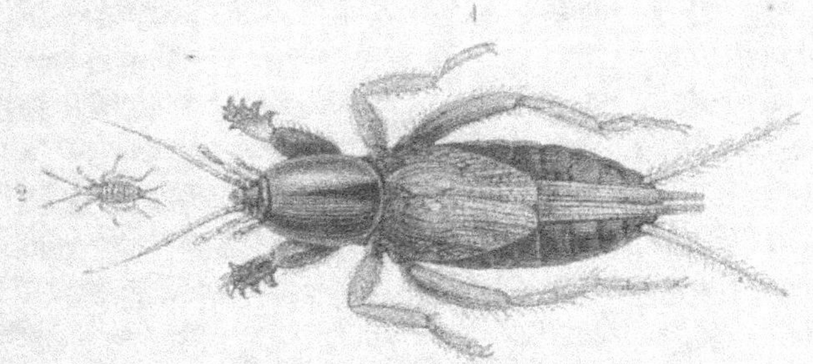

26. — 1. Courtilière adulte. *Gryllus gryllotalpa.* — 2. Idem âgée d'un mois.

Cet acte a lieu au printemps, ordinairement à la fin d'avril ou au commencement de mai. Au moment de la ponte, en juin ou juillet, la femelle creuse une galerie circulaire, de 20 à 25 centimètres de profondeur, au fond de laquelle elle place son nid, qui a la forme d'une cornue. C'est là qu'elle dépose ses œufs, souvent au nombre de trois ou quatre cents. Ceux-ci sont d'un blanc roussâtre, de la grosseur d'une graine de moutarde. Ils éclosent au bout d'une douzaine de jours. Les petits, en naissant, sont blancs et ressemblent à des fourmis.

Curtis (*Farm insects*) prétend que les femelles dévorent la plus grande partie de leurs enfants, et que

sur un cent, il n'en reste que huit seulement; Bouché
est aussi de cet avis; mais, selon Feburier (*Nouv. Cours
d'agriculture*, vol. V, p. 163), qui a étudié spécialement
les mœurs de ces insectes, et Brullé, professeur d'histoire naturelle à Dijon, elles ont au contraire le plus
grand soin de leurs œufs et de leurs larves, ce qui a fait
croire à quelques ignorants qu'elles les couvaient.

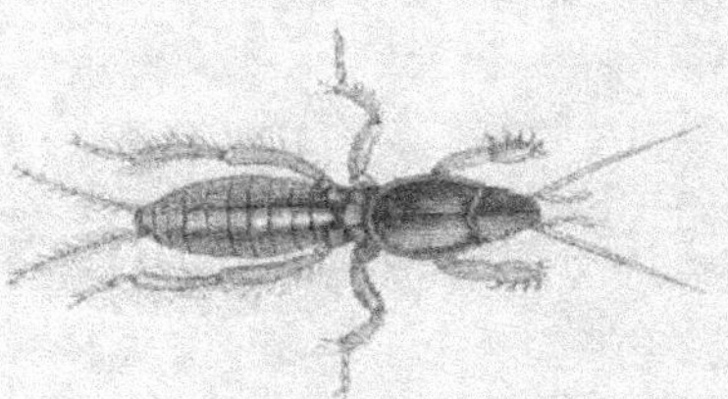

27. — Jeune Courtilière au printemps
de la seconde année.

Les petites courtilières restent en famille jusqu'après
la première mue, qu'elles prennent une couleur brunâtre.
Alors elles se dispersent chacune de son côté. Les ailes
commencent à paraître à la fin de l'année suivante, après
le quatrième changement de peau. L'accroissement est
assez lent et ce n'est que la troisième année, d'après
Feburier, qu'elles sont aptes à se reproduire. Mais
pendant tout le cours de leur existence, elles exercent
d'affreux ravages dans les cultures. Elles choisissent
ordinairement les terrains légers, mais assez fermes,
dans lesquels elles pratiquent plus facilement leurs
galeries : cependant on en trouve souvent aussi dans un
sol assez compacte.

Les courtilières passent l'hiver dans l'engourdissement, dans un trou assez profond pour les mettre à l'abri du froid. Dès les premiers beaux jours, elles remontent et se mettent à former une infinité de galeries, à deux ou cinq centimètres de la surface, aboutissant toutes au trou vertical où elles ont passé l'hiver et où elles trouvent une retraite assurée, si elles viennent à être inquiétées.

Selon Feburier et la plupart des auteurs, les courtilières sont carnassières et ne vivent, comme les taupes, que d'insectes et de vers de terre. Elles ne mangent pas les racines des plantes, disent-ils, mais elles coupent avec leurs pattes de devant, comme avec une scie, toutes celles qu'elles rencontrent sur leur passage. Nous nous sommes assuré aussi que, généralement, elles sont carnivores, mais que, dans certaines circonstances, elles ne dédaignent pas les végétaux, lorsqu'elles n'ont pas d'autre nourriture. Nous avons conservé un individu vivant, pendant deux mois, dans un grand pot à demi rempli de terre, et recouvert d'une gaze métallique, auquel nous ne donnions rien autre chose que des carottes, qu'il rongeait parfaitement bien. Ce malheureux insecte nous servait aussi pour une autre expérience ; de temps en temps, il passait une heure dans de la poudre de pyrèthre dont il était fort peu incommodé ; en sortant du bocal à la poudre, il se ranimait, se secouait, entrait en terre, et mangeait dès la nuit suivante. Nous lui avons donné pour compagnon un cri-cri des prairies (*gryllus campestris*) ; il l'a dévoré entièrement. Feu notre ami Turpin, membre de l'Institut, avait déjà fait avant nous et en notre présence, une expérience analogue. Il avait renfermé, dans une boîte contenant un peu de terre, trois courtilières qu'il a nourries longtemps avec des feuilles de laitue ; mais fatiguée d'un régime végétal, la plus grosse a fini par dévorer les deux autres. Ce qu'il y a de certain, c'est que ces animaux sont très-voraces et qu'ils se mangent entre eux. Nous supposons même que les quatre-vingt-douze pour cent des petits qui, d'après Curtis, sont mangés dans le nid, ne le sont pas par leur propre mère, qui a pour eux une sollicitude toute maternelle, mais bien par les mâles ou des femelles étrangères.

Les courtilières étant très-nuisibles dans les cultures de tous genres, on a proposé plusieurs moyens pour arrêter leurs ravages.

1° On a conseillé de rechercher les nids. Cela peut se faire quelquefois dans de petits jardins.

2° De verser dans leurs trous de l'huile à brûler ou des vieux pieds d'huile mélangés avec de l'eau. Ce moyen est fort bon, mais il n'est pas applicable à la grande culture. On peut très-bien remplacer l'huile à brûler par de l'huile lourde de gaz qui coûte très-bon marché (une partie sur vingt-cinq d'eau). L'eau dans laquelle on a délayé du savon noir, peut être employée dans le même cas avec succès.

3° En Prusse et même dans plusieurs contrées de la France, on se sert de pots à demi remplis d'eau que l'on enfonce en terre à un ou deux centimètres au-dessous du sol. Il est rare qu'on n'y trouve pas, le matin, quelques courtilières qui s'y sont noyées pendant leur promenade nocturne.

On a recommandé de disposer à l'entrée de la mauvaise saison, de place en place, dans les jardins infestés par les courtilières, des trous remplis de fumier de cheval.

Aux premiers froids ces insectes, qui sont frileux, viennent s'y réfugier et, à la fin de l'hiver, on en trouve des quantités engourdies dans ces espèces de piéges.

Le nom de courtilière vient du vieux mot français *Courty* ou *Courtilz* qui signifiait jardin. Il y a encore en France beaucoup de personnes qui s'appellent *Courty* ou *Descourtilz*, au lieu de s'appeler Jardin ou Desjardins. Celui de *taupe-grillon* a été donné à cet insecte, parce qu'il ressemble un peu à un gros grillon et qu'il creuse des galeries sous terre à la manière des taupes.

GENRE PHANÉROPTÉRE. PHANEROPTERA Serville.

Les Phanéroptères, dont nous ne trouvons qu'une espéce aux environs de Paris, sont des Orthoptères sauteurs peu musiciens, qui rappellent un peu par leur forme la grande sauterelle verte des prairies (*Locusta viridissima*) que les gens du monde appellent improprement *Cigale*, d'après ce bon Lafontaine qui l'a laissée représenter, dans une des premières éditions de ses fables, comme ayant chanté tout l'été.

Ces insectes, comme tous ceux qui appartiennent à la tribu des Locustaires, vivent de plantes vertes. Ils ont pour caractères essentiels : une tête droite, ovalaire, munie de mâchoires assez fortes et pourvue de deux longues antennes sétacées, très-rapprochées à leur base ; un corselet assez court ; des élytres allongées, étroites, beaucoup plus longues que l'abdomen ; un corps assez étroit, terminé par des appendices sétacés ; des pattes grêles, longues, avec les cuisses de la dernière paire très-grandes.

Phanéroptère en faux. Phaneroptera falcata Serville.

Elle est longue de deux à deux centimètres et demi et entièrement d'un vert qui se confond avec la couleur des plantes.

Cette espèce nous a été envoyée par M. Rose Charmeux comme très-nuisible aux vignes. Voici la note qui accompagnait son envoi :

« Il y a à Thomery beaucoup de ces sauterelles vertes. Elles attaquent les grains avant la maturité, c'est-à-dire qu'elles rongent sur les grains la largeur d'une lentille. Ceux qui ont été entamés par cet insecte pourrissent, ce qui occasionne un grand dommage au cultivateur.

» Elle est très-fine, elle vole peu et se cache pendant le jour derrière les feuilles avec lesquelles elle se confond par sa couleur ; mais lorsqu'on s'aperçoit que quelques grains sont rongés, avec un peu d'habitude on est certain de la trouver dans le voisinage, sous une feuille où elle se tient immobile. Elle vit aussi, faute de raisin, aux dépens du feuillage de la vigne. »

GENRE CRIQUET. ACRIDIUM Olivier.

Les insectes qui constituent ce genre sont nombreux et ont tous pour caractères : des antennes filiformes assez courtes, insérées entre les yeux, composées d'une vingtaine d'articles ; une tête très-développée, armée de fortes mandibules dentées, tranchantes et de mâchoires à trois dents ; des yeux réticulés, saillants

placés sur les côtés ; trois petits yeux lisses situés sur le
vertex ; un corselet aussi large que le corps ; un sternum large, aplati : des élytres coriaces, étroites, aussi
longues que les ailes inférieures : des ailes inférieures
fort larges, plissées en éventail ; un abdomen sans tarière ni appendices ; des pattes postérieures propres au
saut, plus longues que les autres, ayant les jambes garnies de deux rangées d'épines.

Les criquets, dont on trouve plusieurs espèces aux
environs de Paris, sont généralement connus sous le
nom de *Sauterelles*. Tout le monde, à la campagne, a pu

28. — Sauterelle voyageuse, *acridium migratorium* de grandeur naturelle.

remarquer, pendant l'été, ces insectes dans les lieux secs
et arides, qui, lorsque l'on s'en approche ou que l'on veut
les saisir, s'envolent comme des papillons, en développ-
pant leurs ailes inférieures rouges, bleues, blanchâtres
ou jaunes et vont se reposer un peu plus loin. Les femelles déposent ordinairement leurs œufs dans un petit
trou peu profond, ou sur quelque tige de graminées,
dans ce dernier cas, elles les recouvrent d'une matière
écumeuse qui se durcit au soleil. Les larves et les
nymphes, ressemblent à l'insecte parfait, sauf les ailes,
qui ne se développent qu'après la dernière mue ; elles se

nourrissent, comme lui, de plantes vertes. Certaines espèces sont, depuis les temps les plus reculés, regardées comme un des plus grands fléaux qui puissent frapper l'humanité. Ce n'est pas sans raison qu'elles étaient comprises dans les dix plaies de l'Égypte.

Ces criquets dévastateurs sont désignés par les noms de *Sauterelles émigrantes* ou *voyageuses*. Les entomologistes en comptent trois espèces différentes ; l'*Italicum* qui a plus d'une fois ravagé la Provence, le *Peregrinum* et surtout le *Migratorium*.

En 1858, lorsque nous présidions le congrès entomologique réuni à Grenoble, nous avons été témoin avec notre savant confrère, le Dr Laboulbène, d'une invasion de sauterelles voyageuses, dans la plaine du Bourg-d'Oysans ; les unes étaient à l'état de nymphes et les autres à l'état parfait ; ces dernières avaient pu, à l'aide de leurs ailes, franchir la Romanche et passer sur le côté droit de ce torrent ; les autres, non encore adultes, étaient restées sur le côté gauche. Mais les unes et les autres étaient en si grand nombre qu'en un ou deux jours elles avaient entièrement anéanti les céréales sur pied, dévoré les feuilles de tous les végétaux ligneux et dépouillé les jardins de toute verdure. L'autorité locale en a fait recueillir et détruire une grande quantité et nous n'avons pas appris qu'elles se soient étendues plus loin. Il paraît que, cette même année et à la même époque, des millions de ces insectes dévastateurs se sont également montrés en Suisse.

Si, dans nos jardins du centre et du nord de la France, nous n'avons pas à redouter les invasions de sauterelles, il n'en est pas de même dans l'Algérie et dans nos départements les plus méridionaux, où, après avoir dévasté les moissons, elles s'abattent sur toutes espèces de cultures. Le capitaine Solier, dont le souvenir restera long-temps dans la mémoire des entomologistes, rapporte qu'au mois d'août 1832, les sauterelles voyageuses firent tout à coup irruption dans le midi de la France, notamment sur le territoire de Saint-Gombert près de Marseille. Il ajoute que ce même endroit, d'après la statistique du département, a été, depuis plusieurs siècles, ravagé par ces Orthoptères et que leur destruction fut l'objet de la sollicitude des autorités d'alors. En 1613, dit Solier, Marseille dépensa 40,000 livres et Arles 50,000, sommes considérables à cette époque, pour faire la chasse à ces insectes. On payait deux sous et demi la livre d'Orthoptères et cinq sous la livre d'œufs. On recueillit, dans cette même année, 244,000 livres de sauterelles et 24,000 livres d'œufs. En 1805, on fit une chasse dans la même localité où l'on en récolta 2,000 kilogrammes. En 1822, ces Orthoptères ravagèrent tout le territoire d'Arles, champs, jardins, etc. On dépensa 1227 fr. pour leur destruction ! Mais, en 1824, ces insectes apparurent, en un bien plus grand nombre que les années précédentes, sur les mêmes territoires. Une chasse fut ordonnée. On en remplit, aux Saintes-Maries, 1,518 sacs à blé et, à Arles, 165 sacs pesant 6,600 kilogrammes. L'année suivante fut encore plus désastreuse. En 1832, il a été recueilli 1979 kilogrammes d'œufs, et cette année 1833, 3,808 kilos ; si cette récolte eût été faite avec moins de négligence, on aurait pu facilement se procurer 4,000 kilos d'œufs et 12,000 kilos d'insectes.

Les nids de ces sauterelles, selon Solier, sont faciles à apercevoir par le trou que la femelle a pratiqué dans la terre pour déposer sa nichée. Ils sont placés dans des terrains incultes à la surface du sol, à environ quatre centimètres de profondeur. Le tube qui renferme les œufs est à peu près cylindrique, de cinq centimètres de longueur et d'un centimètre de diamètre. La position de ce tube varie, mais, le plus souvent, elle est horizontale. On peut évaluer qu'un kilogramme se compose de 1,600 nichées ; chaque tube contient ordinairement de 50 à 60 œufs : ce qui fait 80,000 pour un kilo. C'est depuis la fin d'août jusqu'en octobre qu'il faut faire la recherche des œufs. Quant aux sauterelles, on en commence la chasse en mai et on la continue une partie de l'année.

On lit dans Olivier (*Voyage dans l'empire Othoman*, t. II p. 424) :

« A la suite des vents brûlants du midi, il arrive de l'intérieur de l'Arabie et des parties les plus méridionales de la Perse, des nuées de sauterelles, dont le ravage, pour ces contrées, est aussi prompt que celui de la plus forte grêle en Europe. Nous en avons été témoins, Bruguières et moi. Il est difficile d'exprimer l'effet que produisit en nous la vue de toute l'atmosphère remplie de tous les côtés, et à une très-grande hauteur, d'une innombrable quantité de ces insectes, dont le vol était lent et uniforme, et dont le bruit ressemblait à celui de la pluie ; le ciel en était obscurci et la lumière du soleil considérablement affaiblie. En un moment les terrasses des maisons, les rues et tous les champs furent couverts de ces insectes, et, dans deux, jours ils avaient entièrement dévoré toutes les feuilles des plantes ; mais heureusement ils vécurent peu, et ne semblèrent avoir émigré que pour se reproduire et mourir. En effet, presque tous-ceux que nous vîmes le lendemain, étaient accouplés, et, les jours suivants, les champs étaient couverts de leurs cadavres.

« J'ai trouvé cette même espèce en Égypte, en Arabie, en Mésopotamie et en Perse. »

Pour compléter l'article relatif aux sauterelles voyageuses, peut être déjà un peu trop long pour nos horticulteurs, nous citerons quelques passages d'un travail de notre collègue, M. Amyot, avocat à la cour royale qui joint à ses connaissances entomologiques celle de plusieurs langues orientales.

Les Hébreux, dit-il, donnèrent aux sauterelles le nom d'*arbeh* dont le radical signifie multiplier. Les Grecs les appelaient ἀκρίς de la racine ἄκρος, parce que ces insectes habitent les hauteurs. C'est de ce dernier mot que les entomologistes on fait celui d'*Acridium*. Le nom chez les latins était *Locusta*, que les entomologistes modernes ont appliqué aux véritables sauterelles. L'étymologie de ce nom serait *locus ustus*, lieu brûlé, dévasté. Les Arabes leur donnent le nom de *Djarâdoun*, qui vient de *Djarada* qui veut dire arracher.

*Tous les auteurs, dit ce savant, depuis les temps les plus anciens, ont parlé des ravages que les sauterelles n'ont que trop souvent causés dans plusieurs contrées de l'Orient, de l'Afrique et même de la Chine. Ce qui paraît le plus étonnant dans ces apparitions terribles, c'est la multitude incroyable de ces insectes qui, semblables à une nuée poussée par les vents, obscurcit le ciel, au point qu'on ne peut lire dans les maisons.

En ce moment, l'Algérie est horriblement dévastée par ces *sauterelles voyageuses*. On pourrait croire qu'un nouveau Moïse a étendu sa main sur cette partie de la France pour châtier un nouveau Pharaon et un peuple infidèle, en lui envoyant une nouvelle édition de la huitième plaie de l'Egypte.

Des nuées de ces Orthoptères, obscurcissant le soleil d'Afrique et dévorant *tout* sur leur passage se sont répandues successivement de l'est à l'ouest, jusque dans les contrées les plus reculées de la province d'Oran, où, de mémoire d'arabes, on n'avait jamais vu ce fléau.

Les autorités locales épouvantées par cette invasion subite, ont redoublé de zèle et ont employé tous les moyens possibles pour détruire ou éloigner ces insectes dévastateurs. Mais autant chercher à arrêter les flots de la mer ! le désastre est tellement grand que l'on croirait que le feu a passé partout. Les malheureux cultivateurs dont la fortune était dans la terre, sont totalement ruinés et sans pain. Plus rien dans les champs, plus rien dans les jardins, plus de feuilles aux mûriers ni aux autres arbres. Tel est aujourd'hui le tableau exact de notre colonie : le gouvernement, toujours plein de sollicitude pour les grandes infortunes, s'est empressé de donner un premier secours à ces pauvres colons; mais leur misère est si grande qu'on organise en ce moment en leur faveur, sous le patronage du ministre de la guerre, une souscription dont le souverain a pris l'initiative.

Notre société a reçu tout récemment de divers points de l'Algérie, plusieurs envois de ces sauterelles, à l'état de larves, de nymphes et d'insectes parfaits, mâles et femelles. Elle a pu reconnaître que, parmi ces insectes,

il y avait deux espèces voisines, l'*acridium migratorium* et surtout le *peregrinum*.

On ignore la loi naturelle suivant laquelle ces criquets
sont ainsi ramassés à un certain moment, et emportés
par un vent dont ils savent profiter pour descendre là
où il leur plaît. Leur volonté paraît y être pour quelque
chose, autrement on ne pourrait pas expliquer une marche de ce genre. C'est là sans doute ce qui les a fait
ranger par Salomon au nombre des animaux auxquels
il accorde la sagesse : Moïse s'en était aussi occupé pour
les placer parmi les animaux à quatre pieds, qui n'étaient
pas regardés comme impurs, et dont il était par conséquent, permis de manger. Il ne regardait pas comme des
pieds les pattes postérieures qui servent à sauter, disent
les commentateurs des derniers siècles, qui étaient fort
embarrassés de concilier ce passage de la Bible avec
celui d'Aristote qui dit positivement qu'ils ont six
pattes.

Le conte le plus plaisant qui ait été fait sur les sauterelles, se trouve dans Pline, livre 12, chapitre 29. Cet
auteur dit avec un air de conviction, qu'il existe dans
l'Inde des sauterelles longues de quatre coudées, dont
les grandes pattes épineuses servent de scie dans le
pays pour scier le bois.

Dans tous les temps on a cherché à se préserver du
fléau des sauterelles. Outre les prières et les sacrifices
que les anciens offraient aux Dieux, on prenait des mesures administratives pour la destruction de ces insectes,
soit à l'état d'œuf, soit à l'état parfait. Après les avoir
recueillis, on les brûlait ou on les enterrait ; car on avait
à craindre après la famine, la peste par l'infection que

répandaient leurs innombrables cadavres. Oresius, suivant Moufflet, dit qu'en l'an 800, ces insectes, après avoir été entraînés dans la mer, furent rejetés morts sur la côte et répandirent une odeur aussi funeste qu'auraient fait les cadavres d'une nombreuse armée.

Pour la destruction de ces animaux dévastateurs nous n'avons rien à ajouter à ce qu'a dit le capitaine Solier : la recherche des œufs et la chasse aux insectes organisée sur une grande échelle.

3me ORDRE. — HÉMIPTÈRES.

Ainsi que nous l'avons dit, le caractère le plus saillant des insectes de cet ordre, connus, pour la plupart, sous les noms vulgaires de *punaises des jardins*, *punaises des bois*, etc., est tiré de la nature des ailes supérieures qui sont crustacées dans leur partie antérieure et qui se terminent brusquement par une partie membraneuse. Mais ce caractère, facile à saisir, n'est pas applicable à tous les genres. Par exemple, les pucerons qui sont des Hémiptères, ont les quatre ailes, à peu près pareilles ; la punaise des lits est aptère (1), c'est-à-dire sans ailes. Les mâles des Kermès et des Coccus ont des ailes inférieures avortées et, par le

(1) La punaise des lits *Acanthia Lectularia* ne paraît pas avoir été connue des anciens. Elle est, comme le rat et le puceron lanigère, un cadeau que nous avons reçu de l'étranger : les uns disent des Indes orientales, les autres des régions voisines de l'équateur. Ce qu'il y a de positif, c'est que, selon Fallen, elle n'existe pas encore dans l'Europe septentrionale et que son introduction en Angleterre ne remonte qu'en 1503. Feu notre excellent ami, le professeur Eversmann de Casan, décrit une seconde espèce sous le nom d'*Acanthia ciliata*, naturalisée aujourd'hui à Casan même. Cette punaise, plus petite que la nôtre, a des habitudes fort différentes. Sa piqûre très-douloureuse produit des enflures très-fortes et de longue durée sur le corps humain. Il est inutile de dire ici que la poudre de Pyrèthre, préparée par notre collègue Villemot et quelques autres, réussit parfaitement pour la destruction de la punaise des lits.

fait, n'ont que deux ailes, et leurs femelles en sont constamment dépourvues. Il a donc fallu chercher ailleurs des caractères communs, propres à toutes les espèces, abstraction faite du système alaire. C'est dans les organes servant à la nutrition que les naturalistes les ont trouvés. Les hémiptères sont dépourvus de palpes; leur bouche consiste en un bec ou suçoir formé par la lèvre inférieure. Celui-ci est composé de quatre articles et forme une sorte de gaîne renfermant trois soies intimement réunies. C'est à l'aide de ces soies ou styles déliés, que ces insectes percent le tissu des plantes ou des animaux pour pomper la liqueur nutritive.

Les hémiptères ont été partagés par les entomologistes en deux grandes sections bien distinctes :

Les HÉTÉROPTÈRES, ainsi nommés parce que leurs élytres ou ailes supérieures sont composées de deux parties de consistance différente, l'une crustacée du côté de la base, et l'autre membraneuse à l'extrémité. Outre cela leur bec, paraît naître du front.

Les HOMOPTÈRES ont les quatre ailes semblables, membraneuses, de la même consistance partout. Leur bec naît de la partie la plus inférieure de la tête, presque de la poitrine, entre les deux pattes antérieures.

On subdivise les Hétéroptères en deux grandes familles : les Géocorises ou punaises vivant sur terre comme la punaise des choux, et les Hydrocorises ou punaises d'eau.

Les Homoptères ont aussi été subdivisés en plusieurs

familles : les Cicadaires comprenant les cigales, les Aphidiens ou pucerons, et les Coccides ou gallinsectes.

Les insectes nuisibles aux jardins dans la section des Hétéroptères appartiennent aux quatre genres : Cydne, Pentatome, Lygée et Tingis.

SECTION DES HÉTÉROPTÈRES.

GENRE CYDNE. CYDNUS Serville.

Les cydnes ont pour caractères : un corps ovalaire, aplati ; une tête arrondie, avec des antennes ayant leur second article beaucoup plus petit que le troisième ; des yeux petits, arrondis, saillants ; un bec assez grêle ; un corselet semi-circulaire en avant, coupé droit postérieurement ; un écusson grand, triangulaire, dépassant la moitié de la longueur de l'abdomen ; des pattes fortes, avec les jambes épineuses.

Cydne bicolore. Cydnus bicolor Serville.

Chacun a pu voir dans les jardins cette punaise que Geoffroy a appelée la punaise noire à quatre taches blanches. Elle est effectivement d'un noir luisant, avec plusieurs taches blanches, dont une longitudinale assez grande sur le corselet, une autre assez large en croissant irrégulier à la base des élytres, et une plus petite à l'extrémité de la partie coriace. Les côtés de l'abdomen sont tachetés de blanc.

Il y a des années où elle est extrêmement commune dans les jardins pendant les mois d'été. On la trouve sur une infinité de plantes potagères et même sur les arbres fruitiers dont elle suce les jeunes pousses et quelquefois les fruits.

Lorsqu'elle est abondante, elle fait beaucoup de tort aux légumes chez les maraîchers.

Les cendres de bois et les bassinages avec une décoction de feuilles de sureau, peuvent être employés pour la détruire. Il est toujours bon d'écraser celles que l'on rencontre, pour éviter qu'elles ne déposent leurs œufs sur les plantes.

GENRE PENTATOME. PENTATOMA Olivier.

Les pentatomes de nos jardins sont généralement connues sous le nom de *punaises des bois* ; plusieurs espèces répandent une odeur puante analogue à celle de la punaise des lits, et communiquent aux fruits sur lesquels elles se sont promenées, cette même odeur.

On reconnaîtra ces insectes aux caractères suivants : tête petite, reçue dans une échancrure du corselet ; yeux saillants et globuleux ; antennes plus courtes que le corps, filiformes, composées de cinq articles ; gaine du suçoir ou bec formé de quatre articles renfermant quatre soies ; corselet beaucoup plus large que long, dilaté en arrière ; écusson très-grand, recouvrant une grande partie du dos ; abdomen composé de six segments : pattes non épineuses, de longueur moyenne, avec les tarses de trois articles.

Les larves des pentatomes ressemblent à l'insecte parfait, excepté qu'elles n'ont pas d'ailes. Les nymphes diffèrent des larves en ce qu'elles ont des moignons d'ailes.

Pentatome potagère. Pentatoma oleraceum.

Cette punaise, assez commune dans les jardins, vit sur les plantes de la famille des Crucifères auxquelles elle

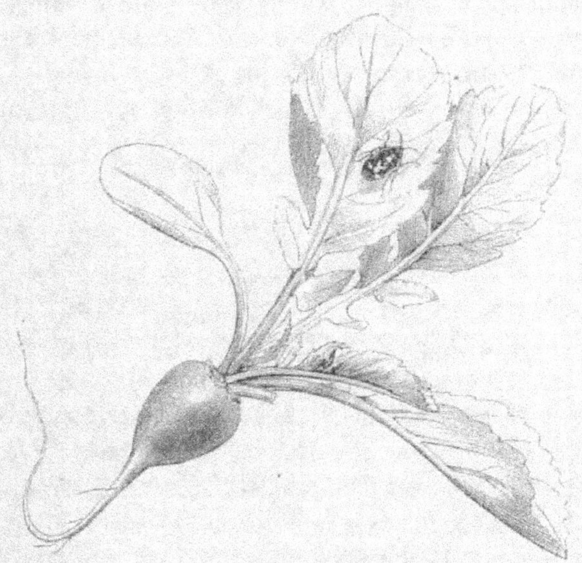

29. — Pentatome potagère. *Pentatom. oleraceum.*

fait souvent un mal considérable. On la voit, depuis le mois de mai jusqu'en août, sur les différentes variétés de choux, sur les navets, les raves et sur les giroflées des jardins (*Cheiranthus incanus et Græcus*), etc.

Cet insecte, à l'état de larve comme à l'état parfait, est d'un bleu bronzé, quelquefois un peu verdâtre, marqué de plusieurs taches rouges, dont une allongée-linéaire sur le corselet, une autre sur l'écusson et une sur le bord de chaque élytre. On rencontre souvent des individus chez lesquels toutes les taches sont blanches dans les deux sexes.

La punaise potagère enfonce son bec dans le parenchyme des feuilles, pour en sucer la séve, et, comme elle change souvent de place, elle les crible de petites plaies qui les rendent rugueuses et les dessèchent. Dans certaine parties de la France et même aux environs de Paris, on trouve sur les choux une autre punaise, c'est la

Pentatome ornée. Pentatoma ornatum (1).

Elle est un peu plus grande que la précédente. Elle est noire sur la tête et le corselet : celui-ci est bordé de rouge. L'écusson est pareillement noir avec une tache rouge en forme de fourche. Les élytres sont rouges, avec le bord interne noir et quelques taches de la même couleur sur l'extrémité membraneuse. Elle répand, lorsqu'on la touche, une odeur très-infecte.

Geoffroy a parfaitement bien décrit les œufs de cette punaise : elle les place sous la face inférieure des feuilles par petites bandelettes serrées. En les examinant de près, dit-il, ils paraissent très-jolis, ils imitent un petit

____

(1) A l'article Hémiptères. p. 39 n °7, on a imprimé par erreur *decoratum* au lieu d'*ornatum*.

barillet dont le haut et le bas seraient entourés de bandes brunes, tandis que le milieu de l'œuf est gris avec des petits points noirs très-ronds. Au moment de l'éclosion la petite punaise soulève la partie supérieure de la coquille comme un petit couvercle, et se met immédiatement à piquer les feuilles.

30. — Pentatome ornée. *Pentatoma ornatum*

Cette espèce est plus commune que la précédente chez les maraîchers. Comme ces deux pentatomes sont assez grosses et très-visibles, il faut leur faire la chasse dès qu'elles paraissent et les écraser. Il est essentiel de visiter le revers des feuilles pour enlever les œufs qu'elles pourraient avoir pondus.

Pentatome des fruits. Pentatoma Baccarum Serville.

Cette pentatome, connue sous le nom de *punaise grise*

des jardins, n'occasionne pas de dégâts bien appréciables;

mais elle répand une odeur très-fétide, qu'elle communique aux fruits qu'elle a touchés. Elle se tient de préférence sur les groseilliers et les framboisiers.

On la reconnaîtra facilement aux caractères suivants :

51. — Pentatome des fruits. *Pentatoma Baccarum.*

Sa couleur varie un peu. Le plus ordinairement elle est d'un brun un peu roussâtre uniforme ; d'autrefois elle est d'un brun nébuleux mélangé de taches brunes ou jaunâtres. Mais on la distinguera toujours facilement par ses antennes noires annelées de jaunâtre, ainsi que par les petites taches d'un jaune fauve qui se trouvent sur les côtés du corps.

Lorsque l'on rencontre cette punaise il faut l'écraser. On agira de même avec l'espèce suivante :

Pentatome verte. Pentatoma prasinum Serville.

Les jardiniers connaissent cette pentatome sous le nom de *punaise verte des jardins*. Elle est entièrement d'un beau vert d'herbe en dessus, avec le ventre d'un vert jaune. Elle a les mêmes habitudes que l'espèce qui précède. Elle communique de même aux fruits sur lesquels elle a passé une odeur infecte.

Une autre espèce de punaises du groupe des Pentatomides, appartenant aujourd'hui au genre *Zicrona* (*zicrona cærulea* Serville), nous a été envoyée de Kouba. elle fait, dit-on, dans la province d'Alger, où elle est devenue extrêmement commune, beaucoup de tort aux vignes.

Elle est de la taille de la punaise des choux, entièrement d'un beau bleu indigo, sans aucune tache.

Elle se trouve aussi aux environs de Paris, mais elle n'y est pas assez multipliée pour y être regardée comme nuisible.

GENRE LYGÉE. LYGÆUS Fabr.

Les punaises qui constituent ce genre, ont pour caractères : tête petite, non rétrécie postérieurement en manière de col; antennes filiformes, composées de quatre articles, insérées sur les côtés de la tête dans la ligne qui va des yeux à la base du bec; corselet trapézoïde; écusson triangulaire; corps oblong-ovale; élytres de la largeur de l'abdomen; pattes assez longues avec les tarses de trois articles.

Ce genre renferme un certain nombre d'espèces indigènes ou exotiques, qui ont été divisées en plusieurs sous-genres; nous ne parlerons que de l'espèce suivante, qui est extrêmement commune dans les jardins, c'est la

Lygée aptère. Lygæus apterus Fabr.

On trouve cette punaise par tas, et en grande quantité, au pied des tilleuls pendant toute la belle saison. La tête et les antennes de cet insecte sont noires; les pattes et l'écusson sont aussi de cette dernière couleur. Le corselet est rouge, avec une grande tache noire dans son milieu, divisée inférieurement en deux, par un trait rouge. Les élytres sont rouges, marquées dans leur centre d'une grosse tache noire arrondie et, vers leur base, d'un point également noir. Cette lygée est généralement dépourvue d'ailes, c'est ce qui lui a fait donner le nom d'*aptère* (sans ailes) : ce n'est que très-rarement que l'on rencontre des individus ailés. Elle n'exhale aucune mauvaise odeur.

Quand on observe une réunion d'individus de cette espèce, on voit qu'ils se tiennent souvent les uns sur les autres, la tête dirigée vers un point central, constamment placés du côté du soleil. Dans l'accouplement, qui dure trois ou quatre jours, le mâle est posé sur la femelle et non bout à bout, comme dans la punaise des choux. Après l'accouplement, le corps des femelles se développe considérablement. Celles-ci se traînent lentement et déposent leurs œufs, par petits groupes, sous les feuilles dans les lieux humides. Ces œufs sont d'un blanc de perle, lisses et luisants. Ils deviennent blanchâtres au bout de quelque temps et grossissent jusqu'au moment de l'éclosion.

Cette punaise suce, à l'aide de son bec, l'écorce des tilleuls et y détermine quelquefois des chancres ; elle est souvent très-nuisible aux jeunes arbres. On s'en débarrasse aisément en arrosant le pied des arbres avec de la lessive ou une solution de savon noir. On peut employer également de l'huile lourde de gaz, mélangée avec neuf dixièmes d'eau ordinaire.

GENRE TINGIS TINGIS Fabr.

Tête petite ; antennes fines de quatre articles, termi-

nées en massue ; bec reposant dans un sillon profond,
s'étendant vers l'extrémité de la poitrine ; corselet se
prolongeant en pointe, de manière à cacher complètement l'écusson, dilaté en folioles sur les côtes avec le
disque vésiculeux ; élytres ovalaires plus longues et plus
larges que l'abdomen, ayant les côtés dilatés et foliacés,
d'une demi-transparence ; pattes fines et assez courtes.
Ce genre renferme plusieurs espèces, mais il n'y a que
la suivante que les arboriculteurs aient intérêt à connaître.

Tingis du poirier. Tingis pyri Serville

Cette très-petite punaise est connue des jardiniers et
des professeurs d'arboriculture sous le nom de *tigre*.
Elle est d'une couleur brune ou brunâtre, avec les dila-
tations foliacées du corselet et des élytres d'un jaune
très-pâle ou blanches ; ces dernières sont marquées, de
chaque côté vers la base, d'une tache brune et d'une
autre semblable vers l'extrémité. Ces taches se prolon-
gent souvent de manière à imiter une croix.

Cet insecte fait, dans certaines localités, beaucoup de
tort aux poiriers, principalement à ceux qui sont en
espalier ; ; il est plus rare sur les pyramides. Il se tient
en familles plus ou moins nombreuses sous la face inférieure des feuilles, où il détermine par sa piqûre, des
centaines de petites élévations brunes qu'au premier
coup-d'œil on prendrait pour des *puccinies*. En examinant à la loupe une de ces feuilles on y voit des
insectes de tous les âges : des petites larves venant
d'éclore, d'autres un peu plus fortes, d'autres à l'abri

de nymphe, et un certain nombre d'insectes parfaits qui se promènent avec agilité. Les tingis volent parfaitement bien lorsqu'on les inquiète ; si, l'on secoue une branche, ils s'envolent par centaines pour revenir bientôt reprendre leur place. C'est vers la fin du mois d'août ou dans le courant de septembre, qu'ils exercent leurs ravages.

Le nom de *tigre*, donné à cet insecte par beaucoup d'arboriculteurs, vient probablement de ce que le revers des feuilles est criblé et comme tigré de petites taches brunes. Cependant nous devons ajouter que tous les jardiniers ne sont pas parfaitement d'accord sur le nom de *tigre;* il y en a qui appellent *tigre* des espèces de *kermés*, d'autres les *acarus* qui causent la grise.

Le tingis du poirier ne se trouve pas dans toutes les contrées de la France, nous ne l'avons jamais rencontré en Normandie. L'année dernière, il a été extrêmement commun dans plusieurs localités des environs de Paris, particulièrement dans le département de Seine-et-Marne. M. Rivière nous a remis des branches de poirier, qu'on lui avait envoyées de Coubert, qui en étaient infestées, et nous avons vu nous-même, dans plusieurs jardins, à Combs-la-Ville, des espaliers qui en étaient couverts.

Heureusement que l'apparition de ces petites punaises n'a lieu qu'à la fin de l'été, époque où les poires sont déjà passablement développées et que, par conséquent, elles nuisent un peu moins que si elles se montraient au printemps.

On a conseillé différents moyens pour détruire le tigre. Les uns emploient, pour les espaliers, des fumigations de tabac ou de feuilles de noyer, sous un drap fixé au mur ;

d'autres des irrigations avec une décoction de tabac, de l'eau de savon noir ou de la lessive étendue d'eau.

La sève circulant très-peu dans les feuilles malades, nous engageons les horticulteurs à les couper avec des ciseaux à la chute du jour, et à les brûler immédiatement sur un fourneau. A cette heure-là, les tingis ne s'envolent pas, et on en détruit une grande quantité à l'état de larves et d'insectes parfaits.

Cicadelles.

On donnait jadis ce nom à des petits Hémiptères appelés par Geoffroy des petites cigales, et que quelques auteurs ont nommés cigales muettes. Ces insectes ont la tête assez grosse, aussi large que le corselet ; les élytres légèrement coriaces en ovale allongé, pointu à l'extrémité ; les pattes postérieures plus longues que les autres et propres à exécuter d'assez grands sauts.

Deux espèces de cicadelles intéressent les horticulteurs : l'une, la cicadelle écumante, *Cicada spumaria* de Linné, est aujourd'hui, pour les entomologistes modernes, le type du genre *Aphrophora* ; et l'autre, la cicadelle du rosier, appartient maintenant au genre *Typhlocyba* de Burmeister.

Pour ce qui est relatif à la première, tous les horticulteurs et toutes les personnes qui habitent la campagne, ont remarqué, au mois de juin et de juillet, dans les prairies, sur les pelouses et même dans les jardins, une sorte d'écume très-blanche ressemblant a de la mousse de savon, que l'on trouve, en masses plus ou moins

grosses, sur les feuilles et les tiges de différentes plantes.
Souvent les jeunes tiges, chargées de cette écume, souffrent et dépérissent. La larve et la nymphe de l'aphro-
phore produisent cette matière pour se cacher et se garantir contre les rayons du soleil ; elles restent sous cet
abri jusqu'au moment où elles prennent des ailes. Au
mois de septembre, l'insecte parfait, qui a dépouillé son
habit de nymphe, sort en costume de noce pour s'accoupler. A l'automne, les femelles ont l'abdomen tellement
distendu par les œufs, qu'elles deviennent très-lourdes.
Ceux-ci sont pondus en octobre sur les branches des
arbres ou sur les plantes basses et éclosent au printemps.

Quelques auteurs supposent que cette écume, appelée
vulgairement *crachat du coucou*, leur sert à se dérober
aux yeux des oiseaux et des insectes carnassiers. Cette
cicadelle vit exclusivement du suc des végétaux qu'elle
pique avec son bec.

Dans un jardin, on doit enlever, le matin, toutes ces
masses d'écume et faire périr les larves en les jetant
dans de l'eau bouillante.

L'insecte parfait est de taille moyenne ; il n'a pas plus
de 10 millimètres de longueur. Il est plus ou moins grisâtre, avec deux taches blanches obliques sur les élytres.

L'autre espèce de cicadelle, dont nous avons à parler,
ou *Typhlocybe du rosier*, n'attaque guère les plantes
basses, mais elle fait souvent beaucoup de mal aux rosiers,
aux roses trémières, etc., dont elle pique les feuilles avec
son bec. En général, elle s'en prend à la face inférieure
qu'elle perce à cent places différentes pour en sucer la séve.
Les feuilles prennent alors une teinte marbrée qui annonce leur état de souffrance.

L'insecte parfait est très-petit, il n'a pas plus de quatre millimètres. Il est sans taches, d'une couleur uniforme, tantôt jaune, tantôt d'un jaune verdâtre et tantôt blanchâtre. Il est allongé, un peu cylindrique. Il est extrêmement commun et se trouve sur une infinité d'arbustes. Il vole et saute très-bien. L'année dernière le dessous des feuilles des roses trémières et du ricin, étaient, au Luxembourg, en partie couvertes par les larves et les nymphes de cette cicadelle, qui s'échappaient en sautant de tous côtés lorsqu'on voulait les saisir.

Il y a, aux environs de Paris, beaucoup d'autres espèces de petites cicadelles, mais dont les horticulteurs n'ont rien à redouter.

GENRE THRIPS. THRIPS Fabr.

Les thrips, dont les jardiniers qui ont des serres chaudes ou tempérées connaissent parfaitement les ravages, sont de très-petits insectes dont les plus grands n'ont pas deux millimètres. Ils sont d'une si petite taille que souvent ils échappent à l'œil nu et que leur organisation est assez difficile à bien observer. C'est ce qui fait qu'on n'est pas encore bien d'accord sur l'ordre auquel ils appartiennent. Latreille, d'après les travaux de Straus, les avait réunis aux Hémiptères. Geoffroy, qui avait cru leur apercevoir des machoires, les avait placés dans l'ordre des Orthoptères, ce qu'a fait de nouveau M. Burmeister en les réunissant avec les Orthoptères et les Nevroptères, sous le nom collectif de *Gymnognathes*.

Un savant anglais, M. Haliday (*the Entomolog. maga-*

zine, III, 439), a fait une étude toute spéciale de ces petits animaux ; il en a formé un ordre à part, sous le nom
de *Thysanoptères*, dans lequel il a créé deux familles,
partagées en plusieurs tribus, subdivisées elles-mêmes
en seize genres.

Les thrips ont pour caractères : tête proportionnellement assez grosse; antennes filiformes, rapprochées à la
base et insérées tout près des yeux, cylindriques ou fusiformes ; yeux grands ; bouche pourvue de mâchoires
larges, cachées et retirées entre les cuisses antérieures ;
corselet un peu rétréci en avant ; abdomen conique,
allongé, étroit, terminé chez les femelles par une tarière
qui sert à piquer les plantes pour y placer les œufs ; élytres recouvrant les ailes et l'abdomen ; celles-ci bordées
de fines soies en manière de franges ; pattes courtes et
assez fortes.

Les thrips vivent sur les plantes, et, en général, dans
les fleurs ou sous les feuilles, plus rarement à leur surface ; les espèces sont nombreuses ; il y a bien peu de
fleurs qui n'en renferment au moins une, et souvent
plusieurs dans leur corolle.

Les larves sont allongées, de couleur jaunâtre ou quelquefois rouges. Elles habitent les mêmes lieux que l'insecte parfait, dont elles ne diffèrent que par le défaut
d'ailes et d'antennes. Les nymphes ont des rudiments
d'ailes. Les larves des thrips sont agiles et, lorsqu'elles
sont inquiétées, elles relèvent, comme les staphylins,
l'extrémité de l'abdomen comme pour se défendre.

Nous n'avons rien à dire du thrips commun, *thrips vul-
gatissima*, que l'on trouve abondamment en mai dans les
fleurs des pommiers, poiriers, cérisiers, mais qui ne cause

aucun dommage aux arbres. Les agriculteurs ont bien plus à se plaindre du thrips des céréales. *thrips cerealium*, et du thrips orné, *thrips decora*, qui, se tenant cachés entre la valve et la corolle des épis du blé, sucent le grain nouvellement formé et arrêtent, en partie, son développement. C'est à ces deux insectes que sont dus, le plus souvent, les grains racornis, quelquefois si communs dans les épis. Au moment de la floraison des blés, beaucoup de personnes ont pu remarquer la larve du thrips orné (*thrips decora*), à moitié cachée entre les valves ; elle se montre sous la forme d'un petit corps d'un rouge vermillon. Nous ne nous occuperons, dans cet ouvrage, que de l'espèce que l'on rencontre dans les serres où elle se multiplie souvent au point de rendre les plantes très-malades et d'en occasionner la mort.

Thrips hémorrhoïdal. Thrips hémorrhoïdalis Haliday.

Il a à peine deux millimètres. Il est allongé, linéaire, d'un noir assez profond. La tête est un peu globuleuse avec les yeux saillants. Le corselet est aplati, de forme ovale. Les élytres sont d'un brun plus ou moins clair ou plus ou moins foncé, avec la base blanche, ou d'un blanc jaunâtre. Les pattes sont très-courtes et jaunes. Le corps est pointu à l'extrémité avec les deux derniers anneaux un peu rouges.

Les larves de ce thrips sont jaunâtres, dépourvues d'ailes ; elles ont, du reste, la forme de l'insecte parfait.

Ce petit insecte paraît nous avoir été apporté de l'étranger avec des végétaux exotiques.

Il vit dans les serres sur une infinité de plantes de familles très-éloignées; on le trouve fréquemment sur les Azalées, les Marantacées, le *ficus elastica*, mais surtout sur les Orchidées, les *crinum*, les *pancratium*, les *Eucharis* et les *Seaforlia*, etc. Ces petits animaux, malgré leur exiguité, sont pour le jardinier des ennemis très-redoutables. Les Orchidées sont peut-être les plantes qui en souffrent le plus. Quand elles sont attaquées par ces petits insectes, leurs feuilles noircissent et elles sont comme brûlées vers l'extrémité. Les espèces qu'ils préfèrent dans cette famille sont les *Phalænopsis*, les *Aerides odoratum, virescens* et *quinquevulnerum*, les *Dendrobium*, le *Saccolabium guttatum*, les *Catleya*, particulièrement les jeunes feuilles, les *Lælia*, les *Coryanthes*, le *Camarotes purpurea* et d'autres espèces encore.

32. — Feuille d'Orchidée ravagée par le Thrips hémorrhoïdal.

Les fumigations de tabac font périr les larves et les insectes à l'état parfait, mais sont sans action sur les œufs. C'est pourquoi il faut recommencer cette opération au bout d'une quinzaine de jours. Mais nous devons prévenir les jardiniers qu'il y a des plantes qui ne peuvent

pas supporter la fumée de tabac et pour lesquelles le remède devient pire que le mal. Les Gesnériacées et beaucoup de fougères sont dans ce cas ; les cinéraires et les
héliotropes ne la tolèrent que très-légèrement ; la plupart des Orchidées deviennent très-malades après ces
fumigations. M. Rivière qui, malheureusement, cette année, par l'incurie de ses employés, a eu beaucoup de ses
belles et rares Orchidées envahies par le thrips hémorrhoïdal, emploie avec succès, pour le détruire, la fleur
de soufre appliquée avec les doigts sur les feuilles, préalablement mouillés par un bon bassinage.

TRIBU DES APHIDIENS.

GENRE PSYLLE. PSYLLA Geoffroy.

Les psylles sont des petits insectes du groupe des
pucerons ; ils sucent de même la sève des végétaux ;
mais ils en diffèrent notablement en ce que les deux
sexes, à l'état parfait, sont pourvus d'ailes et munis de
pattes propres à exécuter des petits sauts. Ils sont très-
agiles, volent et marchent parfaitement. Il n'y a que les
femelles après la fécondation qui soient paresseuses.
Ils ont pour caractère entomologique : des antennes
filiformes aussi longues que le corps, insérées devant
les yeux ; un bec assez court, presque perpendiculaire,
naissant de la poitrine comme chez les pucerons ; des
yeux proéminents ; un corselet composé de deux segments inégaux ; un écusson relevé ; quatre ailes disposées

en toit ; un abdomen conique ; une tarière allongée
chez les femelles.

Les psylles déposent leurs œufs sur les végétaux.
Les larves sont aptères, leur corps est aplati avec l'abdomen pointu. Les nymphes diffèrent des larves en ce
qu'elles ont des rudiments d'ailes.

Ces insectes, dont les mœurs ont quelques rapports
avec celles des pucerons, sont, dans certaines contrées,
très-nuisibles aux poiriers, mais beaucoup moins cependant que ceux-ci. L'année dernière ils ont été très-
communs sur les arbres en espalier et en quenouille
dans les jardins de la Normandie ; presque toutes les
feuilles portaient leurs traces, sans que les fruits parussent
en avoir beaucoup souffert. Nous supposons que l'espèce
qui a été abondante dans cette région de la France, est
la psylle du poirier, que M Goureau décrit comme la
psylla rubra de Fourcroy, en la regardant, avec doute
il est vrai, comme la *psylla pyri* de Linné.

Elle est d'une couleur roussâtre avec des taches bri-
quetées, et les antennes noirâtres ; l'abdomen est brun
rayé de rouge transversalement, avec les pattes noirâtres ; les ailes sont diaphanes.

La psylle en question paraît vers la fin de mai, elle
pond ses œufs sur les feuilles du poirier en assez grand
nombre, les uns à côté des autres. Au bout de quelques
jours, ces œufs éclosent et donnent naissance à de très-
petites larves aptères qui piquent et sucent le parenchyme des feuilles. Les larves continuent de croître en
faisant sur les feuilles des petites plaies ; elles se
changent en nymphes comme les insectes à demi-métamorphose, et disparaissent entièrement à la fin de juin.

Plus tard, on ne voit plus sur les feuilles que des petites
cicatrices indiquant leurs traces et regardées, à tort par
certains jardiniers, comme l'effet de la grêle.

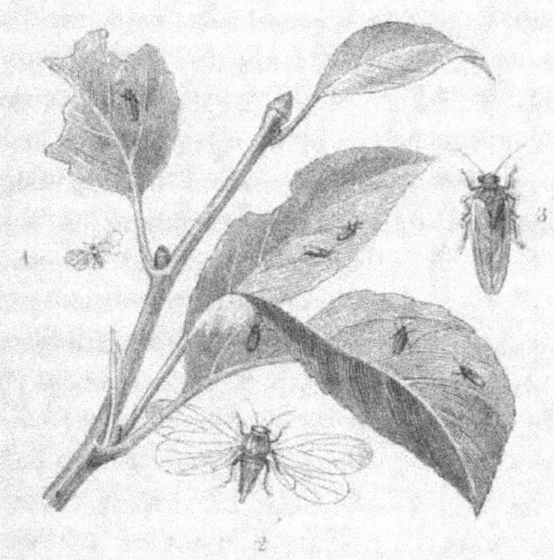

33. — 1. Psylle du poirier peu grossie. — 2. Idem très-grossie.
3. Idem au port d'aile.

M. Goureau a rencontré sur le poirier un autre espèce
qu'il nomme, à cause de sa couleur, *psylla aurantiaca*.
Celle-ci est d'un jaune orangé, avec l'abdomen vert
bordé de jaune orangé à son extrémité. Elle se montre
à la fin de juin et au commencement de juillet. Ce n'est
pas sur les feuilles qu'elle pond ses œufs, mais sur les
bourgeons les plus tendres, où elle les dispose en rangs
serrés. Les petites larves éclosent au bout de peu de
jours et se métamorphosent dans le voisinage du bourgeon, sans changer de place. L'insecte parfait s'envole

en juillet. Nous ne savons pas si cette espèce, observée dans le département de l'Yonne, se trouve aux environs de Paris.

La psylle orangée est regardée par M. Goureau comme une espèce nouvelle pour la science ; c'est aussi l'avis de M. Signoret, l'homme de France qui connaît le mieux les Hémiptères.

Si la psylle du poirier était très-abondante, on pourrait saupoudrer les feuilles avec de la cendre, ou les bassiner avec des décoctions de plantes âcres et narcotiques.

Plusieurs autres espèces de psylles sont indiquées par les auteurs allemands comme vivant sur le poirier.

Geoffroy cite aussi celle du figuier, comme pouvant nuire à la végétation de cet arbre.

Nous ne devons pas passer sous silence une autre espèce de psylle (*psylla buxi*), dont les larves habitent les bourgeons du buis et déterminent, par la déformation qu'elles occasionnent, des espèces de boutons globuleux à l'extrémité des rameaux. Si l'on ouvre ces sortes de boules, on ne tarde pas à y découvrir un certain nombre de petites larves rougeâtres, avec la tête noire, reposant mollement sur un duvet cotonneux. Elles changent de couleur au bout de quelques jours, elles deviennent jaunâtres. Plus tard, elles se métamorphosent en nymphes vertes avec des rudiments d'ailes. L'insecte parfait sort bientôt de cette enveloppe ; il est alors d'une couleur verte, avec quelques petites taches rougeâtres sur le corselet ; ses ailes, plus longues que le corps, sont en toit et d'une couleur roussâtre ; les femelles ont l'abdomen terminé par une tarière assez développée, qui leur sert à introduire les œufs dans les bourgeons du buis.

Les jardiniers ont vu bien souvent ces productions globuleuses à l'extrémité des branches du buis, mais probablement sans en connaître la cause. Lorsque l'on taille les buis à une époque convenable, presque tous les nids de cette psylle tombent sous les ciseaux.

On trouve quelquefois dans les serres chaudes une très-petite espèce de psylle, dont la larve vit sur les liliacées et d'autres plantes. Elle ne résiste pas aux fumigations de tabac.

Auteurs principaux, qui se sont occupés des psylles :

Linné, *System. natur.*

Fabricius, *Entom. system.*

Fœrster, *Révision du genre et des espèces de psylle.*
Uebersicht, *der gattung. und der arten der psylloden.*

Degeer, *Mémoire pour servir à l'hist. des insectes.*

Schmidberger, *Beytrag. zur obstbaumenzucht, etc.* Linz.

Nördlinger, *die kleinen feinde der landwirthschaft, etc.* Stuttgart, 1855.

Amyot, *Hist. nat. des insect. hémipt.*, avec Serv. Roret.

Géhin, *Ins. nuisibl., bullet. de la Soc. d'hist. nat. de la Moselle,* 1860.

Goureau, *Ins. nuisibl. aux arbres fruitiers,* etc. *Bulletin des sc. hist. et natur. du département de l'Yonne.* Auxerre, 1862.

Latreille, *Gener. crust. et insect.*

Geoffroy, *Hist. abrégée des ins.* Paris, Rémond, an 7
de la républiq.

Réaumur. *Mémoires pour servir à l'hist. des insectes.*
1734-1743.

GENRE PUCERON. APHIS Linn.

Tous les horticulteurs ne connaissent que trop bien
ces insectes appelés en français, pucerons, en allemand,
pflanzenlause, en anglais, *plant-louse*, qui vivent en
familles nombreuses sur presque tous les végétaux. Ces
petits animaux, dont les uns sont ailés et les autres aptères, c'est-à-dire *sans ailes*, ont pour caractères : une
tête très-petite avec les yeux saillants, munie de deux
antennes de cinq à six articles, de longueur variable,
selon les espèces; un bec ou suçoir paraissant sortir de
la poitrine; un corselet très-court; des ailes au nombre
de quatre (chez les individus où elles existent), transparentes, parcourues par des nervures; un abdomen très-
mou, terminé, le plus souvent, par une petite queue et
pourvu, presque toujours, de deux cornicules plus ou
moins longues.

Ce genre se compose d'une très-grande quantité d'espèces; il y a peu de plantes qui ne nourrissent un puceron particulier, il y en a même qui servent de pâture
à plusieurs espèces; par exemple : le rosier en a deux,
ainsi que le groseillier, le poirier cinq à six, etc. Les
plantes ligneuses sont celles qui fournissent le plus
d'espèces; cependant les plantes herbacées, vivaces ou
annuelles, n'en sont pas exemptes, surtout les synan-

thérées. Si, comme nous venons de le dire, chaque végétal a souvent un puceron qui lui est propre, il y a pourtant quelques espèces, comme celui de l'œillet, du pavot et quelques autres, qui vivent indifféremment sur beaucoup de plantes de familles très-éloignées.

La couleur des pucerons est très-fréquemment verte ou d'un vert jaunâtre, souvent encore d'un brun plus ou moins noir, quelquefois roussâtre ou ferrugineuse, plus rarement blanche. Ces différentes teintes, dans certains cas, sont voilées par une villosité ou une efflorescence blanchâtre ou pruineuse.

Avant les travaux de Réaumur, de Bonnet et de Degeer, quelques ignorants, et le nombre en était grand à cette époque, croyaient que les pucerons naissaient spontanément d'une liqueur mielleuse, sécrétée par les fourmis. Aujourd'hui, grâce aux travaux de ces savants, l'histoire de ces petits animaux est aussi connue que celle des abeilles. On sait maintenant que les pucerons mâles et femelles s'accouplent comme les autres insectes; mais ce qu'il y a d'extraordinaire dans ces petits êtres, c'est que, d'un premier accouplement, il ne naît que des femelles aptères, lesquelles sont fécondées pour toutes les générations jusqu'à la fin de la belle saison.

Les pucerons provenant de ces générations sont, en général, vivipares; les petits naissent tous vivants par une sorte d'accouchement. Au moment de cette opération, le petit sort le derrière le premier en remuant les pattes. Aussitôt qu'il est né, il vient se placer à côté de ses sœurs ou de ses cousines, car il ne peut avoir ni frères ni cousins. Lorsque ces femelles aptères ont mis au monde tous leurs petits, ce qui a lieu dans l'espace de quelques jours, elles changent de couleur et périssent. Les jeunes subissent plusieurs mues et au bout d'une dizaine de jours, ils accouchent à leur tour. On peut facilement s'imaginer, avec une pareille fécondité, l'innombrable quantité de pucerons qui nous envahiraient de toute part, si la nature toujours prévoyante n'avait, dans sa sagesse, mis, à côté d'eux, un nombre considérable d'ennemis.

Il arrive souvent, lorsque le temps est chaud et humide, que la troisième ou la quatrième génération produisent des individus ailés, mais toujours *des femelles*. Ces dernières profitent de leurs ailes, lorsque la société devient trop nombreuse, pour aller créer, sur d'autres arbres, de nouvelles colonies.

A l'automne, vers la fin de septembre, dans les jardins à l'air libre, la dernière génération donne naissance à des individus pourvus d'ailes pour la plupart, mais dont la moitié est composée de mâles. Ceux-ci s'accouplent immédiatement avec les femelles ailées ou non, et périssent peu de jours après. Les femelles, au lieu de faire des petits vivants, pondent alors des œufs de la grosseur d'une graine de navette, enduits d'une matière gommeuse, qu'elles déposent et collent sur les tiges, dans le voisinage des yeux ou bourgeons. Ces œufs, d'abord jaunâtres, noircissent au bout de quelques jours, et renferment la fécondation d'une douzaine de générations. Ils passent l'hiver dans cet état sans éprouver la moindre atteinte des froids les plus rigoureux. Dans les serres chaudes ou tempérées, où les générations se succèdent presque sans interruption, les choses se passent autrement : les œufs pondus après l'épuisement de la fécondation des femelles, favorisés par une température chaude et humide, éclosent au milieu de l'hiver.

Les petits pucerons, lorsqu'ils sortent du ventre de leur mère, quoique pouvant se reproduire au bout de peu de jours, n'en sont pas moins à l'état de larves ; ils ne sont considérés comme complets qu'après leur quatrième changement de peau, qui, du reste, modifie peu leur *facies*, si ce n'est pour les individus qui doivent être pourvus d'ailes ; chez ces derniers, on commence à apercevoir, après la première mue, sous forme de moignons, les rudiments de ces organes.

Ces insectes ne vivent jamais isolés ; ils se tiennent en sociétés nombreuses, serrés les uns contre les autres, la tête dirigée du même côté. Ils enfoncent leur bec dans les jeunes pousses, dans les feuilles tendres, les écorces de différents végétaux dont ils pompent la séve pour se nourrir. Ils sont très-préjudiciables à nos cultures ; ils crispent, roulent et recoquillent les feuilles, et déterminent quelquefois des exostoses, des chancres ou des galles qui rendent les plantes languissantes. Outre cela, ils sécrètent par leurs cornicules, une espèce de *miellat* qui poisse les feuilles, les rend gluantes et nuit beaucoup à leur respiration. Les fourmis sont très-friandes de cette matière sucrée, et on les rencontre en grand nombre là où il y a des pucerons ; elles ne leur font aucun mal, elles les titillent seulement avec leurs antennes pour déterminer la production de cette matière. Plusieurs auteurs prétendent même qu'elles en emportent quelques individus dans leurs fourmillières, où elles les nourrissent et les soignent comme des *vaches à lait*. M. Géhin, qui a, de son côté, beaucoup étudié les mœurs des pucerons, croit qu'elles les emportent pour donner à manger à leurs larves. Nous avons souvent enlevé des fourmilières pour y rechercher de ces petits coléoptères qui ne vivent qu'au milieu des fourmis, mais jamais nous n'y avons rencontré un seul puceron. Il est vrai que ces nids appartenaient tous à la grosse fourmi des bois, celle dont les nymphes (vulgairement *œufs*) servent à l'éducation des petits faisans et des jeunes perdreaux. Nous ne pouvons donc rien dire relativement aux fourmilières des jardins, ni à celles qui se trouvent dans les prairies, dans lesquelles nous n'avons pas fait de recherches. Il est probable que les auteurs qui ont dit que les fourmis emportaient les pucerons pour les nourrir, ont voulu parler de ces espèces aptères et sans cornicules qui vivent sous terre, à la racine des plantes, au milieu des fourmis. Ces derniers insectes, que tous les maraîchers ne connaissent que trop, ne sont plus aujourd'hui des pucerons proprement dits, ils appartiennent aux genres *Forda* et *Trama* de Heyden.

M. Géhin, que nous avons cité plus haut, ne croit pas, et nous sommes de son avis, que la cloque des pêchers soit due exclusivement à la présence des pucerons ; il suppose que, par suite de certaines circonstances atmosphériques, au moment du développement des feuilles, telles qu'un changement brusque dans la température, la sève s'arrête dans les vaisseaux de la feuille ; que celle-ci, tourmentée par l'affluence du liquide nourricier qu'elle ne peut plus élaborer, se déforme, se contourne, se recoquille et commence à se *cloquer*. Alors les pucerons trouvant toute préparée une habitation à leur convenance, viennent s'y établir, s'y multiplient rapidement et aggravent le mal. Il est positif que ces insectes choisissent, comme beaucoup d'autres parasites, les feuilles qui ont éprouvé une modification morbide pour s'y propager, attendu que l'on voit souvent des feuilles cloquées bien avant l'apparition de pucerons. Sans vouloir prendre ici l'effet pour la cause, nous ajouterons que nous avons vu, cette année, dans les jardins des environs de Paris, des feuilles cloquées complétement exemptes de ces petits animaux. Tous les jardiniers savent parfaitement qu'un arbre sain et vigoureux est rarement attaqué par les pucerons. Ils savent aussi que les arbres ou les plantes, à certaines expositions, sont choisis de préférence par ces parasites, et que les chaleurs précoces du printemps, en hâtant l'éclosion des œufs, favorisent beaucoup leur multiplication.

On a remarqué, à la suite d'années très-chaudes, de véritables invasions de pucerons. MM. Géhin et Blanchard en citent un exemple d'après M. Morren, qui le rapporte de la manière suivante : « L'hiver de 1833 à 1834 fut extrêmement doux et l'été de 1834 extrêmement chaud et sec ; il se passa des mois entiers sans pleuvoir. Un horticulteur, Van Mons, prédit, dès le mois de mai, que tous les légumes seraient dévorés par les pucerons. Le 28 septembre suivant, une nuée de pucerons (*Aphis persicæ*) parut tout à coup entre Bruges et Gand. Le lendemain, on les vit à Gand voltiger par troupes, en telles quantités, que la lumière du jour en était obscurcie. Sur les remparts on ne pouvait plus distinguer les murs des habitations, tant ils en étaient couverts. On se plaignit du mal qu'ils faisaient aux yeux. Toute la route d'Anvers à Gand était couverte de leurs innombrables légions ; partout on disait les avoir vus subitement ; il fallait se couvrir les yeux de lunettes et le visage de mouchoirs pour se préserver du chatouillement qu'occasionnaient leurs six pattes. Il paraît que ces insectes étaient interrompus dans leur marche par des montagnes, des collines, des ondulations de terrains, même peu élevées, mais suffisantes pour influer sur le vent. Les différentes directions que l'on a constatées doivent faire supposer que l'émigration a eu un centre et que ce foyer était un point d'irradiation, puisque des troupes ont émigré vers le Nord, vers l'Est et vers le Sud. »

Nous n'avons jamais été témoin de telles émigrations, qui sont très-rares; mais nous avons quelquefois vu a Paris, pendant les beaux jours de l'été, le soir après le coucher du soleil, des nuées d'*éphémères* sortant de la rivière qui, dans certains endroits, obscurcissaient la lumière des lanternes à gaz et qui venant s'abattre sur les parapets des quais et des ponts, auraient pu faire croire qu'il était tombé de la neige.

Nous avons dit que les pucerons de la dernière génération, après l'accouplement, pondaient des œufs qui passaient l'hiver pour éclore au printemps. Il en est résulté qu'avec les échanges d'arbres et d'arbustes qui ont lieu journellement avec certaines contrées de l'Amérique du nord, dont le climat est analogue à celui de l'Europe, nous leur avons porté avec nos rosiers, poiriers, pruniers, pêchers, etc., les pucerons propres à ces végétaux. Par contre, les Américains nous ont gratifiés de quelques espèces nouvelles, entre autres du *puceron lanigère*. Cette funeste importation date du commencement du siècle; pendant les guerres de l'Empire, cet insecte est resté confiné en Angleterre, qui l'avait reçu directement ; en 1810, il parut à Jersey ; vers 1814 sa présence fut signalée chez les pépiniéristes de la Normandie et de la Bretagne, mais ce n'est guère que de 1820 à 1822 qu'il se montra dans quelques jardins des environs de Paris. Aujourd'hui il se trouve presque partout où l'on cultive le pommier, aussi bien dans le nord que dans le midi de l'Europe.

Quelle que soit la cause qui favorise la multiplication des pucerons, que les plantes soient atteintes d'une maladie latente ou qu'elles soient vigoureuses, ces êtres n'y exercent pas moins leurs ravages et sont très-nuisibles à nos cultures. Les horticulteurs le savent si bien qu'ils ont essayé de beaucoup de moyens pour s'en débarrasser, et, disons-le hautement, il n'y en a pas encore un qui ait réussi complétement dans les jardins à l'air libre.

Sur les jeunes pousses de rosier l'écrasement à la main est un moyen efficace, qui n'a d'autre inconvénient que de jaunir les doigts, mais il est inexécutable chez nos rosiéristes qui en cultivent plusieurs arpents. Des bassinages avec de l'eau contenant en solution une petite quantité de sulfate de cuivre ou un peu de sulfure de chaux, ont été employés avec succès ; on a aussi conseillé l'eau de suie, l'eau salée, la lessive étendue d'eau et la décoction de feuilles de buis ou de tabac ; cette dernière a de bons effets quand l'irrigation arrive immédiatement sur les pucerons, ce qui est toujours difficile, attendu que très-souvent ils se tiennent sous les feuilles. Il faudrait, pour agir convenablement, être muni d'une seringue recourbée, comme celle dont nous avons parlé relativement à l'*acarus* de la grise.

Dans ces derniers temps, on a beaucoup préconisé

certaines poudres insecticides, entre autres celle de pyrèthre (*pyrethrum rigidum*). Cette poudre, autrefois infaillible pour la destruction des punaises, aujourd'hui moins efficace par suite de sa falsification avec des substances inertes, n'a pas un grand effet sur les pucerons ; nous préférons, avec certains jardiniers, les cendres de bois finement tamisées. La fleur de soufre a aussi été essayée, mais avec un succès très-contestable. Il a été question, il y a quelque temps, d'une certaine pâte insecticide, dont l'inventeur ne fait pas connaître la composition. Nous ne dirons rien de cette *panacée si vantée*, que l'on doit délayer dans de l'eau pour en faire usage. L'auteur aurait dû la déposer sur le bureau de la Société impériale d'Horticulture de France, afin d'obtenir un rapport sur ses propriétés. S'il ne l'a pas fait, c'est qu'il n'ignore pas, sans doute, que les Sociétés savantes, mêmes les plus humbles, pour peu qu'elles se respectent, manqueraient à leur dignité en s'occupant de ces prétendus *remèdes secrets* bons ou mauvais, présentés trop souvent par des charlatans se disant mus, par *l'amour de la science*, mais qui en réalité ne le sont que par l'amour de l'argent.

Cette pâte est peut-être très-utile ; dans ce cas, on doit encourager l'inventeur, mais, avant tout, il faut qu'il en fasse connaître la composition à une commission prise dans le sein de la société, qui, après des essais répétés, fera un rapport sur son efficacité : il pourra ensuite, pour éviter la contre-façon et sauvegarder ses intérêts, prendre un brevet d'invention.

Dans les serres chaudes, tempérées ou froides, on réussit très-bien à se débarrasser des pucerons en brûlant des côtes de tabac ou des bouts de cigares sur un réchaud, après avoir préalablement fermé toutes les ouvertures. La fumée âcre qui se produit, les asphyxie et les fait périr complétement. Notre collègue, M. Laurent aîné, dont les cultures de roses forcées ont une réputation européenne, n'emploie pas d'autre moyen pour en purger ses serres. Il est bon de recommencer cette opération au bout de quelques jours, dans la crainte qu'un petit nombre d'individus n'aient échappé à l'asphyxie générale, ou qu'il ne reste des œufs dont l'éclosion n'était pas encore accomplie. Dans les bâches sous châssis, il est souvent difficile d'allumer un réchaud; on obvie à cet inconvénient en dirigeant, à

34. — Pipe en cuivre pour la fumigation sous châssis.

l'aide d'une grosse pipe en cuivre, dont nous donnons ici le modèle, la fumée de tabac par un trou pratiqué à la bâche.

Aujourd'hui que l'administration, sous prétexte d'abus, fait de grandes difficultés pour livrer aux horticulteurs les débris inutiles et les balayures de la manufacture, nous conseillons d'employer, de la même manière et comme succédanées, des feuilles, séchées à l'ombre, de buis, d'if, de stramonium, de belladone, de jusquiame et même de petunia.

Il ne faut pas croire cependant que toutes les plantes se trouvent très-bien des fumigations dont nous venons de parler; il en est quelques-unes, comme les Orchidées, les Gesnériacées et certaines fougères, entre autres les *Adiantum*, qui souffrent ou périssent dans cette atmosphère de fumée.

La nature, qui a toujours à sa disposition des moyens à elle, pour maintenir l'équilibre entre les êtres de la création, a donné aux pucerons de nombreux ennemis qui en détruisent des quantités prodigieuses, tels que les coccinelles et principalement leurs larves, les larves des syrphes, celles des hémérobes, celles de plusieurs chalcidites qui toutes vivent aux dépens de ces insectes. Les amateurs de jardins doivent respecter tous ces auxiliaires bienfaisants, dont nous parlerons à leur article.

Kaltenbach a divisé le grand genre puceron (*aphis* de Linné) en douze genres, d'après le nombre des articles des antennes, les nervures des ailes des mâles ou l'absence de ces organes chez les deux sexes et, enfin, d'après la présence ou l'absence de la queue ou des cornicules. Koch, dans un travail plus récent, le partage en trente et un genres.

Comme nous n'avons pas la prétention d'écrire un livre pour des savants, mais pour nos collègues les horticulteurs, nous avons cru qu'il n'y avait pas lieu d'adopter ici ces nouvelles coupes. Nous dirons peu de chose des mâles, nous nous contenterons de parler des femelles, de tracer à grands traits leur *facies* et de signaler au jardinier ces espèces, telles qu'il les voit sur les plantes qu'il cultive, mais suffisamment cependant, pour qu'il puisse les reconnaître.

Nous avons ajouté, à la fin de notre article puceron, la liste complète de toutes les espèces décrites dans la *Monographie* de Kaltenbach, afin de donner un aperçu de celles qui peuvent se rencontrer aux environs de Paris.

Puceron du pêcher. Aphis persicæ Kaltenbach.

On trouve sur le pêcher, aux environs de Paris, trois sortes de pucerons : 1° *Aphis persicæ* de Morren, qui est d'un noir verdâtre tacheté de noir, avec des antennes entièrement noires. Son abdomen est d'un jaune roussâtre tacheté de noir. Ses pattes sont d'un jaune ferrugineux. Sa queue et ses cornicules sont d'une longueur normale. Pour éviter la confusion avec celui de Kaltenbach, nous lui donnons le nom d'*aphis Persicæcola*.

2° L'*Aphis persicæ* de Kaltenbach, qui est pour nous le véritable puceron du pêcher, est en dessus, d'un brun assez clair très-luisant, et, en dessous d'un vert olivâtre. Ses antennes sont brunes, avec le troisième article jaunâtre. Ses cornicules sont très-courtes et sa queue est nulle. Chez les individus ailés, la couleur est d'un noir luisant en dessus, d'un gris verdâtre en dessous.

Cette espèce est très-commune sur les pêchers à Montreuil. Dans les années où il gèle peu, on trouve, pendant tout l'hiver, des individus vivants, cachés derrière le treillage ou appliqués derrière les branches. M. Alexis Lepère nous a envoyé, cette année, au mois de février, des rameaux de pêcher sur lesquels ce puceron était dans une sorte d'engourdissement. Il vit à l'extrémité des bourgeons et descend successivement vers la base. Ce serait sa piqûre qui, selon certains auteurs, occasionnerait la maladie appelée *cloque*. En effet, c'est toujours dans les cavités des feuilles chiffonnées qu'il se loge.

L'*aphis persicæ* de Morren a les mêmes habitudes.

Ce qu'il y a de mieux à faire pour amoindrir les dégâts de cet insecte, c'est d'enlever les feuilles cloquées et de les brûler. La taille faite de bonne heure jette bas beaucoup d'œufs pondus à l'automne, à l'extrémité des rameaux.

Les pucerons du pêcher attirent beaucoup de fourmis.

La troisième espèce que nous ayons observée, est la suivante, qui peut-être n'est qu'une variété du *Dianthi*.

Puceron de l'amandier. Aphis amygdali Blanch.

On voit souvent sur les feuilles du pêcher et quelquefois sur celles de l'amandier un puceron moitié plus petit que les précédents. Il est tout à fait d'un vert tendre comme celui du rosier, sans aucune tache. Chez les individus ailés, les ailes sont proportionnellement très-longues.

Il vit, comme les précédents, dans les feuilles cloquées. On le combat de la même manière.

Dans le midi de la France, il existe un quatrième puceron que nous appelons *Aphis persicarum*; il vit en Provence dans les feuilles cloquées des pêchers. Il est de grosseur moyenne, d'un vert-foncé mat et uniforme en dessus, d'un vert pâle en dessous, avec la queue et

les cornicules de longueur égale et d'un vert mat. Le
mâle est d'un brun verdâtre, avec les ailes très-longues.
Sauf la couleur et la taille, il a beaucoup de rapports
avec celui de l'amandier.

Puceron du poirier. Aphis pyrastri.

Le puceron décrit sous le nom d'*aphis pyri* par
M. Goureau, savant entomologiste et très-habile observateur, n'est pas le même que l'*aphis pyri* décrit et figuré
par Koch (*Monograp. des pucerons*, p. 60, fig. 76, 77).
Ce dernier, est d'un vert jaunâtre avec des bosselures sur le corselet, et des cornicules très-courtes,
noires ainsi que les antennes ; il n'a pas encore, à notre
connaissance, été observé en France.

Le puceron du poirier, dont parle M. le colonel Goureau, est probablement une espèce nouvelle propre à la
France. Il est noir, avec les antennes brunes, à base
blanchâtre. La tête et le corps sont d'un noir un peu
velouté. Les cornicules sont courtes et noires, et l'abdomen se termine par une petite queue. Lorsqu'on l'é-
crase, il colore les doigts en rouge.

Ce puceron est commun sur certaines variétés de
poiriers, aux mois de mai et de juin et quelquefois plus
tard. Il se tient sous les feuilles qu'il a roulées et
recoquillées, et donne, par la sécrétion mielleuse qu'il
produit, un aspect sale et maladif aux arbres où il s'est
établi.

On peut essayer, pour le détruire, des irrigations as-
cendantes avec les liquides dont nous avons parlé ci-
dessus.

Pour éviter la confusion, nous avons changé le nom de *pyri* en *pyrastri*.

Puceron du cognassier. Aphis cydoniæ.

L'année dernière, peut-être l'une des plus favorables à la multiplication des pucerons, nous avons rencontré, sous les feuilles d'un cognassier dans des jardins à Savigny-sur-Orge, un petit puceron d'un vert pâle avec les cornicules noires et allongées ; il ressemblait un peu à celui que l'on voit quelquefois sur les jeunes pousses de l'aubépine cultivée. Nous ignorons si cette espèce n'a pas déjà été décrite.

Puceron du pommier. Aphis mali Fabr.

Ce petit insecte est très-commun en juin sur les pommiers cultivés dans les jardins et les vergers ; il vit en nombreuses familles sous la face inférieure des feuilles qu'il déforme et recoquille. Il est entièrement vert, couvert d'une efflorescence blanchâtre, à l'exception des antennes et des yeux qui sont d'un noir brun.

On le détruit comme les espèces précédentes.

En Normandie, on ne le rencontre pas sur les pommiers à cidre, qui sont toujours plus vigoureux que ceux de nos jardins.

Puceron du prunier. Aphis pruni Fabr.

Cette espèce trop connue des arboriculteurs est, dans certaines années, excessivement commune sur les pruniers, principalement sur les *reine-claudiers* et les *mi-rabelliers*. Elle est entièrement verte ou verdâtre, avec une ligne dorsale brunâtre. Les cornicules sont brunes, assez courtes ; la petite queue est verte. Ce petit puceron se tient sous la face inférieure des feuilles qu'il crispe et chiffonne. Il sécrète par ses cornicules une *miellée* abondante et de tout son corps, une matière pollineuse qui s'attache aux feuilles en même temps que la poussière de l'atmosphère, et leur donne un aspect sale et dégoûtant.

Degeer a étudié particulièrement les mœurs de cet insecte. Voici comment il s'exprime à son égard : « Tous les pucerons aptères des feuilles de prunier sont des femelles qui pondent des œufs en septembre ; on les voit alors, inquiètes, s'agiter sur les jeunes pousses des arbres, comme si elles voulaient chercher une place convenable à la ponte des œufs. Elles préfèrent pour cela les petits enfoncements qui se trouvent entre la tige et les yeux des boutons. C'est dans ces enfoncements qu'elles déposent leurs œufs, l'un à côté de l'autre, et, quelquefois aussi, les uns sur les autres, de sorte que souvent il y en a des petits tas réunis ensemble. Après la ponte, ils sont d'un vert foncé, mais, plus tard, ils deviennent d'un noir brunâtre ; la femelle mère les recouvre ensuite d'une matière cotonneuse blanchâtre, qu'elle sécrète, comme les pucerons de l'aune, par le dessous du ventre et les côtés de l'abdomen. Toutes les femelles que l'on ouvre à cette époque ont le corps plein d'œufs. »

Le puceron du prunier vit aussi, mais plus rarement, sur l'abricotier.

Mêmes moyens à essayer pour sa destruction que pour les espèces précédentes.

Puceron du cerisier. Aphis cerasi Fabr.

Il a les mêmes habitudes que l'espèce précédente. Il vit sous les feuilles des cerisiers qu'il crispe et recoquille. Il n'est jamais très-abondant aux environs de Paris. Ce n'est que de temps en temps que l'on constate sa présence sur quelques arbres souffreteux.

Ce petit puceron est entièrement noir. Koch en donne, pl. 16, une figure très-soignée.

Puceron du sorbier. Aphis sorbi Kaltenbach.

On trouve, dans certaines localités, ce petit animal sur le sorbier et sur le pommier. Nous ne le connaissons que par la figure qu'en donne Koch pl. 17, f. 129 et 130. Il est brun avec les cornicules minces et jaunes; il est pourvu d'une petite queue noire. M. Géhin, d'après Kaltenbach (*Monog. des pucerons*), le considère comme le *puceron brun café* de Réaumur.

Puceron du groseillier. Aphis ribis Linné.

Il est d'un jaune citron luisant, ovale, allongé, voûté en dessus; les cornicules sont de longueur moyenne, d'un blanc jaunâtre ainsi que les antennes; la petite queue est très-courte, peu visible et d'une couleur blanchâtre.

Il est extrêmement commun dans certaines années, en

juin et juillet, sur le groseillier à grappes (*Ribes rubrum*).
Il se tient à l'extrémité des jeunes branches et sous les
feuilles qu'il déforme et crispe par sa piqûre.

On voit souvent toutes les feuilles des groseilliers bos-
selées en dessus, dont les cavités inférieures sont habitées
par des pucerons vivant très-tranquillement dans ces
retraites, à l'abri de la pluie et des rayons du soleil.

Il existe sur le groseillier une seconde espèce de
puceron : c'est l'*aphis Grossulariæ* de Kaltenbach. Il a
les mêmes mœurs que le *Ribis*, mais il en est suffisamment distinct par les caractères suivants : il est plus
petit, plus arrondi, d'un vert plus ou moins foncé, saupoudré de bleuâtre ; les cornicules et la petite queue
sont blanchâtres ; les pattes sont d'un jaune sale.

On le trouve sur le groseillier à grappes, le cassis et le
groseillier à maquereau.

Nous ne savons pas si ces pucerons ont été observés
sur les *Ribes sanguineum* et *aureum* que l'on cultive
comme arbustes d'agrément.

Puceron de l'Œillet. Aphis dianthi Schrank.

Il vit sur une infinité de plantes de familles fort éloignées. C'est l'espèce la plus fréquente dans les serres
chaudes et tempérées ; toutes les plantes molles, cultivées en pot, sont exposées à être envahies par ce parasite ; on le trouve sur les primevères de la Chine, les
Mesembrianthemum, les œillets, les tulipes, les *Crocus*, etc., etc. Ce puceron et celui du pavot (*Papaveris*)
sont deux espèces des plus polyphages.

Il est luisant, jaune ou d'un vert jaune, ou même

quelquefois vert, chagriné sur le dos, ovale, allongé avec les antennes blanchâtres; les cornicules sont longues, d'un jaune pâle, avec l'extrémité brune; la petite queue est d'un vert jaunâtre.

Nous avons vu, cette année, au mois de janvier, des jacinthes de Hollande, cultivées en carafe, et des tulipes *Duc de Tholl*, en pot, dont les premières feuilles étaient à peine sorties que déjà ces plantes étaient couvertes de pucerons de l'œillet. Évidemment les œufs de ces insectes avaient été pondus au sommet des bulbes, et n'attendaient qu'un moment favorable pour éclore; car ces pucerons ne sont pas entrés dans une chambre au 3e étage située au centre de Paris, et n'ont pu y être apportés du dehors.

Puceron de l'héliotrope.

Le même que l'*aphis Dianthi*, puceron de l'œillet.

Puceron du lantana.

Le même que l'*aphis Dianthi*, puceron de l'œillet.

Puceron des verveines.

Le même que l'*aphis Dianthi*, puceron de l'œillet.

Puceron des cinéraires.

Le même que l'*aphis Dianthi*.

Puceron des ageratum.

Le même que l'*aphis Dianthi*.

Puceron du fuchsia.

Le même que l'*aphis Dianthi*.

Puceron des jacinthes.

Le même que l'*aphis Dianthi*.

Puceron des pelargonium. Aphis pelargonii Kaltenbach.

Les *Pelargonium*, particulièrement les variétés appelées *grandes fleurs* et *fantaisies*, sont fréquemment attaqués dans les serres par un puceron, et quelquefois même en plein air. Les variétés issues de l'*inquinans* et du *zonale*, sont au contraire rarement envahies par cet hémiptère.

Il est vert, allongé, ridé en dessus, avec les antennes brunes ayant les deux premiers articles et la base du troisième jaunâtres. Les cornicules sont longues et jaunâtres; la petite queue est jaune, un peu recourbée.

Puceron du rosier. Aphis rosæ Linné.

Il est tellement connu des horticulteurs qu'il n'a besoin d'aucune description. Tout le monde à Paris, où les rosiers sont, en général, peu vigoureux, a été à même de remarquer ce puceron vert à cornicules noires, qui paraît depuis le mois de mai jusqu'en septembre et qui, en quelques jours, envahit toutes les jeunes pousses et les feuilles tendres des rosiers de nos jardins. C'est un animal très-nuisible ; il crispe les feuilles, épuise la séve des jeunes branches, les atrophie et nuit énormément à la floraison.

Lorsqu'au printemps des colonies de ce puceron se sont établies sur un rosier, on remarque qu'ils sont très-serrés les uns contre les autres et même quelquefois les uns sur les autres, ce qui a fait croire à quelques ignorants, que, dans cette situation, ils étaient accouplés. Au milieu de cette masse, on voit, vers la troisième génération, rarement plus tôt, quelques femelles munies d'ailes transparentes assez grandes. Elles ont pour mission de voler et d'aller fonder de nouvelles familles sur d'autres rosiers ; on voit aussi quelquefois, au milieu de cet amas de pucerons, quelques individus qui ont une couleur noirâtre ou roussâtre. Ce sont, ou des femelles qui ont fini de mettre au monde leurs petits (50 à 60), ou des femelles qui recèlent dans leur sein, des larves de petites mouches appartenant à la famille des chalcidites.

Ordinairement, lorsque le printemps est chaud, les œufs pondus avant l'hiver éclosent plus tôt, et on peut compter sur un rosier neuf ou dix générations de pucerons donnant, en moyenne, le jour à 50 petits et tout cela sans accouplement, puisqu'il n'y a que des femelles. Que l'on juge maintenant de l'effroyable quantité qu'un seul de ces insectes produira à la dixième génération, puisqu'après la troisième, sa famille se composera déjà de 125 mille individus. Que deviendraient nos cultures, si la nature ne rétablissait pas l'équilibre à l'aide des parasites qu'elle a toujours à sa disposition?

Lorsque les premières générations de pucerons se montrent sur un rosier, on doit les écraser avec les doigts,

particulièrement ceux qui ont des ailes ; le tabac en
poudre, les cendres de bois les détruisent beaucoup
mieux que la poudre de pyrèthre. Les irrigations avec
une décoction de tabac, d'euphorbe ou de feuilles de
noyer, sont d'un bon effet. Il en est de même d'une
solution très-légère de sulfate de cuivre (1 kilogramme
sur mille litres d'eau) ; mais à tous les moyens employés jusqu'à présent, nous préférons l'esprit-de-vin
ou la benzine. Pour en faire usage, on se sert d'un
petit pinceau de blaireau ou d'une petite éponge que
l'on trempe dans l'une de ces deux substances. Ces
liquides étant très-volatils, s'évaporent promptement
et ne font aucun mal aux rosiers.

Le puceron du rosier se trouve également sur plusieurs
sortes d'églantiers, il vit aussi sur d'autres plantes,
telles que scabieuses, chardon à bonnetier, etc.

Puceron des feuilles de rosier. Aphis rosarum Katt.

Outre le puceron commun du rosier, il en existe un
autre, qui vit en petites colonies sous les feuilles de cet
arbuste, et qui ne se tient jamais à l'extrémité des jeunes
pousses, ni le long des pédoncules. On le rencontre,
moins fréquemment que celui du rosier, sur les pieds
cultivés dans les jardins, mais il n'est pas rare sur les
rosiers que l'on force en hiver. Nous l'avons observé
bien souvent dans les serres de M. Laurent.

Koch donne, dans sa belle monographie, pl. 32, une
excellente figure de cet insecte.

Il est assez petit, ovale lancéolé, uni, d'un jaune verdâtre marqué de petits points obscurs, qui le font pa-

raître comme chagriné. Les antennes et les pattes sont d'une couleur assez pâle ; les cornicules sont grêles, allongées, d'un jaune roussâtre ; la queue est assez longue.

Dans les serres, il ne résiste pas aux fumigations de tabac. Il arrive pourtant quelquefois que l'opération ne réussit pas complétement, c'est lorsque les pots sont recouverts de paillis. Dans ce cas, il se laisse tomber à demi asphyxié par la fumée, se réfugie sous le paillis, et remonte au bout de quelques jours sur les rosiers.

Puceron des solanées. Aphis solani Kaltenbach.

Il est d'un vert d'herbe, ovale, bombé, marqué de rides, avec la poitrine et l'abdomen d'une couleur plus pâle ; les cornicules sont toujours d'une couleur jaunâtre avec la pointe noire ; la petite queue est jaune et se termine un peu en massue.

Ce petit puceron vit en familles sous les feuilles et sur les tiges de la pomme de terre. Dans certaines années, il est très-commun aux environs de Paris, particulièrement sur les pieds atteints du *Botrytis infestans* (maladie des pommes de terre). Nous l'avons observé aussi chez plusieurs maraîchers, sur les tomates et les aubergines, en compagnie du puceron noir du pavot.

Puceron des choux. Aphis brassicæ Linné.

Les feuilles de chou et celles du colza sont souvent attaquées par un puceron qui se tient en familles nombreuses à leur face inférieure. Il est d'un vert un peu pruineux, avec le corps gros, épais, strié de petits points noirâtres; les cornicules sont brunes ainsi que les pattes; la petite queue est moitié plus courte que les cornicules. On rencontre très-souvent des femelles ailées qui profitent de leurs ailes pour aller fonder de nouveaux établissements sur d'autres choux.

Ce puceron ne vit pas seulement sur les choux, on le voit fréquemment sur la moutarde des champs, le radis, le *Raphanus raphanistrum*, la bourse à pasteur, *le Diplotaxis tenuifolia* et d'autres crucifères.

Puceron de la rave. Aphis rapæ Curtis.

Nous lui trouvons les plus grands rapports avec le puceron des choux, et, malgré l'autorité de Curtis, nous le considérons plutôt comme une variété que comme une espèce propre.

Il est peut-être un peu moins renflé, d'un vert un peu plus jaunâtre; les antennes n'offrent pas de différence; les cornicules paraissent un tant soit peu plus minces.

Il y a des années qu'il est fort abondant sous les feuilles des raves et des navets.

Koch ne parle pas de cette espèce dans sa monographie.

Puceron de l'oseille Aphis rumicis Linné.

Très-commun sur l'oseille sauvage (*Rumex acetosa*) et sur tous les *Rumex* qui croissent naturellement dans les prés; il est plus rare sur l'oseille des jardins que la culture et les engrais ont rendue plus vigoureuse.

Il est ovale arrondi, très-convexe, d'un noir profond

en dessus, d'un noir verdâtre en dessous. Il commence
à paraître dans les premiers jours de juin, lorsque
l'oseille est prête à fleurir. On le trouve aussi de
temps en temps sur la bardane (*Arctium lappa*) et
l'achillée sternutatoire , à fleurs simples ou à fleurs
doubles (*Achillæa ptarmica*).

Puceron du maïs. Aphis zeæ Bonnafous.

Il est de la taille de celui du rosier et du même vert ;
ses corniéules et sa queue sont également vertes ; mais
il est bien distinct de tous les autres, par une bande
rouge en demi-cercle, située chez les deux sexes , à
l'extrémité de l'abdomen.

Il se trouve communément dans certaines localités,
à l'aisselle des feuilles caulinaires du maïs et entre celles
de l'épi femelle.

Nous n'avons jamais vu ce puceron, qui a été décrit,
en 1835, par Bonnafous, p. 657 des *Annales de la Société entomologique de France*.

Puceron du chèvrefeuille. Aphis xylostei Schrank.

Il est très-commun au mois de juin dans les jardins,
sur différentes espèces de chèvrefeuilles ; il est plus rare
sur celui qui croît naturellement dans les bois.

Il est d'un vert foncé, avec les corniéules un peu
plus courtes que la petite queue. Les individus ailés
ont les ailes assez longues, tout à fait diaphanes. Les
rameaux infestés par ce suceur ne tardent pas à
prendre un aspect sale et maladif, les feuilles se crispent et les fleurs avortent.

Mêmes moyens à employer contre ce puceron que ceux que nous avons conseillés ci-dessus.

L'aphis Loniceræ de Boyer de Fonscolombe, et *l'aphis Caprifolii* de M. Blanchard, nous paraissent être les mêmes que le *Xylostei* de Schrank.

Puceron du camellia. Aphis camelliæ Kaltenbach.

Ce petit puceron se trouve assez fréquemment sur les jeunes pousses, les boutons, et même sur les feuilles les plus tendres du camellia, en juin et juillet, lorsque cet arbuste est en plein air ; on le rencontre aussi à la fin de l'automne sur les camellias cultivés dans les jardins d'hiver.

Il est beaucoup plus petit que celui du pavot, entièrement d'un noir mat, plus arrondi et plus bombé que les espèces voisines. La fumée de tabac le détruit sans faire aucun tort aux camellias. On emploie aussi, avec succès, des irrigations avec une solution légère de savon vert.

Puceron du pavot. Aphis papaveris Fab.

Ce puceron vit, vers la fin du printemps et en été, dans nos jardins, sur une infinité de plantes, et se multiplie d'une manière prodigieuse. Il est d'un noir mat, ovale, fortement bombé, saupoudré de noir ; ses antennes sont d'un brun obscur, avec les troisième et quatrième articles blanchâtres ; les cornicules sont de longueur moyenne, noires ainsi que la queue, qui est un peu plus courte ; les pattes postérieures sont blanchâtres.

On le trouve non-seulement sur le pavot et le coquelicot, mais aussi sur la digitale (*Digitalis purpurea*), sur la bourse à pasteur (*Capsella bursa*), le chardon des champs (*Carduus arvensis*), sur les *Datura*, la valériane officinale, les différentes espèces de millepertuis, la laitue, les scorsonères, les camomilles, les *Mesembryanthemum*, les *Chysanthemum segetum* et *leucanthemum*, les haricots, les betteraves, etc.

Puceron des fèves. Aphis fabæ Scopoli.

MM. Goureau et Blanchard ont, avec Scopoli, fait une espèce à part de ce puceron, qui, selon les savants monographes Kaltenbach et Koch, ne diffère en rien de celui du pavot. Nous les avons nous-même comparés tous les deux à l'état de larves et à l'état complet, et il nous a été impossible de saisir le plus léger caractère qui puisse autoriser cette séparation. Le puceron noir des fèves de marais (*aphis Papaveris*), est bien connu de tous les jardiniers. Il pullule avec une telle rapidité qu'en peu de jours les tiges et les feuilles en sont toutes noires.

Puceron noir du laurier rose.

Ce puceron, selon Kaltenbach, est encore le même que celui du pavot. On trouve, en outre, sur le laurier rose, trois autres pucerons : le *Dianthi*, le *Nerii* de Kaltenbach et le *Neriastri* (*aphis nerii* Fonscolombe), qu'il ne faut pas confondre avec celui du pavot.

Puceron noir du dahlia.

Nous l'avions considéré comme identique avec celui

du pavot, et nous avons été confirmé dans cette opinion par l'avis qu'a bien voulu nous donner à ce sujet le professeur Kaltenbach. Dans certaines années sèches, il envahit les tiges, les pétioles et les pédoncules des dahlias et nuit beaucoup à la floraison.

Puceron noir de l'artichaut.

M. Kaltenbach admet, comme nous, que le puceron de l'artichaut est tout à fait le même que celui du pavot. Lorsque les têtes d'artichaut sont infestées par cet insecte, il faut les arroser avec une décoction de tabac ou de feuilles de noyer ; on peut encore employer avec succès la cendre de bois. Nous avons aussi rencontré chez nos maraîchers ce même puceron sur les tiges du cardon.

Puceron noir de la tomate et de l'aubergine.

Nous le réunissons au puceron du pavot. On trouve quelquefois sur la tomate un autre puceron de couleur verte (*aphis Solani* Kaltenbach).

Puceron noir des ombellifères.

Nous pensons et M. Kaltenbach nous écrit qu'il est de notre avis, que ce puceron est encore le même que celui du pavot. On le trouve abondamment sur beaucoup d'ombellifères telles qu'*Heracleum*, fenouil, *Ægopodium*, *Æthusa*, carotte, etc. Il ne faut pas confondre avec ce puceron noir une autre espèce (*Aphis Plantagnis* de Schrank, *aphis Dauci* Fab.), qui est d'un vert bronzé sau-

poudré de noirâtre, et que l'on rencontre très-fréquemment aussi sur les ombelles de carotte, d'angélique, etc.

Puceron noir des melons.

Nous le rapportons comme les précédents au puceron
du pavot.

Cet insecte est, depuis quelques années, un des ennemis les plus redoutés de nos maraîchers. Lorsque, malheureusement, il pénètre sous les châssis, tous les pieds
de melons où il s'établit sont infailliblement perdus. Il
n'y a pas d'autre remède que d'arracher ceux qui sont
attaqués, si l'on veut empêcher la contagion. Par mal-
heur, on ne s'aperçoit ordinairement de sa présence
que lorsqu'il est déjà trop tard de recourir aux fumigations de tabac. Celles-ci font bien périr les pucerons,
mais ne guérissent pas les plantes que leurs piqûres ont
rendues malades. Cependant plusieurs jardiniers clair-
voyants ont obtenu quelques succès de ces fumigations,
en les faisant au début de l'apparition de ces insectes.

Ce remède peut quelquefois être efficace dans les
bâches, mais il est peu applicable aux melons que l'on
cultive sous cloches.

Puceron noir de l'arroche. Aphis atriplicis Fab.

Nous avons vu quelquefois des arroches (*Atriplex hortensis*), dont les tiges étaient envahies par ce puceron
jusqu'au sommet. Quoique Fabricius en ait fait une espèce, nous le regardons avec Kaltenbach comme identique avec celui du pavot ; l'année dernière, il a été
très-abondant sur les *Atriplex*.

Puceron de la laitue. Aphis lactucæ Réaumur.

Deux pucerons se rencontrent sur la laitue et sur la romaine, presque aussi communément l'un que l'autre et quelquefois tous les deux à la fois. L'un est le puceron de la laitue, figuré par Réaumur *Ins.* III, pl. 22, fig. 3, 4 ; l'autre le puceron du laiteron (*aphis Sonchi* Linné). Le premier est allongé, d'un vert clair luisant, avec les antennes, les cornicules et la petite queue d'un jaune blanchâtre.

Le second est d'un brun luisant, lavé de rouge sur les côtés, avec les cornicules et les antennes noires, et la petite queue d'un vert jaunâtre.

Koch donne à ce dernier le nom de *Lactucæ* et le figure très-exactement.

Ces deux insectes sont aussi préjudiciables à l'horticulture l'un que l'autre ; ils envahissent les pieds qui montent à fleur, souvent en si grande quantité qu'ils atrophient les porte-graines.

Ils vivent aussi sur les différentes espèces de laiterons, la lampsane, le prénanthe des murailles, la piloselle des murs, la laitue vireuse et le chrysanthème des moissons.

Dans certains jardins, on rencontre encore sur la laitue et sur la romaine une troisième espèce de puceron, qui est très-polyphage, c'est le puceron noir du pavot.

On trouve, presque pendant tout l'hiver, le puceron de la laitue chez les maraîchers qui cultivent sous châssis de la laitue et de la romaine de primeur.

Puceron du Laurier-rose. Aphis nerii Kaltenbach.

Le laurier-rose, comme la plupart des autres végétaux

est sujet à être attaqué par les pucerons. Outre le puceron de l'œillet, qui s'accommode de presque toutes les plantes cultivées en orangerie, il nourrit une espèce qui lui est propre. Elle est d'un noir mat, tiquetée de brun et de vert en dessus et d'une couleur plus ou moins noirâtre en dessous ; les antennes et les jambes sont blanchâtres ; les cornicules sont de longueur moyenne, noires, avec l'extrémité plus claire ; la petite queue est d'un vert sale, un peu en massue, moitié moins longue que les cornicules.

On le trouve, en général, pendant les mois d'hiver, sur les lauriers-roses que l'on abrite pour les garantir des gelées ; il se tient à l'extrémité des jeunes pousses.

Il ne résiste pas à la fumée de tabac.

Boyer de Fonscolombe décrit un autre puceron du laurier-rose, tout à fait différent de celui que nous connaissons. Il est, dit-il, entièrement jaune, avec les pattes noires et les cornicules brunes. Pour éviter toute confusion nous lui donnons le nom de *Neriastri*. Il vit en Provence sur les lauriers-roses cultivés à l'air libre. Nous n'avons jamais eu occasion d'observer cette espèce méridionale.

Koch, dans sa belle monographie, ne parle pas du puceron du laurier-rose.

Puceron du sureau. Aphis sambuci Linné.

Très-abondant, en juin et juillet, dans les parcs et les jardins, à l'extrémité des branches du sureau noir et du sureau à grappes, il se multiplie si prodigieusement qu'au bout de quelques jours, les feuilles en sont noires.

Il ressemble un peu à celui qui vit sur le genêt d'Espagne.

Il est ovale, raccourci, très-bombé, d'une couleur noire, avec une légère efflorescence pruineuse ; les cornicules sont longues et la petite queue est au contraire assez courte.

Ce qu'il y a de mieux à faire, lorsqu'on commence à s'apercevoir de sa présence, c'est de couper les rameaux atteints et de les brûler.

Puceron du genêt d'Espagne. Aphis laburni Kalt.

Il est ovale, allongé, noir, saupoudré de bleuâtre. Les antennes sont noires avec le troisième, le quatrième et la base du cinquième articles blancs ; les cornicules sont à peine plus longues que la petite queue et d'un noir obscur.

On le trouve en juin et juillet, sur les jeunes pousses du genêt d'Espagne, sur le cytise des Alpes, le *Spartium album* et quelquefois sur le genêt à balais.

C'est cet insecte que Boyer de Fonscolombe a décrit comme l'*aphis Genistæ* de Scopoli (puceron du genêt). Il est vrai que les deux espèces se ressemblent beaucoup par la forme et par la couleur ; mais on les distingue aisément, en ce que ce dernier a la queue plus longue que les cornicules. Il ne vit pas dans les jardins, nous ne l'avons observé que sur le *Genista anglica* qui croit dans les bruyères tourbeuses et sur le *Genista pilosa*.

Puceron du chêne-vert. Aphis ilicicola.

Nous avons reçu plusieurs fois ce puceron du midi de la France, où il paraît être assez commun ; il nous a été communiqué aussi par M. Audiffred, excellent observateur, qui l'a remarqué, l'année dernière, pour la première fois, sur des chênes-verts, dans sa propriété de Corbeil, où, dit-il, ces insectes formaient, au bout des branches, des grappes comparables à des essaims d'abeilles.

Il est extrêmement voisin du *Roboris* de Linné et appartient de même au genre *Lachnus* d'Illiger. Il est noirâtre, luisant, à reflet presque métallique, saupoudré, çà et là, de quelques légers atomes blanchâtres, dépourvu de queue et de cornicules ; les pattes postérieures sont très-longues ; les antennes sont courtes et d'un brun pâle ; le bec est très-long ; le dessus du corps présente quatre petites saillies, dont les deux postérieures, plus prononcées, occupent la place des cornicules.

Ce puceron est rare aux environs de Paris où le chêne-vert est peu cultivé.

Il répand une forte odeur de bois de chêne nouvellement débité.

Il paraît, en juin, dans le Midi et ne disparaît tout à fait qu'au commencement de l'hiver.

L'*aphis Roboris* de Linné, très-bien figuré par Koch, est assez commun sur les chênes de nos bois, depuis le mois de juillet jusqu'en septembre.

Puceron Lanigère. — Apis lanigera Hausmann.

Ce puceron, tel qu'il apparaît sur nos pommiers, est

d'un brun rougeâtre recouvert d'une sécrétion cotonneuse ou espèce de duvet qui l'enveloppe et le cache
presque entièrement. Il est dépourvu de cornicules; ses
antennes sont courtes, d'une couleur blanchâtre ainsi
que son bec.

A l'automne, on voit paraître des mâles et des femelles
ailés; ils s'accouplent et pondent des œufs qui passent
l'hiver. Ces individus, destinés à perpétuer l'espèce, sont
d'un brun-marron clair, garnis d'un duvet blanc et munis
d'ailes transparentes.

Le puceron lanigère, lorsqu'on l'écrase, colore les
doigts en rouge vineux. Tous les individus ne périssent
pas à l'automne; il y en a qui descendent sur les racines
assez profondément en terre pour résister aux rigueurs
de l'hiver, et qui remontent au printemps sur le tronc
ou sur les jeunes pousses des pommiers pour y fonder de
nouvelles colonies.

Ainsi que nous l'avons dit dans nos généralités, cet
insecte est d'une importation assez récente en Europe.
C'est un grand fléau pour les pommiers; il s'établit en
familles nombreuses, sur les jeunes branches, sur le
tronc et même sur les racines, et détermine, par ses
piqûres dont la conséquence est un afflux de séve, des
loupes, des nodosités chancreuses et des déformations
de toute nature, qui augmentent chaque année, et occasionnent quelquefois la mort.

On a proposé, depuis l'apparition du puceron lanigère, bien des moyens pour le détruire ou pour amoindrir ses dégâts. Mais on n'en connaît pas encore un qui
réussisse à l'anéantir complétement. Notre collègue,
M. Forest, l'un de nos bons professeurs d'arboricul-

ture, l'a observé dès son début; il a conseillé et employé, avec quelque succès, le brossage qui en jette à terre une partie et écrase le reste. Certains pépiniéristes ont fait usage de lait de chaux appliqué au pinceau; d'autres ont essayé la lessive, la décoction de tabac, la benzine ou une solution de colle forte. Nous pensons que les lotions avec une solution de sulfate de cuivre seraient préférables à tous ces remèdes. Quand on a seulement quelques cordons de pommiers d'attaqués, un excellent moyen est l'emploi de l'alcool conseillé par M. Rivière. Dans tous les cas, il est toujours bon, à l'entrée de l'hiver, de badigeonner le tronc et les grosses branches des pommiers avec du lait de chaux, dont l'action alcaline est nuisible à tous les insectes qui se réfugient dans les crevasses des écorces.

Audouin, dans le tome IV des *Annales de la Société entomologique de France*, page 9 du Bulletin, donne la description suivante des exostoses occasionnées aux pommiers par le puceron lanigère : « La branche envahie par cet insecte ne présente d'abord aucune altération bien sensible; on voit, à la surface, quelques petites ondulations ou quelques petites bosselures, et ordinairement un sillon plus ou moins élargi, qui divise la branche dans le sens longitudinal et quelquefois dans une étendue de plusieurs pouces. C'est dans l'intérieur de ce sillon plus ou moins élargi que sont logés et fixés au pommier les nombreux pucerons qui attaquent les jeunes pousses; placés à la face inférieure de la branche, ils se trouvent ainsi à l'abri de la pluie. Cette première altération, produite sur les jets du pommier, n'est donc pas d'abord bien frappante, et toutefois elle suffit, pour

modifier à jamais la végétation de l'arbre. En effet, dès
ce moment, la séve semble s'épancher sur ce point, et
déjà la deuxième année on aperçoit une petite nodo-
sité, qui devient plus sensible la troisième année, se fait
remarquer davantage la quatrième, et finit, au bout de
six ou sept ans, par atteindre le volume du poing. Ces
nodosités ont l'écorce à l'état normal, et elles sont formées par des couches ligneuses qui ne se sont développées que du côté où se trouvent les pucerons, et y forment
le tubercule dans lequel chaque couche conserve encore
plus ou moins la trace du sillon formé primitivement
par les pucerons. »

Le puceron lanigère fait partie du genre *Schizoneura*
de Hartig.

Puceron de l'orme. Aphis ulmi Linné

Les jeunes ormeaux, cultivés dans les parcs, sont très-
souvent attaqués par deux espèces de pucerons décrits et
figurés par Réaumur et Degeer, et portant l'un et l'autre
le nom d'*ulmi*. Kaltenbach et Koch conservent le nom
d'*ulmi* à ces deux insectes ; mais ils les placent dans
deux genres différents. Le premier, qui est l'*aphis ulmi*
de Linné, fait partie du genre *Schizoneura* de Hartig. Le
second appartient au genre *Tetraneura* du même auteur.

L'espèce décrite par Linné est d'un vert plus ou moins
foncé, sphéroïde, garnie d'une villosité cotonneuse, avec
les pattes raccourcies, brunâtres, et les antennes très-
courtes ; elle est dépourvue de queue et de cornicules.

Elle pique avec son bec les feuilles des ormes et y pratique une petite ouverture sur laquelle elle dépose les germes

de sa dynastie. La séve en s'extravasant, détermine la formation de grosses ampoules ou vésicules qui tiennent à la feuille par un pédicule. Si l'on ouvre ces vésicules avant qu'elles soient percées, on les trouve remplies de petits pucerons enveloppés d'un duvet blanchâtre.

L'autre, *aphis ulmi* de Degeer, est glabre, luisant, d'un noir verdâtre, sans aucune villosité cotonneuse. Il vit sous les feuilles des ormes qu'il plie et involute. Ce puceron est, comme le précédent, sans queue et sans cornicules.

Tous les pépiniéristes ont remarqué, sur les feuilles des peupliers, des excroissances allongées en forme de cornets, adhérentes le plus ordinairement aux pétioles ; ces sortes de cornets sont l'ouvrage d'un puceron ; en les déroulant on trouve dans leur intérieur une petite famille de ces insectes. Ceux-ci sont très-velus et recouverts d'un duvet cotonneux blanc, qui masque la couleur verdâtre de leur corps ; Hartig, Kaltenbach et Koch placent ce puceron dans le genre *Pemphigus*. Linné l'a décrit sous le nom *aphis bursarius* ; il est très-bien figuré par Réaumur. (*Ins.*, III, tab. 26, fig. 7-11.)

Tous les pucerons dont il vient d'être question, vivent à découvert sur les plantes, et les mâles sont toujours pourvus d'ailes. Il nous reste à parler maintenant d'une autre race de ces petits animaux dont les mâles sont aptères aussi bien que les femelles, et dont les antennes très-courtes sont composées d'un petit-nombre d'articles. Les insectes de ce petit groupe n'ont ni queue ni cornicules à l'extrémité de l'abdomen, et leur existence est tout à fait souterraine ; ils vivent à la racine des plantes en société avec les fourmis.

Puceron des racines. Aphis radicum Kirby —
Forda formicaria Heyden. — **Rhizoterus vacca** Hartig.

Avant Boyer de Fonscolombe, le célèbre Léon Dufour,
et notre savant collègue, le colonel Goureau, aucun
auteur français, à notre connaissance, n'avait parlé des
pucerons des racines. Celui dont il est ici question, n'est
cependant pas le même que celui décrit sous le même
nom, par M. Goureau, comme attaquant les racines de
l'artichaut.

Le véritable puceron des racines de Kirby et Spence, se
tient en familles nombreuses au milieu des fourmis à
la racine des graminées, dans les prés, dans les pelouses, etc. ; il suce les racines de ces plantes et les
fait périr comme si elles étaient rongées par les *vers
blancs*. Lorsqu'on arrache une touffe de ces graminées
fanées, on voit que toutes les racines sont couvertes
de pucerons et de fourmis faisant très-bon ménage
ensemble ; si ensuite on secoue la motte pour faire
tomber ces insectes, immédiatement les fourmis s'in-
quiètent et se tourmentent comme lorsque l'on bouleverse leur fourmilière ; elles saisissent les pucerons
délicatement avec leurs mandibules et les emportent
comme elles font ordinairement de leurs œufs. Elles
ont tellement d'affection et de soins pour leurs hôtes,
que Kirby et Spence appellent ces pucerons « *Milk-cow*
et les Allemands *Milchkuh*, » *vache à lait*, supposant
avec raison qu'elles les soignent pour se nourrir de la
matière miellée qu'ils sécrètent. M. Goureau croit, et
nous partageons cette opinion, que ce sont les fourmis

qui se chargent de les transporter d'une plante malade sur les racines d'une plante bien portante.

Le puceron des racines est entièrement glabre, ovale, raccourci, d'un jaune verdâtre ou d'un jaune un peu luisant ; ses antennes et ses jambes sont d'un jaune verdâtre.

Le nom spécifique de *vacca* a été suggéré à Hartig par le nom anglais de *Milk-cow* (1).

Puceron des poteries. Aphis myrmecaria.

Ce petit puceron appartient, comme le précédent, au genre *Forda* de Heyden. Il est très-voisin de celui des graminées et vit de même au milieu des fourmis. Il est plus petit, plus convexe, d'un blanc-grisâtre étiolé, avec les *tarses* et les antennes d'une couleur brunâtre. On le rencontre dans la poterie des serres et quelquefois dans les pots de jardin au pied des Cactus, des *Fuschia*, des *Lantana*, des *Cuphea*, etc.

85 — Puceron des poteries. *Aphis myrmecaria.*

Il n'y a pas d'autre moyen de le détruire, que de bien nettoyer les plantes, en les secouant sur un baquet rempli d'eau, et de leur donner un bon rempotage dans de la terre neuve.

(1) Boyer de Fonscolombe a précisément décrit cette même espèce comme nouvelle sous le nom d'*Aphis radicum*, sans se douter que Kirby et Spence lui avaient, bien antérieurement, imposé le même nom.

Puceron troglodyte. Aphis troglodytes Heyden. Mus. Senk.
Trama radicis Kaltenb. Monog. **Aphis radicum** Goureau.

C'est à cette espèce et non à la première, qu'il faut rapporter le puceron des racines décrit par M. Goureau.

Il est ovale, allongé, d'un jaune pâle ou d'un blanc-grisâtre mat, velu. Jamais il ne mange de graminées. Il vit en familles nombreuses au milieu des fourmis, exclusivement sur les racines des Synanthérées, telles que pissenlit, chardon des champs, laiterons, artichaut, piloselle, laitue, chicorée, scarole.

C'est un ennemi qui fait beaucoup de tort à nos maraîchers, pendant les mois d'automne. Lorsqu'il a envahi un pied de chicorée, la plante qui d'abord paraissait très-vigoureuse, se fane, tombe en *javelle* (terme de jardinier), et est complétement perdue. Nous avons vu dans beaucoup de marais des environs de Paris, notamment chez MM. Duchefdelaville, au faubourg Saint-Antoine, une assez grande quantité de pieds de salade dont les racines étaient envahies par ce puceron. Au premier coup d'œil, on distinguait au milieu des planches de chicorée, les pieds qui commençaient à se flétrir, et qui étaient déjà perdus pour le cultivateur.

On peut essayer, pour détruire ce puceron, des arrosements, avec une solution de sulfate de fer, une décoction de plantes âcres, telles qu'euphorbe, *Stramonium*, feuilles de noyer, de tabac, etc., additionnée d'un peu de sel de cuisine.

M. v. Heyden *Mus. Senkenberg*, 1837, 11, 293, a fait

avec cette espèce le genre *Trama*, parce qu'il a trouvé qu'elle avait un article de plus aux antennes que le genre *Forda*.

M. v. Heyden donne la description d'une autre espèce de puceron souterrain ; il est ovale, d'un jaune de cire, luisant, entièrement glabre.

Il l'appelle *cimiciformis* et en fait un genre propre sous le nom de *Paracletus*. Il l'a découvert aux environs de Francfort, dans les nids de la fourmi rousse, *formica rufa*, grosse fourmi des bois. Nous n'avons jamais vu ce puceron, qui, d'ailleurs, ne peut causer aucun dommage à nos horticulteurs.

Les pucerons des racines dont nous venons de parler ne sont pas les seuls qui aient été observés et décrits. Feu le docteur Passerini, professeur à l'Université de Florence, en a fait connaître sept autres espèces, dont les cinq premières sont comprises dans le genre *Tychea* de Koch et, les deux dernières, dans le genre *Rhizobius* de Burmeister. Voici les noms de ces espèces italiennes dont sans doute quelques-unes habitent le midi de la France.

1 Puceron de l'éragrostis, *aphis* (tychea) *Eragrostidis*, Passerini. Sur les racines de l'*eragrostis megastachys* et sur celles de la *Setaria glauca*.

2 Puceron soyeux, *aphis* (tychea) *setulosa*, Passerini. Sur les racines de l'*Oriza montana*.

3 Puceron des haricots, *aphis* (tychea) *Phaseoli*, Passerini. Sur les racines des haricots, des choux, de l'*Amaranthus retroflexus* et de l'*Euphorbia lathyris*.

4 Puceron de la *setaria*, *aphis* (tychea) *Setariæ*, Passerini. Sur les racines des *Setaria viridis* et *glauca*, du maïs et de la laitue.

Nous craignons que pour cette espèce, Passerin[i] n'ait confondu le puceron avec le troglodyte de la *Setaria*.

5 Puceron, trivial *aphis* (tychea) *Trivialis*, Passerini. Sur les racines du *Poa triviàlis*, du blé, du *Cynodon Dactylon*, des *Festuca elatior* et *duriuscula*.

6 Puceron de la racine du laiteron, *aphis* (rhizobius Sonchi*, Passerini. Sur les racines de chicorée et de millefeuille.

Ce petit puceron vit, comme les espèces congénères, au milieu des fourmis. Il pourrait bien être le même que le *Pilosellæ* de Burmeister.

7 Puceron de la menthe, *aphis* (rhizobius) *menthæ*, Passerini. Sur les racines de la *Mentha arvensis*.

Nous n'avons vu aucune de ces espèces en nature.

GENRE ADELGE. ADELGES Vallot.

Ce genre, l'un des plus remarquables de la famille des Aphidiens (*pucerons*), a pour caractères des antennes courtes, de cinq articles ; des ailes en toit, dont les supérieures n'ont que trois nervures transversales ; un abdomen dépourvu de cornicules et de petite queue.

Kaltenbach en fait le genre *Chermes*, mais, pour éviter toute confusion avec les Coccides, nous avons préféré adopter le nom d'*Adelges* donné par Vallot. On n'en connaît encore que quatre à cinq espèces vivant toutes sur des arbres résineux, d'où leur vient le nom allemand de *Tannenläuse* (pou du sapin). Nous en avons deux espèces dans les parcs aux environs de Paris.

A l'état parfait, ces insectes ont entre eux les plus grands rapports; ils sont très-petits, et les individus ailés ont les ailes beaucoup plus courtes que les pucerons.

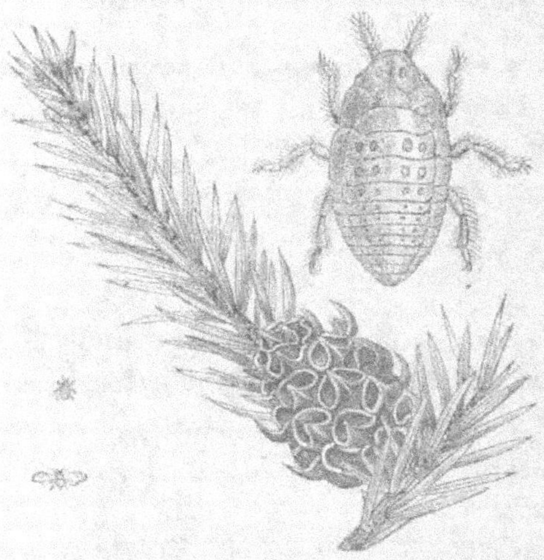

36. — 1. Adelge du sapin mâle. *Adelges abietis.* — 2. La femelle.
3. La femelle grossie. — 4. Le nid.

Adelge du sapin. Adelges abietis Linn.
Chermes abietis, Kattenbach *Pflanzent.*, 1 Theil, p. 200. —
Chermes viridis Ratzburg. Bd. III. pl. XII fig. 2. — **Psylle du sapin** Geoff. ins. 1. p. 487. 5.

Cet insecte dont Geoffroy a fait une psylle, est quelquefois assez commun sur les sapins; il est jaune ou d'un jaune un peu roussâtre, avec de gros yeux saillants d'un brun foncé et un petit point noir bien marqué sur le front; les ailes, chez les individus qui en sont pourvus, sont transparentes, à reflet bleuâtre.

Ce petit animal occasionne, à l'extrémité des jeunes branches des épicéas et des sapins, une singulière monstruosité : le bout du rameau, piqué par la femelle pour y déposer ses œufs, se dilate et forme des écailles disposées en alvéoles, ou en cellules à jour dans lesquelles se trouvent de petites larves d'aphidiens enveloppées d'un duvet blanc, et qui, plus tard, doivent produire l'insecte parfait.

Il faut couper et brûler toutes ces galles alvéolées.

Adelge des conifères. Adelges strobilobius Kalt.

Cet insecte, un peu moins commun aux environs de Paris que l'espèce précédente, est probablement le même que celui décrit par Ratzburg sous le nom de *Chermes coccineus*; il est très-petit, d'un rouge-brun assez foncé, avec le dessus de la tête et du corselet d'une couleur plus obscure. L'abdomen est marqué à son extrémité d'une tache assez grosse saupoudrée de blanc.

Il vit sur les jeunes pousses des sapins, où la piqûre de la mère détermine une monstruosité de forme conique, ressemblant à une petite pomme de pin ou à une éponge dont toutes les cellules seraient égales et régulières. Les jeunes adelges se tiennent dans ces sortes d'alvéoles, enveloppés d'un duvet cotonneux.

Pour détruire cet insecte dans les endroits où il est assez commun pour être nuisible, il faut enlever, en mai et juin, les pousses attaquées et les brûler.

Liste des Pucerons décrits dans la Monographie de Kaltenbach.

1. **Aphis rosæ**, puceron du rosier, vert. Sur les jeunes pousses du rosier.

2. — **rosarum**, plus petit, d'un jaune vert. Sous les feuilles de différentes variétés de rosiers, dans les serres et en plein air.

3. — **millefolii**, vert, avec des raies transversales noires. Sur les *Achillea millefolium* et *ptarmica*.

4. — **urticæ**, vert ou d'un vert obscur avec des stries plus foncées. Sur les *Urtica dioica* et *urens* et sur le *geranium robertianum*.

5. — **solani**, d'un vert d'herbe. Sur la pomme de terre.

6. — **cerealis**, vert ou d'un brun roussâtre. Sur le seigle, le blé, l'*Avena fatua*, l'*Hordeum murinum*, les *Bromus mollis* et *secalinus*, le *Dactylis glomerata* et autres graminées.

7. — **hieracii**, vert, luisant. Sur les *Hieracium sylvaticum, murorum* et *pilosella*.

8. — **tanacetaria**, vert, avec deux lignes d'un blanc grisâtre. Sur la tanaisie, l'armoise et l'absinthe.

9. — **tanaceti**, d'un brun rougeâtre. Sur les jeunes tiges de la tanaisie; plus rare que le précédent.

10. — **tanaceticola**, d'un rouge écarlate. Sous les feuilles de la tanaisie.

11. — **viciæ**, d'un vert olivâtre. Sur la *Vicia sativa*, le *Lathyrus Pratensis*.

12. — **pelargonii**, vert. Sous les feuilles des *pelargonium* cultivés dans les serres ou les appartements.

13. **Aphis pisi**, d'un vert d'herbe, avec des lignes plus foncées. Sur les différentes sortes de pois, le *Lotus
siliquosus*, les *Ononis*, les *Trifolium pratense* et
filiforme, les *Lathyrus*, le baguenaudier, le genêt à balais, le *Geum urbanum*, la reine des
prés, l'*Epilobium montanum*.

14. — **rubi**, d'un vert clair ou d'un jaunâtre pâle. Sur
le framboisier et les autres espèces de *rubus* des
haies et des bois.

15. — **serratulæ**, brun, à reflet métallique. Sur les *Cirsium arvense* et *oleraceum*.

16. — **campanulæ**, d'un brun-rouge luisant. Sur la
Campanula rotundifolia.

17 — **jaceæ**, d'un brun foncé. Sur les *Centaurea cyanus,
nigrescens, scabiosa*, etc., et sur les *Carduus nutans, crispus* et *acanthoïdes*.

18. — **pieridis**, brun, d'un luisant métallique. Sur
beaucoup de plantes syngénèses, particulièrement sur le *Pieris hieracioïdes*, les *Crepis virens*
et *biennis*, les *Aspargia autumnalis, hispida*, etc.

19. — **sonchi**, d'un brun luisant. Vit sur les divers laiterons, la lampsane, le chrysanthème des mois-
sons, la laitue.

20. — **taraxaci**, d'un brun couleur de café. Sur le pissenlit (*Leontodon taraxacum*).

21. — **absynthii**, brun saupoudré de blanchâtre. Sur
l'absinthe et l'*Artemisia abrotanum*.

22. — **solidaginis**, d'un rouge-brun brillant. Sur la
verge d'or (*Solidago virgaurea*).

23. — **ribicola**, d'un noir luisant. Sur le groseillier des
Alpes.

24 — **galeopsidis**, d'un blanc verdâtre. Sur le *Galeopsis
tetrahit*, les *Lamium album, purpureum* et *amplexi-
caule*, le *Stachys sylvatica*, les *Polygonum hydro-
piper* et *lapathifolium*.

25. Aphis humuli, d'un vert clair, avec des lignes plus foncées. Sur le houblon.

En France, ce puceron n'est pas très-commun ; on le rencontre cependant de temps en
temps sur le houblon qui croît naturellement
dans les lieux humides. Il ne cause aucun dommage chez nous, qui possédons d'autres vignobles que des *houblonnières* ; mais il n'en est pas
de même dans les pays voisins où cette plante
est cultivée en grand, comme en Angleterre, en
Belgique, en Prusse, en Bohême, etc. Il y a des
années où les houblonnières sont en partie dé-
truites par cet insecte. Selon M. Westwood, il a
causé, en 1846, dans l'Angleterre seule, une perte
de près de treize millions de francs.

26.   —   **lactucæ**, d'un vert-clair luisant. Sur les différentes espèces *Sonchus* et souvent aussi sur la
laitue.

27.   —   **ribis**, d'un jaune citron. Sur le groseillier (*Ribes
rubrum*.)

28.   —   **convolvuli**, d'un jaune pâle. Sous les feuilles du
liseron (*Convolvulus sæpium*).

29.   —   **chelidonii**, d'un jaune vert. Sur la chélidoine
(*Chelidonium majus*).

30.   —   **dianthi**, jaune ou d'un jaune verdâtre. Sur l'œillet des fleuristes, les différentes variétés de
Fuchsia, les tulipes, les *Crocus*, les narcisses, les
jacinthes, les *Mesembrianthemum*, les verveines
et plusieurs autres plantes cultivées en pot ou
dans les serres.

31.   —   **betulicola**, jaune. Sur le bouleau (*Bétula
alba*).

32.   —   **cerasi**, noir, chagriné. Sur les cerisiers.

33.   —   **aparines**, brunâtre. Sur le grateron (*Galium apa-
rine*).

34.   —   **Ligustri**, d'un jaune citron. Sur le troêne des
haies (*Ligustrum vulgare*).

35. **Aphis Loniceræ**, d'un vert clair ou d'un jaune verdâ-
     tre. Sous les feuilles du *Lonicera tatarica et xy-
     losteum.*

36. — **Lythri**, vert, ridé. Sur la salicaire (*Lythrum sali-
     caria*).

37. — **pruni**, vert, saupoudré de blanchâtre. Sous les
     feuilles de différentes variétés de pruniers et
     même sur le prunellier.

38. — **arundinis**, d'un vert pâle. Sur l'*Arundo phrag-
     mites*.

39. — **urticaria**, d'un vert mat, marbré de jaune et de
     vert. Cette seconde espèce propre à l'ortie (*Ur-
     tica dioica*), se trouve aussi sur la ronce et le
     framboisier.

40. — **capsellæ**, d'un vert foncé. Sur la bourse à pas-
     teur (*Capsella bursa pastoris*).

41. — **plantaginis**, d'un vert-foncé mat. Sur le plan-
     tain (*Plantago major*); la millefeuille, le pissen-
     lit, le lychnis dioïque. Ce puceron se tient au-
     dessus du collet de la racine.

42. — **scabiosæ**, varié de vert clair et de vert foncé. Sur
     les tiges florales de la scabieuse des champs et
     quelquefois sur la *Nicotiana rustica*.

43. — **symphiti**, d'un vert de poireau. Sur la consoude
     (*Symphitum consolida*).

44. — **sedi**, d'un vert bronzé. Sur les *Sedum telephium,
     maximum, album, reflexum*, etc.

45. — **rhamni**, d'un vert bronzé. Sur la bourdaine
     (*Rhamnus frangula*).

46. — **epilobii**, d'un vert foncé. Sur les *Epilobium roseum,
     montanum*, etc.

47. — **cratægi**, noir. Sur l'aubépine.

48. — **grossulariæ**, d'un vert plus ou moins obscur.
     Sur les groseilliers et le cassis.

49. **Aphis jacobeæ**, d'un vert obscur. Sur la jacobée (*Senecio jacobæa*).

50. — **ranunculi**, d'un vert-poireau sale et sans brillant. Sur les *Ranunculus acris*, *bulbosus* et *repens*.

51. — **sorbi**, d'un jaune verdâtre. Sur le sorbier des oiseaux.

52. — **mali**, d'un vert gai plus ou moins obscur. Sur les feuilles du pommier et du poirier.

53. — **padi**, verdâtre, ou marbré de vert foncé. Sur le bois de Sainte-Lucie (*Prunus padus*) et sur plusieurs espèces de *Cratægus*.

54. — **nasturtii**, d'un noir luisant, avec l'extrémité du corps verte. Sur les tiges et les pédoncules des *Nasturtium amphibium* et *sylvestre*.

55. — **nepetæ**, vert ou d'un vert obscur. Sur le *nepeta cataria*.

56. — **viburni**, d'un brun noir ou complétement noir. Sur le *Viburnum opulus*, principalement sur la variété appelée *boule de neige*.

57. — **evonymi**, brun café ou noir. Sous les feuilles du fusain (*Evonymus europæus*).

58. — **rumicis**, tantôt d'un noir foncé, tantôt d'un noir verdâtre un peu bronzé. Sur les différentes espèces de *Rumex*, quelquefois sur la bardane et sur l'*achillea ptarmica*.

59. — **papaveris**, d'un noir mat. Sur le pavot, les fèves de marais, le coquelicot, la digitale, la bourse à pasteur, les *Cnicus arvensis* et *palustris*, l'*Anthriscus*, l'*Æthusa cynapium*, le laurier-rose, l'*Atriplex hastata*, le *Chenopodium album*, le seneçon, la valériane officinale, les différentes sortes des millepertuis, les scorsonères, les *Datura*, la laitue, la camomille, le chrysanthème des moissons, les haricots, les *Heracleum*, les melons, les concombres, etc. Ce puceron noir est l'espèce la plus fréquente dans les jardins.

60. **Aphis sambuci**, noir avec un reflet un peu bleuâtre. Sur le sureau noir et le sureau à grappes.

61. — **laburni**, noir saupoudré de bleu. Sur le cytise des Alpes, sur les *Spartium*, le genêt d'Espagne.

62. — **craccæ**, noir saupoudré de blanc bleuâtre. Sur la *Vicia cracca*.

63. — **galii**, noir saupoudré légèrement de bleuâtre. Sur les tiges du *Galium mollugo*.

64. — **ilicis**, d'un brun foncé, légèrement saupoudré de noir. Sur le houx (*Ilex aquifolium*).

65. — **hederæ**, d'un brun foncé mat. Sur le lierre (*Hedera helix*).

66. — **genistæ**, noir à reflet bleuâtre. Sur les *Genista tinctoria*, *pilosa* et *anglica*.

67. — **lychnidis**, d'un noir luisant. Sur le *Lychnis dioica*.

68. — **persicæ**, d'un brun luisant ou d'un brun olivâtre. Dans les feuilles cloquées du pêcher.

69. — **euphorbiæ**, d'un noir mat. Sur l'*Euphorbia cyparissias*.

70. — **berberidis**, ridé, d'un jaune citron. Sous les feuilles du berbéris ou épine-vinette.

71. — **myricæ**, jaune. Sur le *Myrica gale*.

72. — **vitellinæ**, d'un vert jaune. Sur les *Salix babylonica* (saule-pleureur), *fragilis* et *triandra*.

73. — **quercus**, jaunâtre, verdâtre et quelquefois d'un vert obscur. Sous les feuilles de diverses espèces de chêne.

74. — **erysimi**, d'un gris vert ou d'un gris jaunâtre. Sur l'érysimum officinal et quelquefois sur le *Raphanus raphanistrum*.

75. — **helichrysi**, d'un jaune vert. Sur l'*Helichrysum chrysanthum*, l'*Anthemis tinctoria* et quelquefois sur l'*Achillæa ptarmica*.

76. **Aphis saliceti**, vert ou jaune. Sur les *Salix viminalis* (osier) et *caprea*.

77. — **nymphææ**, d'un vert olivâtre. Sur plusieurs plantes aquatiques, telles que *Nymphæa alba* et *lutea*, *Alisma plantago*, *Potamogeton natans*, etc.

78. — **pimpinellæ**, d'un vert-bronzé obscur. Sur les *Pimpinella magna* et *saxifraga*.

79. — **brassicæ**, d'un gris verdâtre. Sur les choux, les radis, le *Raphanus raphanistrum*, le *Sinapis arvensis*, le *Diplotaxis tenuifolia* et le *Capsella bursa pastoris*.

80. — **chenopodii**, vert, saupoudré de blanc. Sur les *Chenopodium*.

81. — **avenæ**, d'un vert foncé. Sur l'avoine cultivée et sur l'*Avena fatua*.

82. — **capreæ**, vert obscur. Sur une infinité de plantes de genres différents, telles que : *Salix babylonica*, *caprea*, *amygdalina*, *Heracleum sphondylium*, *Imperatoria sylvestris*, *Œgopodium podagraria*, *Chærophyllum temulum*, *Pastinaca sativa*, *Conium maculatum*, et autres ombellifères.

83. — **xylostei**, d'un vert blanchâtre. Sur le chèvrefeuille des jardins.

84. — **glyceriæ**, d'un vert mat, avec des raies plus claires sur le dos. Sur le *Glyceria fluitans*, le *Poa annua*, le *Phalaris arundinacea* et plusieurs petites espèces de joncs.

85. — **antennata**, vert. Sur le *Betula alba*.

86. — **cardui**, vert ou noir en-dessus, avec des nuances intermédiaires. Sur les mauves, les différentes sortes de seneçons, les *Carduus lanceolatus*, *nutans*, *crispus* et *acanthoïdes*.

87. — **populea**, gris ou d'un gris verdâtre. Mai et juillet, sur le peuplier d'Italie, les *Salix alba*, *vitellina* et *caprea*.

88. **Aphis nerii**, d'un noir mat tacheté de vert. De janvier jusqu'en avril, dans les serres, sur le laurier-rose, souvent en compagnie du puceron de l'œillet.

89. — **betularia**, d'un rouge brun, avec deux raies jaunes. D'août en septembre, sur le bouleau des bois.

90. — **salicti**, noir ou d'un brun foncé avec des lignes jaunâtres sur le dos. De juin en septembre, sur le *Salix caprea* (saule marceau).

91. — **camelliæ**, d'un brun noir mat. De juin en juillet, sur les diverses variétés de camellia, quelquefois en compagnie de l'*acorus coccineus*.

92. — **prunicola**, d'un noir-brun très-luisant. Juin et juillet, sur le prunellier.

93. — **tragopogonis**, d'une couleur brune. De mai en juillet, sur le *Tragopogon pratense*.

94. — **aceris**, velu, brun, mêlé de grisâtre. En mai et même plus tard, sur les érables (*Acer campestre, pseudoplatanus, platanoides, tataricum* et *negundo*).

95. — **populi**, velu, d'un noir luisant en-dessus, d'un vert mat en-dessous. De juin en juillet, sous les feuilles des *Populus tremula, dilatata* et *nigra*.

96. — **tiliæ**, jaune tiqueté de noir. De juin en août, sous les feuilles des tilleuls.

97. — **salicis**, velu, d'un noir verdâtre. De juin en juillet, sur différentes espèces de *Salix*.

98. — **oblonga**, d'un noir-brun luisant, maculé. Sur le *Betula pubescens*.

99. — **quadrituberculata**, d'un vert clair, maculé. Sous les feuilles du bouleau blanc.

100. — **nigritarsis**, vert. De juin en août, sous les feuilles du bouleau blanc.

101. **Aphis quercea**, verdâtre, couvert d'une sécrétion d'un blanc de neige. En juin, sous les feuilles des jeunes chênes.

102. — **alni**, jaune. D'août en septembre, sous les feuilles de l'aune (*Alnus glutinosa*).

103. — **fraxini**, Geoffroy (1), varié de noir et de vert. Sur le frêne.

104. — **ligustici**, Fabr., noir. Sur le *ligusticum*.

105. — **pistaciæ**, Linn. Vit dans le midi de la France sur le lentisque (*Pistacia lentiscus*).

106. — **vitis**, Scopoli, verdâtre. Sur la vigne.

107. — **achilleæ**, Fabricius, jaunâtre, avec l'abdomen vert. Sur le millefeuille, à Kiel.

108. — **piceæ**, Panzer, noir. En juillet, sur les sapins du nord, en Suède.

109. — **cnici**, Schrank, d'un brun rougeâtre. Entre les fleurs des *cirsium*.

110. — **alni**, Schrank, d'un rouge brun ou d'un vert pâle. Sur les pétioles des feuilles d'aune.

111. — **sanguisorbæ**, Schrank, d'un brun obscur. Sur les tiges du *Sanguisorba officinalis*.

112. — **verbasci**, Schrank, d'un jaune pâle. Sur les *Verbascum*.

113. — **avellanæ**, Schrank, vert. Sur le noisetier. (*Corylus avellana.*)

114. — **napelli**, Schr., d'un noir de poix. Sur les tiges de l'aconit napel.

115. — **betulæ**, Linn., très-petit, d'une couleur verdâtre. Sur le bouleau.

(1) NOTA. — Kaltenbach n'a pas vu en nature cette espèce, ni les treize suivantes. Les descriptions qu'il en donne sont extraites des auteurs qui les ont fait connaître. Il est possible que quelques-unes fassent double emploi avec celles qu'il décrit *ex visu*.

116. **Aphis truncata**, Hausm., d'un vert obscur. Sur le saule.

117. — **fagi** (lachnus), d'un vert herbacé. En mai et juin, sur le hêtre.

118. — **roboris** (lachnus), noir à reflet métallique. De juillet en septembre, sur le chêne (*Quercus robur*), le pin sylvestre et le sapin.

119. — **juglandicola** (lachnus), d'un jaune pâle. Juin et juillet, sur le noyer (*Juglans regia*).

120. — **juglandis** (lachnus), jaune, velu, avec quatre lignes de points noirs. Juin et juillet, sur le noyer (*juglans regia*).

121. — **platani** (lachnus), d'un vert jaune. En été, sur le *Platanus occidentalis*.

122. — **juniperi** (lachnus), velu, d'un noir brun. De juin en septembre, sur le génévrier commun.

123. — **pinicola** (lachnus), d'un brun luisant, saupoudré de gris. Entre les jeunes feuilles du sapin.

124. — **pini** (lachnus), brun. Sur les jeunes pousses du pin sylvestre.

125. — **fasciatus** (lachnus), noir. Sur le sapin et le *Pinus strobus*.

126. — **agilis** (lachnus), vert, très-rétréci. Sur le pin sylvestre.

127. — **pineti** (lachnus), brun, allongé, avec une villosité d'un blanc grisâtre. D'août en octobre, sur le pin sylvestre.

128. — **quercus** (lachnus), velu, allongé, d'un brun luisant. De juillet en octobre, sur les chênes.

129. — **corni** (schizoneura), d'un noir luisant. Mai et juin sur le *Cornus sanguinea*.

130. — **lanigera** (schizoneura), rougeâtre, enveloppé de coton blanc. Sur le pommier.

131. **Aphis lanuginosa** (schizoneura), noir, sans cornicules.
          Dans les boursouflures des feuilles d'orme.

132.   —   **tremulæ** (schizoneura), d'un brun tirant sur le
          jaune. Sous les feuilles du tremble et du peu-
          plier blanc.

133.   —   **ulmi** (schizoneura), d'un vert-foncé luisant. Dans
          les boursouflures des ormes.

134.   —   **Reaumuri** (schizoneura), d'une couleur brune.
          En mai, sur le tilleul.

135.   —   **betulæ** (vacuna), d'un vert foncé, tacheté de
          blanc. De mai jusqu'en août.

136.   —   **dryophila** (vacuna), d'un brun passant au ver-
          dâtre avec des lignes plus claires sur le dos.
          De mai jusqu'en août, sous les feuilles des
          chênes.

137.   —   **gnaphalii** (pempigus), d'un jaune sale, coton-
          neux. De septembre en octobre, sur les *Gnapha-*
          lium rectum et *germanicum*.

138.   —   **affinis** (pemphigus), noir, cotonneux. Sur le *Po-*
          pulus nigra et *dilatata*.

139.   —   **bursarius** (pemphigus), verdâtre, recouvert d'un
          duvet cotonneux. Sur les feuilles des *Populus ni-*
          gra et *dilatata* (1).

140.   —   **bumeliæ** (pemphigus), brun, recouvert d'un du-
          vet cotonneux. De mai jusqu'en juillet, sur le
          chêne.

141.   —   **ranunculi** (pemphigus), d'un jaune vert, garni
          d'un duvet blanc. Sur les *Ranunculus bulbosus, re-*
          pens et *flammula*.

142.   —   **Degeeri** noir cotonneux. Sur les jeunes aiguilles
          du pin sylvestre.

143.   —   **xylostei** (pemphigus), cotonneux. Sur le *lonicera*
          xylosteum.

144.   —   **ulmi** (tetraneura), vert, sans cornicules et
          sans queue. Dans les galles des feuilles
          d'orme.

(1) Il ne faut pas confondre les *cornets* habités par ce puceron, avec les *clous* des feuilles de tilleul, occasionnés par la piqûre d'un petit *acarus* dont Vallot et Turpin nous ont fait connaître l'histoire.

145. **Aphis coccinea** (phylloxera), rouge écarlate. Sous les
feuilles des *Quercus robur* et *pedunculata*.

146. — **pilosellæ** (rhizobius), jaune, aptère. Sur les racines de la piloselle.

147. — **pini** (rhizobius), brun, garni de poils blancs. Sur
les racines du pin sylvestre.

148. — **subterraneus** (rhizobius), brunâtre, garni d'un
duvet blanc. Sous les pierres, au milieu des
fourmis.

149. — **formicaria** (forda), jaunâtre ou d'un gris verdâtre sans cornicules. Au pied des plantes, au milieu des fourmis.

150. — **radicis** (trama), d'un jaune pâle ou d'un gris
blanchâtre. A la racine des Synanthérées, au milieu des fourmis.

151. — **cimiciformis** (paracletus), d'un jaune de cire,
glabre, luisant. Dans les nids de la fourmi des
bois (*formica rufa*).

Cette liste, toute longue qu'elle est, ne renferme pas cependant quatre-vingt-quinze espèces nouvelles figurées par Koch (1),
ni quelques-unes de celles décrites par les entomologistes anglais, mais elle contient probablement la majeure partie des
pucerons que nous trouvons aux environs de Paris et même
dans le centre de la France ; elle ne comprend pas non plus
quelques espèces qui vivent sur des plantes propres à la région
méridionale. Parmi celles décrites par Boyer de Fonscolombe,
comme se trouvant aux environs d'Aix en Provence, il y en a
plusieurs que Kaltenbach et Koch n'ont pas connues et que
nous-même nous n'avons jamais vues ; de ce nombre sont :

152. **Aphis artemisiæ**, d'un vert-glauque pollineux, avec les
antennes noires et très-longues. En mai, sur
l'*Artemisia vulgaris*.

(1) Koch, dans sa remarquable monographie publiée en 1857, décrit et
figure 204 espèces de pucerons répartis en 34 genres.

153. **Aphis isatidis**, d'un vert glauque pollineux, avec les
antennes et les pattes brunes. Se trouve communément en avril sur le pastel (*Isatis tinctoria*).

154. — **tulipæ**, pubescent, d'un jaune grisâtre un peu
pollineux, cornicules très-courtes, noires. Sur
les tulipes sauvages, dans le midi de la
France.

155. — **onobrychis**, grand, d'un vert clair ; antennes
et pattes longues ; cornicules vertes, avec l'extrémité noire. A la fin de mai, sur le sainfoin.

156. — **aurantii**, petit, vert, varié de noir ; antennes
assez longues ; cornicules vertes, assez courtes,
avec l'extrémité noire. En septembre, sur les
orangers en Provence.

157. — **tuberosæ**, d'un brun soyeux, avec les cornicules
courtes et noires. Vit en Provence sur la tubé-
reuse (*Polyanthes tuberosa*).

158. — **Hibernaculorum**, entièrement vert ; cornicules
très-longues, également vertes. Dans les orangeries sur le *Daphne indica*. Nous lui trouvons de
grands rapports avec le *Dianthi* de Schrank qui
s'est introduit dans les serres et les orangeries,
où il vit sur une infinité de plantes.

159. — **verbasci**, jaune, avec les pattes et les antennes
également jaunes ; cornicules courtes et noirâtres. Sur le *Verbascum nigrum*. Avant Boyer de
Fonscolombe, Schrank avait déjà décrit, dans
sa *Fauna Boica* un puceron du *Verbascum* sous le
même nom. Au reste, celui des environs d'Aix
est exactement le même que celui de Schrank,
qui devra par conséquent conserver la priorité
du nom.

160. — **roboris**, grand, d'un noir un peu bronzé, avec
les antennes et les pattes longues et roussâtres ;
abdomen muni de tubercules latéraux ; point de
cornicules. Sur les chênes, en Provence. Nous
pensons que ce puceron se rapporte plutôt à
notre *Ilicicola* qu'au *Roboris* de Linné.

161. **Aphis filaginis**, vert pollineux, saupoudré de grisâtre. Vit sur le *Filago germanica* qui devient glutineux par sa piqûre.

C'est évidemment la même espèce que le *Gnaphalii* de Kaltenbach ; mais, comme Boyer de Fonscolombe l'a décrit deux ans auparavant, le nom de *Filaginis* doit avoir la priorité.

162. — **populi albæ**, velu, varié ou tacheté de brun et de vert jaunâtre ; antennes plus courtes que le corps. Sur le peuplier blanc. Cette espèce nous paraît être exactement la même que l'*aphis Tremulæ* figuré par Degeer, tab. 7, fig. 4-7, et décrit par Linné et Fabricius.

37. — Puceron du pistachier. *Aphis pistaciæ.*

163. **Aphis pistaciæ**, jaune tomenteux et saupoudré de blanchâtre ; antennes courtes, blanchâtres ainsi que les pattes ; point de cornicules.

> Cet insecte forme sur les *Pistacia vera*, *lentiscus* et *terebinthus*, des galles de diverses formes qui croissent à l'extrémité des rameaux sur les bourgeons ou à l'origine des feuilles. Ces galles sont vivement colorées en jaune, en rouge ou en vert. C'est dans leur intérieur que vivent les pucerons.
>
> Il paraît qu'en Orient, selon Fonscolombe, ces mêmes galles, appelées *bazgengdges*, sont employées pour la teinture cramoisie ou écarlate en les mêlant avec un peu de cochenille.
>
> C'est bien cette espèce que Linné a décrite sous le nom de *Pistaciæ* dans son *Systema naturæ* et que Réaumur a figurée, t. III, pl. 24 et 25.

M. Rivière nous a rapporté, des propriétés de M. Paulin Talabot, une quantité de rameaux de lentisque chargés de galles. Toutes ces excroissances prennent sur cet arbuste la forme semi-lunaire, et se développent toutes sur un côté de feuille dont elles absorbent les trois quarts. Leur couleur est d'un rouge un peu brun. Lorsqu'on les ouvre, on trouve dans leur intérieur une petite famille de pucerons, entourés d'un léger duvet.

Auteurs principaux, qui se sont occupés des pucerons:

Leeuwenhœk, *Arcana naturæ*.

Réaumur, *Mém.* vol. III, *Mém.* 9 et vol. VI *Mém.* 13.

Bonnet, *Traité d'insectologie*. Paris, 1745.-8.

Degeer, *Mémoire pour servir à l'histoire des insectes*.

Hausmann, in *Illig mag.* 1. Bd., p. 525. u. ff.

J. F. Kyber, *Erfahrungen und Bemerkungen über die Blattläuse* in *Germ. mag.* I.

Linn., *Faun. suecica.* Stockh., 1761.

Fabricius, *System. Rhyngot.* Brunsvigæ, 1803.

Fred. Schrank, *Faun. Boic.* Bd. Ingolstadt., 1801.

Burmeister, *Handbuch der Entom.* II. Bd. Berlin 1835.

v. Heyden in *Mus. Senkenberg*, heft II. p. 290-299.

Hartig, *Versuch einer Entheilung der Pflanzenläuse* in *Germ. Zeitschrift*. III Bd.

Schmidberger, *Beyträg. zur Obstbaumzucht und zur Naturgesch. der den Obstbäumen schädlichen Insecten.* Linz, 1839.

Kaltenbach, *Monographie der Familien der Pflanzenläuse.* Aix-la-Chapelle, 1843.

Geoffroy, *Hist. abrégé des Ins.* Paris, Remont, an 7 de la république.

Asa-Fitch, *Reports on the noxious ins.* in *trans. of the state of New-York Agr. Soc.* 1854.

Koch, die *Pflanzenläuse Aphid. Nürnberg*, 1854-1857.

Nördlinger, *die kleinen Feinde der landwirthschaft*, etc. Stuttgart, 1855.

Curtis (John), *farm. insects.* London Backie, 1860.

Goureau, *Ins. nuisibles aux arbres fruitiers*, Bulletin de la société des Sc. Hist. et Nat. de l'Yonne. Auxerre, 1862.

Géhin, *Ins. nuisibles*, Extr. du 9me Bulletin de la Société d'Hist. Naturelle de la Moselle, 1862.

Boyer de Fonscolombe, *Descript. des pucerons qui se trouvent aux environs d'Aix.* Ann. de la Soc. Entomol. de France. 1841, t. X.

Amyot et Serville, *Ins.*, *hémipt.*, suite à Buffon Roret, 1843.

Walker, *Note on the genus àphis*, Entom. mag. t. III.

TRIBU DES COCCIDES.

En général, les animaux qui composent cette tribu ressemblent bien peu aux autres insectes. Les jardiniers les désignent par les noms de *pou*, de *punaise* et même quelquefois par celui de *tigre des écorces*. Réaumur, en raison de leur forme qui imite des petites galles ou excroissances, les a appelés *Gallinsectes*.

Ils ont pour caractères six pattes munies de deux articles aux tarses ; des antennes sétacées d'environ onze articles ; un bec ou suçoir naissant de la poitrine chez les femelles ; un abdomen terminé par des petites soies plus ou moins longues. Chez les mâles, qui sont excessivement petits et dont on ne connaît qu'un très-petit nombre, il n'y a pas de bec à l'état parfait, mais ils ont deux ailes transparentes se recouvrant horizontalement. Les pattes et les filets abdominaux sont ordinairement un peu plus longs que dans les femelles.

En Allemagne, des entomologistes distingués, entre autres Illiger et Bouché, ont étudié un certain nombre d'insectes de cette tribu, et y ont établi plusieurs coupes génériques que nous eussions adoptées si, au lieu de parler à des personnes, qui veulent avant tout un langage à leur portée, nous écrivions pour des savants.

Notre collègue, M. le docteur Signoret, à qui nous avons communiqué plusieurs des espèces dont nous ne donnons ici qu'un court signalement, s'occupe, en ce moment, dans un but purement scientifique, d'un travail sur les Coccides. Nous sommes convaincu d'avance, d'après l'étude anatomique qu'il fait de chaque espèce, et les nombreux dessins exécutés au microscope qu'il nous a montrés, que son ouvrage répondra dignement à ce que la science entomologique est en droit d'attendre d'un hémiptérologiste aussi distingué.

Il fera connaître, à l'aide de bonnes figures, d'une manière rigoureuse, les caractères du genre *Aspidiotus*, dont la coque s'élargit concentriquement par les dépouilles successives de la larve, comme chez le *pou* du rosier, du laurier-rose, des *Kennedya*, etc., ceux du genre *Lecanium* d'Illiger, où la carapace est formée par la peau desséchée de l'insecte lui-même, comme dans la *punaise* du pêcher, et enfin ceux du genre *Chermes* (1) tel qu'il le restreindra et ceux du genre *Coccus*.

Pour être aussi simple que possible et pour être bien compris de nos collègues, à l'exemple de Geoffroy et de Latreille, nous appellerons *Kermès* tous les individus qui, dans l'âge adulte, sont collés sur les écorces ou sur les feuilles, et *Cochenilles* ceux qui marchent et se promènent sur les plantes pendant toute leur vie et ne se fixent jamais.

(1) Le genre *Chermes* a été établi par Geoffroy pour les gallinsectes de Réaumur, et adopté par Latreille et les entomologistes français. On ne sait trop pourquoi Linné a donné ce nom générique à quelques psylles, et à ces pucerons du genre *Adelges*, qui produisent sur les jeunes branches des sapins des galles alvéolées; puis il a appelé *Coccus* tout ce qui est pour nous des kermès et des cochenilles. Hartig, Kaltenbach, Ratzburg et Koch ont imité le naturaliste suédois, mais pour les *adelges* seulement. Ce transport du nom d'un genre à un autre cause aujourd'hui un peu de confusion en entomologie.

Dans l'état actuel de la science, les kermès sont partagés en deux genres principaux, les *Aspidiotes* et les *Lécanies*.

GENRE KERMÈS. CHERMES Geoffroy.

C'est sous ce nom que nous désignons des insectes dont le corps des femelles est ovoïde, naviculaire, globuleux ou lenticulaire, ressemblant à de petites excroissances ou de petites élévations que les horticulteurs remarquent tous les jours, collés et immobiles sur les écorces ou sur les feuilles persistantes des arbres et autres plantes. Leur couleur varie beaucoup, depuis le blanc pur jusqu'au brun foncé.

Les kermès, dont le nombre égale peut-être celui des pucerons, sont bien moins connus que ces derniers. Les mâles sont si petits et semblent si peu nombreux, relativement aux femelles, qu'ils échappent souvent à notre vue. C'est tout au plus s'il y en a une trentaine d'espèces décrites par les entomologistes qui se sont occupés plus spécialement de la tribu des Coccides, tels que Burmeister, Bouché, Geoffroy, Deégeer, Réaumur et quelques autres; les espèces le mieux étudiées sont celles qui vivent sur nos arbres indigènes et qui sont déjà passablement nombreuses, puisqu'il y a des arbres, comme le chêne, par exemple, qui en nourrissent trois ou quatre; celles qui sont propres aux végétaux cultivés dans les serres ont été bien plus négligées; il est vrai que le chiffre en augmente tous les jours, en raison des importations de plantes provenant des différentes contrées du monde, dont les tiges ou les feuilles sont parfois habitées par un kermès inaperçu. Cet insecte exotique se trouvant alors dans un milieu convenable, s'y multiplie d'autant mieux que les plantes sont plus languissantes que sur leur sol natal.

Les kermès, comme beaucoup d'autres parasites, choisissent toujours de préférence un végétal chétif dont les sucs sont modifiés par un état de souffrance. Nous pouvons citer comme exemple le laurier-rose : à l'état sauvage, cet arbuste croît naturellement, comme nos saules, sur le bord des ruisseaux ; dans ces conditions, il est presque toujours exempt de kermès ; tandis qu'il en est couvert lorsqu'il végète péniblement en pot et dans de la terre usée. Nous pouvons dire la même chose de nos orangers.

Il y a pourtant quelques exceptions : le *Coccus cacti* de Linné en offre un exemple. Cet insecte que l'on a long-temps pris pour une graine et qui constitue la coche-nille du commerce, vit, au Mexique, sur des *Opuntia* pleins de santé et spécialement sur l'espèce appelée *O. coccinellifera*. Il en est de même d'une autre coche-nille, *Coccus lacca*, qui vit dans l'Inde sur les *Ficus indica* et *religiosa* et même sur quelques *Croton*, et dont la piqûre sur ces végétaux laiteux détermine une sé-crétion résineuse très-abondante et fort employée sous le nom de gomme-laque.

MM. Thibaut et Ketteleér ont reçu, cette année, des *Angræcum sesquipedale* très-bien portants et arrivant directement de Madagascar, dont les feuilles offraient un kermès particulier.

Les kermès sont rares sur les plantes annuelles et même sur les feuilles qui tombent à l'automne. La plu-part des espèces sont collées le long des branches si intimement qu'elles semblent faire corps avec l'écorce.

Il en est d'autres que l'on rencontre à la face inférieure des feuilles persistantes, même simultanément sur les deux faces.

Lorsque, vers le milieu de l'été, on soulève, à l'aide d'une pointe d'aiguille la carapace d'un de ces insectes, on trouve dessous une larve d'un vert jaunâtre ou blanchâtre; mais, en faisant cette opération, le bec et le bout des pattes se brisent très-souvent et restent dans la plaie.

L'histoire des kermès a été étudiée par plusieurs auteurs; mais personne, à notre avis, ne l'a fait connaître plus exactement que Geoffroy. Nous ne pouvons donc mieux faire que de citer ici ce qu'en a dit ce savant: « Lorsque ces insectes sont jeunes, ils courent avec agilité sur les tiges et les feuilles et ressemblent, pour la figure, à de petits cloportes blancs microscopiques qui auraient six pattes; mais, au bout de quelque temps, le kermès se fixe à un endroit de l'arbre ou de la plante sur lesquels il vit; il reste dans ce même endroit, y devient immobile: enfin son corps parvient à se gonfler, sa peau se tend, devient lisse; elle se sèche, les anneaux s'effacent et disparaissent; en un mot, il perd tout à fait la forme et la figure d'un insecte, il ressemble aux galles ou excroissances qu'on trouve sur les arbres. La peau du kermès ainsi séchée, ne sert plus que de coque ou de couverture, sous laquelle sont renfermés plus tard les œufs de ce petit animal.

Examinons maintenant en détail les parties dont sont composés les mâles et les femelles. Ces dernières, les plus aisées à trouver et souvent très-communes sur certaines plantes, ressemblent, ainsi que nous l'avons dit, à de très-petits cloportes. Elles ont deux antennes, six pattes, et leur corps, qui est blanchâtre et comme poudreux, est composé de cinq anneaux. Leur bouche part du corselet au-dessous de la première paire de pattes. Elle est composée d'un mamelon ou tuyau charnu, fort court, duquel naît un petit filet blanc et délié, plus long souvent que la moitié du corps de l'insecte. C'est par ce tuyau ou filet que le petit animal pompe sa nourriture, en l'enfonçant profondément dans l'écorce. A l'extrémité du ventre sont des filets blancs au nombre de deux à six; mais ces filets ne s'aperçoivent aisément qu'en pressant un peu le corps de l'insecte pour les faire sortir. Pendant les premiers temps, ces petites femelles nouvellement écloses courent avec agilité sur les plantes, où l'on peut les voir souvent en très-grand nombre; mais, bientôt après, elles se fixent et s'arrêtent sur un endroit de la plante. Alors elles restent immobiles, et ne quittent pas cette place, où elles doivent pondre et terminer leur vie. Ce n'est pas que, dans le commencement, ces insectes soient hors d'état de marcher, ils pourraient encore le faire pendant plusieurs mois après s'être fixés, comme on peut s'en assurer en les détachant légèrement; mais ces insectes ne le peuvent plus au bout d'un certain temps. Si l'on détache, vers la fin de l'hiver, ceux qu'on a vus se fixer pendant l'automne, on ne les voit plus marcher ni faire de mouvement, et ils périssent sans donner signe de vie. Lorsque les femelles sont ainsi fixées, elles tirent leur nourriture de l'endroit où elles sont attachées. Pour lors, elles changent de peau, elles la quittent par morceaux, sans paraître faire aucun

mouvement. C'est aussi dans ces mêmes temps, après
que ces insectes sont devenus immobiles, qu'ils croissent beaucoup ; ils ne tardent pas à atteindre souvent la
grosseur d'un grain de poivre et même, dans quelques
espèces, celle d'un pois ; leur peau s'étend, devient lisse
et ils ressemblent à de petites élévations tuberculeuses.
Aussi, quelques naturalistes les ont-ils pris pour de véritables tubercules, ne pensant pas qu'un corps immobile, qui paraît insensible et qui ressemble si peu à un
animal, pût être un insecte. La figure de ces sortes
de galles varie suivant les différentes espèces : les unes
sont arrondies en demi-boules, les autres sont oblongues
et ressemblent à une nacelle renversée, d'autres sont
plus aplaties et en forme de lentilles. Lorsque les femelles ont pris cette forme, au bout de quelque temps,
elles pondent. Leurs œufs sortent de la partie postérieure de leur corps, par une ouverture placée de façon
que ces œufs, en sortant du derrière, repassent sous le
ventre de la mère qui les couvre. Avant la ponte, le
ventre du kermès était immédiatement appliqué contre l'écorce. A mesure que ces œufs sortent, le ventre
est moins tendu ; les œufs poussés entre l'insecte et
l'écorce de l'arbre, repoussent la peau inférieure du
ventre contre celle du dos, en sorte que, lorsque la
ponte est faite, et que le ventre est tout à fait vide,
les deux membranes de cette partie se touchent ; la
mère en mourant ne forme plus qu'une espèce de coque solide, sous laquelle les œufs sont renfermés.

On trouve souvent, en été, des arbres chargés de ces
coques.

En les levant, on trouve dessous une grande quantité

d'œufs ; d'autres coques sont creuses et vides, ce sont celles dont les petits sont éclos.

Le mâle de ces singulières femelles ne leur ressemble guère que dans les commencements, lorsqu'il est encore sous la première forme. Pour lors, on ne peut distinguer ce mâle d'avec sa femelle. Bientôt après il se fixe comme elle ; il devient immobile, mais sans grandir et prendre d'accroissement. La peau de cette petite larve, ainsi fixée, se durcit et forme une espèce de coque sous laquelle vient la nymphe. Lorsque cette nymphe est métamorphosée et qu'elle est devenue insecte parfait, l'animal sort de sa coque, le derrière le premier, en soulevant sa partie supérieure. Cet animal parfait est très-différent de sa femelle. C'est un animal ailé, fort petit, dont le corps et les six pattes sont souvent rougeâtres et couverts d'une farine ou poudre blanche. A sa queue on voit des petits filets blancs, quelquefois doubles de la longueur des ailes ; et, entre ces filets, une espèce d'aiguillon un peu courbé, moins long qu'eux au moins des deux tiers. Les larves de ces mâles avaient des trompes comme celles des femelles, mais, à l'état parfait, ils en sont dépourvus.

A peine le mâle s'est-il métamorphosé, qu'il se sert de ses ailes pour voler vers les femelles. Ces dernières sont beaucoup plus grandes que lui : il se promène plusieurs fois sur quelqu'une d'elles, va de sa tête à sa queue, peut-être pour l'exciter. Cette femelle, qui paraît immobile et sans vie, n'est cependant pas insensible à ses caresses ; elle paraît y répondre, et, pour lors, le mâle introduit dans la fente qui est à la partie postérieure de la femelle, cet aiguillon courbé dont nous avons parlé.

Peu de temps après cet accouplement, la femelle pond des centaines d'œufs qui passent sous son ventre à mesure qu'ils sortent de son corps. Ces œufs sont durs, luisants, rougeâtres ou blanchâtres, souvent enveloppés sous le corps de la mère dans une espèce de duvet cotonneux, qui suinte à travers la peau de l'insecte, sous la forme d'une poudre blanche. »

Les auteurs qui ont fait des observations sur les kermès, ont ajouté peu de choses aux travaux de Geoffroy.

Nous avons étudié sur un grand nombre d'espèces vivant dans les serres ou dans les jardins, et nous avons constaté que les petits nouvellement éclos ne sont pas toujours blancs, comme le dit Geoffroy ; nous en avons vu qui étaient roussâtres et qu'on aurait pris pour des petits points ou des petites granulations de l'épiderme des végétaux.

Nous n'avons pas été heureux dans nos éducations, car nous n'avons obtenu qu'un seul mâle, c'est celui du *Chermes filicum*, que nous décrirons en parlant de cette espèce.

On croirait que ces insectes, protégés qu'ils sont par une sorte de couverture, doivent être à l'abri des parasites, mais il n'en est pas ainsi ; ils ont leurs ennemis naturels. Si l'on enveloppe d'une mousseline une branche couverte de kermès, dans l'espérance d'obtenir des mâles, on est tout étonné de voir naître de petits hyménoptères de la famille des Chalcidites.

M. Goureau a observé qu'un autre petit Hyménoptère de la famille des fouisseurs, le *Celia troglodytes* de Schuck, dont la larve vit dans le bois mort, enlève un grand nombre de jeunes kermès qu'il entasse dans le petit trou destiné à recevoir ses œufs ; aussitôt après leur naissance, ses propres enfants trouvent là une nourriture assurée d'avance. Cette petite mouche doit être comptée au nombre de nos insectes bienfaisants.

Plusieurs espèces de kermès, tels que celui de l'oranger et de l'amandier, etc., sécrètent, comme les pucerons, une sorte de *miellat* qui attire les fourmis, poisse les feuilles et contribue puissamment au développement de certaines Mucédinées dont les sporules viennent se fixer sur cette matière visqueuse.

Les entomologistes qui se sont occupés des gallinsectes ont dû se demander souvent ce que devenaient les excréments de ces petits animaux qui sucent incessamment le suc des végétaux. Jamais on n'en aperçoit la moindre trace. On suppose que les résidus de la digestion font partie constituante de la coque servant de couverture à la larve et à la femelle condamnée à périr sous cette enveloppe.

On a essayé beaucoup de moyens pour détruire les kermès. On a conseillé les lavages avec de la lessive ou de l'eau de savon noir, remèdes souvent tout à fait inefficaces, et inapplicables sur les plantes de serre. On a employé pour les arbres fruitiers, avec quelques succès, le lait de chaux appliqué pendant l'hiver à l'aide d'un pinceau, ainsi que la naphtaline ou même l'huile lourde de gaz. Quelques jardiniers ont eu recours à la fleur de soufre, mais sans le moindre succès. Il est inutile de parler ici des prétendues poudres insecticides dont l'effet est complétement nul sur des insectes protégés par une carapace. Les fumigations de tabac ne les détruisent pas davantage, une fois qu'il sont fixés ; elles ont un peu d'action sur les petits nouvellement éclos. Mais, ainsi que nous l'avons dit en parlant des thrips et des pucerons, on ne peut pas soumettre toutes les plantes à cette opération.

Le seul moyen véritablement efficace consiste, tout simplement, pour diminuer le nombre de cette vermine, à nettoyer les plantes de serre avec une brosse plus ou moins rude, selon leur texture. Pour les arbres fruitiers, nous recommandons, avec M. Forest, des frictions avec une brosse dite de chiendent (1) ou bien avec un gant de crin. Une fois les kermès détachés de la tige ou des feuilles, ils ne remontent pas, et périssent promptement. Il y a certaines espèces bien plus adhérentes les unes que les autres ; on ne les détache entièrement que par un brossage prolongé.

Le hasard a fait découvrir un moyen qu'on pourrait peut-être essayer utilement dans certains cas. Il y avait autrefois, sur le terre-plein du Pont-Neuf, à côté des bains Vigier, un café entouré de lauriers-roses. Ces arbustes étaient littéralement couverts de *Chermes nerii* ; les feuilles en étaient toutes blanches, lorsque survint, au mois de mai 1836, une inondation tout à fait inattendue. Le limonadier, pris à l'improviste, n'eut pas le temps de rentrer ses lauriers-roses qui restèrent trois ou quatre jours sous l'eau. Mais il fut agréablement surpris, lorsque la Seine fut rentrée dans son lit, de voir qu'ils étaient entièrement débarrassés des kermès. Ils poussèrent plus

---

(1) Le nom de *chiendent* est absurde, attendu que ce n'est pas avec les racines de cette plante que l'on fait les brosses et les petits balais, mais bien avec les racines du riz dont, chaque année, on expédie du Piémont une quantité considérable.

vigoureusement que jamais et la floraison fut superbe.
Il paraît, d'après ce fait qui nous a été communiqué par
M. Lhomme, jardinier chef de l'École de botanique de la
faculté de médecine, que ces gallinsectes ne survivent
pas à une immersion prolongée. Plusieurs plantes dures
pourraient sans inconvénient être plongées dans l'eau
pendant 24 heures.

Ainsi que nous l'avons déjà dit, les diverses espèces
de kermès sont loin d'être bien connues. La vie
d'un homme ne suffirait pas pour étudier complétement l'histoire de ces petits animaux, dont le nombre augmente avec l'importation des végétaux exotiques. Dans l'état actuel de la science, on ne peut établir une espèce d'une manière bien authentique que
lorsqu'on connaît parfaitement les deux sexes. Il n'en
est pas ainsi pour ces insectes ; car la plupart des mâles
échappent à nos observations par leur petitesse. La
description que beaucoup d'auteurs ont donnée de ces
gallinsectes n'est faite que sur la coque, sa forme, sa
couleur et son *habitat*. Or, il y a beaucoup de ces
coques qui pour un œil peu exercé se ressemblent par
la forme et la couleur, comme celles du rosier, du
palmier, et du laurier-rose, etc. Si l'on enlève avec la
pointe d'une aiguille la carapace, on trouve dessous
la larve ou la femelle qui est à peu près semblable
dans toutes les espèces. Lorsqu'on n'y trouve ni la larve
ni la femelle, on y rencontre des œufs ou des petits
nouvellement éclos, restés sous le ventre de leur
mère pour y subir leur premier changement de peau.

Nous avons donc été obligé de nous en tenir de
même, pour la majeure partie des kermès, aux carac-

tères tirés de la forme et de la couleur de l'enveloppe extérieure. Aussi, nous ne prétendons pas que toutes les espèces que nous mentionnons avec un nom particulier et sur lesquelles nous appelons l'attention des jardiniers, soient véritablement nouvelles pour la science. Il y a probablement des espèces polyphages qui, dans les serres, vivent sur beaucoup de plantes de familles fort éloignées.

Grâce à l'obligeance de MM. Rivière, Houllet, Thibaut et Ketteleer, Burel, Savoye, Chantin, Ludmann, etc, nous avons pu examiner, sur place, un grand nombre de plantes habitées par des Coccides. Nous avons même été assez heureux pour en rencontrer quelquefois sur des végétaux qui arrivaient directement de l'étranger et qui étaient purs de tout contact avec ceux cultivés dans les serres.

Kermès de la vigne. Chermes vitis Linné.

Le mâle de cette espèce est connu et a été décrit par plusieurs auteurs. Il est très-petit et d'une couleur briquetée, avec les antennes brunes et le corselet noir. L'abdomen se termine par deux longues soies entre lesquelles on aperçoit l'organe mâle qui est recourbé en dessous. Les ailes sont, comme dans plusieurs autres espèces, bordées d'une petite ligne d'un rouge sanguin.

La femelle, ou plutôt sa coque qui est très-commune et bien connue des arboriculteurs, est très-convexe, bombée, plutôt oblongue que ronde, un peu amincie en avant et plus élargie en arrière. Sa couleur est d'un brun roussâtre plus ou moins clair, tiquetée de

petits points noirs distribués sans ordre. Elle est, en
outre, lorsqu'elle a atteint toute sa taille, vers la fin
du printemps, bordée d'un petit bourrelet de coton
blanchâtre qui s'étend sous le ventre et sur lequel
elle dépose ses œufs.

Cet insecte se trouve fréquemment sur différentes
variétés de vigne, mais le plus généralement sur les
ceps languissants et souffreteux. Il est rare de le
rencontrer sur les jeunes pieds vigoureux et bien cultivés.

Kermès du pêcher. Chermes persicæ Geoffroy.

Le mâle de ce kermès est aussi au nombre des espèces décrites par les auteurs. Il est extrêmement petit, d'une couleur roussâtre, avec les antennes plus claires et les pattes brunes; ses ailes sont blanches, avec
la côte liserée de rouge.

La femelle ou plutôt sa coque se trouve très-souvent sur les pêchers, et est appelée vulgairement
punaise du pêcher par les cultivateurs de Montreuil;
elle est un peu oblongue, d'un brun café, avec
quelques dépressions sur le dos. Lorsqu'elle a pris
tout son accroissement, dans les premiers jours de
juin, elle est entourée d'un duvet blanc. A cette
époque où elle est d'ordinaire fécondée, elle se met à
pondre, et périt ensuite. Après l'éclosion et la dis-
persion des petits, on ne trouve plus que des coques
vides. Ceux-ci s'éparpillent bientôt sur les feuilles
les plus tendres et dans le voisinage des yeux du
pêcher. Ils marchent avec beaucoup d'agilité, et, à

l'automne, ceux qui étaient sur les feuilles, les abandonnent et viennent se fixer sur les branches où ils restent dans l'engourdissement pendant tout l'hiver. Au printemps, ils se raniment et commencent à prendre de la nourriture jusqu'en mai qu'a lieu l'accouplement. On remarque, à cette époque de l'année, qu'il y a comme dans beaucoup d'autres espèces congénères, de place en place, de petits groupes de coques beaucoup plus petites que les autres : selon Bouché ce sont elles qui doivent produire les mâles.

Ce kermès cause de grands ravages dans les endroits où l'on cultive spécialement le pêcher ; il occasionne, par la succion de la séve, le dépérissement et quelquefois la mort de cet arbre. Les fourmis sont très-friandes de la matière mielleuse sécrétée par ces insectes.

M. Alexis Lepère, dont le nom est connu de tous les arboriculteurs, nous a montré des branches de pêcher entièrement couvertes de ces gallinsectes.

Il est facile de comprendre que c'est pendant l'hiver qu'il faut brosser et nettoyer les pêchers pour se débarrasser de cet ennemi.

Kermès de l'amandier. Chermes amygdali Blanchard.

Nous n'avons jamais vu cet insecte sur l'amandier, arbre peu cultivé dans les environs de Paris ; mais nous l'avons observé souvent à Montreuil, sur le pêcher. Il est plus petit que le précédent, entièrement rond et globuleux ; sa couleur est également d'un brun couleur café. C'est le *kermès rond du pêcher* de Geoffroy.

Kermès du poirier. Chermes pyri Linné.

Le mâle nous est inconnu, mais la coque de la femelle est quelquefois très-commune en Normandie sur plusieurs variétés de poiriers. Elle est un peu convexe, d'un roux clair, assez petite et très-adhérente aux jeunes branches. Ce petit kermès est entouré d'un très petit bourrelet blanc, qui se continue sous le ventre et qui laisse sur l'écorce une empreinte blanche, lorsque les vieilles coques sont détachées.

C'est plus particulièrement sur les arbres languissants que l'on rencontre le kermès du poirier. Nos pépiniéristes l'ont envoyé, avec les poiriers de l'Europe, dans l'Amérique septentrionale, où il a été mentionné pour la première fois, en 1854 par feu le docteur Harris, de Boston, et décrit la même année, par le docteur Asa-Fitch qui l'avait observé en grande quantité sur des poiriers aux environs d'Albany. Cette espèce et les deux précédentes font partie du genre *Lecanium* d'Illiger.

Schrank décrit un autre kermès voisin du précédent. Il paraît qu'il est rare en France, car aucun auteur français n'en donne une description bien exacte : c'est le *Chermes mali*, qui vit, en Allemagne, sur le pommier.

Kermès coquille. Chermes conchyformis Gmelin.

Le mâle nous est inconnu ; la femelle ou plutôt sa

coque est excessivement commune, dans certaines années, sur les pommiers, et souvent aussi sur les poiriers. Elle est assez petite, allongée, amincie en avant, un peu arquée en forme de virgule et ressemblant, en petit, à une coquille de moule. Sa couleur ordinaire est le brun roussâtre plus ou moins foncé, fréquemment saupoudré d'une efflorescence glauque.

Ces insectes sont disposés par groupes plus ou moins nombreux sur l'écorce, serrés les uns contre les autres, et quelquefois les uns sur les autres, ayant la partie antérieure dirigée dans tous les sens. Ils se tiennent collés sur l'épiderme des branches, mais souvent aussi ils envahissent le pétiole des feuilles, le pédoncule des fruits, et quelquefois lês fruits, où ils apparaissent sous formes de petites virgules.

C'est ce kermès qui nous a été envoyé par M. Laisné, président du cercle horticole d'Avranches, sur des poires de *Louise bonne* et que nous avons regardé à tort, avec d'autres auteurs, comme le kermès du poirier, et mentionné comme tel dans les *Annales de la Société impériale et centrale d'horticulture*. Le véritable kermès du poirier des auteurs modernes est l'espèce précédente qui est moins répandue. Il est impossible de dire d'une manière bien certaine quel est celui que Linné a appelé *pyri*. Le kermès du poirier, dont parle Dalbret, est le même que le kermès coquille.

Cet insecte a été, comme le précédent, transporté d'Europe en Amérique avec nos arbres fruitiers et s'y est fort bien naturalisé. M. Asa-Fitch (*Noxious insects of New-York*), entomologiste distingué de l'État de New-York, a très-bien étudié son histoire, et l'a décrite d'une

façon qui ne laisse rien à désirer. « Ce n'est guère avant
1840, dit-il, qu'il a paru dans l'Ohio et dans l'Illinois.
Aujourd'hui il est répandu dans tous les districts de l'Est,
mais c'est surtout dans ceux qui bordent le lac Michi-
gan, que ses ravages surpassent tout ce qu'on a dit jusqu'à présent. C'est à peine si l'on trouve un seul arbre
qui en soit exempt ; et, si l'on ne prend pas des mesures
pour le détruire, on est sûr de voir périr l'arbre un petit
nombre d'années après son invasion. »

Ce kermès doit s'accoupler et pondre à l'automne,
car il meurt pendant l'hiver et sa peau desséchée recouvre les œufs dont le nombre varie de 25 à 80. Lorsqu'à
l'aide d'une aiguille on enlève sa carapace ou coquille,
on trouve dessous des œufs qui sont un peu allongés, d'une extrême petitesse, luisants, blancs ou d'un
blanc un peu jaunâtre. Les petits éclosent vers le
15 mai pour se disperser sur l'écorce, où ils apparaissent
alors comme de très-petits points blancs faisant partie
de l'épiderme.

En France, on emploie avec succès, sur les arbres
fruitiers, pour détruire le kermès coquille, un badigeon-
nage avec de la chaux délayée. Les Américains conseillent l'usage du goudron mêlé avec de l'huile de lin et
appliqué à chaud pendant l'hiver avec une brosse de
feutre. M. Kimball, horticulteur, à Kenosha, dans le
Wisconsin, préconise le remède suivant qu'il dit très-
efficace : on fait bouillir des feuilles de tabac dans une
forte lessive, jusqu'à ce que le tout soit réduit en une
sorte de bouillie ; alors on y mêle une solution épaisse
de savon noir, de manière à former une masse de consistance pulpeuse. On applique ensuite cette composition

à l'aide d'un pinceau sur chacune des branches des arbres fruitiers.

Ce kermès un peu polyphage, fait partie du genre *Aspidiotus* de Bouché : il vit non-seulement sur le pommier et sur le poirier; mais aussi sur le néflier et sur l'aubépine. Réaumur l'a trouvé sur l'orme et nous sur le cassis, *Ribes nigrum.*

Kermès de l'olivier. Chermes oleæ Bernard.

Cet insecte se trouve dans nos départements les plus méridionaux; il a été décrit par Bernard (*Mém. de l'Académie de Marseille,* 1782, p. 108), et ensuite par Olivier (*Encyclop. méthod.*), puis mentionné par plusieurs auteurs. C'est un parasite qui occasionne souvent de grands ravages dans les plantations d'olivier.

Quoique cet arbre méridional appartienne plutôt à l'agriculture qu'à l'horticulture proprement dite, nous avons cru qu'il n'était pas inutile de donner ici une petite description d'un insecte qui est une véritable plaie chez nos collègues du midi de la France. Nous avons même fait graver une branche d'olivier couverte de ce kermès.

Ce kermès, appelé en Provence *pou de l'olivier,* et dont le mâle nous est encore inconnu, a une forme très-renflée, demi-globuleuse; sa couleur est d'un brun-grisâtre plus ou moins clair; on remarque à sa surface deux grosses rides transversales qui le font paraître comme raboteux. Quand sa larve a subi sa métamorphose, on voit que la coque est entourée d'un petit bourrelet blanc et que la femelle repose sur un léger duvet de la même couleur.

Le kermès de l'olivier est un triste fléau dans les départements des Alpes-Maritimes et du Var. Malheureu-

38. — Kermès de l'olivier, *l'kermes oleæ*.

sement, ce n'est pas le seul insecte qui attaque cet arbre précieux ; des pyrales, des tineites dévorent ses

feuilles, une espèce de psylle mange ses fleurs et les
larves de certaines mouches vivent aux dépens de son
fruit ; outre cela, les jeunes branches offrent souvent
des nodosités ou de gros tubercules produits par la piqûre qu'y fait un autre insecte pour y déposer ses
œufs.

Cette gallinsecte, selon Fonscolombe, se trouve aussi
très-communément en Provence sur différentes variétés
d'orangers et de citroniers, tandis que le *Chermes
hesperidum* y est beaucoup plus rare.

Kermès du sapin. Chermes piceæ Geoffroy.

Cet insecte ne se trouve aux environs de Paris que
dans les parcs où le sapin et l'épicéa sont cultivés
comme arbres d'agrément : il s'y multiplie d'autant
mieux que très-souvent ces Conifères sont plus ou moins
languissants et d'une végétation misérable. Le mâle est
inconnu ; la femelle est de grosseur moyenne, tout à fait
globuleuse et d'une couleur maron foncé. C'est surtout à
la bifurcation des jeunes branches qu'elle se tient de préférence et quelquefois en grand nombre.

Geoffroy (*Histoire des insectes des environs de Paris*)
l'a fait connaître le premier sous le nom de *chermes abietis rotundus.*

Kermès du figuier. Chermes caricæ Fabr.

Cette gallinsecte, très-commune sur les figuiers en
Provence, surtout dans le département du Var, se ren-
contre aussi de temps en temps sur les figuiers cultivés à
Argenteuil, et même quelquefois dans les jardins de

Paris; elle a été figurée et décrite par Bernard,
(*Mémoires de l'Académie de Marseille*. 1773, p. 89

38. — Kermès du figuier. *Chermes caricæ*.

pl. 1, fig. 14-21), et étudiée depuis par Olivier
(*Encyclop. méthod.*).

21

Aucun de ces auteurs, cependant, ne parle du mâle.

La femelle, ou plutôt son enveloppe, a une forme très-curieuse ; elle ressemble à une petite patelle partagée sur les côtés en huit trapèzes ; son dos est occupé par un grand tubercule bombé, ovale et assez élevé. Le milieu de chacun des trapèzes latéraux porte une petite verrue surmontée d'une très-petite houpe de duvet blanc. La couleur générale de la coque est d'un gris plus ou moins roussâtre, avec des nuances plus foncées. Dans la première quinzaine de mai, elle commence à se gonfler. La ponte a lieu à la fin de ce mois. Les petits, une fois qu'ils sont sortis de dessous la mère, sont rougeâtres et assez agiles ; ils s'éparpillent sur les feuilles et les rameaux. Au bout de quelques jours, ils prennent une teinte grisâtre et la coque se forme, se dilate en tous sens et leur cache entièrement les pattes. Cependant, quoique recouverts de leur carapace, ils conservent encore assez longtemps la faculté de marcher. Au mois d'août, la plus grande partie de ces petits kermès abandonne les feuilles pour se retirer sur les branches ou sur les fruits. A la fin de septembre, ils se fixent à demeure sur les rameaux et passent l'hiver dans l'engourdissement.

Les figuiers attaqués par cette gallinsecte, se dessèchent, par suite de l'épuisement de la séve, et perdent leurs feuilles avant l'époque ordinaire. Une grande quantité des fruits tombent aussi avant la maturité, et l'on n'ose guère manger ceux qui restent, parce qu'on ne peut pas les cueillir sans écraser quelques kermès dont la matière roussâtre, gluante, est très-peu appétissante.

Cependant les figues ne sont pas entièrement perdues

pour cela ; on les fait sécher comme les autres par le procédé ordinaire : les kermès se détachent pendant cette opération, et les fruits sont livrés au commerce comme si de rien n'était, et font souvent sur nos tables partie des quatre mendiants. Si ces figues, après un séjour de plusieurs mois dans les magasins, ont moins *d'œil* que les autres, comme disent les marchands, on les enfarine un peu pour changer leur aspect et simuler une efflorescence sacharine. Il est des choses qui ne doivent pas être vues de trop près ; ne mange-t-on pas d'ailleurs, avec les figues, autant *d'acarus* qu'avec le fromage ?

Pour se débarrasser de ces parasites, il faut, dès le printemps, frotter les rameaux avec un linge un peu rude ou un gant de crin. Comme ils ne sont pas très-adhérents, on les fait assez facilement tomber.

Nous avons reçu, cet hiver, des départements du Var et des Alpes-Maritimes des branches de figuier couvertes de cet insecte.

Le kermès du figuier vit aussi, dit-on, en Provence sur les myrtes.

Kermès des cycas. Chermes cycadis.

Il ressemble beaucoup au premier coup d'œil, au kermès des fougères, et tout porte à croire qu'il a, comme lui, une origine exotique. Il ne se trouve que dans les serres chaudes où l'on cultive les *Cycas*.

Il est assez gros, oblong, très-convexe, et a la forme de certaines cassides. Sa couleur est d'un brun café avec des nuances plus obscures et des inégalités qui le rendent comme chagriné. A l'entrée de l'hiver, il a ac-

quis toute sa grosseur, il est alors bordé par un bourrelet de coton blanc très-apparent. Si l'on soulève sa coque,

10. — Kermès du cycas. *Chermes cycadis.*

on trouve dessous une grande quantité d'œufs. L'accouplement doit avoir lieu au milieu de l'automne. On le
trouve spécialement sur les *Cycas revoluta* et *circinalis.*

C'est une des plus grosses espèces du genre. Comme il
n'est pas encore très-répandu, les dégâts qu'il commet
sont peu appréciables.

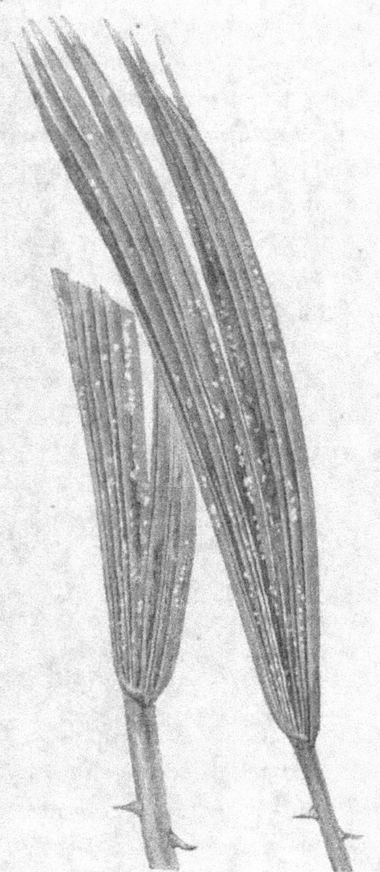

41. — Kermès des palmiers. *Chermes palmarum.*

Kermès des palmiers. Chermes palmarum Bouché.

Il est très-abondant dans les serres sur plusieurs es-

pèces de palmiers, particulièrement sur les *Chamœrops*.
Il se présente sous la forme de petites écailles blanches,
convexes, un peu ovalaires, très-rapprochées les
unes des autres, souvent presque confluentes. Ce
petit animal se fixe de très-bonne heure; on voit des
individus moitié moins gros que la tête d'une petite
épingle, qui, dès le mois d'octobre, sont déjà complètement immobiles. Nous supposons qu'ils doivent produire
des mâles. La ponte paraît avoir lieu en mai ; car si, pendant l'hiver, on enlève, à l'aide d'une pointe d'aiguille,
une des petites carapaces, on trouve dessous la larve qui
est d'un vert-jaunâtre pâle.

Ce kermès, probablement exotique et apporté en Europe avec les palmiers, envahit d'abord le dessous des
feuilles et, plus tard, les deux faces. Par l'aspect et la
forme de sa coque, il ressemble à celui du rosier ; mais
Bouché, qui l'a élevé et qui a décrit les deux sexes,
s'est assuré, d'une manière positive, qu'il constituait une
espèce particulière.

Il se trouve aussi sur les *Cycas*.

Kermès des kennedya. Chermes kennedyæ.

Cet insecte est un fléau pour certaines glycines
de la Nouvelle-Hollande désignées maintenant sous le
nom de *Kennedya*. Il ressemble beaucoup à celui du laurier-rose, sauf qu'il est un peu roussâtre. Il pourrait
bien n'en être qu'une simple variété. Il habite, comme
celui du palmier, d'abord le dessous des feuilles et envahit, plus tard, les deux faces de ces organes. C'est à
cause de lui que plusieurs jardiniers ont abandonné la

culture des *Kennedya*, parce que, disent-ils, ces plantes sont trop sujettes à prendre des *poux*.

Il faudrait, à l'exemple de Bouché, se livrer spécialement à l'étude et à l'éducation des gallinsectes et connaître bien le mâle, pour être certain qu'il constitue une espèce.

Kermès du dion. Chermes dionis.

Il est ovalaire, un peu aminci antérieurement, assez convexe, d'un blanc grisâtre ; mais ce qui le distingue de toutes les autres espèces, c'est que la coque est couverte d'une petite villosité. Nous sommes redevable de la connaissance de ce kermès à M. Rivière qui l'a découvert sur le *Dion edule*. Il se tient, au-dessous de la feuille, le long des pinnules, par petits groupes assez clairsemés. A l'endroit des vieilles coques, il reste un duvet blanc cotonneux. En hiver, il est encore à l'état de larve ; celle-ci est jaunâtre et ne subit probablement sa métamorphose qu'au printemps. Tous les individus que nous avons observés, étaient fixés et entièrement immobiles.

Il habite exclusivement les serres chaudes et n'a encore été observé que sur le *Dion edule*.

Kermès de l'aloès. Chermes aloes.

Quelquefois très-commun sur certaines espèces d'Agave et d'Aloès, principalement sur l'*Aloe umbellata*, dont il couvre presque entièrement les feuilles des deux côtés.

Il est blanc, lenticulaire, un peu plus gros que celui du laurier-rose, de même forme, quoique un peu plus convexe. La larve que l'on trouve à l'automne sous sa carapace, est d'un jaune pâle tirant sur le vert. La ponte a lieu au milieu du printemps, et les jeunes, qui sont imperceptibles à la simple vue, ressemblent à des petits points grisâtres ce n'est qu'au milieu de l'été qu'ils se fixent. Si l'on examine une feuille d'aloés attaquée par ces insectes, on voit que, parmi toutes ces coques blanches si rapprochées, il y en a un grand nombre de vides et appartenant aux années précédentes ; on en voit aussi quelques-unes percées d'un petit trou qui a livré passage à un petit hyménoptère parasite.

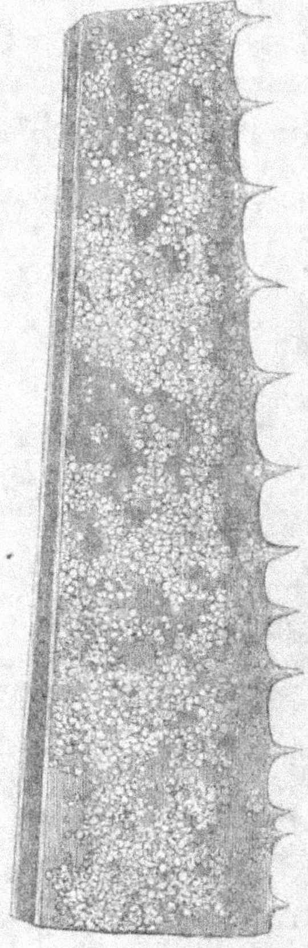

42. — Kermès de l'aloés.
Chermes aloes.

Kermès des anthurium. Chermes anthurii.

Il ressemble beaucoup à celui du laurier-rose ; il est un peu moins lenticulaire et un tant soit peu plus oblong,

d'un blanc mat, légèrement convexe, avec les bords
moins nettement arrêtés. Il est assez fréquent dans les

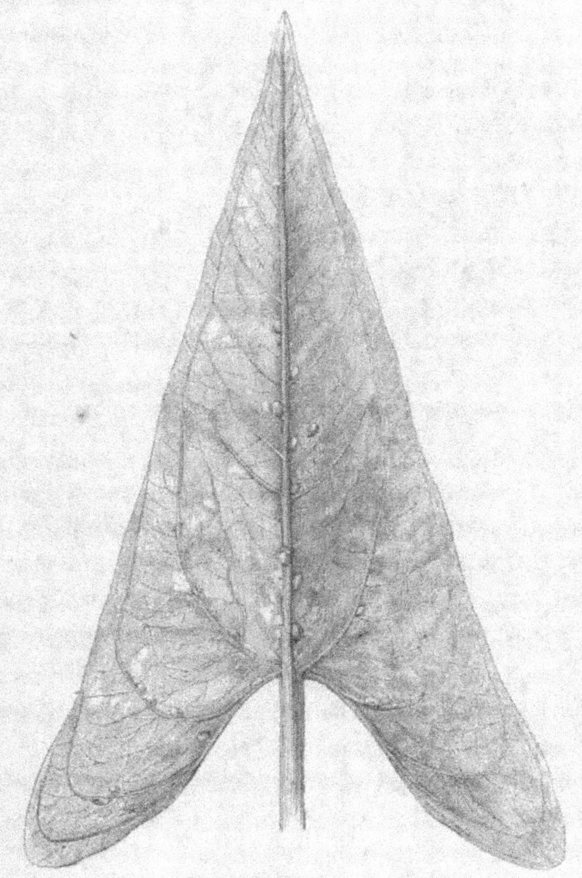

Fig. — Kermès des anthurium. *Chermes antherii.*

serres chaudes sous les feuilles des *Anthurium* et de
quelques *Caladium*. Nous ne connaissons pas le mâle, de

sorte qu'il est possible qu'il fasse double emploi avec une autre espèce.

Kermès du fulchironia. Chermes fulchironiæ.

Il est blanc et ne ressemble à aucun autre par sa forme très-allongée. La coque est presque cylindrique, d'un blanc assez pur. La larve qu'elle recouvre est très-petite, d'un jaune verdâtre.

Il nous a été communiqué par M. Burel, l'un de nos bons observateurs, qui l'a découvert sur le *Fulchironia Senegalensis*, et par M. Rivière qui, de son côté, l'a trouvé dans les serres du Luxembourg, sur l'*Elais Guineensis*.

Kermès de la bruyère. Chermes ericæ.

Les bruyères cultivées à Vincennes et à Montreuil, pour le marché ne sont pas exemptes de kermès. Dans certaines années, les espèces appelées *hyemalis* et *Vilmoriana* en sont couvertes. Nous pensons que c'est la même espèce qui se trouve dans le midi de la France sur les *Erica arborea* et *mediterranea*. La coque est d'un gris un peu brunâtre, légèrement ovoïde, assez fortement bombée et ressemble à du papier gris. Le mâle nous est inconnu. Il y a deux ans, les *Erica mediterranea*, culti-vées dans l'orangerie du Luxembourg, étaient couvertes de ce parasite. M. Rivière s'en est débarrassé entière-ment en les mettant en plein air.

Kermès ponctiforme. Chermes punctiformis.

C'est la plus petite des espèces que nous ayons ob-servées ; à l'œil nu, elle se présente sur les feuilles sous

forme d'un petit point globuleux comme une graine de
moutarde, complétement arrondi, d'un noir luisant, souvent saupoudré d'une substance pollineuse jaune. Cet
insecte ne se fixe sur les plantes qu'au milieu de l'hiver;
chaque fois qu'il se déplace, il laisse sur les feuilles une
petite impression blanche circulaire. On voit souvent des
individus se promenant, à l'automne, sur le vitrage des
serres. Il sécrète une matière mielleuse, qui se dessèche
à l'air et produit sur sa carapace ces grains jaunes ressemblant à du pollen. Il ne vit pas, comme les autres
espèces, sur le revers des feuilles, mais presque constamment sur la face supérieure. Il a été introduit dans
les serres, comme beaucoup de ses congénères, avec des
végétaux exotiques.

On le trouve sur plusieurs espèces d'Orchidées, de Fougères, etc. Il est assez répandu dans les serres de
MM. Thibaut et Ketteleër, ainsi que dans celles du
Luxembourg et du Jardin des plantes. M. Gustave Malet
nous en a envoyé des individus vivant sur le *Cypripedium
insigne* et sur le *Polypodium aureum*. Il n'est pas très-
adhérent et se détache facilement avec une brosse douce.

Kermès des hespérides. Chermes Hesperidum, Linn.

Cette gallinsecte, appelée par les jardiniers *punaise* ou
pou de *l'oranger*, envahit toutes les variétés d'orangers
et de citronniers, même quelquefois ceux qui croissent
en plein air dans nos départements méridionaux. Elle
se présente sous la forme d'un corps ovalaire, presque
hémisphérique, d'une couleur brune un peu luisante. A
son extrémité, on aperçoit une petite fente servant à

l'accouplement comme dans les espèces voisines, mais non à la sortie des excréments, puisque l'on n'en trouve aucune trace chez ces animaux. Si l'on exerce une petite pression sur la coque, on en fait sortir, par la fente en question, quatre petits filets blancs. Lorsque la femelle a terminé sa ponte, on ne trouve plus sous l'enveloppe qu'une grande quantité d'œufs reposant mollement sur un duvet blanchâtre. Les petits, à leur sortie, sont agiles et se promènent longtemps çà et là sur les feuilles avant de se fixer à demeure ; ils se tiennent de préférence à la face inférieure, cependant on voit aussi très-souvent quelques individus sur la face opposée alignés, le long de la nervure médiane ; mais c'est surtout sur les jeunes branches qu'on les rencontre en plus grande quantité. Ces insectes, lorsqu'ils sont abondants, déterminent une grande perte de sève qui épuise des arbres déjà languissants par une cause quelconque. Nous avons vu quelquefois des caisses d'orangers, dont la terre était mouillée par la sève qui tombait en rosée à sa surface. Outre cela, ils poissent les feuilles d'une matière mielleuse qui attire les fourmis. Dans cet état, les feuilles, dont les fonctions respiratoires sont incomplètes, deviennent maladives et sont très-disposées à être atteintes d'une autre affection que les jardiniers appellent la *fumagine* (1). C'est une Mucédinée noire semblable à des taches produites par de la suie ou de la poussière de charbon, décrite par Persoon sous le nom de *Fumago citri*. Aux environs de

______

(1) La fumagine, vue au microscope, ressemble à une immense forêt dont les branches s'entrecroisent en tous sens. Cette espèce de moisissure ne se développe jamais que sur des feuilles rendues malades par les pucerons ou les Coccides.

Nice et de Cannes, cette fumagine, que les Italiens connaissent sous le nom de *morfea* et les Nizards, sous celui de *morfée*, s'étend très-souvent sur les fruits dont elle arrête le développement. Au reste, cette moisissure noire ne s'observe jamais que sur des orangers rendus malades par les kermès, ou par les cochenilles. M. Rivière nous a rapporté de la presqu'île de Beaulieu plusieurs variétés du genre *citrus*, dont les feuilles et les fruits étaient couverts de morfée et de deux espèces de Coccides. Les orangers, les citronniers, les cédratiers, les bergamottiers et les limoniers étaient aussi maltraités les uns que les autres.

Le kermès de l'oranger ne vit pas exclusivement sur les arbres de cette famille ; nous en avons trouvé quelques individus sur des branches de laurier (*Laurus nobilis*) apportées de Nice, et qui vivaient de compagnie avec l'espèce propre à cet arbuste. On le rencontre aussi sur le myrte (*Myrtus communis*) et sur toutes les Myrtacées, sur les grenadiers, les *Magnolia*, les *Hibiscus* et d'autres malvacées.

Les orangers transportés d'Europe en Californie étaient sans doute habités par ce kermès, car il paraît que ces insectes s'y sont multipliés en quantité innombrable.

Nous ne connaissons pas le mâle de cet insecte.

La première condition, lorsque l'on veut conserver les orangers cultivés en caisse dans un bon état de santé, c'est de leur donner une bonne culture, de ne pas les laisser végéter dans une terre usée, et de les nettoyer à l'automne et au printemps avec une brosse, pour enlever la fumagine et pour les débarrasser des kermès.

Kermès du camellia. Kermes camelliæ.

Ce petit insecte est allongé, ovale, linéaire, un peu déprimé, d'un brun roux, souvent légèrement arqué, rappelant un peu par sa forme le kermès coquille si commun sur certaines variétés de pommiers et poiriers. La larve, lorsqu'elle est débarrassée de sa coque, est d'un vert un peu roussâtre.

Nous avons observé cet insecte sur le *Camellia*, et une seule fois sur le *Thé* ; il se tient à la face supérieure des feuilles le long des nervures ; on rencontre cependant quelquefois deux ou trois individus disséminés sur le limbe.

Il ressemble par la couleur à celui des hespérides ; mais il est plus petit et plus linéaire ; il est peu adhérent, et on le détache facilement avec une petite brosse. Nous avons trouvé sur le *Daphne indica* une petite gallinsecte qui nous paraît être la même que celle du camellia.

Kermès de l'ananas. Chermes bromeliæ Bouché.

Ce kermès, appelé par les jardiniers *pou* ou *punaise* de l'ananas, a été décrit, pour la première fois, en 1778, par Kerner, dans un Mémoire publié à Stuttgart, et plus tard, mais d'une manière beaucoup plus complète, par Bouché, de Berlin, en 1834. La coque du mâle est un peu elliptique, légèrement bombée, blanche comme celle du kermès du laurier-rose ; celle de la femelle est arrondie et lenticulaire. Celle-ci, débarrassée de sa couverture, ressemble à la plupart des autres, elle est d'un jaune pâle ; le mâle, décrit par Bouché, est d'un brun clair saupoudré de blanchâtre ; ses ailes sont blanches et proportionnellement assez larges ; les filets de l'extrémité de l'abdomen sont courts.

Le kermès de l'ananas est un fléau dans les serres où l'on cultive cette plante. Notre collègue, M. Gontier, de Montrouge, a eu plus d'une fois à se plaindre des pertes qu'il lui occasionnait. Il vit par petits groupes, plus ou moins nombreux, qui se tiennent d'abord à la base des feuilles et s'étendent successivement jusque sur la tige. Presque toujours on est obligé de sacrifier les pieds malades pour éviter la contagion. Il est impossible de les atteindre avec la brosse, lorsqu'ils se sont installés dans la gaine des feuilles.

A Berlin et en Russie, on le détruit dans les serres à ananas avec du lait de chaux (*kalkmilch*).

Cette gallinsecte ne vit pas seulement sur l'ananas, nous l'avons vue sur plusieurs autres Broméliacées. Elle se trouve aussi dans les serres sur les *Canna*, les *Hibiscus*, etc.

Il ne faut pas confondre avec le kermès de l'ananas une autre espèce d'une forme ovale et de couleur brune que l'on trouve quelquefois sur cette Broméliacée et qui ressemble beaucoup au kermès de la fougère. Nous pensons que c'est le même insecte que notre *hibernaculorum* ; il n'en diffère pas par la coque.

Kermès des fougères. Chermes filicum.

Ce kermès, voisin du *Cestri*, décrit par Bouché, a une coque ovoïde-arrondie, très-bombée, d'une couleur brune, lisse, avec un petit bourrelet blanc chez les femelles adultes. Il se trouve sur plusieurs espèces de fougères, dans les serres chaudes, particulièrement sur les *Pteris*, le long du pétiole ou sous les pinnules.

Le mâle, que nous avons élevé, est très-petit, d'une couleur roussâtre, saupoudré de gris blanchâtre; ses ailes sont blanches, transparentes, avec la côte ferrugineuse ; les filets de l'extrémité du corps sont blancs et assez longs. Il vole peu et se tient ordinairement à côté de sa femelle.

Cet insecte a été apporté de l'étranger avec des fougères exotiques. Il ne faut pas le confondre avec le *Cestri* de Bouché, qui se trouve aussi quelquefois sur les fougères, ni avec celui que nous avons appelé *hibernaculorum*, qu'on y rencontre aussi de temps en temps.

Kermès du cestrum. Chermes cestri Bouché.

La coque est brune, pointillée, de forme naviculaire, beaucoup moins globuleuse que dans l'espèce précédente. Lorsque la femelle est adulte, elle offre, comme beaucoup d'espèces voisines, un petit bourrelet blanc cotonneux. La coque dont le mâle doit sortir, est notablement plus petite; mais nous n'avons pas été assez heureux pour en obtenir un seul exemplaire, ou peut-être a-t-il échappé à notre observation.

Bouché, qui l'a obtenu de la coque, le décrit ainsi : « Il est allongé, d'un jaune pâle, avec les ailes blanchâtres et deux petits filets de la même couleur à l'extrémité de l'abdomen. »

Ce kermès est assez commun sur les *Cestrum*, les *Hibiscus* et autres malvacées.

Kermès de l'angræcum. Chermes angræci.

Il ressemble aux espèces précédentes ; nous l'avons trouvé sur des pieds d'*angræcum sesquipedale* que MM. Thibaut et Keteleër venaient de recevoir directement de Madagascar. Il est probable que cette gallinsecte est propre à cette grande île et qu'elle constitue une espèce nouvelle. Mais comme ces horticulteurs apportent tous les soins imaginables à leurs plantes, ils l'ont vite fait disparaître par le brossage, et il nous a été impossible de l'étudier complètement.

Kermès des serres. Chermes hibernaculorum.

Il est très-commun dans les serres à Paris et dans les environs. Il est aussi gros que le kermès de la vigne, en ovale régulier, très-lisse, luisant, d'un brun assez clair, avec l'échancrure anale très-prononcée. Il paraît qu'il s'accouple à la fin de l'été ou à l'automne, car si l'on soulève sa coque en hiver, on ne trouve plus qu'une grande quantité de petits œufs blancs enveloppés dans un nid de coton. Il est voisin du *Cestri* de Bouché. Ce parasite se multiplie très-vite et pourrait bien avoir deux générations par an. C'est un véritable fléau pour nos serres. Il s'accommode d'une infinité de plantes. On le rencontre fréquemment sur une foule de fougères, sur les *Zamia*, les *Ardisia*, les *Grevillea*, les *Gardenia*, les *Brexia*, etc., etc. On ne peut l'enlever qu'avec la brosse. Le mâle nous est inconnu.

Kermès des cymbidium. Chermes cymbidii. Bouché.

C'est à MM. Rivière et Houllet que nous devons la connaissance de cette petite gallinsecte. Au premier coup d'œil, elle ressemble beaucoup au kermès du laurier-rose. Sa coque est ovale-oblongue, aplatie, d'un blanc de neige, un peu brunâtre sur les bords. Le mâle, décrit par Bouché, est d'un jaune doré, avec le dos d'un jaune pâle, les yeux bruns et les ailes blanches.

La femelle, débarrassée de son enveloppe, est jaune.

Assez commun, dans les serres à Orchidées, sur plusieurs espèces de *Cymbidium*.

Bouché l'a observé sur le *Cymbidium chinense*.

Kermès de l'oranger. Chermes aurantii.

Il est voisin du kermès coquille des pommiers et poiriers, mais il est plus gros, en ovale très-allongé, semblable aux deux extrémités et nullement en forme de virgule. Il est d'un noir très-légèrement brun, paraissant un peu chagriné à la loupe, bordé d'un très-petit liséré cotonneux qui s'étend sous le ventre. On trouve des individus plus petits, qui probablement sont les coques des mâles.

Cet insecte est assez commun aux environs de Blidah, sur les feuilles et les jeunes branches des orangers. M. Germain l'a trouvé abondamment sur les feuilles d'orangers provenant de l'Algérie, cultivés à Gan, près Pau. Il ne faut pas le confondre avec le kermès des Hespérides, *chermes Hesperidum* de Linné, si fréquent sur les orangers cultivés en caisse dans le centre de l'Europe, et qui est la seule espèce que nous ayons aux environs de Paris ; mais, dans la France méridionale, trois autres Coccides vivent sur l'oranger : les *chermes oleæ* et *aurantii*, et le *coccus citri*, ce qui porte à quatre le nombre des gallinsectes observées par nous sur cet arbre.

Kermès de l'epidendrum. Chermes epidendri Bouché.

Dans les serres du Luxembourg, si riches en Orchidées de tous les pays, nous avons rencontré la coque de ce kermès que nous avions pris pour une espèce nouvelle à laquelle nous avions donné le nom d'*Epidendri*, sans nous douter que Bouché, qui l'avait étudié d'une manière plus complète que nous, l'avait déjà décrit sous le même nom.

Le mâle, d'après cet habile observateur, est d'un jaune foncé, avec la tête brune ; ses ailes sont blanchâtres, avec le bord antérieur liséré de rougeâtre. La femelle, débarrassée de sa carapace, est aplatie, arrondie et d'un jaune verdâtre.

La coque est convexe et d'une couleur brunâtre, beaucoup plus grosse chez la femelle que chez le mâle ; on la trouve sur plusieurs espèces d'*Epidendrum*.

Selon Bouché, le mâle est un des plus jolis petits insectes du genre.

Kermès des échinocactes. Chermes echinocacti Bouché.

Il est assez fréquent sur les mamillaires et les échinocactes. M. Rivière nous a communiqué plusieurs exemplaires de ces plantes qui en étaient plus ou moins couvertes.

Il ressemble pour la forme à celui du rosier ; sa coque est également arrondie en forme de lentille et d'une couleur roussâtre très-pâle, tirant plus ou moins sur le blanchâtre. Si l'on soulève avec la pointe d'une aiguille la couverture, on trouve dessous la larve ou la femelle d'un blanc jaunâtre, comme la plupart des espèces. Le mâle, observé et décrit par Bouché, est très-petit et d'un jaune orangé.

Kermès du laurier. Chermes lauri Bouché.

Quelquefois assez commun sur les lauriers cultivés en caisses, plus rare sur ceux de pleine terre. La coque est arrondie, d'un brun terreux, avec quelques petites inégalités : la larve ou la femelle, débarrassée de sa carapace, est d'une couleur rougeâtre pâle. Le mâle, décrit par Bouché, est aussi d'une couleur rougeâtre. C'est dans les bifurcations des pousses tendres, et sur les jeunes feuilles du *Laurus nobilis*, que ce kermès se fixe.

Nous avons trouvé aussi, sur des lauriers rapportés de la Provence, quelques individus du kermès du figuier.

Kermès du laurier-rose. Chermes nerii Bouché.

La coque est lenticulaire, légèrement bombée, d'une couleur blanchâtre, un peu ponctuée de jaunâtre, quelquefois un peu roussâtre dans son milieu, plus grosse et plus convexe chez les femelles fécondées que chez les larves. Lorsque celles-ci sont débarrassées de leur enveloppe, elles sont un peu allongées, d'un jaune pâle. Le mâle, décrit par Bouché et observé par M. Guérin-Menneville, est d'un jaune brunâtre avec les ailes transparentes, comme dans la plupart des autres espèces.

51. — Kermès du laurier. *Chermes lauri.*

Ce kermès, bien connu des jardiniers sous le nom de *pou* ou du *punaise de laurier-rose*, est très-commun sur cet arbuste. Il envahit de préférence la face inférieure des feuilles, et les individus y sont tellement rapprochés, qu'ils la couvrent presque entièrement.

On ne trouve que rarement cet insecte sur les lauriers-roses croissant naturellement dans le Midi, au bord des ruisseaux ; mais il attaque constamment ceux qui végètent péniblement en pot ou qui ont souffert de la sécheresse, aussi bien en Provence qu'aux environs de Paris. Le seul remède employé en horticulture consiste à sacrifier les vieux pieds et à en faire des couchages pour rajeunir la plante et obtenir des sujets vigoureux, sur lesquels les kermès ne viennent jamais se fixer.

L'insecte dont nous venons de parler, ne vit pas seulement sur le laurier-rose ; on le voit aussi sur les *Magnolia*, les *Arbutus*, les *Clethra*, les *Acacia*, le lierre, les coronilles, les *Pittosporum*, les câpriers, etc. C'est un fléau dans beaucoup d'orangeries et de serres chaudes.

Kermès du rosier. Chermes rosæ Bouché.

Il est souvent très-commun sur plusieurs variétés de rosiers ; les jardiniers le désignent sous le nom de *pou* ou de *punaise blanche du rosier*. Il se présente sous la forme d'une substance blanche, écailleuse, qui couvre les branches de cet arbuste d'une espèce de croûte pulvérulente, assez dense, produite en partie, par les vieilles enveloppes des kermès de l'année précédente et, en partie, par les jeunes qui se sont fixés dans leurs intervalles.

La coque ou couverture de cet insecte est lenticulaire, un peu bombée dans son centre, d'une couleur

crétacée. Quand, à la fin de l'été, on enlève la carapace à l'aide d'une aiguille, on trouve dessous la

35. — 1, Kermès de la rose, *Chermes rosæ*. — 2. La larve grossie.
3. Rosier envahi par le Kermès.

femelle ou la larve, qui est d'un jaune pâle ; si, au contraire, on fait cette opération en hiver, la ponte est

terminée, et on ne trouve plus que des œufs d'un
rouge brun. Ces œufs éclosent au printemps ; les pe-

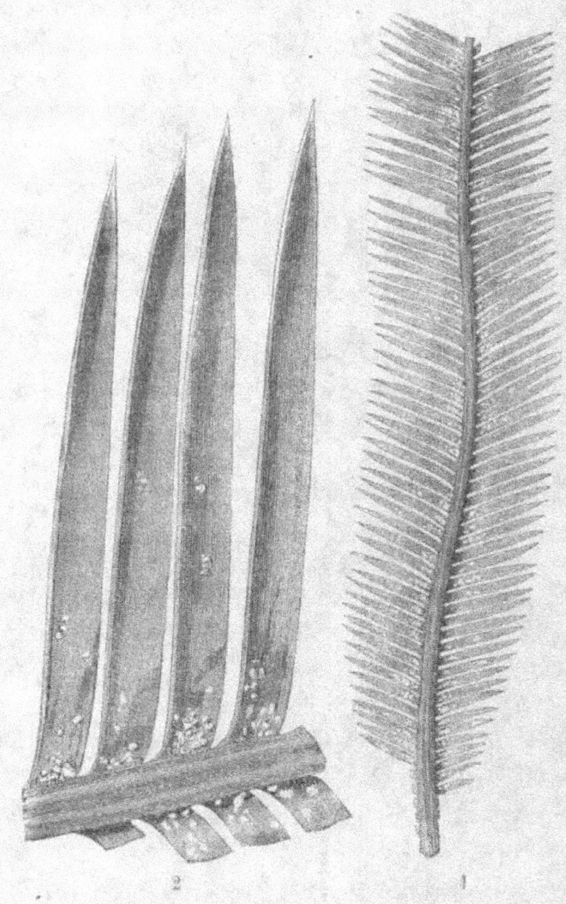

48. — 1. Kermès cycadicole, *Chermes cycadicola*. — 2. Pinnules grossies.

tits restent sous leur mère jusqu'au moment où
ils ont changé de peau. Ils sont alors tout à fait

microscopiques ; ils se promènent sur les rameaux du rosier et finissent par s'y fixer. Nous n'avons jamais pu obtenir un seul mâle ; mais il a été observé et décrit par Bouché. Selon cet auteur, il est d'un rouge pâle, un peu pulvérulent, avec les ailes comme dans les autres espèces. On reconnaît sa coque qui, comme chez le *Chermes nerii*, est plus petite et plus allongée que celle qui doit produire la femelle.

On se débarrasse facilement de cette vermine en faisant la taille de bonne heure et en nettoyant les branches restantes avec une brosse, avant l'évolution des bourgeons. Ces insectes étant peu adhérents, on fait aisément tomber leur coque et leurs œufs.

Kermès cycadicole. Chermes cycadicola.

Il est très-voisin par la forme et la couleur des kermès du palmier et du laurier - rose. Il est entièrement blanc, très-aplati sans aucune teinte roussâtre. Il est plus irrégulier sur ses bords que l'espèce précédente ; les petites coques, appartenant probablement aux mâles, sont un peu oblongues et beaucoup moins lenticulaires que les autres.

Quelquefois très-commun sur le *Cycas revoluta*. Il n'est pas très-adhérent, et on le détache facilement avec la brosse.

GENRE COCHENILLE. COCCUS Geoff. Latreille.

Femelles dépourvues de coque ou carapace ; corps composé de quatorze segments plus ou moins distincts; antennes assez courtes, composées de neuf articles; bec naissant de la poitrine entre les deux premières paires de pattes; abdomen se terminant par des filets plus ou moins longs et plus ou moins visibles; pattes grêles.

Mâle pourvu de deux petites ailes transparentes; filets terminaux plus longs que chez la femelle.

Les cochenilles, depuis leur sortie de l'œuf jusqu'à la fin de leur existence, conservent la même forme, tandis que chez les kermès la peau du dos se durcit, se dessèche, les anneaux s'effacent et l'animal ne ressemble plus à un insecte.

Les cochenilles jouissent pendant toute leur vie de la faculté de marcher, tandis que les kermès une fois fixés restent parfaitement immobiles, collés sur les feuilles ou le long des tiges. Elles sécrètent un liquide visqueux qui, en se desséchant, devient pulvérulent ou cotonneux et sert aux femelles à recouvrir leurs œufs. Le type de ce genre est la cochenille du commerce, *Coccus Cacti*, qu'on élève en grand au Mexique et dont on a essayé la culture en Algérie avec peu de succès.

Cochenille des serres. Coccus adonidum Linné.

Cet insecte, désigné en horticulture sous les noms de *pou blanc des serres*, de *puceron laineux*, ou de *puceron cotonneux des serres*, est très-commun dans les serres chaudes où il cause de très-grands dégâts. Il attaque toutes les plantes; la famille des Orchidées est peut-être la seule qu'il respecte un peu. Les végétaux qu'il préfère sont le café, toutes les espèces

de *Cordyline*, les *Dracæna*, les *Ruellia*, les *Gardenia*
les *Justicia*, les *Curculigo*, les *Musa*, les fougères,
les Asclépiadées, etc., etc.

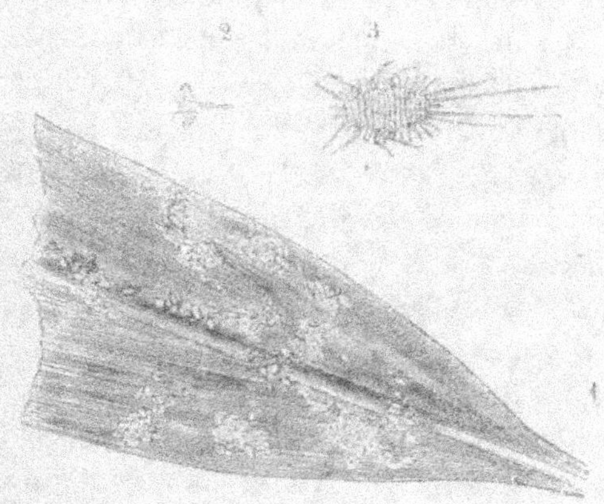

57. — 1 Cochenille des serres. *Coccus adonidum*.
2 Le mâle. — 3 Femelle grossie.

Le mâle a été observé et décrit primitivement par
Geoffroy ; nous l'avons nous-même obtenu d'éclosion ;
de son côté, M. Savoye, habile horticulteur à Charonne,
l'a pris plusieurs fois dans les serres de son établissement.
Il est petit, avec les antennes assez longues ; ses pattes et
tout son corps sont d'un rouge pâle recouvert d'une efflorescence blanche ; ses deux ailes sont blanches avec la côte
lisérée de rouge ; les filets de la queue sont d'un blanc pur.

La femelle est oblongue, toujours dépourvue d'ailes,
toute couverte d'une poudre blanche ; ses antennes sont
plus courtes que celles du mâle. Son corps, composé de
quatorze anneaux, est muni d'appendices dont les deux
de l'extrémité sont plus longs que les autres.

Cette cochenille femelle a été prise par Linné qui ne connaissait qu'un sexe, pour un pou (*pediculus adonidum*). Elle se promène sur les plantes jusqu'au moment où elle est prête à pondre ; alors elle cesse de marcher, forme un nid ressemblant à un flocon de coton dans lequel elle se renferme pour déposer ses œufs. Les petits sont microscopiques et restent quelques jours dans le nid à côté du cadavre de leur mère ; dès qu'ils sont sortis, ils courent avec d'agilité et se dispersent sur les plantes voisines.

Cette cochenille, comme la plupart des kermés de nos serres, est d'origine exotique ; elle a été importée, dit-on, de la côte d'Afrique.

Le *pou blanc* qui, à l'île Bourbon, fait depuis quelques années de si grands dégâts dans les plantations de café et de cannes à sucre, appartient sans doute à une espèce très-voisine.

Les fumigations de tabac, lorsque les plantes sont de nature à pouvoir les supporter, n'ont d'action que sur les petits nouvellement éclos, mais sont sans effet sur les individus enveloppés de coton. Le seul remède efficace que nous ayons employé, c'est l'esprit-de-vin à 35 degrés appliqué à l'aide d'un petit pinceau. Ce liquide se vaporise promptement et ne nuit aucunement aux plantes.

Cochenille des orangers. Coccus citri.

Elle ressemble un peu à la cochenille des serres (*coccus adonidum*) ; nous ne sachons pas qu'elle ait encore été observée aux environs de Paris, mais elle fait dans les départements du Var et des Alpes-Maritimes des ra-

vages bien plus terribles que le kermès de l'oranger. Souvent elle fait perdre un tiers ou la moitié de la récolte.

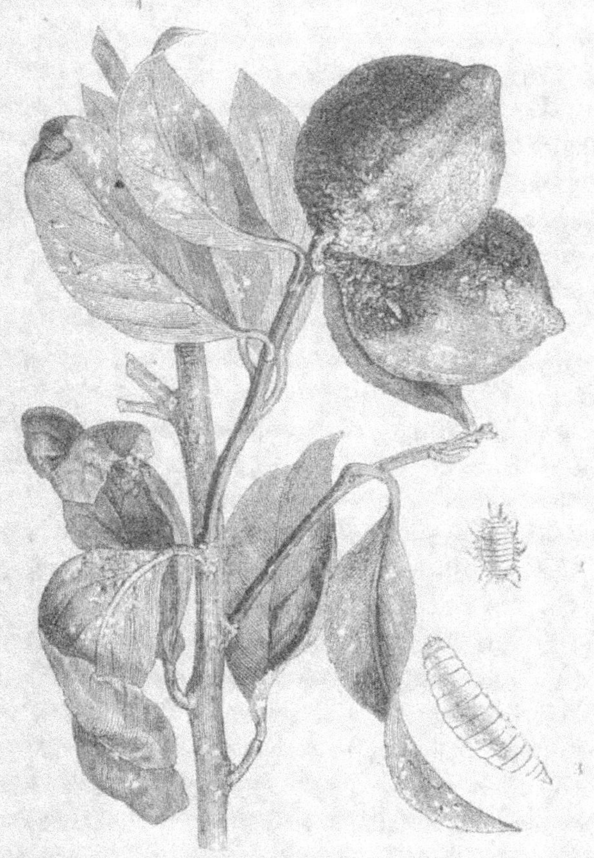

48. — 1 Branche de citronnier envahie par la cochenille et la mortée. *Coccus citri*
2 La femelle grossie. — 3 une larve de syrphe grossie.

Nous devons à l'obligeance de M. Rivière la connaissance
de cette espèce. Il nous a rapporté de la presqu'île de

Beaulieu des branches de citronnier et de bigaradier qui étaient couvertes de ces parasites ou de leurs œufs.

La cochenille des orangers, comme la cochenille blanche des serres et autres espèces congénères, ne change pas de forme depuis sa sortie de l'œuf jusqu'à la fin de son existence ; son corps est caché de même sous un duvet blanchâtre cotonneux.

La femelle est oblongue, d'un gris blanchâtre ; ses anneaux sont distincts pendant toute la durée de son existence ; à l'extrémité de son corps il y a quatre filets sétacés inégaux, assez courts.

Nous n'avons pas vu le mâle. L'abbé Loquez, qui a publié à Nice, en 1806, un travail spécial sur la *Morfée* et sur cette cochenille qu'il considère à tort comme l'*Hesperidum* de Linné, a eu occasion de l'observer plusieurs fois. Voici ce qu'il en dit : « Le mâle a une forme toute différente de la femelle ; ses deux antennes sont plus longues que celles de la femelle ; les quatre filets placés à l'extrémité de l'abdomen sont courts mais bien visibles. Il a deux ailes qui dépassent le corps.

Quoiqu'il soit doué de la faculté de voler, il ne s'élève jamais bien haut ; on croirait qu'il n'ose s'écarter de l'arbre où demeure la femelle. Tantôt il se repose à son côté, tantôt, après quelques instants de repos, il prend son essor et fait en tournant plusieurs orbites autour d'elle. Enfin, lorsqu'il désire remplir les vœux de la nature, il s'en approche et après quelques battements d'ailes il s'acquitte des fonctions de la fécondation. »

Cet Hémiptère vit sur tous les arbres du genre *Citrus*. Il envahit très-fréquemment les fruits, arrête leur développement et les recouvre, de place en place, d'un duvet blanchâtre sous lequel on trouve des œufs ou l'insecte parfait. La morfée ne tarde pas à devenir une maladie consécutive ; tous les arbres attaqués par cette cochenille, sont immédiatement couverts de cette mucédinée noire, dont les quelques taches que nous voyons sur nos orangers ne peuvent donner qu'une bien faible idée.

Nous avons trouvé sur des rameaux d'orangers infestés par ces cochenilles, les larves d'une espèce de syrphe, qui en quelques jours les ont dévorées presque entièrement. C'est peut-être à ce parasite qu'il faut attribuer la disparition de la maladie au commencement du siècle.

Cet insecte, placé vivant sur des *Cordyline* a péri sans prendre de nourriture.

Il existe plusieurs autres cochenilles voisines de l'*adonidum*, dont Bouché a décrit les deux sexes. De ce nombre sont :

La Cochenilla des liliacées. Coccus liliacearum Bouché.

« Elle est, dit-il, très-près de l'*adonidum*. Le mâle est brun en dessus, jaunâtre en dessous, avec les queues blanches. Les ailes sont d'un blanc un peu opaque, avec les nervures très-peu sensibles. La femelle est d'un rouge pâle, un peu plus grosse que celle de l'*adonidum* et un peu moins recouverte de duvet blanc. »

Elle vit dans les serres sur plusieurs Liliacées, sur les *Amaryllis*, les *Eucharis*, les *Crinum*, les *Pancratium*, etc.

La cochenille des tulipes. Coccus tuliparum Bouché.

Elle se rapproche aussi beaucoup de l'*adonidum*. Le mâle est d'un jaune brun, avec les pattes jaunes ; ses ailes sont d'un blanc un peu opaque avec les nervures distinctes. La femelle débarrassée de son duvet est d'un jaune rougeâtre, fortement saupoudrée de blanchâtre, avec les côtés garnis d'une matière cotonneuse abondante ; son abdomen se termine par deux petites queues.

On la trouve sur les tulipes et sur d'autres Liliacées. Cette année, nous avons eu plusieurs espèces de lis cultivés en pot, entre autres le *Speciosum* et l'*Aurantiacum*, attaqués par cet insecte.

Bouché dit qu'il a trouvé différentes fois, en été et en automne, cette cochenille logée dans le bulbe même des tulipes. Il est probable que nos oignons de lis en recélaient quecques individus entre leurs squammes.

Nous nous sommes débarrassés de ce parasite avec de l'alcool. Ces deux dernières espèces, selon Bouché, nous ont été importées de l'Amérique du Sud.

On trouve sur certaines graminées, dans les serres froides des jardins de botanique, et même en plein air, une cochenille voisine de la précédente dont le corps est d'un rose tendre saupoudré d'une farine blanchâtre, avec les filets de la queue presque nuls ; c'est la

Cochenille des graminées. Coccus phalaridis Linné.

Elle forme le long des tiges des graminées des petits nids de coton blanc dans lesquels elle dépose ses œufs.

Cochenille du laurier. Coccus laurinus Signoret.

Encore une espèce qu'au premier coup d'œil, on prendrait pour la cochenille des serres (*coccus adonidum*). Mais le mâle offre une notable différence en ce que son abdomen est terminé par quatre filets blancs au lieu de deux. Quant à la femelle, elle n'en présente pas de bien sensibles; elle pond de même ses œufs sous un duvet blanc comme du coton.

Elle vit dans le midi de la France sur le *Laurus nobilis*. Nous avons trouvé cette même espèce sur des branches de figuier rapportées de Marseille par M. Rivière.

Il existe probablement dans les parties méridionales de l'Europe plusieurs autres cochenilles voisines de l'*adonidum*.

Cochenille des mamillaires. Coccus mamilariæ.

Cette espèce, que nous ne trouvons mentionnée par aucun auteur, est souvent assez commune sur plusieurs espèces de *Mamillaria* où elle se tient en petites familles composées d'individus de tous les âges.

La femelle est presque de la taille de l'*adonidum*, d'un gris cendré, plus renflée, plus ovale et moins allongée que cette dernière, saupoudrée de gris blanchâtre, avec les anneaux bien distincts, dépourvue d'appendices latéraux et de filets abdominaux. Cette cochenille marche peu et reste longtemps fixée à la même place.

Le mâle est très-petit; ses ailes sont blanches avec le

corps d'un brun ferrugineux saupoudré de gris blanchâtre; les filets de l'abdomen sont blancs et bien distincts.

Cette cochenille nous est venue avec les Cactées, de l'Amérique centrale.

On la détruit aisément en saupoudrant de tabac à priser les plantes malades, et mieux encore en les humectant avec de l'alcool.

C'est dans les serres du Luxembourg que nous avons vu cette espèce pour la première fois.

Au moment où cet article est sous presse nous nous apercevons que ce *Coccus* que nous regardions comme une nouveauté, a déjà été découvert par Bouché dans les serres de Berlin et que ce savant observateur l'a décrit (*Extomologische Zeitung*, 1844, p. 302) sous le même nom de *Mamillariæ*.

Cochenille des fèves. Coccus fabæ Guérin.

Notre collègue, M. Guérin-Menneville, a trouvé dans les jardins du midi de la France, à Sainte-Tulle, des fèves de marais dont la tige et les feuilles étaient envahies par une grosse cochenille, sur laquelle il a présenté, en 1856, un mémoire à l'Académie des sciences.

Cet insecte est aussi gros qu'un cloporte et peut donner une belle couleur rouge. Son corps est recouvert d'une sécrétion cotonneuse blanche. Cette sécrétion, autant que nous avons pu en juger sur des animaux desséchés, s'étend aussi sur les côtes où elle forme des sortes d'appendices laineux et à l'extrémité de l'abdomen un long prolongement filiforme de trois ou quatre centimètres.

Cet Hémiptère, qui, selon M. Guérin, devra constituer

un genre nouveau dans la tribu des Coccides, se retire
pendant l'hiver sous les écorces des amandiers. Il est
probable qu'il ne vit pas exclusivement sur les fèves.

Cochenille ? du latania. Coccus ? lataniæ.

Voici un insecte très-curieux et que nous réunissons
provisoirement aux cochenilles, ne sachant trop où lui
donner une autre place. Il est probable que lorsque
l'on connaîtra le mâle, il deviendra le type d'un nouveau genre.

39. — Cochenille du latania, à l'automne. *Coccus lataniæ.*

Il varie beaucoup pour la couleur aux différentes époques de son développement. Après son
premier changement de peau, il est vert, tout à

fait circulaire, avec une bordure d'un blanc pur, formée par de petits cils soyeux ; à la fin de l'été, il est d'un beau noir ; au printemps suivant, il a triplé de grosseur et est devenu d'un roux très-clair, avec les anneaux parfaitement distincts. Dans tous les cas, il conserve sa forme hémisphérique aplatie et sa bordure de cils blancs. Il se promène lentement sur les feuilles et le long des pétioles des latania, où il se tient en petits groupes disséminés.

M. Savoye nous a apporté de jeunes pieds de *Latania Borbonica* fort maltraités par cet insecte ; d'un autre côté, M. Burel nous a remis, à différentes époques de l'année, des feuilles du *Latania rubra* qui en étaient couvertes, ce qui nous a mis à même de l'examiner à tous les âges.

Notre savant collègue, le Dr Signoret, à qui nous avons communiqué ce singulier Hémiptère, a pensé après l'avoir disséqué sous le microscope qu'il appartenait au groupe

56. — Cochenille du latania
au printemps.
Coccus latania.

des Pentatomides ; mais ayant remis cette année au
mois d'avril à sa disposition des individus plus développés, il est revenu sur cette opinion ; aujourd'hui il ne
serait pas éloigné de le regarder comme le premier état
d'un genre nouveau voisin des *Aleurodes*. D'autant plus
qu'un autre insecte analogue trouvé en Provence, sur le
laurier-tin et que, tous les deux, nous avions pris pour
une Coccide, lui a produit une *aleurode* voisine de celle
que l'on rencontre sur la chélidoine.

Cet insecte est évidemment d'origine exotique ;
il n'habite que les serres chaudes. Il suffit pour le détruire de mettre, pendant quelque temps, les plantes attaquées, à l'air libre. On le fait tomber facilement avec une
petite brosse ; mais il faut faire cette opération dehors
dans la crainte que ces parasites ne remontent sur les
plantes.

Cochenille du zamia. Coccus zamiæ Lucas.

Nous n'avons pas pu voir en nature cette espèce que
M. Lucas a recueillie assez abondamment, en 1854, sur
des *Zamia australis* cultivés au Jardin des plantes. Toutes
les recherches que nous avons faites dans cet établissement pour nous en procurer quelques exemplaires ont
été inutiles.

Voilà ce que dit notre collègue M. Lucas de cette
cochenille :

« Elle couvre d'une matière blanche farineuse, excessivement abondante, les pétioles et les pinnules des *Zamia
australis* et *spiralis* ; c'est sous cette matière blanche,

très-dense, que se tient cet insecte, quelquefois au nombre de trois ou quatre individus, mais d'âges différents. Elle est très-agile; les plus grands individus mesurent 5 millimètres; elle est d'un jaune testacé, farineuse, avec les soies caudales, très-allongées, dépassant quelquefois le corps en longueur; les antennes, ainsi que les organes de la locomotion, sont d'un testacé très-légèrement jaunâtre. On ne connait pas le mâle.

« Importée de la Nouvelle-Hollande. »

Il paraît que cet insecte a disparu, car sur tous les *Zamia* que nous avons examinés, nous n'avons trouvé d'autres parasites que le *Chermes hibernaculorum*, espèce polyphage très-fréquente à Paris, dans presque toutes les serres.

4.me ORDRE. — NÉVROPTÈRES.

Les insectes de cet ordre ont quatre ailes nues, réticulées, généralement transparentes et de même grandeur; une tête, plus ou moins grosse, prourvue de mandibules et de mâchoires, et de deux antennes ordinairement sétacées; un corselet comprimé et tronqué; des ailes propres au vol, horizontales ou en toit dans le repos; un abdomen mou, allongé, toujours dépourvu d'aiguillon ou de tarière; des pattes ayant, selon les genres, de trois à cinq articles aux tarses.

Les Névroptères à l'état de larves sont carnassiers, et souvent aussi, à l'état parfait; ils n'attaquent pas les végétaux; les quelques espèces qui fréquentent les parcs et les jardins rendent de très-grands services à l'horticulture en détruisant des insectes nuisibles.

GENRE HÉMÉROBE. HEMEROBIUS Linné.

Ce genre appartient à la famille des Névroptères Planipennes et à la tribu des Hémérobiens de Latreille. Il a pour caractères : un corps très-mou; des yeux globuleux, saillants, à reflets couleur d'or; des ailes proportionnellement grandes, transparentes comme une gaze très-fine, voilant très-légèrement le corps qui ordinairement est d'un joli vert gai, ou d'un jaune vert.

Réaumur a longuement décrit les mœurs des hémérobes. Ces *mouches*, dit-il, font des œufs qu'on trouve sans les chercher. Ces œufs, que tous les entomologistes connaissent très-bien, mais qu'il importe de faire connaître aux jardiniers, afin qu'il ne les détruisent pas, ont été pris autrefois par quelques botanistes pour des espèces de champignons. Ils sont blancs, arrondis, gros comme des petites têtes d'épingles, et supportés à l'extrémité de petites tiges longues de deux à trois centimètres, de la grosseur d'un cheveu. On les trouve toujours sur les feuilles attaquées par les pucerons. Les larves qui sortent de ces œufs, ne sont pas plus tôt nées, qu'elles se dirigent au milieu des pucerons dont elles font un très-grand carnage. C'est pour cette raison que Réaumur les a appelées *lions des pucerons*. Ces larves, que tous les horticulteurs peuvent observer, ont le corps aplati, velu, ridé en dessus, terminé en pointe à l'extrémité ; elles ont six pattes, et leur bouche est composée de deux crochets fistuleux, recourbés avec lesquels elles saisissent les pucerons pour les sucer.

En quinze jours les larves ont pris tout leur développement. Arrivées à toute leur croissance elles se retirent dans les plis des feuilles, filent une petite coque arrondie d'une soie blanche, où elles se changent en nymphes. Au bout de vingt à vingt-cinq jours l'éclosion de l'insecte parfait a lieu.

Il y a plusieurs générations par an. Les larves métamorphosées en septembre, passent l'hiver à l'état de nymphe, pour éclore au printemps, au moment de l'apparition des premiers pucerons.

Les hémérobes n'ont aucune prédilection pour telle ou telle espèce. Nous en avons vu aussi bien au milieu des pucerons noirs du pavot qu'au milieu des pucerons verts du rosier.

Le nom d'hémérobe vient du grec et signifie qui ne vit qu'un jour, ce qui n'est pas très-exact ; quoique la vie de cet insecte soit courte, il ne meurt pas avant le quatrième ou le cinquième jour.

Nous recommandons aux amateurs, qui veulent se rendre compte par eux-mêmes de l'utilité des hémérobes, d'en mettre une larve sur une branche couverte de pucerons. Au bout de deux ou trois jours ils ne trouveront plus que les enveloppes transparentes de ces insectes. On rencontre dans nos jardins, les deux espèces suivantes :

51. — 1 Hémérobe perle. *Hemerobius perla.*
2 Les œufs formant un bouquet.

Hémérobe perle. Hemerobius perla Linné.

Cette espèce, assez commune, est d'un vert pomme, avec les yeux dorés, très-brillants. Ses ailes couchées sur le corps le dépassent de moitié ; elles sont transparentes, avec les nervures vertes, de manière qu'elles ressemblent à une gaze verte très-fine. Ses antennes sont filiformes, aussi longues que le corps.

On trouve fréquemment cette hémérobe sur les rosiers où elle dépose ses œufs réunis en bouquet, chacun sur un long pédicelle capillaire.

Ce petit névroptère est assez élégant ; mais lorsqu'on le tient entre les doigts, il laisse une odeur très-infecte qui rappelle le mot énergique de Cambronne.

Hémérobe aux yeux d'or. Hemerobius chrysops Linné.

Elle est un peu plus petite que la précédente et un peu moins commune dans les jardins de Paris. Son corps est jaune avec les yeux d'un vert doré. Ses ailes sont transparentes, avec les nervures pointillées de noir ; caractère qui la distingue au premier coup d'œil.

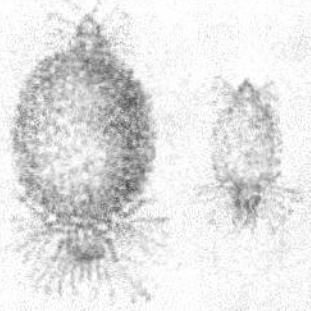

La larve un peu moins allongée que celle de l'espèce précédente, porte sur son dos un vêtement informe, composé des peaux des pucerons qu'elle a vidés. Si on lui enlève cette couverture, au bout de quelques heures elle a réparé le désordre de sa toilette.

52. — Larve de l'hémérobe aux yeux d'or. *Hemerobius chrysops.*

5ᵐᵉ ORDRE. — HYMÉNOPTÈRES.

L'ordre des Hyménoptères comprend une immense quantité d'espèces ; il a été divisé en deux grandes sections, subdivisées en un nombre considérable de familles et de tribus partagées elles-mêmes en une très-grande quantité de genres.

Il est caractérisé ainsi : quatre ailes nues, transparentes, couchées horizontalement, parcourues par des nervures formant des cellules inégales ; des ailes inférieures plus petites que les supérieures ; une tête ayant outre les yeux ordinaires trois petits yeux lisses placés en triangle ; des antennes, tantôt filiformes, tantôt sétacées et quelquefois en massue ; une bouche composée de deux mandibules cornées, de deux mâchoires et d'une lèvre inférieure tubulaire à sa base, terminée par une languette et formant une espèce de trompe propre à conduire les substances liquides ou demi-fluides.

Les Hyménoptères ont des métamorphoses complètes. Le plus ordinairement leurs larves sont sans pattes et vermiformes ; quelquefois, au contraire, elles en ont de très-nombreuses qui leur donnent une certaine ressemblance avec les chenilles.

SECTION DES PORTE-AIGUILLONS.

Les insectes appartenant à cette grande division établie par Latreille, ont l'abdomen pédiculé et comme étranglé, renfermant chez les femelles seulement, un aiguillon acéré sortant par l'anus, ou à la place d'aiguillon, des glandes contenant une liqueur acide susceptible d'être lancée au dehors. Leurs larves sont apodes (sans pattes), approvisionnées d'avance dans leur berceau, ou nourries par des individus neutres (femelles avortées) chargés d'apporter journellement des provisions à la famille.

GENRE FOURMI. FORMICA Linné.

Tous les horticulteurs connaissent les fourmis et les nombreuses républiques qu'elles forment dans les jardins, les prairies, les bois, etc.

Entomologiquement parlant, elles ont pour caractères un abdomen allongé attaché au corselet par un pédicule; quelquefois, mais rarement, un aiguillon dans les femelles et dans les neutres ; le plus ordinairement des glandes anales sécrétant une liqueur piquante, appelée acide formique, susceptible d'être éjaculée, lorsqu'on les inquiète; de fortes mandibules dentées ; des antennes coudées.

Dans une colonie de fourmis il y a toujours trois sortes d'individus : des mâles et des femelles pourvues d'ailes, qui ne font rien, et des neutres ou ouvrières, qui en sont dépourvues. C'est à ces dernières, véritables esclaves très-soumises, qu'incombent tous les travaux ; elles sont chargées de la construction des habitations, du percement des galeries, de l'ouverture des routes, de l'approvisionnement de la république et des soins de chaque instant à donner aux larves. Il n'y a pas dans toute la classe des insectes un seul animal doué d'autant d'instinct, on pourrait presque dire d'autant d'intelligence.

Dans les bois, les jardins, etc., on ne rencontre que des ouvrières. Ce n'est que lorsque l'on bouleverse entièrement une fourmilière, à certaines époques de l'année, que l'on trouve des individus ailés. La plupart des mâles et des femelles, quelque temps après leur naissance, par une belle soirée d'été, quittent le foyer domestique et se répandent en essaims dans l'air pour s'accoupler. Après la fécondation les mâles, plus petits que les ouvrières, périssent; peu de femelles rentrent à leur domicile; celles qui ne sont pas dévorées par les martinets ou les chauves-souris fondent de nouvelles colonies. Les femelles fécondées font le sacrifice de leurs ailes, désormais inutiles. Elle se mettent à pondre des petits œufs blancs cylindriques que les ouvrières recueillent avec les soins les plus touchants et qu'elles placent dans des endroits préparés à cet effet. Après une douzaine de jours ces œufs donnent naissance à de petites larves, et comme elles ont perdu leur mère, ces mêmes ouvrières les prennent en nourrice, elles les alimentent en leur dégorgeant dans la bouche des liquides sucrés; quand elles sont un peu plus fortes elles leur donnent une nourriture plus substantielle. Lorsque ces larves ont pris leur entier développement, elles s'enveloppent dans un petit cocon oblong, blanchâtre ou d'un blanc un peu jaunâtre, pour se changer en nymphes. Une fois le moment de l'éclosion arrivé, les ouvrières déchirent le cocon avec leurs mandibules, et aident aux jeunes à sortir de cette enveloppe. Ce sont ces cocons que par un abus de langage l'on désigne vulgairement sous le nom d'*œufs de fourmis*, comme si des œufs de cette grosseur pouvaient être pondus par de si petites bêtes !

Généralement dans une fourmilière il n'y a qu'une seule espèce de fourmi : mais il arrive quelquefois qu'elles se livrent des combats acharnés d'espèce à espèce, et que celles qui ont été victorieuses emmènent les prisonnières, en esclavage et les obligent à s'occuper de tous les travaux de la domesticité.

Quelques auteurs assurent que les fourmis, très-friandes de matières sucrées, transportent quelquefois des pucerons pris sur une plante épuisée, pour les placer sur une autre où ces hémiptères trouveront une meilleure nourriture. Hubert a dit même qu'elles enlevaient souvent des pucerons, qu'elles les conservaient dans leurs fourmilières comme des vaches à lait, et qu'une république était d'autant plus riche qu'elle possédait un plus grand nombre de pucerons. Hubert n'aurait-il pas confondu avec les pucerons qui se trouvent sur les plantes, ces espèces aptères qui vivent dans la terre à la racine des végétaux au milieu des fourmis ?

Les fourmis, malgré leur prédilection bien prononcée pour toutes les matières sucrées, se nourrissent aussi de matières animales, telles qu'insectes, cadavres d'oiseaux, de reptiles, etc., de fruits murs, de pain, de sucre, etc. Elles ont l'odorat très-développé, ce qui leur est d'un grand secours lorsqu'elles vont à la découverte.

On a cru, et quelques personnes le croient peut-être encore, que les fourmis amassaient des provisions dans la belle saison pour se nourrir pendant l'hiver. Il n'en est rien ; elles sont très-frileuses : aussitôt que le froid arrive elles s'enfoncent dans les parties les plus profondes de leur demeure et tombent dans un engourdissement léthargique jusqu'aux premières chaleurs. C'est en vain que l'on y chercherait quelque *morceau de mouche ou de vermisseau.*

Les fourmis n'aiment pas l'humidité ; elles ne s'établissent guère dans des terrains marécageux ou exposés aux inondations. Lorsqu'il pleut elles disparaissent comme par un coup de baguette. Si quelques-unes trop éloignées de leur cité sont surprises par une averse subite, elles se mettent vite à l'abri sous des feuilles ou sous des pierres, jusqu'à ce que le nuage soit passé. Ce cas est assez rare, car par un instinct qui leur est propre, elles pressentent un orage avant qu'il n'ait éclaté, et lorsque la pluie arrive elles sont généralement rentrées au logis.

On trouve des fourmis sur tout le globe ; les espèces sont extrêmement nombreuses ; on n'en connaît pas la dixième partie. Il y en a qui sont relativement assez grosses, d'autres sont d'une petitesse excessive et presque microscopique. Il y en a une entre autres, dans les îles de l'archipel Indien, qui, au rapport de feu l'amiral d'Urville et du voyageur Lorquin, est si exiguë qu'elle pénètre dans les boîtes les mieux fermées en apparence.

Selon notre collègue, M. Lacordaire, le savant doyen de la Faculté des sciences de Liége, qui a résidé pendant quelque temps à la Guyane française, on trouve à Cayenne une espèce tout aussi petite, qui pourrait bien être la même. D'après ses observations, il estime à plusieurs centaines les espèces qui se trouvent dans cette seule colonie, où elles occasionnent des dégâts dont nous n'avons

aucune idée en Europe. C'est un desplus grands fléaux.
Elles dévorent toutes les substances utiles à l'homme. Il en
est quelques-unes appelées *fourmis de l'Oyapock*, dont
la morsure détermine des démangeaisons intolérables.
Quelques autres ont un aiguillon redoutable ; d'autres
anéantissent les plantations de canne, de coton et de
manioc ; celle qui attaque cette dernière plante est connue, dans les colonies françaises, sous le nom de *fourmi
du manioc*.

Au milieu de cette engeance dévastatrice, il y en a
une qui rend de temps en temps de véritables services,
c'est celle que les colons nomment la *fourmi voyageuse*.
Les individus appartenant à cette grande espèce forment
une multitude tellement incalculable, dit le savant professeur, que le sol en est couvert sur une largeur de plus
de cent mètres et sur une file souvent de deux kilomè-
tres. Lorsqu'elles arrivent sur une habitation et qu'elles
pénètrent dans les maisons, les animaux qui s'y trouvent, tels que serpents, crapauds, rats, souris, kankre-
lacs, etc., s'efforcent de s'enfuir dans le plus grand désordre ; mais ils n'en ont pas le temps, et sont dévorés
avant d'avoir pu échapper à leurs nombreux ennemis.
Ces fourmis ne font aucun mal aux plantes.

Feu notre bon et regretté collègue Neumann a conservé assez longtemps, dans les serres du Muséum, une
grosse espèce de fourmi de Cayenne qui se chargeait d'y
faire la police ; elle faisait une guerre sans trêve aux
limaces, aux cloportes, aux Coccides et aux thrips.
Comme il ne possédait que des individus neutres, elle
n'a pu se reproduire, et il l'a perdue. On pourrait
essayer d'introduire dans les serres infestées de parasites

quelques individus neutres de la grosse fourmi des bois qui seraient hors d'état de se multiplier et qui de temps en temps, pourraient y faire des rondes fort utiles.

En Europe, les fourmis n'attaquent pas les plantes vivantes ; celles que l'on rencontre sur les végétaux, y sont attirées par la matière mielleuse sécrétée par les pucerons et les kermès, dont elles sont très-avides, ainsi que des fruits sucrés, tels que prunes, abricots, poires, pêches, raisins, etc. Dès qu'elles trouvent un fruit un peu entamé, elles pénètrent dans l'intérieur et en enlèvent une partie de la substance pour alimenter leurs larves et pour se nourrir elles-mêmes.

Non-seulement ces insectes font beaucoup de tort aux fruits en question, mais ils communiquent souvent à ceux sur lesquels ils se sont promenés, une odeur et une saveur peu agréables, connues sous le nom de goût de fourmi. Dans les jardins, ils établissent fréquemment leur habitation au pied des plantes ; ils creusent entre les racines des galeries dans toutes les directions, rendent ces plantes languissantes et les font quelquefois périr par l'acide formique qu'ils répandent à l'entour et qui brûle les radicelles.

On a jusqu'à ce jour employé bien des moyens pour détruire les fourmis ou pour les éloigner, ce qui signifie qu'on n'en connaît pas encore un seul qui réussisse complétement. Neumann avait conseillé, pour les éloigner, l'emploi du guano. D'autres ont recommandé de verser, le soir, dans les trous et les crevasses par où elles entrent dans leur domicile, une solution de savon noir ou de sulfure de chaux, ou même de l'eau bouillante. Nous préférons à tous ces moyens l'huile lourde de gaz ou la benzine mélangée avec une grande quantité d'eau. Mais, ces moyens ne peuvent être mis en usage quand elles ont établi leur nid au pied de plantes délicates; le remède deviendrait pire que le mal.

Lorsque nous avons une fourmilière auprès d'une plante, nous prenons un pot à fleur, que nous renversons, après avoir bouché le trou du fond; nous arrosons bien la terre tout à l'entour; les fourmis trouvant cet abri à leur convenance, ne tardent pas à y établir leur demeure; elles y transportent leurs nymphes ou leurs nourrissons pour les tenir plus chaudement; en répétant cette opération deux ou trois fois, on enlève toute la fourmilière.

On prend aussi beaucoup de fourmis en disposant, de place, en place des petites fioles à moitié remplies d'eau miellée. Quelques personnes les empoisonnent avec une petite quantité d'arsenic mélangée avec du sucre en poudre, ou avec du cobalt appelé vulgairement *tue-mouche*, mêlé avec du miel ou de la mélasse.

Les fourmis appartiennent à la famille des Hyménoptères Hétérogynes; les principales espèces nuisibles aux jardins sont les suivantes :

Fourmi jaune. Formica flava Fabricius.

C'est une de nos petites espèces. L'ouvrière, qui est le seul individu que les jardiniers remarquent, est d'un jaune foncé assez luisant; les individus ailés sont, au contraire, d'une couleur noirâtre.

58.— Fourmi jaune. *Formica flava.*
1 Le mâle. 2 La femelle.

C'est une des espèces les plus communes dans les

jardins de Paris. Elle établit son domicile à la racine des plantes et même dans les pots à fleurs.

Fourmi brune. Formica fusca Latreille.

Plus grosse que la précédente, d'un noir-luisant légèrement cendré, avec les pattes roussâtres.

Assez commune dans les jardins, principalement dans les couches, chez les maraîchers.

Fourmi rouge. Formica rubra Latreille.

De la taille de la fourmi jaune, mais d'une couleur rouge fauve.

Elle est assez rare dans les jardins; plus commune dans les parcs, où elle forme des fourmilières au milieu des gazons. Sa piqûre est cuisante et assez douloureuse.

Cette espèce, pourvue d'un petit aiguillon, n'appartient plus aux fourmis proprement dites ; elle fait aujourd'hui partie du genre *myrmica*.

Fourmi mineuse. Formica cunicularia Latreille.

C'est la plus commune de toutes les espèces qui habitent les jardins ; elle s'établit sous les pierres, au pied des espaliers, des murs et des serres, où elle creuse de profondes galeries, que Latreille a comparées à des terriers de lapin. C'est elle,

54. — Fourmi mineuse.
Formica cunicularia.
1 Ouvrière. 2 Idem grossie.

qui, à Paris, monte le long des murailles, pénètre dans

les appartements et dans les armoires. C'est presque toujours elle aussi que l'on rencontre à la recherche des pucerons, sur les pêchers, les pruniers, etc.

Cette fourmi n'est pas toujours tranquille chez elle. Une autre espèce roussâtre, *formica rufescens*, lui déclare souvent la guerre ; celle-ci marche en colonnes serrées à l'attaque de la fourmilière, qu'elle envahit de toutes parts, et, après avoir tué celles qui font résistance, elle enlève les nymphes qu'elle transporte dans sa propre demeure, où elles éclosent, et sont réduites à l'esclavage pour toute la durée de leur existence.

La fourmi mineuse est d'un noir cendré, légèrement pubescente, avec la tête noire et le corselet rougeâtre, marqué d'une tache dorsale noire.

Notre collègue, M. Dubreuil, savant professeur d'arboriculture, accuse la grande fourmi des bois, *formica rufa*, d'attaquer les poires. Nous n'avons pas observé ce cas qui doit être rare. Si cela arrive, ce n'est que dans le voisinage des bois ou dans les jardins situés au milieu des grands parcs.

GENRE GUÊPE. VESPA Linné.

Tous les jardiniers et les agriculteurs connaissent suffisamment les guêpes, et il est inutile d'en donner ici le caractère entomologique ; ils ne les confondront pas avec les abeilles, ni avec les bourdons.

Ces insectes forment des sociétés annuelles : leurs colonies, comme celles des fourmis, sont composées de trois sortes d'individus : des mâles, des femelles et des neutres. Ce sont ces derniers qui travaillent et sont

chargés de nourrir les jeunes larves pendant une partie
de l'année. Les mâles et les femelles ne se montrent
guère avant la fin du mois de septembre ; à cette époque, ils sortent comme les ouvrières et prennent part
aux travaux du guêpier.

Les guêpes n'ont pas, comme les abeilles, un gouvernement monarchique avec une seule reine ; elles vivent
en république. Dans un nid, il y a deux ou trois cents femelles occupées à pondre jusqu'à l'automne ; pendant
ce temps-là, les neutres, qui ne sont que des femelles
avortées, plus petites, plus légères, plus agiles et plus
actives, vont à la provision. A l'entrée de l'hiver, les
guêpes périssent ; il ne reste que quelques femelles engourdies et fécondées pour propager l'espèce. Ce sont
ces dernières seules qui commencent à fonder un nouvel établissement. Les premiers nés sont toujours des
individus neutres qui travaillent activement à augmen-
ter l'édifice commencé par leur mère, lorsqu'ils ne sont
pas occupés à l'approvisionnement de la famille.

Les guêpes font leur nid à l'abri de la pluie, dans des
troncs d'arbres creux, sous les toits de chaumes, dans
les combles des vieilles maisons ou dans la terre. Une
espèce qui ne fait plus partie du même genre, le Po-
lyste de France (*Polystes gallicus*), attache le sien, en
forme de rosace, dans les champs, les landes, etc., à
une pierre ou à quelque tige de bruyère ou de graminée.

Les nids de guêpes sont des espèces de gâteaux composés de cellules hexagonales, de la couleur et de la consistance d'un carton grisâtre. Cette substance coriace,
papyracée, a pour éléments des fibrilles de bois sec
gâchées avec une salive gluante. On a vu des guêpiers

composés de 12 à 15 mille cellules contenant chacune une larve ou une nymphe.

Les larves de ces insectes sont apodes et vermiformes ;
elles sortent de l'œuf huit jours après la ponte. Vingt
jours après, elles ont atteint tout leur développement,
et elles se changent en nymphes, en bouchant l'orifice
de la cellule avec un tissu soyeux. Au bout de huit jours,
l'insecte parfait ouvre la porte de sa prison et s'envole.
Le logement ne reste pas pour cela longtemps vacant ; les
mâles ou les ouvrières le nettoient et le mettent à
même de recevoir un nouvel œuf.

Les guêpes sont polyphages ; elles vivent indistinctement de substances végétales ou animales. Elles font la
guerre aux autres insectes , particulièrement aux
abeilles. L'aiguillon dont elles sont armées, est un sûr
moyen d'exercer leurs rapines et leur férocité ; elles
percent avec cette arme redoutable et envenimée le corps
des insectes plus petits qu'elles, les paralysent ou les
tuent et les emportent dans leur nid. Nous avons vu
plusieurs fois la guêpe commune couper en deux, à
l'aide de ses fortes mandibules, la chenille du pied d'a-
louette, et même l'abdomen de certaines noctuelles
et les emporter de la même manière ; elles aiment
aussi beaucoup la viande fraîche, le miel et tous les
fruits sucrés, tels que prunes, abricots, poires, raisins, etc.

Les guêpes sont considérées par les arboriculteurs
comme un véritable fléau ; elles entament les fruits, en
ayant soin de s'adresser toujours aux plus mûrs et aux
plus sucrés. Quelques personnes doutent cependant
qu'elles perforent la peau ; elles pensent, au contraire,

qu'elles ne font que profiter de ceux qui sont préalablement entamés par les limaçons, les oiseaux ou les souris, ou fendus naturellement à la suite de la pluie et de la chaleur. D'autres nous ont assuré que, dans les appartements où il n'y avait ni oiseaux ni limaçons, elles déchiraient la peau du raisin et qu'elles creusaient des fruits intacts. Les auteurs allemands et anglais n'hésitent pas à être de cette opinion.

Aux environs de Paris et dans la plus grande partie de la France, on ne rencontre guère que deux espèces de guêpes dans les jardins fruitiers.

La guêpe vulgaire. Vespa vulgaris Linné.

Cette espèce, ainsi que son nom l'indique, est la plus commune de toutes. On la reconnaît facilement aux caractères suivants : antennes noires un peu plus grosses à l'extrémité ; tête noire, avec le tour des yeux roux ; mandibules bien développées, jaunes, avec l'extrémité noire ; corselet noir, marqué de taches jaunes ; abdomen jaune, avec la base des anneaux noire, chaque anneau est, en outre, marqué d'une petite tache dorsale noire. Les pattes sont d'un jaune roussâtre.

La piqûre de cette guêpe est assez douleureuse et occasionne souvent du gonflement et de l'induration à la peau. On apaise la douleur avec un peu d'alcali volatil étendu d'eau. Si on n'a pas cette substance à sa disposition, on écrase des feuilles de persil, on en exprime le jus et on l'applique sur la plaie après avoir eu soin de retirer l'aiguillon qui reste souvent dans la peau. Les jardiniers, lorsqu'ils sont piqués par une guêpe, se contentent de frotter la place avec un peu de terre douce.

C'est généralement cette guêpe que l'on trouve sur les fruits à la fin de l'été et à l'automne. C'est aussi elle qui pénètre dans les appartements à Paris et à la campagne.

Le meilleur moyen de détruire les guêpes, c'est de les attaquer dans leur nid ; mais, comme elles volent très-loin de leur habitation, il n'est pas toujours facile de le découvrir, d'autant plus que celui de cette espèce est constamment caché dans la terre à une profondeur de dix à douze centimètres. Lorsqu'on a découvert un repaire, où l'on voit entrer et sortir des guêpes à chaque instant, il n'est pas très-difficile d'anéantir toute la république. Plusieurs moyens sont très-efficaces, mais on ne doit les employer que le soir après le coucher du soleil : 1° on peut verser de l'eau bouillante dans leur galerie ; 2° au lieu d'eau bouillante on fait usage d'eau fortement additionnée de benzine ou d'huile lourde du gaz ; 3° on les asphyxie complétement en introduisant dans l'ouverture une mèche soufrée ou une trainée de poudre à canon.

Il y a des années, on ne sait trop pourquoi, où la guêpe vulgaire est si commune qu'à la campagne on trouve des guêpiers dans une infinité d'endroits. Alors, il devient difficile de les détruire tous. Ces années sont rares et exceptionnelles.

Dans les jardins, à Paris, où ces insectes sont très-répandus, on découvre bien rarement leur demeure : les sens de l'odorat et de la vue sont tellement développés chez eux qu'ils arrivent de très-loin.

Pour diminuer le nombre de ces parasites, on a recours à divers moyens. Le plus ordinairement on suspend le long des treilles, des espaliers, etc., de petites fioles ou de petites bouteilles à étroite ouverture, à moitié remplies d'eau miellée. Les guêpes une fois entrées dans ces bouteilles ne peuvent en ressortir et se noient dans le liquide. Il est essentiel de renouveler l'eau miellée de temps en temps ; on en prend ainsi de grandes quantités. Il y a bien un autre moyen plus efficace ; mais il faut de grandes précautions pour en faire usage ; il consiste à mêler un peu d'arsenic avec du sirop de miel ou de sucre. Attirées par ce mélange, elles arrivent de tous les côtés et s'empoisonnent par centaines ; dans les années où elles sont abondantes, le sol est jonché de leurs cadavres. Nous devons dire ici qu'en noyant ou en empoisonnant les guêpes on fait périr en même temps un grand nombre de malheureuses abeilles, innocentes créatures qui sont également très-friandes de matières sucrées.

Le frelon. Vespa crabro Linné.

Toutes les personnes habitant la campagne connaissent cette grosse guêpe appelée *frelon*. C'est la plus grande de nos espèces européennes et celle dont la piqûre est la plus terrible. Elle est longue de près de trois centimètres ; sa tête est fauve avec de fortes mandibules jaunes ; son corselet est noir, un peu ferrugineux en avant ; le premier anneau de l'abdomen est d'un noir profond, légèrement liséré de jaune ; les autres sont noirs, avec une bande jaune marquée de deux ou trois points noirs ; les pattes sont roussâtres.

Le frelon vit en sociétés nombreuses il construit ; dans les greniers abandonnés ou dans les arbres creux, un nid souvent aussi gros que la tête, formé d'un

papier grossier, d'un gris sale, composé de petits
fragments de bois sec, broyés et détrempés avec une
salive visqueuse.

Dans les jardins de Paris, les frelons causent peu de
dommage; on les voit, à la fin de l'été, posés sur les
troncs des ormes en train de sucer les plaies qui suintent
une liqueur visqueuse. Ils entrent rarement dans les appartements. A la campagne, ils sont assez communs et
commettent les mêmes déprédations que la guêpe vulgaire. Il n'est pas rare d'en rencontrer, à l'automne, un
certain nombre sur les tas de pommes dans les pressoirs
ou sur le marc des raisins. Ce sont des ennemis redoutables pour les personnes qui élèvent des abeilles. Ils
tuent un grand nombre de ces Hyménoptères chargés de
miel, et les emportent dans leur guêpier pour nourrir
leurs larves.

Les frelons, comme la guêpe vulgaire, périssent à
l'entrée de l'hiver, sauf quelques femelles fécondées qui
s'engourdissent pour jeter au printemps, les fondements
d'une nouvelle colonie. De cette première ponte, il ne
naît que des neutres qui continuent avec leurs mères la
construction de l'édifice.

Les gens de la campagne savent parfaitement bien découvrir les nids de frelons; le plus difficile est de les
détruire; cette opération ne doit se faire que le soir,
quand chaque individu est rentré à son domicile. Ce qu'il
y a de mieux, c'est de les asphyxier avec de la fumée,
ou mieux encore avec des mèches ou des chiffons sou-
frés que l'on tient allumés au bout d'une gaule. On pourrait aussi essayer de seringuer dans les guêpiers de la
benzine étendue d'eau.

On rencontre en France, et même aux environs de Paris un frelon un peu plus petit que le précédent, dont les habitudes sont les mêmes, mais il est beaucoup moins commun. Il attache ordinairement son nid aux branches des arbres ou sous les auvents des maisons. On le désigne en entomologie sous le nom de guêpe moyenne, *Vespa media* Olivier.

Nous ne dirons rien ici de la guêpe du Holstein (*Vespa holsatica*), ni de la guêpe de France (*Polystes gallicus*), qui ne sont pas nuisibles à l'horticulture.

Après avoir parlé des guêpes, nous ne devons pas oublier de mentionner un procédé mis en usage pour préserver les raisins de la voracité de ces insectes. Nous l'avons vu employer, il y a une dizaine d'années, pour la première fois, par M. Perrault, horticulteur à Sucy. Notre savant confrère et collègue, le Dr Aubé, en a fait un grand éloge à l'une des séances de la Société impériale d'horticulture, et a dit en avoir obtenu un excellent résultat. Ce procédé est fort simple ; il consiste à envelopper chaque grappe de raisin dans un manchon de papier, froncé par en haut et complétement ouvert par en bas. Les guêpes n'entrent pas sous cette enveloppe, quoiqu'elle soit ouverte dans sa partie inférieure, ce qui semble indiquer que, chez elles, le sens de l'odorat est moins développé que celui de la vue.

Dans la famille des MELLIFÈRES : nous n'avons à mentionner que le

GENRE XYLOCOPE. XYLOCOPA Latr. *Apis* Linn.

Les caractères de ce genre de la tribu des Apiaires

dont on ne voit qu'une seule espèce dans nos jardins, sont : une langue presque cylindrique, aussi longue que le corps lorsqu'elle est développée ; des antennes filiformes, coudées, de douze articles ; des mâchoires
élargies, fortes, cornées et dentées en dedans ; un corps
un peu velu ; des jambes postérieures munies de longs
poils pour la récolte du pollen.

Les larves sont apodes et vermiformes.

Xylocope violette. Xylocopa violacea Linné.

Il est peu de personnes qui n'aient remarqué cette espèce de gros *bourdon noir* dont les ailes ont un reflet
violet, et que l'on appelle vulgairement *abeille perce-
bois*. Cet insecte se montre dès les premiers beaux jours.
Quand il n'y a pas encore de fleurs dans les jardins ou
qu'elles y sont rares, il pénètre dans les appartements,
et surtout dans les serres, lorsque son instinct lui fait
découvrir quelques plantes dont les corolles sont ou-
vertes. Dans les serres chaudes, sa présence est fort
nuisible, lorsqu'il s'y trouve des Orchidées ; en butinant
sur leurs fleurs pour y recueillir du miel et un peu de
pollen, il les féconde et abrége de beaucoup leur durée.

Il paraît, au reste, que, dans la nature, les choses se
passent souvent de la même manière, et que ce sont
d'autres Hyménoptères de la même tribu, qui, dans les
bois et les prairies, fécondent nos Orchidées indigènes ;
c'est à eux que nous devons ces hybrides que nous avons
quelquefois rencontrés dans nos excursions botaniques,
et sur lesquels notre collègue, M. Timbal-Lagrave, a
publié plusieurs petites notices très-intéressantes.

Au milieu du printemps, la xylocope disparaît de nos jardins. Le mâle périt après l'accouplement, la femelle, restée seule, s'occupe à préparer le logement, et à assurer la nourriture pour une jeune famille qu'elle ne connaîtra jamais. Alors elle choisit, dans ce but, de vieilles poutres de bois bien sec et un peu en décomposition, de vieux pieux, etc., dans lesquels elle creuse, à l'aide de ses fortes mâchoires, des galeries assez longues, parallèles aux fibres du bois, partagées en plusieurs loges superposées et séparées l'une de l'autre par une simple cloison. Elle pond un œuf dans chaque cellule après y avoir déposé une pâtée de miel et de pollen, en quantité suffisante pour nourrir la larve jusqu'à sa transformation.

Dans la classe des insectes, il n'y a pas de ces mauvaises mères qui abandonnent leurs enfants ou qui manquent de sollicitude pour eux. La femelle de la xylocope a la précaution, lorsqu'elle prépare le logement pour ses descendants, d'amincir la paroi extérieure de chaque cellule, de manière que l'insecte, lorsqu'il sort de sa dernière enveloppe, n'a qu'un faible obstacle à vaincre pour être en liberté.

Lorsqu'un horticulteur aura des craintes pour ses Orchidées, il pourra facilement prendre dans sa serre l'*abeille perce-bois* avec un filet à papillons.

FAMILLE DES PUPIVORES Latreille.

Les hyménoptères appartenant à cette section des Térébrans sont extrêmement nombreux. Leur corps est allongé, généralement étranglé, et ne tient souvent au

corselet que par un mince pédicule. Leurs larves sont
vermiformes, sans pattes, et vivent, ainsi que leur nom
l'indique, en parasites dans le corps des autres larves.
Cette famille est divisée en plusieurs tribus dont deux
seulement intéressent l'horticulture, les ICHNEUMONIDES
et les CHALCIDITES.

Tribu des Ichneumonides Latreille.

La tribu des Ichneumonides a été partagée en une
infinité de genres pour faciliter le classement et l'étude
des nombreuses espèces qui en font partie ; elle est presque entièrement composée du grand genre *Ichneumon* de
Linné ; les quelques espèces qui en ont été retranchées,
appartiennent aujourd'hui à d'autres groupes.

Les Ichneumonides ont pour caractères : des antennes
vibratiles assez longues, filiformes, composées d'un grand
nombre d'articles variant de 18 à 20 ; des palpes maxillaires toujours très-apparents ; un corps étranglé et pédiculé au point où il s'attache au corselet ; un abdomen
se terminant, dans les femelles, par une tarière plus ou
moins longue, composée de trois filets. Les entomologistes
leur donnent un caractère plus essentiel : c'est que les
ailes de devant offrent toujours une grande cellule formée par la réunion de deux autres.

Chez la plupart des Ichneumonides, les antennes sont
ornées d'un anneau blanc ou jaunâtre placé entre le milieu et l'extrémité. Ces insectes que chacun peut observer journellement, avaient été appelés par Réaumur
mouches vibrantes, parce que leurs antennes sont toujours
en mouvement. Dans certains genres, la tarière triple qui

termine l'abdomen des femelles est plus longue que le corps, quelquefois elle est de la même longueur et souvent beaucoup plus courte.

Les insectes appartenant à cette tribu rendent, tous, les plus grands services aux agriculteurs et aux horticulteurs, en faisant périr les neuf dixièmes des larves ; sans leur assistance, le produit des champs et des jardins serait souvent anéanti ; ce sont eux qui ont fait disparaître la pyrale de la vigne dont nos vignobles ont eu tant à souffrir.

Les femelles des Ichneumonides pondent leurs œufs dans le corps des chenilles, des fausses-chenilles et dans les larves vivantes de beaucoup d'autres insectes. Généralement elles percent la peau de ces larves à l'aide de leur tarière et y introduisent, selon les races, un ou plusieurs œufs. La petite plaie se referme : cependant, sur certaines chenilles d'une couleur claire, on voit la piqûre indiquée par un point noir bien marqué. Les entomologistes connaissent parfaitement à ce stygmate une chenille lorsqu'elle est *ichneumonée.*

L'œuf ou les œufs éclosent dans le corps de la larve qui a été piquée. Dès que les petits vers sont nés, ils vivent intérieurement aux dépens de la victime, qui continue de manger et de grossir sans en paraître trop incommodée. Quelquefois il arrive même que la chenille a conservé encore assez de vie pour se métamorphoser en chrysalide. Alors, on est très-étonné de voir éclore d'une chrysalide une mouche à quatre ailes au lieu d'un papillon. Souvent cependant les larves ou la larve des Ichneumonides font périr la chenille et elles sortent de sa dépouille pour se métamorphoser, ou bien elles subissent leur seconde transformation dans le cadavre lui-même.

Les Ichneumonides ne s'adressent pas seulement aux chenilles, ou aux fausses-chenilles : chaque espèce a l'instinct de découvrir la larve propre à nourrir sa progéniture. Les femelles savent trouver les larves les mieux cachées en apparence ; à l'aide de leur tarière, elles percent les écorces, le bois, la terre, etc., pour déposer un ou plusieurs œufs dans le corps de la victime qu'elles ont choisie. Certaines petites espèces pondent dans les œufs des araignées, dans le corps des pucerons ou même dans celui des Coccides. Aucune larve n'est à l'abri de la tarière des ichneumons; il faut qu'elles soient profondément cachées dans la terre ou dans le bois, pour échapper à leurs investigations.

Les jardiniers et les agriculteurs comprendront facilement, d'après ce que nous venons de dire, l'utilité de ces insectes parasites, destinés à rétablir l'équilibre en faisant rentrer une espèce qui se multiplie trop pendant quelques années, dans les justes limites que la nature lui a assignées.

Il nous est arrivé souvent d'élever à la fois une cinquantaine de chenilles d'une même espèce de papillon et de n'obtenir que des ichneumons.

Nous ne décrirons pas ici les nombreuses espèces qui vivent aux dépens des chenilles ou des fausses-chenilles, la série en serait trop longue, d'autant plus que chaque espèce a presque toujours un ichneumon qui lui est propre.

Les trois figures que nous donnons seront suffisantes pour donner une idée de ces insectes bienfaisants.

Le nom d'*ichneumon* a été donné par Aristote et Stra-

bon à un petit animal propre à l'Égypte, espèce de
fouine (*Viverra ichneumon* des zoologistes), que les Égyp-
tiens adoraient parce qu'ils supposaient qu'il entrait par
la gueule du crocodile pour lui dévorer les entrailles.

55. — Ichneumon circonflexe. *Ichneumon circonflexus.*

Cette fable n'a plus cours de nos jours ; l'ichneumon,
selon M. Geoffroy Saint-Hilaire (*Voyage en Égypte*)
vit de rats, de mulots, d'œufs d'oiseaux, d'œufs de

56. — Ichneumon filiforme.
Ichneumon filiformis.

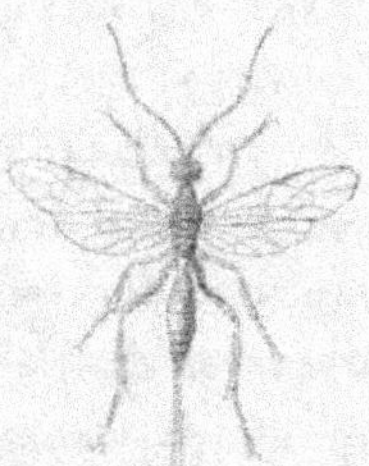

57. — Ichneumon noirâtre.
Ichneumon nigritarius.

tortue, etc., comme tous les autres carnassiers du même
groupe ; mais il rend d'importants services au bord du

Nil, en détruisant les œufs de crocodiles dont il est très-friand.

C'est par allusion à cet animal que les entomologistes ont appelé *ichneumons* ces sortes de mouches à quatre ailes, qui dévorent les entrailles des autres larves.

Chalcidites.

Les insectes dont se compose cette tribu sont de très-petites mouches à quatre ailes, ornées de couleurs métalliques souvent assez brillantes, à antennes coudées et à ailes presque entièrement dépourvues de nervures.

Les espèces de chalcidites sont extrêmement nombreuses. Le corps des femelles est terminé, comme chez les Ichneumonides, par une petite tarière qui leur sert à percer le corps des larves, des chrysalides, ou des insectes parfaits pour y déposer leurs œufs. Ces petits parasites attaquent surtout les chenilles, mais ils ne ménagent pas pour cela certaines larves appartenant à d'autres ordres. Leurs mœurs ressemblent complétement, du reste, à celles des ichneumons; ils rendent les mêmes services à l'horticulture.

Près des chalcidites viennent se placer les *Cynips* qui sont également de très-petites mouches à quatre ailes, classées par analogie avec les Pupivores et appartenant à la tribu des GALLICOLES. Ces petits hyménoptères ont pour caractères : des ailes inférieures sans nervures, des antennes filiformes, assez longues, non coudées, composées de 14 à 15 articles, de petites mâchoires très-distinctes; chez les femelles, une tarière non apparente, mais assez longue, repliée sous le ventre et cachée dans une sorte de coulisse.

Les espèces de cynips sont nombreuses et ont été réparties par les entomologistes modernes dans une quantité de genres. Leur couleur n'a rien de métallique ; ils sont noirs, bruns ou d'un roux ferrugineux. Leur petite taille les dérobe souvent à nos regards ; généralement on les voit peu, à moins qu'on ne se donne la peine de les élever pour les étudier et les connaître.

Ces insectes ont un genre de vie qui n'appartient qu'à eux. Sous leur premier état, ils vivent exclusivement dans des galles ou excroissances dés végétaux : lorsqu'une femelle a été fécondée, elle fait choix de la plante qui devra servir de berceau à ses enfants. Alors elle détend sa tarière, et fait, à l'aide de cet instrument, une petite plaie, tantôt aux tiges, tantôt aux feuilles et tantôt aux pétioles ou même aux pédoncules des fleurs, où elle dépose un ou plusieurs œufs ; cela varie suivant les races. chacune ayant ses habitudes. La petite entaille, probablement sous l'influence d'une liqueur *sui generis* sécrétée par l'insecte au moment de la ponte, se tuméfie et ne tarde pas à devenir une galle, dont la forme est toujours la même dans chaque espèce.

Les jardiniers et les personnes habitant la campagne ont souvent l'occasion de voir dans les parcs et dans les bois, sur les feuilles de différents arbres, principalement sur celles des chênes, de ces productions anormales, dont les unes sont arrondies et de la grosseur d'une noisette, les autres de la grosseur d'une pomme d'api ; d'autres, sont appliquées intimement à la face inférieure des feuilles et ressemblent à de petits champignons ; ils ne sont pas non plus sans remarquer des gonflements analogues sur des plantes basses, telles que véronique, lierre terrestre, graminée, etc.

Les cynips, en général, ne sont pas à redouter pour les jardins ; une espèce cependant, le cynips du rosier (*Cynips rosæ*), est quelquefois assez nuisible à plusieurs variétés de rosiers et surtout aux églantiers.

L'insecte parfait, qui a à peine cinq millimètres, est noir, avec les pattes et l'abdomen d'un jaune roussâtre. A la fin du printemps, la femelle pond environ une dizaine d'œufs, dans une petite entaille qu'elle fait aux rameaux des rosiers. La petite plaie se boursoufle, et la galle singulière qui résulte de la piqûre, est à l'automne de la grosseur d'une nèfle. Elle est arrondie, ou un peu irrégulière, d'une odeur qui n'a rien de désagréable, composée d'une infinité de petits filaments qui la font ressembler à un corps mousseux et chevelu. Cette galle chevelue, désignée autrefois dans les pharmacopées sous le nom de *Bédéguar*, prend à l'arrière-saison une couleur verte mélangée de rouge ou d'un peu de jaune, qui est assez agréable à l'œil.

Les jardiniers devront, au mois d'octobre, arracher aux rosiers et aux églantiers toutes ces galles mousseuses, et les brûler pour anéantir le cynips dans sa demeure.

Les personnes qui, par curiosité, recueilleront, à l'entrée de l'hiver, des bédéguars et qui les tiendront renfermés dans une boîte, ne seront pas peu surprises d'en voir sortir au printemps deux petites mouches d'espèces fort différentes : l'une telle que nous l'avons signalée et l'autre ornée de couleurs métalliques brillantes. Cette der-

nière est une Chalcidite (*Diplolepis Bedeguarensis*), dont
la mère, par un instinct admirable, avait introduit, en
perçant la galle avec sa tarière, un œuf dans les larves
des malheureux cynips. Les premiers naturalistes qui
ont étudié ces galles, ne savaient trop comment expliquer un fait qui leur paraissait si extraordinaire; ils se
demandaient quel était le véritable propriétaire de l'établissement, ou plutôt si ces deux petits hyménoptères ne
vivaient pas en commun et en *bonne intelligence*. Mais les
études sérieuses de Réaumur, de Degeer, et de beaucoup
d'autres entomologistes, ont démontré de la façon la plus
évidente, ce que chacun sait aujourd'hui, c'est-à-dire que
ce sont les Chalcidites qui sont les brigands.

Nous avons dit un mot, en parlant de l'utilité de certains insectes, de deux cynips qui rendent des services;
celui dont la piqûre produit la noix de galle et celui que
l'on emploie pour la caprification.

TRIBU DES TENTHRÉDINES OU PORTE-SCIES.

Cette tribu est formée du grand genre *Tenthredo* de
Linné. Elle comprend tous ces Hyménoptères grands,
moyens ou petits, que les anciens auteurs appelaient
mouches à scie ou *porte-scies*. Elle se distinguent nettement des autres tribus de la section des térébrants par
les caractères suivants :

Abdomen sessile, c'est-à-dire non pédiculé, appliqué
au corselet dans toute sa largeur, cylindrique ou à peine
aplati, formé de neuf segments ou anneaux, muni, chez
les femelles, à son extrémité inférieure, d'une tarière
logée dans une coulisse ou sorte de gaine constituée par

deux lames cornées, dentées en scie; une tête carrée
pourvue de deux fortes mandibules (1) plus ou moins
dentées, et de deux antennes qui varient pour le nombre
des articles et pour la forme; des ailes un peu chiffonnées.

Ce qui caractérise surtout ces Hyménoptères, c'est
qu'ils sont les seuls dont les larves, munies de pattes
nombreuses, vivent en plein air comme les chenilles des
papillons. Ces larves, désignées par les entomologistes
sous le nom de *fausses-chenilles*, ressemblent, au premier coup d'œil, à de véritables chenilles, dont elles
ont la forme et les couleurs; en général, les jardiniers
les considèrent comme telles, parce qu'ils ignorent
qu'au lieu de donner des papillons, elles produisent
des mouches à quatre ailes. A l'avenir, ils les dis-
tingueront aussi facilement que leur main gauche de
leur main droite, lorsqu'ils sauront que les larves des

(1) Chez certaines Tenthrédines les mandibules sont assez fortes
pour entamer et percer des corps très-durs; par exemple, les espèces dont les larves vivent dans le bois, ne se servent que de cet
instrument pour se frayer un passage, lorsqu'arrive le moment de
l'éclosion; les Urocères (*Sirex*) sont dans ce cas. Notre estimable
collègue, M. de Schœnefeld, secrétaire général de la Société botanique de France, nous a envoyé de Saint-Germain une petite
boîte remplie de *Sirex gigantea*, qui, dans une maison neuve, per-
çaient des poutres de sapin, pour se mettre en liberté.

Nous lisons dans les comptes rendus des séances de l'Académie des Sciences, année 1857, p. 318, que M. le maréchal
Vaillant a présenté à la séance plusieurs paquets de cartouches
dont les balles avaient été percées, et quelques-unes, d'outre
en outre, par un Hyménoptère, pendant le séjour de nos troupes
en Crimée. Dans un savant rapport, Daméril énumère toutes
les observations connues sur les perforations de lames de plomb
par des insectes; ensuite, il dit avoir reconnu, dans l'Hyménoptère trouvé dans les balles, le *Sirex juvencus*. Mais l'explication

Tenthrédines ont toujours plus de seize pattes (de 18 à 22) et une tête arrondie comme un bouton, munie de deux yeux ; tandis que les véritables chenilles n'ont jamais plus de seize pattes ni moins de dix et qu'elles ont, en outre, la tête cordiforme ou un peu triangulaire et dépourvue d'yeux.

Les *fausses-chenilles* ont les mêmes mœurs que les chenilles, elles dévorent de même les feuilles des végétaux et vivent aussi quelquefois dans les tiges, ou dans les jeunes pousses des rosiers, des poiriers et de la vigne ; celles qui se nourrissent ainsi de la partie médullaire paraissent, dans certains cas n'avoir que les six pattes écailleuses, les autres pattes sont tellement courtes qu'elles sont réduites à l'état de mamelons peu apparents ; il y en a aussi qui vivent dans les fruits.

Lorsque ces larves sont arrivées au terme de leur accroissement, généralement elles descendent et entrent

qu'il donne de ces perforations ne nous paraît nullement plausible. Selon cet illustre académicien, ce serait avec la scie de son abdomen que cet animal aurait percé les balles renfermées dans les cartouches de la garde impériale. Nos propres observations, nous ont démontré tout le contraire ; les Tenthrédines ne font usage de leur scie que pour entamer les végétaux dans la partie la plus tendre, afin de déposer, dans la petite plaie, le germe de leur progéniture ; mais c'est toujours avec leur mâchoire, comme les autres insectes, qu'elles percent des trous lorsque l'heure de de la sortie est arrivée. Si ces *Sirex* s'étaient servis de leur scie, comme le dit Duméril, dans le cas si curieux signalé par M. le maréchal Vaillant, ils auraient évidemment choisi, comme plus tendre, la partie de la cartouche contenant la poudre. Guidés par leur instinct ils ont compris que cette substance se dissoudrait en partie dans leur salive et les ferait périr. Nous ajouterons que les caisses devaient être en sapin et que les planches employées à leur confection renfermaient les larves de ce *Sirex*.

en terre à peu de profondeur, pour se métamorphoser dans une petite coque d'un tissu soyeux très-solide. Certaines espèces ne quittent pas la plante : elles attachent leur cocon sur les feuilles où elles ont vécu. Celle que l'on voit si communément sur l'osier, en fournit un exemple. Celles qui habitent dans les tiges, y subissent toutes leurs transformations.

Les fausses-chenilles des Tenthrédines sont rarement isolées, le plus ordinairement on les voit par petits groupes sur les feuilles; il y en a aussi qui vivent en famille sous une tente comme les Yponomeutes du pommier et du sainte-lucie.

Les fausses-chenilles prennent quelquefois des attitudes singulières; les unes se tiennent allongées comme de véritables chenilles, d'autres ont presque toujours l'extrémité du corps relevée en l'air; quelques-unes ne s'allongent presque jamais complétement et ont la partie postérieure contournée en spirale.

La plupart des Tenthrédines ont deux générations par an, l'une au printemps et l'autre à la fin de l'été.

Nous avons élevé un grand nombre de larves de mouches à scie et des quantités de chenilles, mais elles sont beaucoup plus difficiles à amener à bien que ces dernières. Il y a certaines espèces qui se dessèchent dans leur coque pendant l'hiver, dont jamais nous n'avons pu obtenir l'insecte parfait.

Les fausses-chenilles des Tenthrédines, de même que les chenilles des papillons, ne vivent pas, comme beaucoup d'autres insectes, sur des végétaux dont les sucs sont modifiés par un état maladif; elles n'attaquent au contraire que des plantes bien portantes.

Latreille, Jurine, de Genève, le Pelletier de Saint-Fargeau, (1) Fallen de la Suède, Dahlbom, Klug et Hartig, de Berlin, le D' Leach, et plusieurs autres entomologistes, non moins distingués ont, à la suite d'études sérieuses, divisé le grand genre *Tenthredo*, de Linné, en une infinité de genres basés sur la forme et le nombre des articles des antennes et sur des caractères tirés de la position des cellules formées par le réseau des ailes ; la plupart de ces genres, établis d'après la méthode de Jurine, sont bien distincts les uns des autres et sont aujourd'hui, presque tous, adoptés par les naturalistes qui se vouent spécialement à l'étude si attrayante des Hyménoptères.

Dans cet opuscule destiné spécialement à des horticulteurs et non à des savants de profession, nous suivrons, pour les quelques espèces dont nous avons à entretenir le lecteur, l'exemple de Ratzburg qui a laissé les espèces qu'il décrit, comme nuisibles aux forêts, dans le genre *Tenthredo*, en indiquant pour les personnes que cela pourrait intéresser, le nom générique actuel, entre deux parenthèses.

Les espèces de Tenthrédines sont extrêmement multipliées. Le D' Th. Hartig, dans l'ouvrage remarquable qu'il a publié à Berlin en 1837, en mentionne et décrit plus de quatre cents espèces propres à l'Europe. Nous

(1) Feu le comte de Saint-Fargeau s'est occupé spécialement du genre *tenthredo*, de Linné et a publié une monographie de ces Hyménoptères ; c'était un bon observateur, mais un homme de cabinet qui n'a guère connu les larves, que par les figures de Degéer et de Réaumur ; il en a très-peu élevé par lui-même. Nous lui avions remis, dans le temps, avec l'insecte parfait la description de plusieurs fausses-chenilles dont nous avions fait l'éducation ; il réservait, nous disait-il, ces matériaux pour une nouvelle monographie qui n'a jamais paru.

pensons que notre savant confrère, le Dr Sichel, l'un des premiers hyménoptérologistes de l'époque actuelle, en connaît peut-être encore un plus grand nombre.

Tenthrède des rosiers. Tenthredo (hylotoma) rosarum Fabr.

Les amateurs de roses voient, tous les ans, une partie de leurs rosiers dévorés par une fausse-chenille qui quelquefois ne laisse que les nervures des feuilles. Cette larve que beaucoup de jardiniers prennent pour une véritable chenille, ne produit pas un papillon, mais une tenthrède très-commune dans les jardins, au mois de mai et au mois d'août. C'est une mouche à quatre ailes dont le corps est d'un jaune ferrugineux, avec les antennes, la tête, le dos et la poitrine d'un brun noir, elle est longue de 7 à 8 millimètres; elle butine sur les fleurs du voisinage et voltige, le matin et le soir, autour des rosiers.

Lorsque la femelle est fécondée, elle se promène lentement sur les branches du rosier qu'elle a choisi, et lorsqu'elle a trouvé un emplacement convenable, elle se met à l'œuvre; alors, elle écarte les deux valves qui cachent sa tarière, perce un petit trou dans l'écorce avec celle-ci; puis, elle pratique une petite entaille en faisant jouer ses deux lames de scie. Lorsque cette besogne, qui ne dure guère plus d'une minute, est achevée, elle y dépose un œuf enduit d'une liqueur mousseuse âcre qui empêche les fibres de l'écorce de se rejoindre, et détermine un gonflement noirâtre des lèvres de la plaie. Elle recommence ce manége sur la

même branche et fait de nouvelles entailles contenant
chacune un œuf, souvent au nombre de huit à quinze ;
puis, pour terminer sa ponte, elle change de rameau ou
même de rosier.

58. — Tenthrède des rosiers. *Tenthredo rosarum.*

C'est le matin, après le lever du soleil, qu'elles se
mettent à travailler. De 10 à 11 heures, elles se re-
posent et disparaissent pour revenir, sur les cinq heures
du soir, continuer leur besogne.

Les œufs éclosent au bout de huit à dix jours, et
les petites larves se répandent sur les feuilles ; celles-ci,
que l'on prendrait volontiers pour de petites chenilles,

changent quatre fois de peau, sans que pour cela, leur livrée en soit beaucoup modifiée. Elles ont dix-huit pattes; leur tête est jaune avec les yeux noirs; le corps est d'un jaune plus ou moins foncé sur le dos, vert ou d'un vert jaunâtre sur les côtés, blanchâtre en-dessous; il est, en outre, parsemé de petits points noirs tuberculeux luisants, d'où partent de petits poils. Cette fausse-chenille prend souvent des attitudes étranges, il n'est pas rare de la voir cramponnée aux feuilles par ses pattes de devant en tenant toute la partie postérieure de son corps redressée. Ces larves croissent rapidement; celles qui proviennent de la ponte du mois de mai, ont acquis en juin tout leur développement; alors, elles quittent les feuilles et s'enfoncent peu profondément dans la terre, où elles se construisent une double coque d'un tissu solide et résistant, dans laquelle elles restent 28 à 30 jours avant de se changer en nymphes. L'insecte parfait éclot en août pour s'accoupler et produire une nouvelle génération de fausses-chenilles que l'on trouve sur les rosiers jusqu'en octobre. Ces dernières se métamorphosent en terre, comme celles de la première époque, mais avec cette différence qu'elles passent tout l'hiver renfermées dans leur coque avant de se transformer en nymphes. Cette remarque est, du reste, applicable à toutes les larves de mouches à scie, qui doivent éclore au printemps.

Les larves de la tenthrède du rosier sont souvent attaquées par une petite Chalcidite (*Pteromalus hylotomæ*) qui en fait périr un grand nombre. Les oiseaux et les guêpes en détruisent aussi des quantités, mais malheureusement il en reste encore beaucoup trop.

Presque tous les rosiers et les églantiers sont sujets à être dévorés par cette tenthrède ; cependant ceux d'origine exotique, comme les *Banks*, *les thés*, *les Bengales*, y sont moins exposés que les autres.

Lorsque l'on aperçoit, au mois de mai, ces mouches à corps jaune posées sur la terre ou sur un rosier, il faut les tuer sans pitié ; elles sont lourdes et il est très-facile de les saisir. Il faut faire de même des larves qui se tiennent sur les feuilles et qui sont toujours très-visibles. Un jardinier ou un rosiériste observateur pourra aussi passer sur les entailles une légère couche de colle forte ; les œufs, emprisonnés sous cet enduit, ne pourront pas éclore.

Tous ces moyens ne sont que des palliatifs auprès de celui découvert par M. Margottin, l'un de nos premiers rosiéristes.

Après avoir étudié, pendant plusieurs années, les habitudes de cette *Mouche à scie*, tant à l'état de larve qu'à l'état parfait, cet habile horticulteur est arrivé à trouver un procédé infaillible pour la détruire. Il a remarqué que l'hylotôme, lorsqu'elle est éclose, abandonne les rosiers vers le milieu de la journée, pour se nourrir sur d'autres plantes, mais qu'elle recherche particulièrement les fleurs du persil. Cette découverte lui donna l'idée de planter quelques pieds de cette ombellifère dans ses cultures. Il eut tout lieu de s'en féliciter : car sans piétiner la terre, il détruisait, chaque jour, des centaines de ces mouches. Sur un seul pied de persil, il en a tué, dit-il, quinze cents en six semaines ; passé ce nombre, il a cessé de les compter.

D'après un aussi beau résultat, M. Margottin recommande à ses collègues et à tous les amateurs de roses, la culture de quelques pieds de persil auprès des corbeilles ou des massifs que l'on veut préserver des atteintes de cet Hyménoptère.

Ce procédé est fort simple et peu coûteux; mais, malgré son efficacité incontestable, il ne réussira complétement que lorsqu'il sera employé d'une manière générale par tous les cultivateurs de rosiers. En effet, si le voisin ne fait rien pour la destruction de cet insecte dans son jardin, on sera toujours exposé aux mêmes ravages : il en est de cela comme du hannetonnage et de l'échenillage.

Nous croyons que M. A. Dubois, dans un savant mémoire inséré dans le bulletin de la Fédération des sociétés d'horticulture de Belgique, se trompe lorsqu'il dit que c'est l'*hylotoma pagana* de Panzer, qui dévore les feuilles des rosiers. Nous n'avons jamais rencontré cet Hyménoptère dans les lieux où l'on cultive cet arbuste.

Tenthrède difforme. Tenthredo (cladius) difformis Panzer.

Cette mouche à scie est, dans les jardins des environs de Paris, un peu moins commune que la précédente.

Elle est un peu plus petite et entièrement noire, avec les pattes blanches. Malgré son nom, elle n'a rien de plus difforme que les autres espèces. Le nom de *difformis* lui a été donné parce que le mâle a les antennes pectinées, tandis qu'elles sont à peu près filiformes chez la femelle.

Cette tenthrède se montre aussi en mai, pour la première époque, et en août, pour la seconde.

La larve vit, comme celle dont nous venons de parler, sur les rosiers, mais d'une tout autre façon. La femelle, avec ses petites lames de scie, fait à la nervure médiane au-dessous des feuilles une ou plusieurs petites entailles dans chacune desquelles elle dépose un œuf. L'éclosion a lieu au bout de huit à

89. — Tenthrède difforme. *Tenthredo difformis.*

dix jours. Les petites larves grandissent assez rapidement et ressemblent presque complétement à de véritables chenilles, par leur couleur, leur forme et leur attitude ; mais, ce qui les distingue de suite, c'est qu'elles sont pourvues de vingt pattes et que leur tête est pourvue d'yeux et arrondie comme un bouton. Ces fausses-chenilles se tiennent constamment appliquées à la face inférieure des feuilles qu'elles rongent et percent par le milieu comme feraient de petits limaçons. Elles sont d'un vert tendre, de la couleur des feuilles, avec la tête rousse. On remarque, en outre, sur leurs côtés une série de points élevés surmontés chacun d'un petit faisceau de poils grisâtres. Elles ne vivent pas en sociétés nombreuses ; sous la même feuille, il y en a rarement plus de trois ou quatre.

Lorsqu'à la fin de juin elles sont entièrement développées, elles font chacune une petite coque double qu'elles attachent à des feuilles sèches. L'insecte parfait éclot en août ; on rencontre en septembre, et octobre, les fausses-chenilles de la seconde génération. Ces dernières restent enfermés dans leur coque jusqu'au printemps avant de se métamorphoser.

Pour détruire cette tenthrède, il faut couper, à la fin de mai, avec des ciseaux les feuilles où elles se tiennent et les brûler. Il ne faut pas non plus épargner l'insecte parfait, lorsqu'on le rencontre.

Tenthréde à pattes blanches. Tenthredo (oladius) albipes Klug.

Nous ne connaissons pas cette espèce qui paraît être voisine de la précédente. Jusqu'à, ce jour elle s'est rarement montrée en France ; mais il n'en est pas de même en Allemagne, où, dans certaines années, elle dépouille entièrement les cerisiers de leurs feuilles. La mouche est noire ; ses pattes sont blanches ou d'un blanc brunâtre avec le milieu et la base des cuisses noirâtres, et l'extrémité des jambes postérieures de couleur brune.

Elle est longue de trois à trois lignes et demie (8 à 9 millimètres), et paraît à la fin d'avril ou au commencement de mai. Après l'accouplement, elle dépose ses œufs sous la face inférieure des feuilles des cerisiers. Les fausses-chenilles sont pourvues de dix-huit pattes ; elles sont pubescentes, d'un beau vert sur le dos, avec les côtés plus pâles ; leur tête est brune, garnie de poils roides, avec les yeux et une tache triangulaire noirs. A la fin de mai, elles se renferment chacune dans une petite coque qu'elles attachent aux feuilles. La mouche à scie éclot en juin et juillet ; il y a une seconde génération dont les larves passent l'hiver dans leur cocon, et dont l'insecte parfait sort au printemps suivant. Quand ces fausses-chenilles sont jeunes, dit Hartig, elles rongent seulement le milieu des feuilles, mais, quand elles sont un peu plus grandes, elles les dissèquent entièrement et n'y laissent que les nervures.

Tout ce que nous venons de dire, relativement à cette tenthrède, est extrait de l'ouvrage de Th. Hartig, *Blattwespen und Holzwespen*, p. 178, 5.

Tenthrède zonée. Tenthredo zona Klug.

Encore une espèce qui attaque les rosiers ; elle est moins répandue que les deux dont nous avons parlé. Beaucoup plus localisée, elle cause peu de dégâts chez les rosiéristes des environs de Paris.

La mouche est longue d'environ 8 millimètres. Son corps est noir, avec la base des antennes jaunes ; l'abdomen a le bord du premier, du quatrième et du cinquième segment, d'un jaune brillant, ainsi que les derniers anneaux. Les pattes sont également jaunes, mais d'une couleur plus pâle. Cette espèce se montre, comme beaucoup de ses congénères, en mai et en août.

La fausse-chenille de cette tenthrède, a 22 pattes ; elle est d'un vert plus ou moins grisâtre, avec les côtés et le dessous du corps d'une couleur plus pâle. Sa tête est rousse, plus ou moins pâle, avec les yeux noirs ; tout son

60. — Tenthrède zonée. *Tenthredo zona*.

corps est, en outre, criblé de petits points blancs tuberculeux. Cette larve, lorsqu'elle mange, se tient allongée sur les feuilles des rosiers ; tandis que, lorsqu'elle est au repos, elle est contournée en spirale, comme les limaçons appelés *planorbes*. Arrivée à sa grosseur, sa couleur devient plus terne ; alors, elle se laisse tomber et se construit une coque avec quelques grains de terre qu'elle gâche avec de la salive.

Les fausses-chenilles de la première époque, donnent l'insecte parfait après six semaines de métamorphose ; celles de la seconde ne se changent en nymphe qu'au printemps. C'est une des espèces que l'on élève le plus facilement.

Tenthrède à triple ceinture. Tenthredo tricincta Fab.

Les chèvrefeuilles de nos jardins sont très-sujets à être envahis par les pucerons ; mais souvent aussi, ils sont dans certaines années, dévorés par la fausse-chenille d'une mouche à scie.

Cette larve, commune par toute la France, a été très-bien étudiée par Degeer et bien figurée par Hartig, tab. V, fig. 39. Elle est, du reste, facile à élever en captivité. On commence à l'apercevoir sur les feuilles des chèvrefeuilles (*lonicera caprifolium*, *periclyme-num*, etc.) vers le milieu de mai. A cette époque, elle n'a pas encore changé de peau, elle est d'un gris sale, avec la tête noire ; après la première mue, son dos est plus obscur, avec les côtés presque blanchâtres ; au second changement de peau, sa couleur devient beaucoup plus claire ; elle offre alors une série dorsale de taches triangulaires noires, et, sur tout son corps, un petit pointillé blanc ; elle subit encore une mue à la suite de laquelle elle devient d'un gris verdâtre ou presque couleur de chair, sans aucune modification dans le dessin. Lorsqu'à la fin de juin, elle est arrivée à sa grosseur, elle se laisse tomber, entre en terre peu profondément, et s'y construit une coque dans laquelle elle subit ses dernières

métamorphoses. L'insecte parfait en sort ordinairement
six semaines après; mais tous les individus n'éclosent
pas en été : nous en avons vus rester dans leur coque
jusqu'au printemps. Ceux qui naissent en août, produisent une seconde génération de fausses-chenilles qui
entrent en terre en automne.

On voit souvent, au milieu du printemps, sur les
cinq ou six heures du matin, ou dans la soirée, voltiger la
mouche à scie à triple ceinture autour des chèvrefeuilles.
Elle est un peu plus grande que la tenthrède des rosiers ;
elle a environ 10 à 12 millimètres de longueur : elle est
noire, avec la base des ailes supérieures couverte de
petites écailles d'un jaune fauve ainsi que les pattes ;
l'abdomen est d'un beau noir, coupé par trois ceintures
jaunes.

Lorsque, dans un jardin, les chèvrefeuilles sont envahis
par les fausses-chenilles de cette tenthrède, il faut faire
tomber ces larves en frappant avec une baguette, les rameaux, sur une toile étendue à terre. C'est dans la journée qu'il faut faire cette opération, parce que ces
larves comme les autres fausses-chenilles, ne mangent
guère que la nuit et restent en repos jusqu'au coucher du
soleil.

Tenthrède de la centfeuille. Tenthredo (athalia) centifoliæ Panzer.

Cette tenthrède a été décrite par Fabricius sous le
nom de *tenthredo spinarum*. Selon certains auteurs, elle
est, dans quelques contrées de l'Allemagne, très-nui-

sible aux rosiers. Elle a de grands rapports avec la précédente. Aux environs de Paris, où elle n'est pas rare,
elle ne se trouve pas ordinairement sur les rosiers, elle
n'attaque que les Crucifères, les choux, les navets et
les colzas.

La mouche est longue de 8 millimètres, d'un jaune
orangé, avec la tête, les antennes, les côtés et la partie
antérieure du corselet noirs, ainsi que l'extrémité des
jambes. Les parties de la bouche sont blanchâtres.

Les fausses-chenilles de cette tenthrède ont vingt
pattes et non vingt-deux, comme dans l'espèce précédente; elles sont d'un vert sale, légèrement chagri-
nées, avec une raie dorsale plus foncée, s'effaçant
complétement au moment de la métamorphose. Pour
se chrysalider, elles entrent en terre, et l'insecte parfait
se montre d'abord en juin, puis en septembre. pour la
seconde fois.

Selon Klug et Hartig, cette mouche à scie est très-
commune dans les jardins de la Prusse, sur les buissons de rosiers.

Nous venons de signaler aux amateurs de roses et aux
jardiniers plusieurs mouches à scie nuisibles aux rosiers
dans l'Europe tempérée. Il est probable que, dans les
contrées méridionales. telles que l'Italie, l'Espagne, la
Turquie, etc., il existe d'autres espèces que nous ne
connaissons pas. Il en est peut-être de même dans les
régions septentrionales. Car Dahlbom (*Clavis nov. Hy-
menopt. Syst.*), dans son ouvrage sur les mouches à scie
de la Scandinavie, donne la description suivante d'une
fausse-chenille de tenthrède découverte sur un rosier,
aux environs de Lund, par le savant professeur Zetters-

ted : elle est, dit-il, d'un roux testacé ou presque fauve, striée transversalement, avec une raie latérale brune située au-dessus des pattes ; sa tête est brune, avec les yeux testacés, entourés d'une orbite très-noire ; les segments de l'extrémité sont un peu verdâtres en dessus. Malheureusement, cette larve, qui ne ressemble à aucune de celles dont nous avons parlé, n'a pas réussi, et on ignore probablement encore quelle est l'espèce qu'elle produit.

Tenthrède ventrue. Tenthredo (nematus) ventricosa Klug.

(Nematus) grossulariæ Dahlbom, Clav. n. Hym. 22.

Tous les jardiniers connaissent une *fausse-chenille* qui vit en sociétés nombreuses (de 50 à 1000 individus) sur les groseilliers, particulièrement sur le groseillier à maquereau ; elle dépouille souvent cet arbuste de toutes ses feuilles en ne laissant que la nervure médiane. Cette larve, que, par ignorance, beaucoup de nos collègues prennent probablement pour une véritable chenille, est pourvue de vingt pattes et non pas *de seize*. Lorsqu'elle est adulte, elle est d'un vert sale, couverte de petits tubercules noirâtres donnant naissance à un petit poil court, avec la tête noire ; outre cela, ses trois derniers anneaux et ses côtés sont plus ou moins jaunes. Arrivée à son entier développement, dans les premiers jours de juin, elle se laisse tomber et entre en terre à une faible profondeur, où elle file un cocon qu'elle réunit à celui d'un autre, de sorte que l'on trouve fréquemment, au pied d'un groseillier à maquereau, des espèces de gâteaux composés de trente à quarante de ces cocons accolés les uns aux autres.

L'insecte parfait éclot en avril pour la première époque, et, en juillet, pour la seconde; d'où il résulte que les groseilliers sont dévorés par cette larve deux fois par an, en mai et en septembre.

Tenthrède à ceinture rousse. Tenthredo (emphytus) rufocincta Klug. 110.

Cette Tenthrédine parfaitement figurée dans Degeer, II, tab. 36, fig. 14-18, est encore une espèce qui se nourrit de feuilles de rosier. Elle est plutôt rare que commune dans nos cultures de rosiers, et nous la considérons comme occasionnant peu de dommages aux environs de Paris.

La mouche est longue de sept à huit millimètres, d'une couleur noire, avec les jambes et les tarses d'un jaune rougeâtre, et l'abdomen marqué d'un anneau rouge, couvrant, en partie, le quatrième et le cinquième segment. La fausse-chenille vit, comme celle de la tenthrède zonée, à la face inférieure des feuilles des rosiers; elle a de même vingt-deux pattes. Sa couleur est d'un vert plus ou moins foncé, avec les côtés plus pâles; sa tête est rousse et son corps pointillé de petites verrues blanches. Au repos, elle se tient contournée en spirale. Elle a, comme la tenthrède zonée, deux générations par an et paraît aux mêmes époques.

Il y a deux ans, nous en avons trouvé plusieurs exemplaires sur un rosier dans le jardin de M. Domage, à Montrouge.

Tenthrède à ceinture. Tenthredo (emphytus) cincta Linné.

L'espèce dont nous allons parler, s'éloigne de toutes les précédentes par les mœurs de sa larve ; elle vit dans l'intérieur des tiges du rosier, dont elle ronge le canal médullaire. Nous en avons eu cette année un assez grand nombre à notre disposition. M. Verdier père nous en a fait remettre, au mois de mars, une certaine quantité dont les unes étaient en cocon prêt à éclore, et

61. — Tenthrède à ceinture. Tenthredo cincta.

les autres encore à l'état de fausses-chenilles. De son côté, M. Rivière nous a envoyé, à la fin de mai, du jardin du Luxembourg, un paquet de pousses de rosier fanées, qui contenaient chacune une petite larve de cette Tenthrédine. Lorsqu'elle est jeune, elle est d'un gris-verdâtre étiolé. Après le premier changement de peau, elle devient d'un vert plus obscur sur le dos, avec les côtés grisâtres. La tête est fortement pointillée, et l'on aperçoit sur son dernier anneau une petite pointe, qui doit lui servir à avancer dans la galerie qu'elle creuse et élargit à mesure qu'elle grossit, et dans laquelle elle chemine la tête en bas ; nous avons trouvé jusqu'à six individus à la suite l'un de l'autre dans la même tige.

La coque est ovale et formée d'une soie blanche. Une partie de celles que nous avons reçues de M. Verdier, sont écloses en mai; les autres sont restées à l'état de larve, et ont fini par se dessécher en même temps que les tiges dans lesquelles elles étaient renfermées, malgré la précaution que nous avions prise de les placer sur du sable humide, recouvert d'une cloche de verre. Nous supposons qu'elles auraient fait leur coque dans le courant de juin et qu'elles auraient donné l'insecte parfait en même temps que celles de la ponte du printemps.

La mouche est longue de 8 à 10 millimètres, un peu allongée, noire, avec les pattes ferrugineuses et l'abdomen marqué d'une ceinture blanche, qui, chez un individu qui nous est éclos, était à peu près nulle ou effacée.

La femelle de cette tenthrède, lorsqu'elle est fécondée, fait au commencement de mai ou même dès la fin d'avril, une petite entaille aux pousses encore herbacées du rosier dans laquelle elle introduit un ou plusieurs œufs. Aussitôt que les petites larves sont écloses, elles pénètrent dans le canal médullaire où elles creusent une galerie descendante, de sorte que l'on voit d'abord l'extrémité de la pousse se faner, et, successivement, les feuilles placées au-dessous, jusqu'à ce que ces larves soient arrivées dans une partie tout à fait ligneuse où rien ne

décèle plus leur présence, si ce n'est l'état un peu languissant de la branche. Il arrive quelquefois que le rameau
rongé intérieurement se brise au premier coup de vent.

La tenthrède à ceinture est commune dans les jardins,
chez tous les rosiéristes des environs de Paris.

Pour la détruire, il faut, avant la fin de mai, enlever
avec soin toutes les pousses de rosier dont le sommet
commence à se flétrir et les couper au-dessous des
feuilles malades.

Tenthrède de la rose. Tentredo (athalia) rosæ Linné.

Il ne faut pas confondre cette mouche à scie avec
l'hylotome des rosiers, décrite plus haut, qui lui ressemble beaucoup au premier coup d'œil. Elle est un
peu plus petite, longue de 7 millimètres environ, d'une
couleur ferrugineuse, avec la tête, les antennes et le
dessus du corselet noirs, ainsi que l'extrémité des jambes ;
les parties de la bouche sont blanchâtres.

Les femelles déposent leurs œufs dans une petite entaille qu'elles font à la nervure médiane des feuilles de
rosier. Les fausses-chenilles ont vingt-deux pattes ; elles
sont en dessus d'un vert obscur, plus clair sur les côtés
et sur le ventre, avec la tête rousse. Lorsqu'elles ont
acquis toute leur croissance, elles se laissent tomber et
se construisent chacune une petite coque dans la terre.
Celles de la première génération, que l'on trouve à la fin
de juin ou au commencement de juillet, donnent l'insecte
parfait en août ; celles de la seconde époque, passent tout
l'hiver en terre, et la mouche se montre en mai.

Les fausses-chenilles de la tenthrède de la rose ont

une manière de manger qui les distingue facilement des autres espèces propres à cet arbuste. Elles ne dévorent pas les feuilles, comme celles de l'hylotome ; elles rongent le parenchyme, en laissant toutes les nervures et l'épiderme d'un côté complétement intacts, de telle sorte que les feuilles ressemblent à une gaze légère.

Cette mouche à scie ou *athalie* de la rose est quelquefois très-commune.

Tenthréde du groseillier. Tenthredo (emphytus) grossulariæ Klug.

Cette fausse-chenille est dans certaines localités, particulièrement aux environs de Versailles, très-commune sur le groseillier à maquereau. Elle est, d'un vert grisâtre, avec les trois premiers et les trois derniers anneaux d'un jaune testacé, et la tête noire. On remarque, en outre, sur son corps six rangées de petits points noirs tuberculeux surmontés chacun d'un poil court. Elle entre en terre pour se changer en nymphe.

L'insecte parfait ou la mouche paraît au printemps pour la première époque et, en juillet, pour la seconde. On trouve les larves sur les groseilliers en mai et même en juin ; il y a une seconde génération en août et septembre.

La fausse-chenille de cette mouche à scie ne se trouve pas seulement dans les jardins ; nous avons vu sur les montagnes en Savoie, aux environs de Saint-Jean de Maurienne, des groseilliers sauvages (*Ribes grossularia*) où ces larves étaient tellement multipliées que ces arbustes n'avaient plus de feuilles.

Dahlbom décrit, d'après un seul individu trouvé en Scandinavie, une fausse-chenille du groseillier, qu'il appelle *Grossulariata*. Il dit qu'elle ressemble à celle de la *Grossulariæ* (notre *ventricosa*), comme un œuf ressemble à un autre œuf, et que la seule différence qu'il ait remarquée, c'est que, pour se métamorphoser, elle a filé une coque dans une feuille au lieu d'entrer en terre. Il n'a pas vu l'insecte parfait. Nous croyons ce fait purement accidentel.

Heureusement les fausses-chenilles des groseilliers, n'arrivent pas toutes à bien : sans cela il faudrait renoncer, dans certaines contrées, à la culture de ces arbrisseaux. M. Goureau a fait connaître trois parasites qui leur font une rude guerre et qui en font périr plus des trois quarts.

Il faut, lorsque ces larves se montrent sur les groseilliers, les secouer sur une toile étalée à terre, ou sur un parapluie renversé et les écraser immédiatement.

C'est bien cette larve que Réaumur (T. V. p. 158, 159) a appelée la *fausse-chenille du groseillier*. C'est aussi la même espèce que Dahlbom à nommée à tort *Grossulariæ*, et à laquelle il rapporte, comme synonyme, d'après Bouché (*Naturgisch der. ins.* I. 140, 7), la *Ventricosa* de Klug.

Notre savant et laborieux collègue, M. le colonel Goureau, décrit sous le nom de *Ribis* une fausse-chenille du groseillier des environs de Santigny, en Bourgogne; nous n'avons jamais vu cette espèce. Schrank est le premier auteur qui ait fait connaître le *tenthredo ribis*. Voilà ce qu'il en dit : La larve est verte, rugueuse, avec la tête bordée de brunâtre et les yeux noirs. Elle a 12 pattes abdominales et deux pattes caudales plus courtes ; elle ronge les feuilles à la manière des chenilles, prend son accroissement en douze jours et file un cocon dans lequel elle se change en nymphe.

Tenthrède du berbéris. Tenthredo (hylotoma) berberidis Schrank.

Le berbéris ou épine-vinette que l'on cultive dans les parcs, n'est pas seulement attaqué par les chenilles des *Geometra berberaria, derivaria*, etc., il est quelquefois dépouillé de toutes ses feuilles par une fausse-chenille, qui, au premier coup d'œil, ressemble beaucoup à celle du groseillier ; mais elle a vingt-deux pattes et non pas vingt comme cette dernière. Elle est verte, un peu atténuée aux extrémités, couverte de petites verrues noires, luisantes, alignées transversalement, et donnant naissance chacune à un petit poil noir. Ses côtés sont marqués près du vaisseau dorsal, dans les incisions, d'un peu de jaune testacé.

La métamorphose se fait en terre comme chez la *Grossulariæ.* L'insecte parfait est long de 6 à 7 millimètres, entièrement d'un bleu-noir luisant. Ses ailes supérieures sont également d'un bleu noir, un peu plus clair à l'extrémité. Ses ailes inférieures sont incolores. Il naît, en mai, pour la première époque, et, en août, pour la seconde.

Les *Hylotoma, enodis et atrata*, de Klug, diffèrent très-peu de la tenthrède du berbéris ; elles sont également d'un bleu noir, mais elles vivent sur d'autres plantes de familles assez éloignées.

Tenthrède des drupacées. Tenthredo (Lyda) drupacearum Nördlinger.

Nördlinger, p. 398, ne paraît pas avoir vu cette espèce en nature : il l'a décrit d'après Schmidberger. Quant à nous, nous ne la connaissons pas et nous croyons que sa présence n'a pas encore été observée en France. Elle est, dit Schmidberger, fort nuisible, dans quelques contrées de l'Allemagne, aux pruniers, aux abricotiers et surtout aux pêchers. Elle vit en société sous une tente de soie comme l'espèce précédente, dépouille les arbres de leurs feuilles et empêche le développement des fruits. Les fausses-chenilles sont vertes, avec la tête noire ; elles se métamorphosent en terre.

L'insecte parfait, fort commun au printemps, est, selon Schmidberger, de la taille de la mouche domestique. Il est noir, avec le corselet et l'abdomen marqués de lignes transversales blanchâtres, enfoncées ; les mandibules et les pattes sont jaunes, avec les cuisses noires.

Dans les localités où cette mouche est commune, elle porte le nom allemand de *Steinobstwespe*. Schmidberger avait pris cette espèce nouvelle pour le *tenthredo populi* de Fabricius. Mais Nördlinger ayant reconnu cette erreur, lui a donné le nom de *Drupacearum*.

Tenthrède fulvicorne. Tenthredo fulvicornis Klug.

Cette mouche à scie appartient au genre *Selandria* de Leach ; elle est, comme les deux précédentes, à peu près inconnue en France. Nördlinger donne la figure de la larve, p. 407. Elle est d'un blanc sale comme la plupart des larves qui vivent dans l'intérieur des tiges ou des fruits. Sa tète est rousse, avec les yeux et les mandibules bruns. Elle vit exclusivement dans l'intérieur des prunes dont elle empêche le développement. L'insecte parfait se montre au printemps au moment de la floraison des pruniers ; il est petit, d'un noir brillant, avec les jambes rougeâtres passant au brun jaunâtre ; les antennes sont d'un rouge jaunâtre vif, avec le sommet brunâtre.

Selon Schmidberger, la femelle, au moment où les fleurs commencent à s'épanouir, perce l'ovaire avec sa tarière, y introduit un seul œuf, et passe successivement à d'autres fleurs jusqu'à ce qu'elle ait achevé sa ponte. Dès que le fruit commence à se nouer, la petite larve pénètre dans le noyau et vit de sa substance. Le fruit, cependant, continue de grossir. mais il tombe en juillet, bien avant d'être mûr, et la fausse-chenille entre en terre pour se métamorphoser.

Schmidberger, qui a étudié à fond les mœurs de cette tenthrède, dit qu'une année il a compté sur un seul prunier huit mille fruits renfermant chacun une larve, par conséquent, complétement perdus, et seulement quinze prunes intactes arrivées à maturité.

Tenthrède comprimée. Tenthredo (Cephus)
compressus Fabr.

Cette mouche à scie n'est pas, comme les précédentes, à peu près inconnue en France; elle y est, au contraire, fort commune, surtout dans les jardins fruitiers et les pépinières. M. Rivière nous a apporté, l'année dernière, de nombreux échantillons de sa larve recueillis chez M. Jamin à Bourg-la-Reine.

La fausse-chenille de cette Tenthrédine vit exclusivement dans les jeunes pousses du poirier (bourgeon des jardiniers), qu'elle ronge intérieurement. Celles-ci se fanent d'abord, puis noircissent, s'inclinent et meurent en se desséchant.

M. Goureau, le patient observateur, a élevé cette larve et a donné une description fort détaillée de sa manière de vivre et de se métamorphoser. Ce que nous allons en dire est extrait du travail de ce savant. Pendant la deuxième quinzaine de mai et tout le mois de juin, dit-il, on remarque des bourgeons de poirier qui se flétrissent. Si l'on les examine avec attention, on y aperçoit des petits points noirs également espacés, qui tournent en spirale autour du bourgeon. Ces points sont des piqûres qui pénètrent jusqu'au bois tendre et qui, interrompant la libre ascension de la sève, produisent la flétrissure des feuilles. La sève, en s'accumulant au-dessous de la blessure, produit un léger gonflement du bois qui, se trouvant très-affaibli, se casse facilement, mais il est en état de résister aux agitations du vent, et le bourgeon se soutient tout l'été. Si, pour connaître la cause de cette altération, on fend la branche malade, au moment de la flétrissure, on n'y remarque absolument rien, si ce n'est la blessure, qui pénètre dans le tissu du bois; mais, si l'on attend le mois d'août pour faire cette opération, on voit alors que l'intérieur du bourgeon est miné et qu'il s'y trouve une petite larve blanche qui a creusé une galerie dans le canal médullaire en marchant du côté de la branche d'où sort le bourgeon... Cette larve marche lentement, et ce n'est que vers les mois de septembre ou d'octobre qu'elle ar-

rive à la base du bourgeon et qu'elle acquiert toute sa
taille. Elle s'enveloppe ensuite dans un léger cocon de
soie qui remplit sa cellule, et elle passe l'hiver dans le
repos pour se changer en nymphe au printemps. L'insecte parfait perce un trou rond, à l'aide de ses mâchoires
et se met en liberté dans les premiers jours de mai. »
Celui-ci est long de 3 lignes et demie, environ 9 millimètres; mais, d'après Hartig, le mâle et la femelle offrent
de notables différences. Dans le mâle, la tête et les antennes sont noires, avec les mandibules jaunâtres; le corselet est pareillement noir, avec une raie transversale et
quelques points d'un ferrugineux très-clair. L'abdomen
est d'un jaune rougeâtre. Les pattes sont d'un jaune testacé. Chez la femelle, qui est l'individu le plus commun,
la tête et les antennes sont comme dans le mâle. Le corselet
est noir, marqué d'une tache triangulaire ferrugineuse; les
pattes sont noires, avec les jambes ferrugineuses, et offrent,
toutes, à la base des cuisses, une tache blanche. L'abdomen est ferrugineux, avec le premier anneau et l'extrémité d'un brun noir. Pour détruire cet insecte rongeur,
il faut couper toutes les jeunes pousses flétries dans le
courant de juin et les brûler pour anéantir cette mouche
à scie dans son berceau.

Tenthrède-limace. Tenthredo adumbrata Klug.

Les arboriculteurs connaissent très-bien une larve
gluante, noire comme une petite sangsue, et qui paraît
presque collée et immobile sur les feuilles des poiriers.
Cette larve est très-commune dans les jardins fruitiers,
pendant les mois de septembre et d'octobre. Elle a une

forme et un aspect qui lui ont fait donner, par Réaumur,
le nom de *ver-limace*. Lorsqu'à la fin de l'automne, elle
a acquis tonte sa taille, elle ressemble un peu, avec sa tête
retirée sous le premier anneau et son extrémité postérieure
amincie, à un petit têtard de grenouille. Elle est pourvue

62. — Tenthrède-limace. *Tenthredo adumbrata.*

de vingt pattes ; mais il faut la décoller de la feuille pour
les apercevoir. Elle n'entame pas les feuilles de poirier
par les bords ; elle ronge le parenchyme par le milieu en
laissant les anastomoses des plus petites nervures et l'é-
piderme de la face opposée intacts ; de sorte que les
feuilles qu'elle a attaquées, ressemblent à une très-fine
dentelle.

Après avoir changé quatre fois de peau elle devient
d'un jaune orangé, elle descend de l'arbre, et se fait une
coque avec des grains de terre réunis à l'aide de quel-

ques fils de soie. Nous en avons mis des centaines dans des pots remplis de terre que nous avons laissés dehors pendant tout l'hiver, et jamais nous n'avons pu réussir à obtenir un seul insecte parfait.

Selon Hartig, celui-ci est long de deux lignes un quart, d'un noir uni et luisant, avec les antennes presque aussi longues que l'abdomen. Les pattes sont noires, avec les genoux et les jambes antérieures d'un brun roux. Les ailes sont obscures.

Cette larve, très-curieuse à observer, est souvent très-nuisible aux espaliers. Elle se montre sur les poiriers au moment où les fruits sont à moitié ou aux deux tiers de leur grosseur. Le ravage qu'elle exerce sur les feuilles en détruisant leur parenchyme, nuit beaucoup à l'élaboration de la séve, la végétation s'arrête, les poires cessent de grossir et tombent. Nous en avons vu de fréquents exemples en Normandie où, dans certaines années, ce *ver-limace* est extrêmement commun.

Plusieurs auteurs ont pensé que le ver-limace de Réaumur donnait naissance au *tenthredo cerasi* de Linné; d'autres, ne partageant cette opinion qu'avec un point de doute, ont rapporté cette larve au *tenthredo œthiops* de Fabricius. La confusion vient de Linné, qui cite la figure de Réaumur, V. tab. 12, f. 16, comme devant être rapportée à son *cerasi*. Les études sérieuses faites sur les *vers-limaces* par Gorsky, Westwood et par M. Delacour, juge d'instruction à Beauvais, ont parfaitement élucidé cette question. Elles ont démontré qu'il existe plusieurs fausses-chenilles ressemblant à de petites limaces, produisant des insectes d'espèces différentes, et que le *cerasi* de Linné ne se métamorphosait pas en terre;

mais qu'il faisait une petite coque entre les feuilles du cerisier. Il est à croire aussi que le *slug-worm* des Américains, décrit par William Peck (*Massachussetts agr. rep.* 1779, p. 9, 20, 1) comme la mouche à scie du cerisier, appartient à une espèce étrangère à l'Europe. Selon cet auteur, ce *ver* fut, pendant longtemps, un grand fléau aux États-Unis, où il se multiplia, d'une manière prodigieuse, sur les cerisiers, poiriers, pruniers et cognassiers. Il y avait, sur chaque feuille, de vingt à trente larves. Beaucoup d'arbres périrent d'épuisement; ceux qui résistèrent, restèrent languissants, développèrent leurs bourgeons à contre-saison et furent frappés de stérilité.

On a conseillé en Amérique, quand les *vers-limaces* sont abondants sur les arbres fruitiers, de saupoudrer un peu de chaux vive sur les feuilles.

Tenthrède noire. Tentredo æthiops Fabr.

C'est à notre savant collègue M. Westwood, membre honoraire de la Société entomologique de France et professeur à l'Université d'Oxford, que l'on doit la découverte des premiers états du véritable *tenthredo æthiops* de Fabricius. Nous avons rencontré quelquefois sa larve sur la face supérieure des feuilles de rosier; mais nous n'avons pas pu parvenir à l'élever. MM. Westwood et Delacour ont été plus heureux, ils ont réussi à obtenir l'insecte parfait.

C'est dans les premiers jours de juin, au moment de la floraison des roses, dit M. Delacour, qu'on voit les feuilles prendre, tout à coup, une couleur d'un brun pâle, comme si elles avaient été brûlées par quelque rayon de

soleil; en les examinant avec attention, on reconnaît
que leur face supérieure a été rongée, en tout ou en
partie, comme si elle avait été écorchée, tandis que la
face inférieure reste toujours entière; ce dommage ne se
borne pas à faire perdre à la feuille sa fraîcheur, la végétation de l'arbuste en souffre et il ne produit que
des fleurs mal venues. Il faut beaucoup d'attention pour
découvrir l'auteur du dommage, car sa couleur se confond avec celle de la feuille, ce qui l'avait fait échapper
à l'attention des naturalistes antérieurs à Westwood.

La fausse-chenille est cylindrique, pourvue de 22 pattes,
d'un vert jaunâtre assez pâle, avec une ligne plus
foncée sur le dos; sa tête est d'un jaune orangé, avec
deux petites taches noires de chaque côté.

Lorsque cette fausse-chenille est arrivée à toute sa
croissance, elle descend à terre, où elle se construit une
petite coque dans laquelle elle passe une partie de l'été,
l'automne et l'hiver pour éclore au printemps. La femelle
après l'accouplement pond, en mai, sur les feuilles des
rosiers des œufs qui éclosent à la fin de ce mois.

L'insecte parfait est d'un noir brillant, avec les ailes
enfumées; ses pattes sont d'un fauve clair, avec les
cuisses noires.

Tenthrède humérale. Tentredo (cimbex) humeralis King.

C'est d'après l'autorité de M. Goureau que nous donnons ici la description de cette grande Tenthrédine
comme nuisible aux poiriers. Aux environs de Paris, la
fausse-chenille est commune sur l'aune, mais nous
ne l'avons jamais rencontrée sur les arbres fruitiers, pas

plus que celle du *variabilis* qui en est très-voisine, et qui vit sur le bouleau dans les bois et dans les parcs.

Selon M. Goureau, en Bourgogne, elle ronge profondément les feuilles des poiriers et des cerisiers dans les jardins, à la manière des chenilles.

La larve, quand elle a subi ses derniers changements de peau, en juin ou en juillet, ressemble beaucoup à une véritable chenille ; mais elle a la tête en forme de bouton et est pourvue de vingt pattes et non de *seize*. Sa couleur varie un peu ; ordinairement elle est d'un blanc légèrement glauque, avec la tête un peu rosée, marquée de deux yeux noirs ; son corps offre une rangée dorsale de taches noires arrondies et des taches transversales alternativement jaunes et noires.

Lorsqu'elle est arrivée à sa grosseur, elle file, comme les espèces du même groupe, une coque ovale qu'elle attache à une branche : elle ne passe à l'état de nymphe qu'au printemps, et l'insecte parfait éclot dans la première quinzaine de mai. Celui-ci a les antennes en massue ; la tête noirâtre, avec le front jaune ; le corselet est d'un brun noir en dessus, avec deux grandes taches humérales jaunes ; l'abdomen a le premier segment noir, marqué d'une tache jaune ; les autres sont jaunes, avec une tache dorsale noire. Le dessous du corps est jaune, avec les pattes ferrugineuses. C'est une des plus grandes espèces de la famille des Tenthrédines ; elle a 20 millimètres de long.

Le genre *Cimbex* est parfaitement caractérisé par des antennes de sept articles, terminées en massue ovale.

Toutes les espèces vivent à découvert et s'élèvent aussi facilement que les chenilles des papillons. Les fausses-chenilles des *Cimbex* sont souvent aussi grosses qu'une plume d'oie; lorsqu'elles sont au repos, elles se tiennent roulées en spirale; si on les saisit pour les examiner, elles lancent au visage un liquide incolore, qui sort des côtés du corps dans le voisinage des stigmates. Cette liqueur est, au reste, aussi innocente que de l'eau pure.

Tenthrède à écusson. Tenthredo (lyda) clypeata Klug.

Cette petite mouche à scie est à peu près de la taille de l'hylotome des rosiers; elle est noire, avec l'abdomen marqué, de chaque côté, de trois à six petites taches blanches et d'une plaque jaune sur l'écusson; la base des antennes, les jambes ainsi qu'une tache sur la lèvre supérieure, sont d'un jaune pâle.

La larve ou la fausse-chenille vit, en famille, à l'extrémité des rameaux de l'épine cultivée, rose ou blanche (*Mespylus oxyacantha*), et de plusieurs arbres du même genre. La société se compose souvent d'une vingtaine d'individus enveloppés dans un tissu soyeux, comme les Yponomeutes. La couleur de ces fausses-chenilles est quelquefois d'un beau

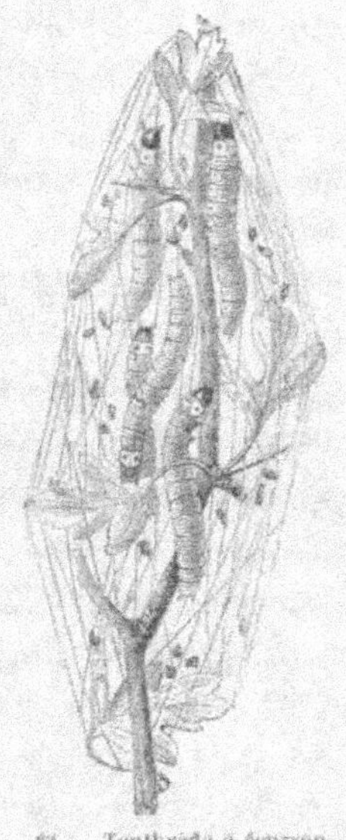

63. — Tenthrède à écusson.
Tenthredo clypeata.

jaune et quelquefois d'un jaune terreux, avec la tête
d'un noir luisant et les anneaux du corps ridés transversalement. Vers le milieu du mois d'août, elles ont
achevé leur croissance, alors elles sortent de leur tente,
descendent, à l'aide d'un fil comme les araignées, s'enfoncent en terre et filent une petite coque, dans laquelle
elles passent l'hiver, pour se transformer en nymphe au
printemps et en insecte parfait dans le mois de juin.

Il y a des années où les épines ont l'extrémité des rameaux totalement ravagée et effeuillée par ces larves.

Lorsque, dans un parc ou dans un jardin, on aperçoit
leur toile au bout des branches, il faut les enlever avec
un balai de feuilles de houx ; c'est un moyen très-simple
que nous conseillons également pour les Yponomeutes.

Selon Schmidberger et Nördlinger, la larve de cette
mouche à scie, cause quelquefois, en Allemagne, de
grands dégâts aux poiriers.

Tenthrède pâle. Tenthredo (lophyrus) pallida Klug.

Les deux sexes dans cette tenthrède comme chez les
autres espèces appartenant au genre *Lophyrus* de Klug,
diffèrent essentiellement l'un de l'autre. Le mâle de celle
dont il est ici question, a 15 millimètres d'envergure ; ses
antennes sont pectinées ; il est noir, avec les palpes, le
bord antérieur de l'écusson, le collier et les jambes
jaunes ; le ventre est ferrugineux.

La femelle a les antennes plus simples ; elle est d'un
jaune pâle, avec la poitrine tachetée de ferrugineux et
l'abdomen annelé de bandes d'un brun rougeâtre.

La larve a tout à fait les allures d'une chenille de noc-

tuelle ; elle est pourvue de vingt-deux pattes ; elle vit en
familles nombreuses (de 20 à 50 individus), à l'extrémité
des jeunes pousses de plusieurs
espèces de sapins. Elle se tient
allongée de long des feuilles
aciculaires comme une véritable chenille ; elle est ordinairement d'un vert - jaune
plus ou moins gai et offre,
chez quelques variétés, trois
lignes parallèles plus obscures, dont une dorsale ; sa tête
est d'un rouge brun.

Lorsqu'au mois de septem-
bre, elle est arrivée au terme
de sa croissance, elle file entre les feuilles, dans le lieu
même où elle a vécu, une petite coque ovoïde, d'un gris

64. — 1 Tenthrède pâle, *Tenthredo
pallida*,
2 Les fausses-chenilles.

blanchâtre, dans laquelle elle passe l'hiver pour se transformer en nymphe au printemps, et en insecte parfait
dans le courant de juin.

Cette fausse-chenille est, dans certaines années, très-
commune dans les parcs aux environs de Paris et fait
beaucoup de mal aux jeunes épicéas.

6me ORDRE. — LÉPIDOPTÈRES.

Les entomologistes désignent par le nom de Lépidoptères tous les insectes appelés vulgairement *Papillons*.
On les reconnaît aux caractères suivants : quatre ailes
recouvertes, sur les deux faces, de petites écailles colo-
rées semblables à une poussière farineuse ; une trompe
plus ou moins longue, roulée en spirale entre deux
palpes plus ou moins relevés ; deux antennes de forme
variable composées d'un grand nombre d'articles ;
jamais que deux sortes d'individus, des mâles et des
femelles.

Tous les Lépidoptères, sans exception, proviennent de
larves appelées *chenilles*, qui se distinguent de toutes
les autres larves en ce qu'elles n'ont jamais moins de
dix, ni plus de *seize* pattes.

Les chenilles arrivées au terme de leur croissance, se
changent en *chrysalides*, desquelles, après un temps
plus ou moins long, sortent des insectes parfaits en
tout semblables à leurs père et mère.

Les papillons à l'état parfait ne font aucun mal aux
cultures ; ils voltigent autour des plantes, se posent sur
les fleurs pour se nourrir de la matière mielleuse qu'à
l'aide de leur trompe, ils puisent dans leur corolle. Il
n'en est pas de même à l'état de chenille (1) ; sous cette

(1) En parlant du hanneton nous avons dit que les foudres
de l'excommunication avaient été lancées contre les *vers blancs*.

forme ils causent de très-grands ravages et deviennent
les ennemis acharnés de l'horticulteur.

Les petites chenilles, à la sortie de l'œuf, ont une
forme plus ou moins allongée et cylindrique; leur
corps se compose de douze anneaux ou segments, d'une
tête luisante, écailleuse, presque cordiforme ou triangulaire, jamais arrondie comme un bouton, armée de
deux mandibules tranchantes et de deux mâchoires
latérales. Leur corps offre, de chaque côté, le long des
pattes, une rangée de petites ouvertures respiratoires,
appelées stigmates, et ressemblant à de petites boutonnières. Les pattes des chenilles, aussi bien que celles des
fausses-chenilles, dont nous avons parlé à propos des
Tenthrédines, sont de deux sortes : les trois premières
paires sont dites *pattes écailleuses* ou *vraies pattes* ; celles
qui les suivent sont appelées *pattes membraneuses*. Les
premières contiennent, comme dans une gaîne, celles
du papillon ; les secondes disparaissent totalement dans
l'insecte parfait ; celles-ci sont bien plus indispensables
à la chenille que ses pattes écailleuses, qui ne lui servent qu'à marcher, mais qui ne peuvent lui offrir le
même secours pour se fixer et se cramponner sur les
feuilles ou sur les tiges.

par le tribunal ecclésiastique de Lausanne. M. le conseiller
Desmaze, dans un récent ouvrage (*Supplices, prisons et grâces en
France*), nous apprend que les chenilles, à différentes époques,
ont éprouvé la même disgrâce. En 1120 l'évêque de Laon les
excommunia pour se venger de leurs dévastations, et, en 1516,
l'official de Troyes prononça contre elles la sentence suivante :
« Parties ouïes, faisant droit sur la requeste des habitants de
Villenoxe, admonestons les chenilles de se retirer dans six
jours et à défaut de ce faire, les déclarons maudites et excom-
muniées. » C'est un congé un peu brusque, ordinairement on
donne huit jours pour déménager !

En raison du nombre des pattes membraneuses, on divise les chenilles : en chenilles à *seize pattes* et en *chenilles arpenteuses* ou *géomètres*. Ces dernières sont ainsi appelées parce qu'en marchant, elles relèvent en arc le milieu de leur corps, en rapprochant leurs pattes postérieures de leurs écailleuses, de sorte qu'elles semblent mesurer l'espace qu'elles parcourent.

La plupart des chenilles arpenteuses ont les anneaux d'une grande rigidité, et leur corps ressemble très-souvent à une petite branche d'arbre ou à un petit morceau de bois ; lorsqu'elles sont en repos, elles se tiennent roides et droites, cramponnées avec leurs pattes postérieures au pétiole d'une feuille ou à une jeune branche, dans des attitudes si fatigantes, qu'il leur faut une force musculaire prodigieuse pour rester ainsi pendant des heures entières.

Les chenilles sont plus ou moins vives, selon les genres ; il y en a de très-paresseuses et d'autres qui courent avec une extrême vitesse.

La locomotion dans ces larves a lieu ordinairement d'arrière en avant ; mais celles appartenant à certains groupes, tels que les *Tinéides*, les *Pyralides*, marchent à reculons avec une grande rapidité, lorsqu'on les inquiète ou qu'on veut les saisir.

Sous le rapport de leur vestiture, les chenilles sont rases, pubescentes, velues, poilues, hispides, épineuses, calleuses, etc. ; parmi celles dépourvues de poils, on en rencontre qui ont sur le corps des protubérances ou bosses, qui leur donnent une forme plus ou moins bizarre, ou bien des tubercules calleux ressemblant à des petits bourgeons d'arbres ou à des espèces

de nodosités. Une infinité de chenilles de phalènes, dites
Géomètres, sont dans ce dernier cas. Quelques grosses
chenilles, comme celle des *Sphinx*, par exemple, portent sur le onzième anneau une espèce de corne ordinairement arquée d'avant en arrière.

Parmi les espèces velues, il y en a qui n'ont que quelques poils épars çà et là, comme les pyrales ou *Tortrix*; il
y en a d'autres chez lesquelles ils sont fins, soyeux et peu
fournis; ailleurs, ils sont roides et piquants; dans d'autres races, ils sont si serrés qu'on ne peut distinguer la
peau que dans les incisions; quelquefois ils sont réunis
par touffes aigrettées plus ou moins denses, ou coupés en brosse sur le dos, avec deux longs pinceaux
situés sur le premier anneau et dirigés en avant comme
des antennes, et un troisième pinceau placé sur le
onzième anneau et dirigé en arrière.

Tantôt les poils adhèrent immédiatement à la peau,
tantôt ils sont implantés sur des espèces de petites verrues, ou sur des tubercules hémisphériques saillants d'une
couleur très-tranchée, jaune, rouge, bleue, etc., comme
on en voit un exemple dans la grosse chenille du *paon
de nuit*, qui vit sur nos arbres fruitiers dans les jardins et les pépinières.

Nous avons dit qu'il y avait des chenilles épineuses,
c'est particulièrement dans quelques races de papillons
de jour que l'on en voit des exemples. Ces épines
sont à peu près pour nous ce que sont les aiguil-
lons pour le botaniste. C'est-à-dire qu'ils ne diffèrent des poils, que parce qu'ils sont plus gros, plus
durs, d'une consistance cornée et plus ou moins ra-
meux.

La distribution des couleurs des chenilles varie au point qu'il est difficile de rien dire de général à ce sujet. Cependant la nature ayant toujours pour but la conservation de l'espèce, les a le plus souvent habillées de façon à les dissimuler aux recherches de leurs nombreux ennemis. A celles qui, dans le repos, ont l'habitude de se tenir pendant toute la journée collées sur les écorces ou cachées dans les crevasses des arbres, elle a donné une robe qui ressemble à des lichens ou à l'écorce elle-même. Celles destinées à vivre des feuilles de plantes herbacées, ont reçu généralement une nuance analogue à celle de ces dernières. D'autres tiennent à la fois de la couleur des feuilles et des fleurs. Celles qui vivent dans la terre, comme celles des *Agrotis* (vers gris) ont d'ordinaire une teinte terreuse ou plombée.

Avant de se transformer en chrysalides, les chenilles subissent plusieurs changements de peau appelées *mues*. La peau d'une chenille est, en effet, une sorte de membrane épidermoïde qui n'est douée que d'une certaine extensibilité ; on conçoit donc facilement que l'animal ne pourrait rester enfermé dans cette enveloppe jusqu'au terme de son accroissement. Lorsqu'une chenille est avertie, par son instinct, que le moment de la mue arrive pour elle, elle se prépare par la diète à supporter cette crise. A mesure que celle-ci s'approche, les couleurs s'affaiblissent, deviennent ternes ou livides, l'ancienne peau se flétrit et se fend sur le dos au-dessus du second anneau. Cette opération, toute pénible qu'elle est, est souvent terminée en moins d'une minute. La dépouille est tellement complète qu'on la prendrait pour la chenille elle-même.

Les chenilles, à très-peu d'exceptions près, se nourrissent des différentes parties des végétaux ; généralement elles dévorent les feuilles, mais il y en a qui ne mangent que des fleurs, d'autres que des racines ; quelques-unes habitent dans les fruits, ou dans les capsules de certaines plantes. Il y en a d'autres qui vivent dans les feuilles, entre les deux lames de l'épiderme, ou dans l'intérieur des tiges, ou même dans le tronc des arbres ; dans le petit nombre d'espèces se nourrissant de substances animales, nous devons citer certaines Tinéides qui dévorent les fourrures, les vêtements, etc.

La plupart des chenilles sont solitaires sur différentes plantes ; mais quelques espèces vivent en sociétés ou en familles nombreuses, soit pendant leur jeunesse, soit pendant toute leur existence. Ces dernières proviennent des œufs d'un même papillon, déposés les uns près des autres ou les uns sur les autres pour former une sorte de nid. Les petites chenilles éclosent presque toutes dans les vingt-quatre heures et continuent de vivre ensemble aussi longtemps que leur instinct le leur prescrit. Les unes filent une tente commune qu'elles habitent jusqu'à leur dernière mue. D'autres ne se séparent jamais et restent sous le même toit jusqu'à l'éclosion de l'insecte parfait ; telles sont les *Yponomeutes* du Sainte-Lucie et la *processionnaire* du chêne.

Certaines espèces ont une organisation telle, qu'elles ne peuvent supporter le contact de l'air ; elles se fabriquent une sorte de fourreau qu'elles fixent au milieu d'une nourriture abondante ou même qu'elles transportent partout avec elles, comme fait un escargot de sa coquille. La métamorphose a lieu dans cette espèce de cellule.

Beaucoup de gens croient que les chenilles sont des animaux immondes et venimeux et qu'il suffit de les toucher pour être couvert de boutons. Ce préjugé n'a rien de fondé; en général, elles ne sont pas plus venimeuses que des escargots. Nous devons dire, cependant, qu'il y en a deux espèces, celle du Bombyx processionaire de nos bois et celle du Bombyx pityocampe ou processionaire du pin, dont on ne s'approche pas impunément; la poussière formée par les poils provenant des vieilles dépouilles de ces chenilles est si subtile que le moindre vent l'enlève; lorsqu'il en tombe sur les mains, le cou ou le visage, cette poussière détermine d'abord des démangeaisons insupportables, puis des boutons et un gonflement qui durent plusieurs jours, quelquefois même avec un peu de fièvre. Nous en avons ressenti nous-même les effets, et nous avons vu bon nombre de personnes qui, après avoir dîné à l'ombre des bois, en ont été fort incommodées. Les poils secs provenant des nids du Bombyx chrysorrhée de nos arbres fruitiers, occasionnent aussi quelquefois des démangeaisons : et quelques petits boutons chez les individus dont la peau est fine; mais ces accidents sont de courte durée.

Quand les chenilles sont parvenues à leur entier développement, elles cessent de manger comme aux approches d'une mue; elles se décolorent et, après avoir choisi un endroit convenable, elles se disposent à subir une seconde métamorphose; alors, les unes se suspendent à l'air libre par leurs pattes postérieures, après s'être assujetties à l'aide d'une petite pelote de soie;

puis, elles se raccourcissent et, au bout de deux ou trois jours, elles se dépouillent, et l'opération est accomplie.

Les autres ne se contentent pas de se suspendre par la queue, avant de se chrysalider, elles passent un lien en forme de ceinture autour de leur corps. Ce n'est que dans les papillons de jour que l'on voit ces deux genres de métamorphose.

Les chenilles des papillons de nuit, au contraire, avant de se changer en chrysalides, filent des coques plus ou moins riches en soie, ou s'enfoncent en terre pour s'y construire une petite loge. Elles restent trois ou quatre jours à l'état de larve et passent ensuite à celui de nymphe.

Dans cet état intermédiaire entre la chenille et le papillon, la forme est entièrement changée : l'individu ne ressemble plus en rien à ce qu'il était auparavant. C'est un être qui respire à peine, dépourvu de tout organe propre à prendre de la nourriture, et immobile dans son linceul jusqu'au moment de sa résurrection.

Les chrysalides des papillons de jour sont souvent anguleuses et ornées de taches d'or et d'argent. C'est à cause de ces taches brillantes qu'on leur a donné le nom de chrysalides (χρυσός, or) ; par extension nous donnons le même nom assez improprement, en France, à toutes les nymphes des papillons. Les chrysalides des papillons de nuit que les Allemands appellent *puppe*, sont cylindrico-coniques, de couleurs plus ou moins brunes ou même d'un rouge ferrugineux.

Le sommeil des chrysalides dure plus ou moins longtemps ; les unes éclosent au bout d'une quinzaine de jours, tandis que d'autres restent huit ou neuf mois et même plusieurs années, dans un repos léthargique, ainsi que nous l'avons dit dans nos généralités.

Un papillon sorti de sa chrysalide, est très-faible ; toutes ses parties sont molles, sans consistance et imprégnées d'humidité; ses ailes sont pendantes, très-courtes et offrent en petit, tout le dessin qu'elles auront un instant plus tard. Il étend successivement tous ses organes, en imprimant, de temps en temps, un léger frémissement à ses ailes. Celles-ci croissent en tous sens et poussent pour ainsi dire comme une feuille ; en moins d'une demi-heure elles deviennent aptes à remplir leurs fonctions.

Peu après leur naissance, les papillons s'accouplent ; le mâle périt au bout de six à dix jours, et la femelle ne lui survit que le temps nécessaire à l'accomplissement de sa ponte. Il arrive souvent que l'éclosion des mâles précède celle des femelles de cinq à six jours et que, lorsque celles-ci paraissent, les premiers ont perdu toute la fraîcheur de leur toilette de noce.

Quelques espèces de papillons de jour vivent sept ou huit mois dans l'engourdissement et se réveillent aux premiers beaux jours du printemps, pour s'accoupler et propager l'espèce.

Nous partageons les papillons en deux grandes coupes, les RHOPALOCÈRES, dont les antennes sont toujours en massue, et les HÉTÉROCÈRES, dont les antennes sont de toutes formes : pectinées, dentées, prismatiques, filiformes, etc.

La première division correspond au grand genre *Papilio* de Linné, dont Latreille a fait la grande famille des *Diurnes*.

Notre seconde division se compose des grands genres *Sphinx* et *Phalæna* de Linné, dont Latreille a fait deux familles, les *Crépusculaires* et les *Nocturnes*.

Dans la première division, il n'y a qu'un petit nombre d'espèces nuisibles à l'horticulture. Quatre appartiennent au genre *Piéride* et une au genre *Vanesse*.

GENRE PIÉRIDE. PIERIS Fabr.

Tête assez petite, courte; yeux nus; palpes assez longs, hérissés de poils roides, assez peu serrés, de longueur inégale, formant une petite pointe aciculaire, saillante au milieu des poils qui l'environnent; antennes assez longues, terminées par une massue obconique comprimée; abdomen un peu plus court que les ailes; six pattes propres à la marche.

Chenilles cylindriques, allongées, pubescentes, atténuées aux extrémités. Chrysalides nues, anguleuses, terminées en avant par une seule pointe, attachées par la queue et par un lien transversal sous toutes sortes d'inclinaisons.

Piéride de l'aubépine. Pieris cratægi Linné.

Cette piéride, appelée par Geoffroy le *papillon gazé*, est blanche de part et d'autre, avec les nervures noirâtres, sans aucune tache sur les ailes. Elle est très-commune dans toute l'Europe et s'étend même jusqu'au Japon. Après l'accouplement, la femelle dépose ses œufs par tas sur les branches des aubépines, des pruniers, des cerisiers, des amandiers, etc. Ceux-ci éclosent à l'automne et les jeunes chenilles, en sortant de l'œuf, filent une petite toile où elles passent l'hiver à l'abri des rigueurs de la saison. Aux approches du printemps, elles rompent cette toile, et comme, à cette époque, elles ne trouvent que des bourgeons, elles font un tort considérable aux arbres. Chaque soir, elles rentrent au domicile commun et n'en sortent même pas pendant les jours de pluie. Lorsqu'elles ont changé de peau, comme elles se trouvent logées trop à l'étroit, elles se font une nouvelle tente, plus vaste que la première, d'où elles ne sortent définitivement qu'après la dernière mue, pour se répandre sur toutes les branches. Elles sont alors presque arrivées aux deux tiers de leur grosseur. Elles sont luisantes, garnies de quelques poils blanchâtres assez fins ; leur tête est d'un noir luisant : leur dos est d'un brun noirâtre, marqué de deux bandes longitudinales fauves ou d'un fauve roux, avec les côtés et le dessous du corps d'un gris plombé. La chrysalide est d'un blanc verdâtre, avec deux lignes latérales jaunes et une infinité de taches noires.

La chenille du *gazé* est, dans certaines localités, un fléau pour tous les arbres fruitiers dont elle dévore les bourgeons et les feuilles. On la détruit très-bien en enlevant les nids au commencement du printemps.

Piéride du chou. Pieris brassicæ Linné.

Tout le monde connaît parfaitement ce grand papillon blanc, appelé vulgairement le *grand papillon du chou* ; il vole dans les jardins depuis le commencement du prin-

temps jusqu'à l'automne. Les deux sexes de cette piéride
sont blancs, avec le sommet des ailes supérieures noir, saupoudré de blanc grisâtre. La femelle offre en outre sur ses
ailes de devant, trois taches noires dont deux rondes situées
au-dessus l'une de l'autre, et la troisième longitudinale
placée sur le milieu du bord interne. Les ailes postérieures sont marquées, chez le mâle comme chez la femelle, sur leur bord antérieur d'une tache noire arrondie. Le dessous ressemble au-dessus, sauf que le sommet
des supérieures et toute la surface des inférieures sont
lavés de jaune.

65. — Le grand papillon du chou femelle. *Pieris brassicæ.*

La chenille vit par petites familles sur diverses variétés
de choux, elle est d'un vert grisâtre ou d'un jaune verdâtre, avec trois lignes longitudinales jaunes, séparées
par des petits points tuberculeux noirs, donnant naissance chacun à un petit poil blanchâtre. Sa tête est d'un
bleu cendré, tiquetée de noir.

La chrysalide est d'un gris blanchâtre tachetée de noir
et de jaune.

La chenille de cette piéride dévore les feuilles de

choux dans les potagers et chez les maraîchers.
Heureusement pour les cultivateurs, elle est exposée aux attaques de parasites qui en font périr les
sept huitièmes. Il y a entre autres un petit ichneumon
qui dépose ses œufs au nombre de 20 à 25 dans son

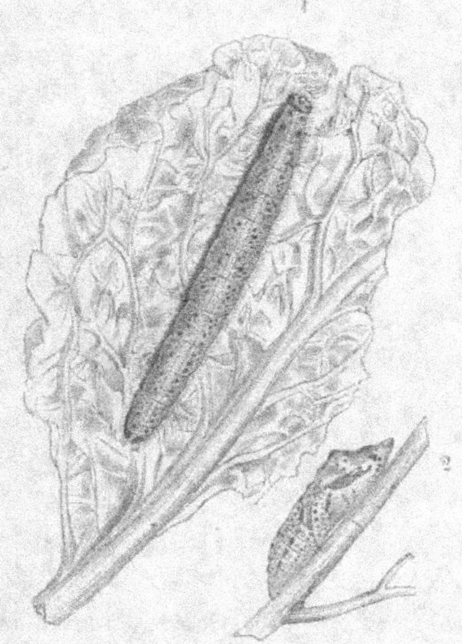

66. — 1. Chenille du grand papillon du chou. — 2. La chrysalide.

corps, et dont les petites larves, lorsqu'elles sont développées, lui percent la peau sur les côtés et filent sur les
flancs de la victime, chacune une petite coque de soie
jaune. Ce petit insecte qui nous rend de grands services
s'appelle *Microgaster glomeratus*. D'un autre côté, la
chrysalide est souvent dévorée intérieurement par les
larves d'une petite chalcidite (*Pteromalus larvarum*), dont

les œufs sont déposés sur ses côtés au moment où elle
se forme et que sa consistance est encore molle.

Pour éviter les ravages de cette chenille, il faut, dès
que le papillon se montre dans les jardins, lui faire la
chasse sur les fleurs, avec un filet à papillon pour ne
pas lui donner le temps de pondre.

Piéride de la rave. Pieris rapæ Linné.

Elle est connue sous le nom vulgaire de *petit papillon
du chou*; elle est peut-être encore plus commune dans

67. — Le petit papillon du chou femelle, *Pieris rapæ*.

les jardins que l'espèce précédente, à laquelle elle ressemble presque entièrement, excepté qu'elle est au
moins d'un tiers plus petite.

La chenille vit sur toutes les variétés de choux, le navet, les raves, le réséda et la capucine. Elle fait au moins
autant de dégâts dans les potagers que l'espèce précédente. Elle est d'un vert gai, couverte de très-petits
poils courts qui la font paraître veloutée. Elle offre pour
tout dessin trois lignes jaunes longitudinales, dont une
sur le dos et une de chaque côté, située au-dessus des

pattes. La chrysalide est d'un cendré plus ou moins pâle,
quelquefois lavée d'incarnat, ponctuée de noir.

68. — 1. Chenille du petit papillon du chou — 2. La chrysalide.

Le petit papillon du chou est, comme l'espèce précédente, répandu dans toute l'Europe. On lui fait la chasse
de la même manière.

Piéride du navet. Pieris napi Linné.

Cette piéride porte le nom vulgaire de *papillon blanc
veiné de vert*. Elle est un peu moins fréquente dans les

jardins que les deux espèces précédentes, mais elle est
très-commune dans les champs. Elle est tout à fait de
la taille du petit papillon du chou, dont on la
distingue aisément par ses nervures saillantes,
bordées, en-dessous, de veines d'un noir verdâtre.

La chenille vit, dans les jardins, sur le réséda, la capucine, la rave, le navet, même sur les
choux, et, dans les champs, sur toutes les
crucifères agrestes ; elle cause souvent en Angleterre de grands dommages dans les champs
de turneps.

69.— 1. Chenille du papillon blanc veiné de vert.
2. La chrysalide.

Elle est pubescente, veloutée, d'un vert foncé
sur le dos, sans aucune ligne longitudinale, plus pâle
sur les côtés, avec les stigmates roux placés chacun sur
une petite tache jaune.

La chrysalide est grisâtre ou d'un jaune verdâtre
pointillée de noir. On lui fait la chasse comme aux deux
espèces précédentes.

Les jardiniers ne doivent pas confondre avec les
trois chenilles dont nous venons de leur parler, une
autre chenille du chou, qui pénètre souvent jusque
dans le cœur, et qui parfois se tient cachée dans les

têtes des choux-fleurs. Cette dernière produit un papillon de nuit dont il est question ci-après sous le nom de *Noctuelle du chou*.

GENRE VANESSE. VANESSA Fabricius.

Les vanesses ont pour caractères : des antennes terminées par un bouton ovoïde non aplati ; des palpes ascendants, très-velus, contigus et finissant insensiblement en pointe ; des ailes inférieures formant sur leur côté interne une gouttière longitudinale pour la réception du corps ; six pattes dont la première paire très-courte et impropre à la marche.

Chenilles épineuses.

Chrysalides nues, fourchues antérieurement, suspendues par la queue, la tête en bas, et ornées de taches d'or ou d'argent.

Vanesse polychlore. Vanessa polychloros Linné.

Ce papillon est bien plus connu des amateurs sous le nom vulgaire de *grande tortue* que sous son nom scientifique. Il est commun dans toute l'Europe, même en Algérie et en Sibérie.

Le dessus de ses quatre ailes est d'un fauve assez foncé, avec le bord extérieur divisé par deux rangées de lunules bleues, séparées par une double ligne ondulée jaune. Les ailes supérieures sont marquées de plusieurs taches noires assez grandes séparées par du jaune d'ocre ; elles offrent, en outre, entre le milieu et

l'angle interne quatre gros points noirs. Les ailes inférieures ont vers le bord antérieur une grande tache noire
entourée de jaune d'ocre. Le dessous des quatre ailes est
d'une couleur obscure un peu plus grisâtre à l'extrémité.

70. — Vanesse polychlore. *Vanessa polychloros.*

La chenille est brunâtre, avec une raie longitudinale
d'un fauve roux sur chaque côté. Ses épines sont assez
longues, roides, d'une couleur jaunâtre, un peu rameuses
au sommet. Dans sa jeunesse, elle vit en familles nombreuses sous une toile de soie ; mais, après la seconde
mue, les jeunes chenilles se dispersent chacune de son
côté.

La chenille de la grande tortue dévore la feuille des
ormes dont elle fait sa principale nourriture ; elle vit
également sur différentes espèces de saules ; nous en
avons vu aussi de nombreuses couvées qui effeuillaient
totalement les branches des cerisiers et des pruniers.

Nous signalons pour cette raison cette espèce aux

arboriculteurs, afin qu'ils fassent attention aux nids qui pourraient se trouver sur les arbres à noyau vers le milieu du mois de mai.

La vanesse polychlore ou *grande tortue* n'a qu'une éclosion par an : ordinairement vers la fin de juin ou au commencement de juillet. A cette époque, quelques individus se retirent dans le creux des arbres, les cavernes et autres lieux obscurs, où ils passent sept ou huit mois dans l'engourdissement pour se réveiller aux premiers rayons du soleil, s'accoupler et reproduire l'espèce. Cette remarque est applicable à toutes nos vanesses européennes, quand bien même elles auraient, comme la *petite tortue*, le *paon de jour*, etc., deux ou trois générations successives. Les individus provenant de la dernière éclosion ne s'accouplent plus, ils s'engourdissent et la fécondation a lieu l'année suivante entre les survivants.

HÉTÉROCÈRES.

Cette grande division se compose de tous les Lépidoptères dont les antennes sont de formes variables ; mais jamais terminées en massue brusque, à l'extrémité. Elle renferme tous les papillons que Latreille appelait Crépusculaires et Nocturnes, expressions très-inexactes : puisque la grande majorité de ces Crépusculaires ne volent qu'en plein jour à l'ardeur du soleil, et que beaucoup de soi-disant Nocturnes ne se montrent plus dès que le soir arrive. C'est pourquoi le nom d'Hétérocères proposé par nous est aujourd'hui adopté par la plupart des entomologistes.

On divise les Hétérocères en un certain nombre de familles et en beaucoup de tribus et de genres.

TRIBU DES SÉSIAIRES.

GENRE SÉSIE. SESIA Fab.

Les sésies sont de très-petits papillons à ailes allongées, étroites, généralement transparentes que, sans leurs antennes, on prendrait volontiers pour des guêpes ou autres Hyménoptères. Elles ont pour caractères : des palpes velus, comprimés, pointus à leur sommet ; des antennes fusiformes dans leur milieu, terminées par une très-petite houppe ; une trompe roulée en spirale ; des jambes postérieures armées de deux paires d'ergots ; un abdomen terminé en brosse, principalement dans les mâles.

Les chenilles ont seize pattes, et vivent dans l'intérieur des tiges ou dans
le tronc des arbres; elles
sont blanchâtres, étio-
lées, très - légèrement
velues , et subissent
toutes leurs métamor-
phoses dans la galerie
qui leur a servi de ber-
ceau. La plus grosse
espèce et la plus com-

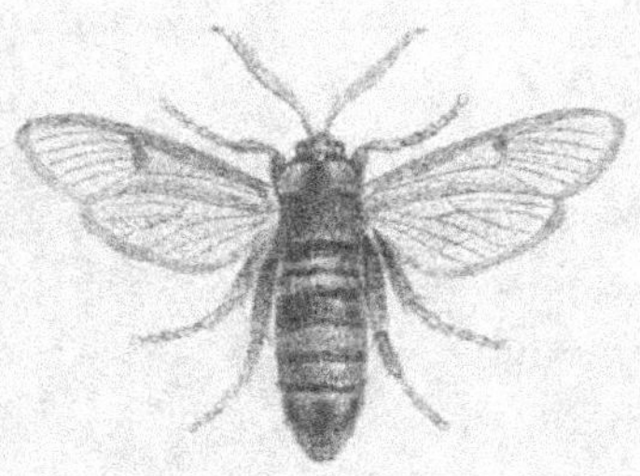

71. — Sésie apiforme. *Sesia apiformis.*

mune par toute l'Europe est la *sésie apiforme*, qui
ressemble presque à un frelon et dont la larve gâte les
peupliers en perçant le bois en tout sens.

Sésie asiliforme. Sesia asiliformis Fab.

Elle est moitié plus petite que l'apiforme, et généralement moins commune, ce
qui ne l'empêche pas d'être
très nuisible là où elle se trouve. Sa chenille , d'un blanc
terne et étiolé , avec la tête
brune, vit dans le tronc des
jeunes peupliers et des jeunes
bouleaux ; elle y creuse de

72. — Sésie asiliforme.
Sesia asiliformis.

très-profondes galeries d'où suinte un liquide très-
abondant qui épuise l'arbre, et le fait périr. La plupart
des petits peupliers que l'on avait plantés il y a une
trentaine d'années, le long du canal de l'Ourcq. dans
la forêt de Bondy, ont succombé par le fait de cette

chenille; le pied seul vivait encore et donnait à rez
-terre quelques jeunes pousses. Nous avons vu, en 1864,
dans le jardin de M. Durand, rue de Buffon, un bouleau
gros comme le bras qui commençait à souffrir par la
déperdition de la séve qui découlait constamment à travers l'écorce; on explora le malade et on opéra l'arbre
en enlevant longitudinalement une bande de bois; alors
on trouva dans une galerie longue de 60 centimètres environ, une chenille de la sésie asiliforme. La plaie se
cicatrisa peu à peu et aujourd'hui on n'en voit plus
guère que la trace.

L'insecte parfait vole en plein jour comme une
guêpe. Sa tête est d'un noir bleu, avec un collier jaune.
Ses antennes sont d'un noir bleu en dessus et d'un jaune
testacé en dessous. Son abdomen est d'un noir-bleu,
avec trois anneaux jaunes. Ses ailes supérieures sont
opaques et les inférieures transparentes.

Sésie tipuliforme. Sesia tipuliformis Linné.

La chenille de cette petite sésie vit dans l'intérieur
des branches du groseillier (*Ribes rubrum*). Elle est
blanche comme ses congénères, avec la tête d'un fauve
roux. Lorsqu'elle se trouve en nombre sur cet arbuste,
tous les rameaux sont minés dans une partie de leur
longueur et périssent l'année suivante.

Le papillon ressemble à une petite mouche : il a la
tête noire, avec un collier jaune; les antennes sont
noires; le corselet est pareillement noir, avec une ligne
longitudinale jaune de chaque côté; l'abdomen est d'un
noir-bleu, avec trois petits anneaux jaunes; les quatre

ailes sont transparentes avec le sommet des supérieures
noir.

79. — Chenille de la sésie tipuliforme. *Sesia tipuliformis.*

Nous avons en France plusieurs autres espèces de sésies, dont les chenilles vivent dans le tronc des pommiers,
des aunes, des saules, etc.; mais elles ne nuisent en rien
à l'horticulture, ni même à l'agriculture.

FAMILLE DES BOMBYCINES.

Les papillons appartenant à cette grande famille
ont les antennes pectinées, soit dans les mâles, soit dans
les deux sexes. Leur trompe est très-courte et incapable
de servir à la nutrition ; leurs ailes sont en toit dans le

repos; leurs chenilles ont seize pattes et vivent de végétaux.

TRIBU DES ZEUZÉRIDES.

Les espèces appartenant à cette tribu ne sont pas
extrêmement nombreuses en Europe ; elles sont réparties en un petit nombre de genres. Leurs chenilles
sont pourvues de fortes mandibules et vivent, comme
celles des Sésiaires, dans l'intérieur des tiges, dans
les troncs des arbres ou dans les racines; elles sont
nues, sauf quelques poils épars naissant de petits tubercules plus colorés que la peau ; elles se changent en
chrysalides dans leurs galeries.

GENRE COSSUS. COSSUS Fab.

Antennes pectinées dans les deux sexes; trompe à peu
près nulle ; abdomen des femelles terminé par un oviducte en forme de tarière tubulée. Chenilles lignivores,
c'est-à-dire vivant de bois. Chrysalides cylindrico-coniques, ayant, sur chaque segment abdominal, deux
rangées transverses d'épines inclinées en arrière.

Cossus gâte-bois. Cossus ligniperda Fab.

La chenille du cossus est d'un blanc-jaunâtre ou ro-
sâtre, avec tout le dos d'un rouge brun ou d'un rouge
vineux, plus foncé sur le milieu des anneaux que dans
les articulations; sa tête est brune; ses pattes écail-

leuses sont jaunes. Cette chenille, qui vit trois ans, est un
grand fléau pour les ormes de nos promenades; elle
creuse dans le bois des galeries très-profondes, qui rendent les arbres languissants et les prédisposent à être
envahis par les scolytes. C'est peut-être la chenille la

75. — 1. Cossus gâte-bois. *Cossus ligniperda.* — 2. La chenille.

plus nuisible aux environs de Paris; car les arbres dépouillés de leurs feuilles par les autres espèces, guérissent bien, tandis que les ormes attaqués par les
cossus ne se se réparent jamais : nous en avons
vu qui n'étaient plus propres qu'à faire du bois de chauffage.

La chenille de première année ne pénètre pas profondément dans le bois ; elle ne le ronge qu'au-dessous du liber ; même, lorsqu'elle est nouvellement éclose, elle se contente de la partie la plus tendre de l'écorce. Celle de la seconde année entre plus profondément dans les couches de l'aubier ; celle de la troisième est presque aussi grosse que le doigt et pénètre souvent jusque dans le cœur. On reconnaît aisément la présence de cette chenille au suintement de la sève qui se fait à travers l'écorce, et surtout à la vermoulure qui sort en dehors et ressemble à de la sciure de bois. Lorsque cette larve est arrivée à toute sa taille, vers la fin de mai, elle s'enveloppe dans une coque composée de soie et de poussière de bois ; il est rare qu'elle sorte de sa retraite pour se chrysalider. Cependant nous en avons observé deux ou trois exemples au pied des arbres.

L'insecte parfait commence à éclore dans les premiers jours de juillet ; il est très-gros, avec les ailes de devant marbrées de blanc et de gris-cendré, traversées par une infinité de petites lignes noires ondulées. Les ailes de derrière sont grises, avec des lignes ondulées plus obscures ; le corselet participe de la couleur des ailes ; il est marqué, sur sa partie postérieure, d'une bande noire en fer à cheval. La femelle ne diffère du mâle que parce que ses antennes sont un peu moins fortes ; elle est très-féconde et pond de sept à huit cents œufs.

Le cossus ne vit pas exclusivement dans le tronc des ormes ; on le trouve aussi dans celui des saules, des peupliers, et des bouleaux.

Les dégâts occasionnés par cet insecte sur les routes et

sur quelques boulevards aux environs de Paris, sont incalculables; il faut être entomologiste pour le comprendre. Si cependant l'autorité publiait une instruction à cet égard, on en réduirait tellement le nombre, qu'au bout de quelques années, ses ravages ne seraient plus appréciables. Il faudrait pour cela payer un franc par chaque papillon que l'on prendrait, car il ne faut guère songer à détruire la chenille. Chaque femelle, comme nous avons dit plus haut, pond au moins sept cents œufs qui font autant de chenilles. Le plus que l'on pourrait recueillir de ces papillons, aux environs de Paris, dans un rayon de quatre à cinq lieues, n'irait pas à deux mille individus; ainsi, pour moins de trois mille francs on parviendrait à se débarrasser de ce fléau.

Le cossus éclot depuis le 20 juin jusqu'à la fin de juillet, pas plus tôt, pas plus tard; il est d'autant plus facile à trouver qu'il se tient constamment immobile sur l'écorce vers le pied des arbres et qu'il ne monte jamais dans les branches. Seulement, il faut un œil un peu exercé pour l'apercevoir malgré sa grosseur, parce qu'il se confond par sa couleur avec les écorces des ormes. Cet insecte n'est pas comme les scolytes, qui ne s'adressent qu'aux arbres atteints d'une affection chronique : il choisit au contraire les sujets les plus sains, les plus vigoureux et souvent même les plus jeunes.

GENRE ZEUZÈRE. ZEUZERA Latreille.

Ce genre est très-voisin du précédent dont il ne diffère que par le caractère suivant : antennes des mâles pectinées dans leur moitié inférieure et filiformes au sommet ; celles des femelles entièrement simples, mais un peu cotonneuses à leur base. Chenilles lignivores.

Zeuzère du marronnier. Zeuzera æsculi Linné.

Nous ignorons pourquoi Linné a donné à ce papillon indigène le nom d'un arbre exotique qui n'a été introduit en Europe qu'au commencement du dix-septième siècle, et qui, du temps de ce célèbre naturaliste, n'était peut-être pas encore cultivé en Suède.

75. — Zeuzère du marronier. Zeuzera æsculi.

Ce qu'il y a de positif, quoique la chenille soit polyxylophage (mangeuse de tout bois), c'est que nous ne l'avons jamais trouvée dans le marronnier.

Elle est jaune ou d'un jaune pâle, avec le corps couvert de points noirs. Sa tête est d'un noir luisant ainsi que ses pattes écailleuses. Elle vit principalement dans le lilas, le troène, le frêne, le poirier, le pommier, le cognassier, le sorbier des oiseaux, le houx, etc.; elle creuse, dans les branches des poiriers et des pommiers, de longues galeries descendantes, dont elle augmente le diamètre à

mesure qu'elle grossit. Ces branches, dont tout l'intérieur
est rongé, se flétrissent et meurent, ou bien sont brisées
par le vent. Lorsqu'elle habite dans le tronc d'un arbre,
ses dégâts sont moins graves, mais on s'aperçoit toujours de sa présence à la vermoulure humide qui sort
par un point de l'écorce. Nous avons suivi sur un lilas le
développement de cette chenille pendant toute la durée
de son existence. Elle n'arrive à toute sa taille que la
troisième année. L'œuf éclot en août, et la petite larve
profite peu jusqu'au printemps. L'année suivante, elle
grandit passablement, et, à la fin de mai de l'autre année,
elle est arrivée au terme de sa croissance. Enfin, elle se
change en chrysalide, et le papillon sort de sa prison à la
fin de juillet.

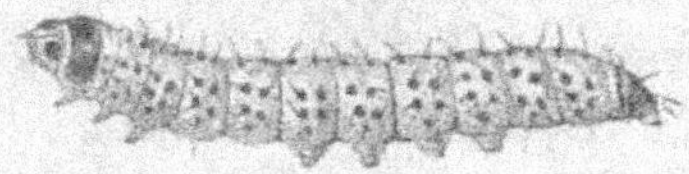

76. — Chenille de la Zeuzère du marronnier.

M. Rivière nous a fait remettre, ce mois de mai, des
branches de poirier provenant de la pépinière du Luxembourg, dont l'intérieur était entièrement miné par des
chenille de seconde et de troisième année.

Le papillon est assez joli, c'est ce qui lui a valu le nom
vulgaire de *Coquette*. Ses ailes sont d'un beau blanc, parsemées d'une infinité de points d'un bleu foncé. Son
corps est blanc, avec six gros points bleus, sur le corselet. La femelle est moitié plus grande que le mâle; son
abdomen se termine par un long oviducte jaunâtre.

Lorsque les arboriculteurs s'apercevront que les
jeunes branches d'un poirier ou d'un pommier se fanent,

et qu'il sort un peu de vermoulure par un point de l'é-
corce, ils devront couper de suite la partie malade, pour
éviter que la chenille ne descende plus bas et n'occasionne de plus grands ravages.

Les auteurs allemands et anglais, qui se sont occupés
de l'étude des insectes nuisibles, accusent un papillon
de la tribu des *Zeuzérides*, l'Hépiale du houblon
(*Hepialus humuli*), de causer des dégâts considérables
dans les houblonnières de leur pays.

L'hépiale en question est très-remarquable en ce que le
mâle a les ailes supérieures entièrement d'un blanc de
neige argenté, et la femelle d'un jaune d'ocre, traversées
par deux raies obliques rougeâtres. Elle est rare aux environs de Paris, mais assez commune dans les départements du nord. La chenille est très-allongée, assez mince,
d'une couleur blanchâtre livide, avec la tête, le dessus
du premier et du dernier anneau d'un brun luisant; elle
vit dans l'intérieur des racines du houblon et de plusieurs
autres plantes. Nous l'avons trouvée souvent dans les
racines de l'ortie et quelquefois dans celles de la bardane. La chrysalide est très-longue, cylindrique et
ressemble bien peu aux autres nymphes de Lépidoptères.

Le papillon vole le soir un peu après le coucher du soleil; il est lourd et très-facile à prendre, il rase pour ainsi
dire la surface du sol.

Comme nos horticulteurs n'ont rien à redouter de cet
insecte, nous l'eussions passé sous silence, si un amateur
ne nous eût pas envoyé un *grand ver jaunâtre muni de
pattes et d'une forte mâchoire*, qui rongeait chaque
année les racines du houblon employé à couvrir un
berceau. Nous lui avons conseillé de prendre le pa-

pillon à la fin de juin, ou de remplacer le houblon par
de la clématite.

GENRE BOMBYX.

Nous conservons ici le grand genre *Bombyx*, quoiqu'il soit aujourd'hui partagé en plusieurs tribus divisées elles-mêmes en une infinité de genres. Pour le
petit nombre d'espèces dont nous avons à faire connaître les ravages, nous ferons comme pour les Tenthrédines : nous indiquerons, entre deux parenthèses, le
nom générique actuel.

Les Bombyx ont, pour caractères communs, des antennes entièrement ou presque entièrement pectinées
de chaque côté, dans les deux sexes, ou au moins dans
les mâles; des chenilles généralement plus ou moins velues se métamorphosant dans des coques de soie ; des
chrysalides n'ayant pas les segments épineux.

Bombyx feuille-morte. Bombyx (lasiocampa) quercifolia Linné.

La chenille de ce Bombyx n'est pas sans occasionner
quelques dégâts dans les jardins fruitiers. Il y a des
années et des localités où elle dévore les pêchers, amandiers, pruniers, poiriers, pommiers et cerisiers. Lorsqu'elle s'établit sur une branche, elle ne la quitte qu'a-
près l'avoir dépouillée de toutes ses feuilles. Quand elle
est à peu près développée, elle est très-grosse, son appétit
est considérable, elle consomme le double de son poids,
quoiqu'elle ne mange que la nuit.

Elle varie beaucoup pour le fond de la couleur ; tantôt
elle est d'un gris cendré, tantôt d'un gris roussâtre

77. — Chenille du bombyx feuille-morte, *Bombyx quercifolia*.

ou noirâtre, tantôt marbrée de blanc et de ferrugineux,
selon l'arbre où elle vit ; elle offre en outre deux colliers

bleus encadrés de noir et, sur le onzième anneau, une
caroncule conique.

Cette chenille reste toute la journée intimement
collée à une branche et se confond tellement avec la
couleur de l'écorce, que, malgré sa grosseur, on ne se
douterait pas de sa présence sans ses crottes qui la
trahissent. Vers le milieu du mois de juin, elle est
arrivée à toute sa grosseur : alors elle file une coque
molle, allongée en forme de sac, saupoudrée de blanchâtre, dans laquelle elle se change en chrysalide.

L'insecte parfait éclot après trois semaines de métamorphose ; il est d'un ferrugineux plus ou moins obscur.
Ses quatre ailes sont dentelées et traversées par trois
lignes ondulées noirâtres. Lorsqu'il est au repos, il
ressemble un peu à un paquet de feuilles sèches, d'où
lui est venu le nom vulgaire de *feuille-morte*. L'accouplement a lieu peu de temps après la naissance de
la femelle ; les œufs éclosent vers la fin de juillet, et les
petites chenilles, après avoir subi leur première mue,
passent l'hiver collées solitairement aux branches des
arbres fruitiers.

Lorsqu'au mois de mai un jardinier s'apercevra
qu'un rameau de pêcher, de poirier, etc., est dépouillé d'une partie de ses feuilles, il reconnaîtra facilement aux crottes qui sont fort grosses, qu'il a affaire
à une chenille de feuille-morte. Avec un peu de patience et d'intelligence, il découvrira l'animal et il le
coupera en deux d'un coup de serpette.

Ratzeburg donne, comme très-nuisible aux forêts de
pins de la Prusse, la *feuille-morte du pin, Bombyx pini*,
espèce très-commune dans toute l'Allemagne. On ne

la trouve pas aux environs de Paris, mais elle n'est pas rare dans nos départements du midi et de l'est. En France, elle n'a pas encore été signalée comme faisant de grands dégâts.

Bombyx livrée. Bombyx neustria Linné.

Nous ne savons trop pourquoi Linné a donné le nom de *neustria* à ce Bombyx : on pourrait croire qu'il est particulier à la Normandie, tandis qu'il n'est que trop commun dans toute l'Europe. La chenille, qui vit sur tous les arbres fruitiers et sur une infinité d'arbres

78. — Bombyx livrée. *Bombyx neustria.*

forestiers, est bien connue des jardiniers et surtout des arboriculteurs. Elle est noirâtre, garnie de poils un peu roussâtres, assez clair-semés ; elle a sur le vaisseau dorsal une raie blanche longitudinale, et, de chaque côté, trois bandes d'un roux fauve, dont les deux supérieures séparées l'une de l'autre par une raie noire et de celle qui est au-dessus des stigmates, par une bande bleue plus large que les autres. La tête est d'un bleu cendré, marquée de deux points noirs.

Les petites chenilles éclosent au printemps, au moment de l'évolution des bourgeons. Jusqu'à l'âge adulte, elles vivent en sociétés nombreuses, sous une légère tente de soie. Après le dernier changement de peau, elles se dispersent sur les branches chacune vit

de son côté. En juin, elles sont parvenues à leur entier
développement ; elles filent, alors, entre les feuilles, sous
la corniche des murs, etc., une coque molle, ovale,
blanche, saupoudrée d'une poussière jaune qui ressemble à de la fleur de soufre. Le papillon éclot vers le
commencement de juillet.

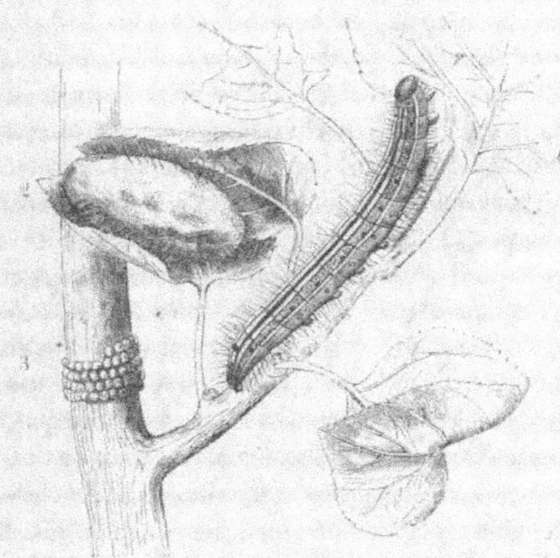

79. — 1. Chenille du bombyx livrée. — 2. La coque.
3. Une bague commencée.

Il varie un peu pour la couleur ; tantôt il est d'un
roux ferrugineux et tantôt d'un fauve clair, avec deux
lignes blanchâtres, transversales, un peu arquées sur le
milieu des ailes de devant. Dans toutes les variétés, la
frange est blanche et entrecoupée par la couleur du
fond.

L'accouplement a lieu après l'éclosion ; la femelle dépose ses œufs par anneaux autour des petites branches d'arbres, sur une couche d'un enduit brunâtre. Les *bracelets* qui en résultent, ont quelquefois plus de trois centimètres de largeur ; ils résistent aux froids les plus intenses et sont tellement adhérents à l'écorce, qu'on ne peut les détacher qu'à l'aide d'un grattoir ou d'un couteau. Les jardiniers donnent à ces bracelets le nom de *Bague*.

En hiver on ne doit pas chercher à détruire la chenille, puisque les œufs n'éclosent qu'au printemps. C'est dans les premiers jours de mai, qu'il faut enlever les nichées qui se tiennent pendant le jour à l'abri sous une petite tente de soie. Très-souvent aussi les chenilles de la livrée viennent toutes se réunir au soleil dans l'enfourchure des arbres ; il est alors facile de les écraser. Certains professeurs d'arboriculture, tels que MM. Forets, Rivière et plusieurs jardiniers ont l'œil assez exercé pour découvrir les bagues ; ils détachent en faisant la taille des arbres toutes celles qu'ils rencontrent, et anéantissent ainsi des familles entières de chenilles.

Bombyx chrysorrhée. Bombyx (liparis) chrysorrhæa Linné.

Ce Bombyx porte le nom vulgaire de *cul-brun* ; il est entièrement blanc, avec les quatre derniers anneaux de l'abdomen d'un brun obscur et l'anus garni d'une bourre d'un fauve ferrugineux qui sert à la femelle à recouvrir ses œufs.

Le papillon éclot au mois de juillet; à la fin de
ce mois, la femelle
pond des œufs d'une
couleur rose qu'elle
dispose par tas à l'ex-
trémité des branches
des arbres fruitiers.
Les petites chenilles
éclosent dans les pre-

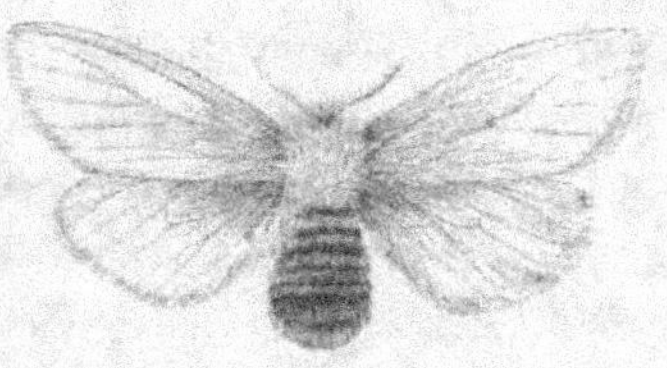

miers jours de septembre. Aussitôt nées, elles enveloppent quelques feuilles, dont elles rongent seulement le parenchyme, sous une toile de soie divisée
en autant de cellules qu'il y a d'individus. Elles
changent une fois de peau et passent tout l'hiver sous
cet abri sans prendre la moindre nourriture. Dès que
les arbres fruitiers commencent à fleurir ou à avoir
quelques feuilles, elles sortent de leur retraite et dévorent tout ce qui se trouve dans le voisinage de leur
habitation. Aussitôt que la nuit approche ou s'il vient
à pleuvoir, elles se retirent sous leur tente. Quand il n'y
a plus rien à manger, elles s'établissent sur une nouvelle branche et y dressent en peu de temps une nouvelle tente. Après la dernière mue, elles quittent leur
demeure pour n'y jamais rentrer, et elles se répandent
sur toutes les branches de l'arbre.

Cette chenille est la plus commune de toutes, elle vit
sur tous les arbres fruitiers et presque sur tous les arbres
forestiers. Le fond de sa couleur est d'un brun noirâtre,
avec six rangées de tubercules de la même couleur,
surmontés de poils aigrettés roussâtres. Elle a sur le
dos, à partir du troisième anneau, deux rangées de

taches blanches. Sur le neuvième et le dixième, et quelquefois sur le huitième et le septième anneau, il y a une
tache d'un rouge cinabre placée entre deux petits faisceaux très-courts de poils roussâtres. Les taches blanches sont bordées de chaque côté par un petit pinceau

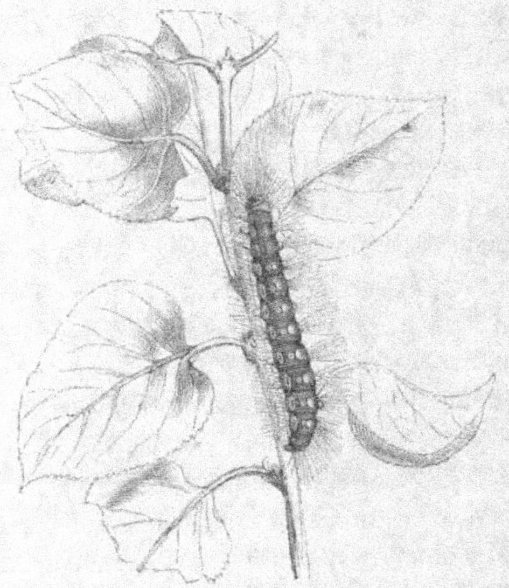

81. — Chenille du bombyx chrysorrhée.

brunâtre. Outre cela, les deux taches rouges du neuvième et du dixième anneau sont comme vésiculeuses
et un peu rétractiles.

Dans le courant de juin, elle file, entre les feuilles
ou dans les bifurcations des branches, une coque molle
grisâtre, dans laquelle elle se change en chrysalide.
Cette chenille est en général si multipliée qu'on
lui a donné le nom de *commune*. C'est pour elle seule

que les ordonnances rendent l'échenillage obligatoire, car cette opération, ordinairement assez mal faite, n'atteint pas les autres espèces nuisibles, qui sont encore à l'état d'œufs. Pour que l'échenillage soit pratiqué avec succès, il faut le faire au mois de décembre, lorsque les arbres n'ont plus de feuilles, en coupant avec soin à l'extrémité des rameaux, ces paquets de feuilles sèches qui renferment chacun une nombreuse couvée de petites chenilles. Si l'on attend le printemps, comme cela a lieu trop souvent, pour enlever les nids, il arrive fréquemment que les habitants ont déménagé et sont allés s'établir plus loin.

Nous avons vu, à l'automne de l'année dernière, au Luxembourg, des nids nombreux de chrysorrhée à l'extrémité des rameaux de lauriers-amandes.

Bombyx auriflue. Bombyx (liparis) auriflua Fab.

Cette espèce, appelée vulgairement *cul-doré*, ressemble beaucoup à la précédente; elle est d'un blanc plus pur, un peu plus brillant, avec l'extrémité de l'abdomen garnie de poils d'un beau jaune et non d'un fauve brun; ces poils servent également à la femelle à recouvrir ses œufs qui sont jaunes et non d'une couleur rose.

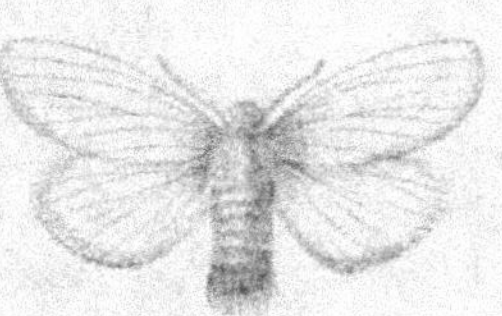

82. — Bombyx auriflue femelle.
Bombyx auriflua.

Les petites chenilles éclosent, comme celles de l'espèce précédente, au mois de septembre, et passent également l'hiver sous une toile de soie où elles subissent leur première mue.

Lorsque la chenille est adulte, elle quitte le domicile commun. Elle est alors d'un brun noir, avec des poils d'un gris noirâtre; elle a sur le dos, à partir du premier anneau, deux rangées de taches d'un blanc pur, un peu pulvérulentes et comme farineuses. Entre ces deux rangées de taches, il y a une double ligne d'un rouge

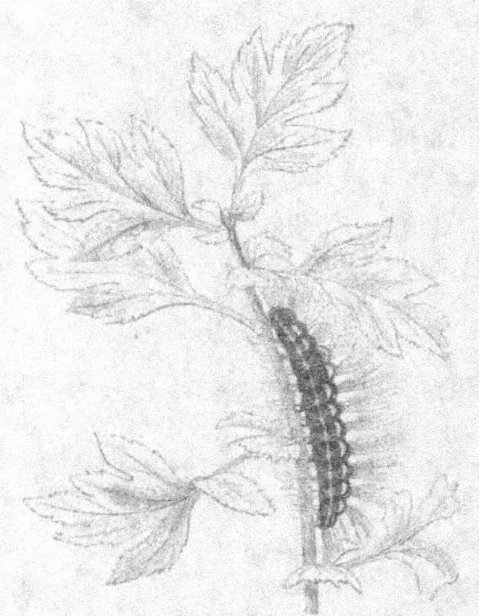

83. — Chenille du bombyx aurifluc.

vif qui se dilate en croissant sur le quatrième anneau, lequel, ainsi que le suivant, est un peu relevé en une bosse charnue. Sur le neuvième et le dixième anneau, il y a aussi, entre les deux lignes rouges, deux très-petites taches rouges un peu rétractiles. Les tubercules des côtés sont rouges, ou d'un rouge ferrugineux, liés l'un à l'autre par une raie latérale rouge plus ou moins accusée. Elle subit sa métamorphose à la fin de juin et reste environ trois semaines à l'état de chrysalide.

La chenille du *cul-doré*, nom qui aujourd'hui est un peu *shocking*, est bien moins répandue dans les jardins fruitiers que celle du chrysorrhée; elle habite principalement les bois où elle dévore les prunelliers et les charmes, etc.; elle a aussi une grande prédilection pour les aubépines et les rosiers.

Bombyx du saule. Bombyx (liparis) salicis.

Ce Bombyx, appelé par Geoffroy *l'apparent*, est un peu plus grand que les deux espèces précédentes. Il est entièrement d'un blanc satiné, avec les pattes annelées

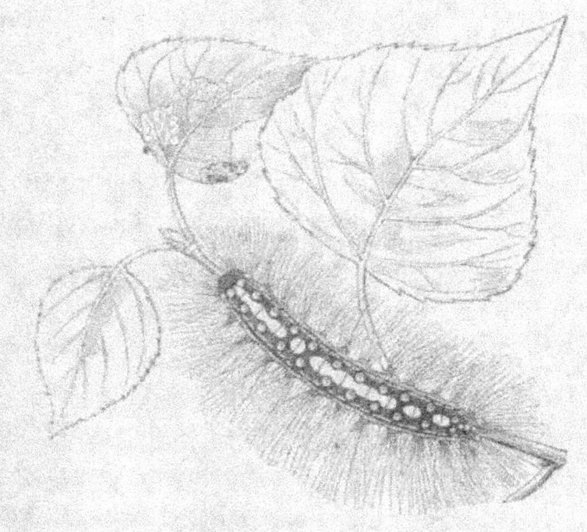

54. — Bombyx du saule. *Bombyx salicis.*

de noir et de blanc. Il paraît en juillet. La femelle dépose, sur le tronc des peupliers et des saules, ses

œufs par rosaces recouvertes d'un enduit écumeux
blanc et luisant sous lequel ils passent l'hiver.

Les chenilles éclosent à la fin d'avril. Dès qu'elles
sont nées, elles se dispersent sur les branches. Leur dos
est noirâtre, avec deux lignes jaunes ou un peu blanchâtres, interrompues, et renfermant entre elles, une
série de grosses taches dorsales arrondies, blanches ou
d'un blanc un peu soufré. Chacune de ces taches est
coupée en deux par les incisions. Les côtés sont d'un
blanc bleuâtre ou grisâtre, plus ou moins jaspé de noirâtre, avec deux rangées de petits tubercules d'un ferrugineux clair, surmontés d'aigrettes de poils roussâtres.
Les taches dorsales forment comme une espèce de chaîne,
et sont séparées l'une de l'autre par des tubercules
semblables à ceux des côtés. Le dessous du corps est
brun lavé de pourpre. Elles filent une coque entre les
feuilles qu'elles lient avec des fils de soie, ou entre les
rides des écorces.

La chrysalide est noire, garnie de petits faisceaux de
poils jaunes.

Il y a des années où cette chenille dépouille totalement
de leurs feuilles les peupliers dans les parcs et les
avenues.

Le moyen le plus simple de s'opposer à ses ravages,
c'est d'enlever, pendant l'hiver, à l'aide d'un grattoir,
toutes ces plaques blanches écumeuses sur le tronc des
saules et des peupliers. Il n'est pas difficile de les apercevoir.

Bombyx disparate. Bombyx (liparis) dispar Fabric.

Ce papillon portait autrefois le nom vulgaire de *zigzag*;

il a été nommé depuis *disparate* à cause de la dissem-
blance qui existe entre les deux sexes. Le mâle a
le corps assez grêle; le dessus de ses ailes antérieures
est d'un gris brunâtre, avec quatre lignes transversales
noirâtres, en zigzag. Le dessus de ses ailes postérieures
est d'un brunâtre obscur. La femelle a le corps très-
gros et est beaucoup plus grande; elle offre le même

83. — Bombyx disparate femelle. *Bombyx dispar.*

dessin sur un fond blanc tirant très-légèrement sur le gris
jaunâtre. Son corps est d'un blanc jaunâtre en avant et
d'un gris brun en arrière, terminé vers l'anus, par un paquet d'une bourre roussâtre destinée à couvrir les œufs
au moment de la ponte. L'éclosion de l'insecte parfait a
lieu à la fin de juillet ou au commencement d'août. Le
mâle vole une partie du jour à la recherche de la femelle. Celle-ci est lourde et reste constamment appliquée sur l'écorce des arbres.

Après l'accouplement, la femelle dépose ses œufs par
paquets sur le tronc des arbres; elle les recouvre d'une
espèce d'étoupe soyeuse ressemblant assez par la cou-

leur à un morceau d'amadou. Ceux-ci passent l'hiver
sous cet abri moelleux et les petites chenilles naissent
au mois de mai. Elles subissent quatre mues sans que
leur dessin en soit modifié.

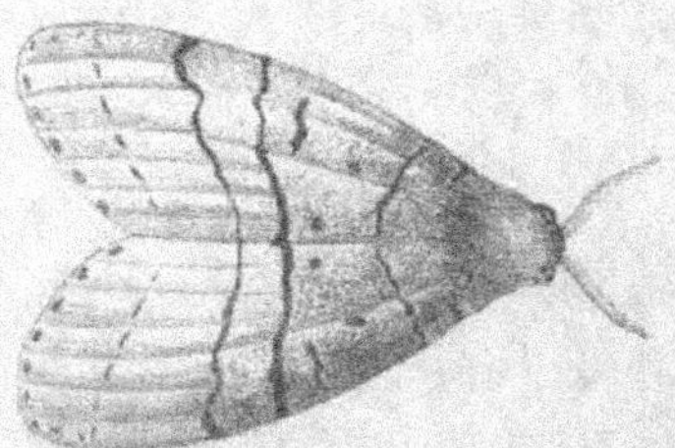

86. — Bombyx disparate en train de pondre.

Le fond de leur couleur est d'un brun noirâtre finement réticulé et vermiculé de gris jaunâtre. Les tubercules des cinq premiers anneaux sont bleus; ceux des
anneaux suivants sont ferrugineux. Les uns et les autres
sont surmontés de poils roides roussâtres. La tête est relativement très-grosse, réticulée de gris et marquée dans
son milieu d'une tache triangulaire jaunâtre. La partie
antérieure du premier anneau porte de chaque côté un
tubercule allongé, sur lequel sont implantés des poils
noirâtres plus longs que les autres, qui forment comme
des espèces de moustaches.

Lorsque le moment de la métamorphose arrive, les
chenilles filent dans les crevasses des écorces, sous la
corniche des murs, etc., un réseau de soie extrêmement
léger dans lequel la chrysalide est à peine renfermée; souvent même elle n'est guère attachée que par les crochets
de la queue.

Celle-ci est d'un brun noirâtre avec les incisions plus claires garnies de petites étoiles de poils roussâtres. L'extrémité anale se termine en une pointe large, munie de deux faisceaux de petits crochets.

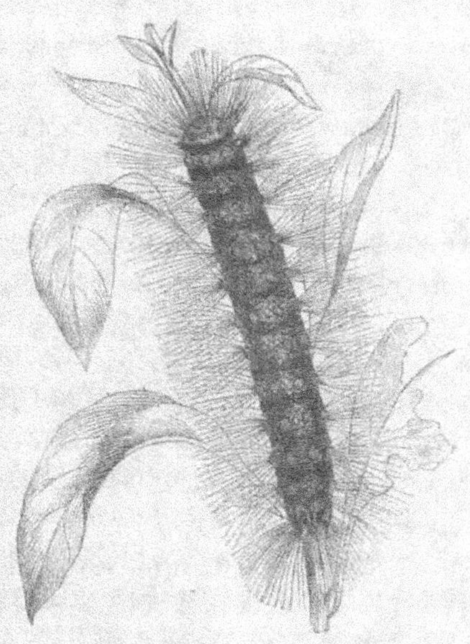

87. — Chenille du bombyx disparate.

La chenille du *zigzag* vit sur presque tous les arbres. Comme elle est très-commune, elle occasionne souvent de grands dommages aux arbres fruitiers. Nous avons vu, il y a une quarantaine d'années, tous les arbres de la forêt de Sénart et de la forêt de Fontainebleau entièrement dépouillés de leurs feuilles par cette chenille. On aurait pu se croire au milieu de l'hiver. Ne trouvant plus rien à manger, elles couraient à terre dans toutes les directions : une grande partie a dû mourir de faim, et le bien sera venu de l'excès du mal. Cette chenille se tient une grande partie du jour allongée dans les gerçures des écorces. Il faut la toucher avec précaution, parce que, chez les personnes qui ont la peau délicate, elle occasionne parfois de légères démangeaisons, mais qui n'ont rien de dangereux.

Lorsqu'on veut détruire cette espèce malfaisante, il faut détacher avec un grattoir, du tronc des arbres, toutes ces plaques couleur d'amadou et les brûler. La besogne est d'autant moins difficile, que les œufs sont placés à une élévation qui permet de les atteindre aisément. Cette opération peut être commencée dès l'automne et continuée jusqu'au printemps.

Le bombyx disparate porte chez les forestiers le nom de *la spongieuse*.

Ratzeburg décrit longuement (*die Forst-insecten*) les dégâts immenses que cause dans les forêts de l'Allemagne, une espèce voisine de la précédente ; cette dernière est presque rare dans la plus grande partie de la France. Ce papillon est le *bombyx* (liparis) *Monacha* de Linné, *Nonne* ou *Nonnenspinner* des Allemands. Il paraît que ce Bombyx qui a le corps rose, est, dans certaines années, un grand fléau pour les forêts de la Prusse. La chenille, dit Ratzeburg, est le seul insecte très-nuisible aux Conifères qui se nourrisse indistinctement de feuilles aciculaires et de feuilles plates. Aux environs de Paris, nous trouvons la chenille du *Monacha* dans les bois, sur le hêtre, le charme ou sur le chêne et quelquefois sur le pommier sauvage, mais très-peu d'individus chaque année.

Bombyx processionnaire. Bombyx processionnea Lin.

Si nous parlons ici de ce papillon, ce n'est pas parce
que sa chenille est nuisible à
l'horticulture, on ne la rencontre pas dans les jardins ; mais
il n'en est pas de même dans
les bois qui servent de promenade aux environs de Paris et
dans les parcs où il y a des
chênes.

88. — Bombyx processionnaire
mâle.
Bombyx processionnea.

L'insecte parfait éclot au mois d'août ; il est d'une
couleur peu brillante ; le mâle est d'un gris blanchâtre ;
ses ailes supérieures sont marquées de trois raies transversales sinuées, d'un brun noirâtre et d'un arc central
de la même couleur. Ses ailes inférieures sont beaucoup plus blanches, traversées par une seule raie.
Chez la femelle qui est plus grande, les quatre ailes sont
d'un gris-cendré pâle, avec une ombre à la base des supérieures et une raie transverse, commune, un peu plus
obscure que le fond ; son abdomen est garni à l'extrémité d'une plaque écailleuse, munie d'une espèce de
brosse formée de poils d'un gris roussâtre.

Les œufs sont pondus à la fin du mois d'août par petits tas, et passent l'hiver sur l'écorce des chênes. Les
chenilles éclosent en mai; lorsqu'elles sont adultes, elles
sont d'un tiers plus petites que celles de la *livrée*. Leur
dos est d'une couleur noirâtre, avec les côtés d'un cendré pâle, et le ventre d'un jaunâtre pâle. Elles sont, outre cela, marquées sur chaque anneau d'une rangée cir-

culaire de petits tubercules rougeâtres, donnant naissance à de longs poils blancs, inégaux, peu touffus,
terminés chacun par un petit crochet. Quand elles sont
arrivées à toute leur taille, les tubercules placés sur les
neuf derniers anneaux, forment, par leur réunion sur le
milieu du dos, un petit ovale rouge, transversal.

Les naturalistes du siècle dernier ont parfaitement
étudié les mœurs de ces chenilles ; nous n'avons rien à
y ajouter ; et ce que nous allons en dire n'est que la ré-
pétition de ce qui a été dit cent fois. Une couvée, au moment de l'éclosion, forme une famille de sept à huit cents
individus qui ne se séparent qu'à l'état de papillons.
Dans leur jeunesse, elles ne font que de légères toiles et
changent souvent de domicile, sans pour cela quitter
l'arbre où elles sont nées. Elles filent en commun pour
former des nids qui leur servent d'asile. A chaque changement de peau, elles déménagent pour aller créer un
autre établissement. Quand elles ont acquis toute leur
croissance, elles choisissent une habitation fixe mais
plus vaste : cette dernière demeure a ordinairement 40
à 50 centimètres de long sur 15 à 18 de large ; elle est
arrondie à chaque bout et attachée verticalement contre
le tronc des chênes, tantôt assez près de terre et tantôt
à 2 mètres ou à 2 mètres 1/2. Leur configuration n'a rien
de régulier ni de bien constant. Ces nids forment, à l'endroit de l'écorce où ils sont appliqués, des espèces de
bosses comparables aux nodosités que l'on voit sur les
arbres. Au haut de ce sac de soie, il y a une ouverture
par laquelle les chenilles sortent et rentrent à volonté.

Lorsque les chenilles de la processionnaire quittent
leur logement pour aller s'établir ailleurs, leur marche

s'exécute dans un ordre régulier. Au moment où elles sortent, une chenille va la première et ouvre la marche; les autres la suivent à la file en formant une espèce de cordon. La première est toujours seule, les autres sont quelquefois deux, trois ou quatre de front. Elles observent un alignement si parfait que la tête de l'une ne dépasse pas celle de l'autre. Quand la conductrice s'arrête, la troupe qui la suit n'avance pas ; elle attend que celle qui est à la tête se détermine à marcher pour la suivre, c'est dans cet ordre qu'on les voit souvent traverser les allées des bois, ou passer d'un arbre à l'autre, quand elles ne trouvent plus une nourriture suffisante sur celui qu'elles abandonnent. C'est vers le coucher du soleil que les chenilles de la processionnaire font leurs évolutions et c'est pendant la nuit seulement qu'elles dévorent les feuilles. Il n'est pas rare cependant de trouver en plein midi, à peu de distance de leur habitation, de ces chenilles qui sont sorties pour prendre le frais et se réunissent par paquets, les unes à côté des autres, ou même les unes sur les autres, sans se donner aucun mouvement. Elles sont alors tellement plaquées sur les écorces qu'il n'est pas toujours très-facile de les apercevoir.

Quand le moment de la métamorphose arrive, elles filent chacune dans leur nid une coque particulière où elles se changent en chrysalides. Il arrive parfois que le nid dont les proportions ont été mal calculées, se trouve trop étroit pour contenir toute la réunion des coques ; quand elles s'aperçoivent de ce défaut de prévoyance, elles se mettent à l'œuvre et en construisent un second contigu au premier.

Le papillon, connu sous le nom de *processionnaire du chêne*, se trouve dans les bois d'une grande partie de l'Europe. Selon Ratzeburg, il n'est pas trop répandu en Allemagne, où les forêts sont en grande partie constituées par des essences résineuses.

Il faut toucher avec précaution aux nids de la processionnaire, si l'on veut éviter d'affreuses démangeaisons et quelquefois une inflammation du visage et des mains. Les plus dangereux sont ceux qui sont abandonnés et ceux dont les bombyx sont éclos, parce que leurs dépouilles étant desséchées, se brisent avec la plus grande facilité et se réduisent en une poussière fine qui s'attache à la peau. Des bains, des lotions acidulées, etc., font disparaître assez promptement ces sortes d'éruptions. En 1832, au moment du choléra, lors de l'anarchie qui existait entre les médecins, un praticien fort connu essaya, pendant la période algide, des frictions avec les nids de la processionnaire, afin d'obtenir une réaction à la peau : c'était au mois d'avril et il ne put, à cette époque, se procurer que quelques débris d'un vieux nid de l'année précédente, dont l'effet, autant qu'il nous en souvient, fut à peu près nul.

Il y a des années où les processionnaires sont excessivement communes dans les bois de chênes. L'année dernière, par exemple, les nids étaient tellement multipliés que le conservateur du bois de Boulogne, M. Pissot, l'un de nos habiles forestiers, dut, dans l'intérêt de la santé générale, interdire la circulation dans quelques cantons de cette promenade publique.

Le meilleur moyen de destruction dont on puisse user, c'est de détacher les nids avec un grattoir emmanché au

bout d'une perche et de les brûler. Il faut faire cette
opération au milieu de juillet, par un temps pluvieux,
afin que les chenilles soient rentrées dans leur domicile
et que le vent n'enlève pas la poussière. Il est bon d'avoir
la précaution de se frotter les mains et le visage avec
un peu d'huile. On peut aussi brûler les nids sur l'arbre,
avec une torche allumée ou une poignée de paille. C'est
le conseil que nous avons donné à notre collègue M. Qui-
hou, jardinier chef de la Société d'acclimatation, pour
se débarrasser des processionnaires qui infestaient cette
partie réservée du bois.

M. Pissot a employé un autre moyen, assez écono-
mique, qui lui a réussi parfaitement. Il consiste à
mélanger dix parties d'huile lourde de gaz avec cent
parties d'eau et à imbiber, à l'aide d'une brosse ou d'un
balai, les nids avec ce liquide.

Nous demandons pardon à nos jardiniers de nous être
peut-être trop étendu sur une chenille qui intéresse bien
plus la sylviculture que l'horticulture.

Après avoir parlé, trop longuement peut-être, de la
procesionnaire du chêne, nous ne pouvons pas passer
entièrement sous silence, une autre processionnaire qu'un
de nos collègues de l'Algérie, M. Leroy, de Kouba, a adres-
sée à la Société d'horticulture, et dont M. Rivière nous a
rapporté de la Provence de nombreux échantillons : c'est
la processionnaire du pin, *bombyx pityocampa* de Fabricius. Cet insecte intéresse bien plus les forestiers que nos
horticulteurs parisiens qui probablement n'auront jamais
à s'en plaindre.

Les chenilles sont d'un bleu noirâtre sur le dos,
avec des tubercules rougeâtres surmontés d'aigrettes

de longs poils fauves ; elles forment sur les branches de plusieurs espèces de pins, principalement sur les *Pinus sylvestris*, *maritima* et *alepensis*, des nids d'une soie blanche ressemblant à des cônes renversés ou à de longs fourreaux.

Ces chenilles vivent en commun en familles très-nombreuses et se comportent comme la processionnaire du chêne. Nous les avons vues sortir de même pour prendre l'air pendant les journées chaudes de la fin de l'hiver, se réunir par paquets au soleil, et faire leur procession en observant le même ordre et la même régularité. Leur époque d'apparition et leur mode de métamorphose offrent seuls une différence notable. Les œufs sont pondus en été et éclosent en juillet et août. Dès que les petites chenilles sont nées, elles se filent une tente proportionnée à leur taille, dans laquelle elles enveloppent, comme provision, un certain nombre d'aiguilles de pin. Après chaque mue, elles changent de domicile comme l'espèce précédente ; elles continuent de manger à la même table pendant l'automne et une partie de l'hiver. A la fin de février ou au commencement de mars, elles abandonnent leurs nids, descendent des arbres et elles entrent assez superficiellement en terre, où elles filent chacune une petite coque de soie, dans laquelle elles se changent en chrysalide.

Le papillon est grisâtre comme celui de notre processionnaire, mais il a les raies transversales plus flexueuses et mieux écrites ; il paraît selon les localités en juin ou en juillet.

La chenille du Pityocampe est considérée par les forestiers comme un fléau pour les pins ; elle est commune dans toute l'Europe méridionale, dans le midi de la France, en Algérie, en Espagne, en Italie, en Grèce, en Turquie et jusque dans l'Asie Mineure. On nous a assuré que, de proche en proche, elle était arrivée jusqu'à Fontainebleau, et que déjà on avait aperçu deux ou trois nids dans la forêt.

On a essayé d'utiliser la soie des nids, qui en apparence est belle et forte ; mais, comme l'eau chaude la rend cassante, on n'a pu en tirer aucun parti.

Les chenilles de ce Bombyx, et surtout les vieux nids, occasionnent aux personnes qui s'en approchent, les mêmes accidents que la processionnaire du chêne, mais à un moindre degré. On devra donc n'y toucher qu'avec une certaine précaution.

Les anciens ont connu l'effet dangereux de cette chenille qu'ils appelaient simplement *Pityocampa* (*chenille du pin*), car les lois romaines frappaient de peines sévères les empiriques qui en faisaient usage.

Bombyx antique. Bombyx (orgya) antiqua Linné.

On voit voler pendant l'été, mais surtout au commencement de l'automne, à l'ardeur du soleil, un petit papillon de nuit, dont le corps est très-grêle. C'est le mâle d'un petit Bombyx qui se jette à droite et à gauche pour trouver sa femelle. Ses ailes supérieures sont d'un brun roux, avec deux bandes transversales, sinuées, d'une couleur plus foncée et dont l'extérieure, plus large, se termine en bas par une lunule d'un blanc pur. Ses ailes inférieures sont d'un jaune roux.

La femelle est aptère ou plutôt elle n'a que de très-

petits moignons d'ailes à peine visibles; elle est de la
grosseur d'une araignée moyenne, d'une couleur grisâtre. Linné dit que le mâle la porte d'arbre en arbre,

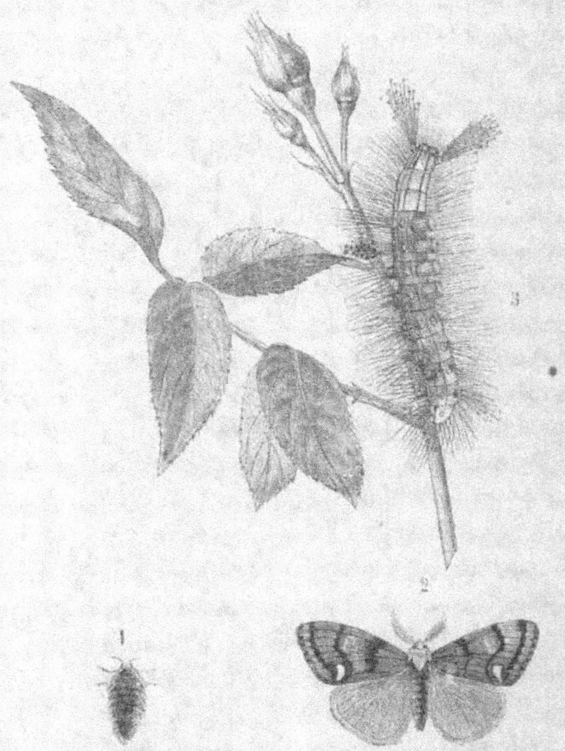

89. — 1, Bombyx antique mâle. 2. La femelle. 3. La chenille.

pendant l'accouplement : *Mas fœminam apteram copula
connexam ex arbore in arborem defert.* Nous n'avons
jamais été témoin de ce fait.

La chenille est très-commune à l'automne sur les
arbres fruitiers et sur les rosiers; elle varie pour la couleur

du fond, qui est tantôt d'un gris bleuâtre très-pale,
tantôt noirâtre et quelquefois blanchâtre, avec des
poils aigrettés grisâtres implantés sur des tubercules.
Le premier anneau offre, de chaque côté, un long
faisceau de poils inégaux dirigés en avant, comme
des *cornes;* le onzième offre un faisceau semblable
incliné en arrière, le cinquième en présente aussi un
de chaque côté. Les quatrième, cinquième, sixième
et septième portent chacun une brosse d'égale longueur, tantôt blanche, tantôt grise, tantôt jaune, souvent rousse et quelquefois noirâtre. Sur chaque côté du
corps on remarque une rangée de tubercules rouges
supportant de petites aigrettes. Sur le dos, entre chaque
brosse, sont les incisions noires ; depuis la dernière
brosse jusqu'à la queue le fond devient plus obscur et
présente sur chaque anneau deux tubercules rouges
s'alignant avec ceux de la rangée latérale, et formant
une bande demi-circulaire ; les premiers anneaux
offrent aussi chacun une bande demi-circulaire semblable. Pour se métamorphoser, cette chenille file une
coque blanchâtre, molle, entremêlée de poils.

Les œufs passent l'hiver et éclosent en mai. L'insecte parfait paraît en juin pour la première époque ;
mais à partir du milieu d'août jusqu'en octobre, il
est beaucoup plus commun. A cette époque de l'année
il a plusieurs générations successives.

La chenille se nourrit indistinctement de tous les
arbres et arbrisseaux ; il y a des années où elle est tellement commune qu'elle devient un véritable fléau.

En 1836, les chenilles de ce bombyx dépouillèrent
de toutes leurs feuilles les tilleuls du jardin du Palais-

Royal. Elles étaient en si grand nombre qu'elles couraient à terre de tous côtés. La plupart sont probablement mortes de faim, car l'année suivante, à la même époque, on en voyait à peine quelques individus.

Bombyx grand paon. Bombyx (saturnia) pyri Ochs.

Ce papillon de nuit est le plus grand Lépidoptère que nous ayons en Europe. La plupart des horticulteurs l'ont rencontré quelquefois dans les jardins des environs de Paris, du centre et du midi de la France, mais ceux qui habitent les départements du nord et du nord-ouest n'ont pas été à même de l'observer.

Il a 12 à 15 centimètres d'envergure. Le dessus de ses quatre ailes est d'un gris plus ou moins nébuleux, avec l'extrémité plus foncée terminée par une large bordure d'un blanc sale. Chaque aile offre, en outre, vers le milieu, dans un cercle noir, un œil à iris fauve ayant une prunelle blanche, très-étroite, en forme de croissant.

La chenille est énorme lorsqu'elle est arrivée à toute sa taille; elle vit solitairement sur le poirier, le pommier, l'abricotier, le prunier et quelquefois sur le pêcher et l'amandier. Son appétit est considérable, en peu de temps elle dévore toutes les feuilles d'une branche.

La chenille du grand paon, lorsqu'elle est jeune, est noirâtre ou bleuâtre, avec des tubercules brunâtres ou rougeâtres; plus tard, quand elle est adulte, elle est longue de huit centimètres; sa couleur est d'un beau vert pomme, avec des tubercules d'un bleu d'azur ou de turquoise portant chacun sept poils roides inégaux,

disposés en étoile. Ces tubercules sont disposés ainsi :
quatre sur le premier et le dernier anneau et six sur

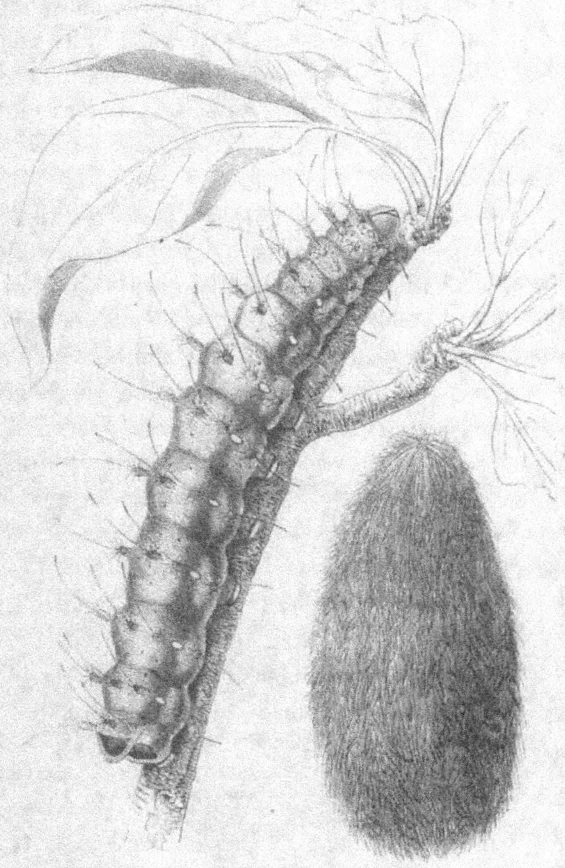

80. — Chenille et coque du bombyx grand paon.

tous les autres. Le clapet, placé derrière la dernière
paire de pattes membraneuses, est d'un brun fauve. Les
stigmates sont blancs cerclés de noir.

Elle est parvenue à toute sa croissance dans le courant du mois d'août. Au moment où elle est sur le point de se métamorphoser, elle devient d'un vert jaunâtre sale ; alors, elle file une coque brunâtre, très-dure, très-solide, très-gommée, en forme de poire, ayant le petit bout disposé à peu près comme l'entonnoir du nasse ; elle la place sous le chaperon des murs ou dans les bifurcations des arbres.

Le papillon sort de sa chrysalide à la fin d'avril ou au commencement de mai. Il arrive souvent que celle-ci reste toute l'année sans éclore et que le papillon ne paraît que l'année après. Il y a même des chrysalides qui n'éclosent que la troisième année.

Lorsqu'un jardinier s'apercevra qu'une jeune branche commence à être dévorée, il examinera à terre s'il n'y a pas des crottes ; s'il en aperçoit, cet indice le dirigera dans sa recherche ; quoique la chenille se confonde par sa couleur avec celle des feuilles, avec un peu d'intelligence il ne tardera pas à la découvrir.

Le grand paon est aujourd'hui le type de notre tribu des *Saturnides*.

Les nouveaux vers à soie du chêne, du vernis du Japon et du ricin appartiennent au même genre.

Bombyx tête-bleue. Bombyx (diloba) cæruleocephala Linné.

Ce petit Bombyx diffère notablement de tous les précédents et fait le passage à la grande famille des NOCTUIDES. Il est d'un gris brunâtre ; ses ailes supérieures offrent au-dessous de la côte, vers leur milieu, deux grosses taches superposées, d'un blanc un peu bleuâtre, plus ou moins arrondies, un peu réniformes et jointes l'une à l'autre. Les ailes inférieures sont grisâtres, avec l'angle anal marqué d'une liture noire. La tête et la partie antérieure du corselet sont d'un cendré bleuâtre.

On a rarement occasion de voir ce papillon, quoiqu'il soit de la taille de la livrée, parce qu'il éclot en octobre et ne vole que la nuit.

La chenille est très-commune en mai; elle est d'un blanc grisâtre ou un peu bleuâtre, marquée de trois raies longitudinales d'un jaune-citron, dont une dorsale plus large, et une latérale un peu plus étroite. Outre cela, son corps est garni de petits tubercules noirs, surmontés chacun d'un poil court assez roide. A la fin de juin, arrivée à toute sa croissance, elle file une coque ovale assez solide, d'un gris blanchâtre, qu'elle attache aux branches des arbres.

L'insecte parfait éclot ordinairement en octobre: la femelle dépose ses œufs de place en place sur les branches des arbres. Quelques individus qui passent l'hiver en chrysalide pour naître au printemps; les œufs de cette génération éclosent en même temps que ceux pondus à l'automne.

La chenille du Bombyx tête-bleue vit sur tous les arbres fruitiers, particulièrement sur les cerisiers, pruniers, pommiers, amandiers, abricotiers et surtout sur les haies d'aubépine; elle est quelquefois assez nombreuse pour être très-nuisible. Nous avons vu, il y a vingt-cinq ans environ, au jardin des plantes, une allée plantée de *Mespylus linearis* complétement effeuillée par cette larve. M. Pissot, qui s'occuppe de l'étude des insectes nuisibles et utiles à la sylviculture, nous a conduit, il y a cinq ans, dans des localités du bois de Boulogne, où tous les arbres et arbustes appartenant à la grande famille des rosacées étaient littéralement dévorés par cette chenille.

Il n'y a pas d'autre moyen de la détruire dans les jardins, que de secouer les branches sur un parapluie renversé en les frappant avec un bâton : elle est très-paresseuse, on la fait tomber facilement.

Le Bombyx tête-bleue est le type de notre genre *Diloba* et fait partie de notre tribu des Notodontides.

FAMILLE DES NOCTUIDES.

Cette nombreuse famille, composée de plus de deux mille espèces, est constituée par le grand genre *Noctua* des anciens auteurs. Elle est aujourd'hui partagée en un assez grand nombre de tribus subdivisées en une infinité de genres.

Les Noctuides ou noctuelles ont pour caractères généraux : une trompe bien prononcée, roulée en spirale entre des palpes comprimés ; un corps plutôt squameux que laineux ; un corselet et un abdomen offrant le plus ordinairement des bouquets de poils en forme de crêtes ; des ailes toujours marquées vers le milieu, au-dessous de la côte ou bord antérieur, de deux taches, dites *taches ordinaires*, dont la plus rapprochée du corps s'appelle *orbiculaire* et l'autre *réniforme*.

Chenilles pourvues généralement de seize pattes

égales, plus rarement de pattes membraneuses d'inégale longueur et plus rarement encore, de douze pattes.

Les chenilles de toutes les espèces suivantes ont seize pattes.

Noctuelle psi. Noctua (acronycta) psi.

Très-commune aux environs de Paris, mais beaucoup moins répandue dans les départements du nord

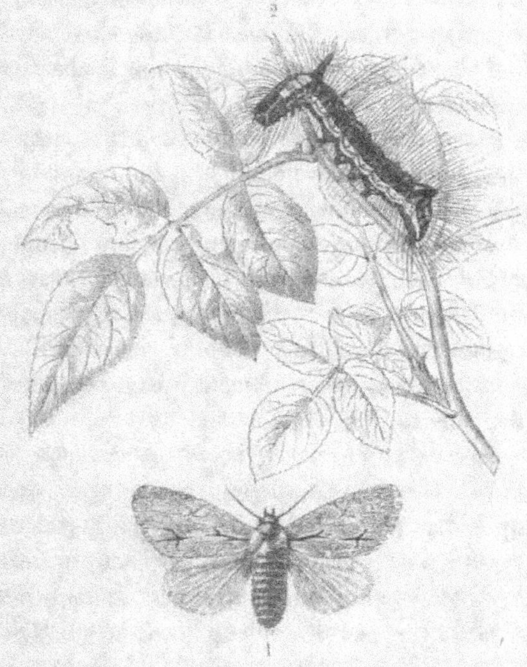

Fig. — 1. Noctuelle psi, *Noctua psi.* — 2. La chenille.

et du midi. Elle est d'un gris blanchâtre luisant; ses ailes supérieures sont marquées de plusieurs

traits noirs qui la font reconnaître au premier coup d'œil;
savoir : un longitudinal partant de la base et ressemblant à une espèce de fourche, un second placé vers
le tiers inférieur du bord extérieur de l'aile, coupé par
une ligne noire sinuée, ce qui lui donne une certaine
ressemblance avec la lettre psi ψ des Grecs. Ses ailes
inférieures sont blanchâtres dans le mâle, un peu
plus obscures chez la femelle.

La chenille, très-commune à l'automne sur les
arbres fruitiers et sur les rosiers, est souvent assez
nuisible. On en trouve quelquefois huit à dix sur la
même branche.

Elle est en dessus d'une couleur noirâtre, avec une
éminence conique, charnue, de la même couleur placée sur le quatrième anneau et une gibbosité pyramidale
sur le onzième. Le long du dos règne une large bande ordinairement d'un jaune-citron, mais souvent aussi d'un
jaune-soufre pâle ou même blanchâtre. Cette bande est
interrompue par l'éminence conique en avant de laquelle elle se continue seulement sur le second et le
troisième anneau. Le dernier anneau offre aussi une
tache jaune en arrière de la bosse du onzième. Au-
dessous de la bande jaune, sur la partie noirâtre, on voit
des tubercules noirs supportant des poils assez fins,
et des traits rouges groupés deux par deux sur chaque
anneau, et séparés l'un de l'autre par quelques petits
atomes bleuâtres. Au-dessous de la partie noirâtre les
côtés sont d'un gris cendré plus ou moins clair,
lavé d'une petite teinte rosée. La tête et les stigmates
sont noirs.

Parvenue à sa grosseur, cette chenille file sa coque

dans les gerçures des écorces ou entre quelques feuilles sèches.

La chrysalide passe l'hiver, et le papillon éclot depuis la fin de mai jusqu'au mois d'août.

Lorsque la chenille du Psi se montre sur les quenouilles des poiriers, sur les rosiers, etc., il faut la prendre et l'écraser. Elle est très-visible et d'autant plus facile à trouver que sa couleur est bien tranchée.

Noctuelle trident. Noctua (acronycta) tridens Fabr.

L'insecte parfait ressemble tellement au précédent qu'il est fort difficile à celui qui n'est pas entomologiste

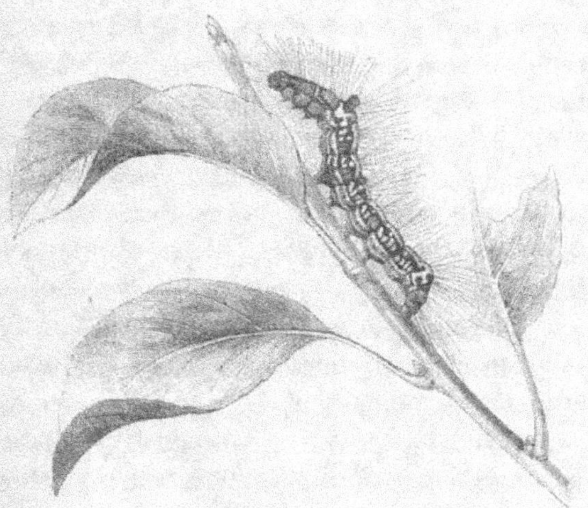

92. — Chenille de la noctuelle trident. *Noctua tridens.*

de le distinguer. Il offre exactement le même dessin, et n'en diffère véritablement que par le fond de ses ailes supérieures qui est d'un gris brun assez foncé au lieu d'être d'un gris blanchâtre pâle, et par ses ailes inférieures beaucoup plus blanches.

La chenille a aussi à peu près la même forme, mais son dessin est tout différent. Le fond de sa couleur est d'un noir foncé, avec une gibbosité pyramidale sur le onzième anneau et une éminence conique sur le quatrième, mais cette dernière est plus courte et plus obtuse que dans le *Psi*. Sur le dos, entre les deux éminences, on voit une bande d'un rouge-aurore. En avant de la première gibbosité, le second et le troisième anneau ont chacun une tache rouge qui fait suite à la bande dorsale. De chaque côté de cette bande, le fond noir est marqué, sur chaque anneau, d'une tache et de deux petits points blancs ; il existe aussi, sur la portion noire, et sur chaque anneau, deux petits traits rouges ou aurore, rapprochés, placés en arrière des deux points blancs. Au-dessous de la partie noire, les côtés sont d'un gris un peu jaunâtre, avec une raie marginale jaune, lavée de rouge sur chaque anneau ; les stigmates et la tête sont noirs. La bosse du onzième anneau est d'un gris blanchâtre et porte quatre tubercules noirs. Les poils du corps sont peu nombreux, longs et soyeux.

Cette chenille est presque rare dans les jardins des environs de Paris, tandis qu'elle est très-commune dans les départements du nord et dans quelques parties du midi de la France, sur les jeunes pommiers et les pruniers, depuis le commencement d'août jusque dans les premiers jours d'octobre. Elle file une coque comme la précédente, passe l'hiver en chrysalide et donne l'insecte parfait en juin.

Dans les localités où elle est assez nombreuse pour
être nuisible, on la détruit comme l'espèce précédente.

Ces deux noctuelles appartiennent à notre tribu des
Bombycoïdes et font partie du genre *Acronycta* d'Ochsenheimer.

Quelques auteurs mettent au nombre des chenilles
nuisibles, celle de la noctuelle de la patience (*Noctua
Rumicis* (Linné) ; elle fait, disent-ils, dans certains
cantons, beaucoup de dégâts dans les cultures d'oseille
et de fraisiers. C'est une espèce polyphage, c'est-à-dire
qu'elle mange toutes les plantes basses ou frutescentes ;
elle vit solitairement et nous ne l'avons rencontrée que
très-accidentellement sur les fraisiers ou sur l'oseille. Elle
est d'ailleurs si peu répandue que nous ne croyons pas
qu'elle puisse causer quelque dommage dans les jardins.

Voici au reste la description abrégée de cette chenille. Elle est brune, garnie de petits tubercules
portant chacun un faisceau de poils roux ; son dos
présente une bande rouge maculaire, et chacun de ses
côtés une série de sept traits blancs obliques, au-dessous
de laquelle existe une raie marginale blanche teintée de
rouge. On la trouve en juin et à l'automne. Les chenilles
de la dernière époque passent l'hiver en chrysalides et
éclosent en mai, celles de la première donnent le papillon à la fin de juillet.

Noctuelle du chou. Noctua (hadena) brassicæ Linné.

La noctuelle du chou est un des insectes les plus
nuisibles à la culture maraîchère. Elle est assez peu brillante, d'un gris plus ou moins obscur, quelquefois un
peu roussâtre. Ses ailes supérieures sont ordinairement

d'un gris roussâtre avec des raies transversales, sinueuses, noirâtres, dont la plus extérieure est bordée de
blanchâtre. Outre cela, elles offrent, près de la côte,
une tache réniforme pointillée de blanc. Ses ailes inférieures sont d'une couleur blanchâtre, plus obscure à
l'extrémité.

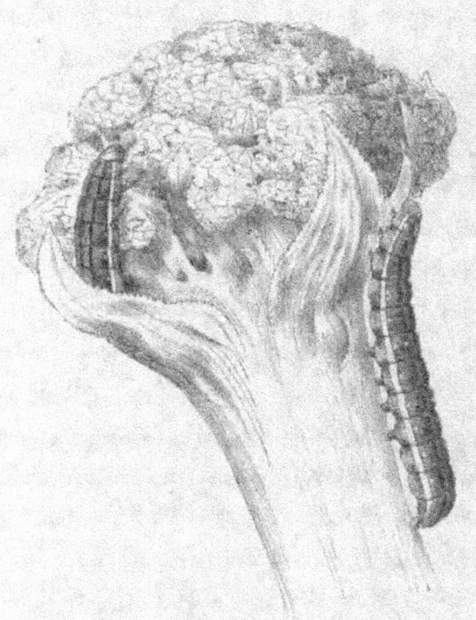

93. — Chenille de la noctuelle du chou.

La chenille varie beaucoup pour la couleur du fond :
tantôt elle est verte, tantôt d'un gris verdâtre bronzé,
tantôt d'un gris presque noir et tantôt d'un vert jau-
nâtre-très-pâle et étiolé. Dans tous les cas, elle a au-
dessus des pattes, entre celles-ci et les stigmates, une
bande jaunâtre ou roussâtre, quelquefois assez mal
arrêtée et se fondant avec la couleur du ventre. Le dos

offre généralement une ligne plus obscure que le fond, et, en outre, de chaque côté de cette ligne, une raie noire ou noirâtre, interrompue et représentée sur chaque anneau par un trait noir, un peu oblique. Les traits des deux ou trois derniers anneaux sont réunis carrément par une petite liture transversale de la même couleur, placée près de l'incision. Dans les individus très-obscurs, les traits noirs ne sont indiqués que sur les anneaux postérieurs. Entre la ligne dorsale et la raie interrompue, on observe très-souvent une rangée de petits points noirâtres. Les stigmates sont blancs cerclés de noir. La tête est rousse ou d'un vert roussâtre, les pattes et le dessous du corps sont verdâtres. Elle se métamorphose dans la terre; on trouve souvent en labourant les jardins, au printemps, sa chrysalide qui est très-reconnaissable à sa couleur d'un roux ferrugineux très-clair. Le papillon paraît au mois de mai pour la première époque ; les chenilles provenant de cette éclosion donnent l'insecte parfait au mois d'août.

Cette chenille est, dans certaines années, si multipliée dans les plantations de choux, surtout à l'automne, qu'elle cause au cultivateur un grand préjudice ; non-seulement elle perce les feuilles, mais elle pénètre souvent jusque dans le cœur ; il n'est même pas rare de la trouver logée dans les têtes des choux-fleurs.

On la détruit en saupoudrant les choux d'un peu de chaux délitée à l'air et en les arrosant légèrement quelques heures après. L'eau de savon a été employée dans le même cas.

La chenille dont il s'agit ne se nourrit pas seulement

de choux, elle mange aussi les autres plantes potagères et en général toutes les plantes basses.

Les jardiniers ne devront pas confondre cette chenille avec celles des *papillons blancs* du chou, dont nous avons donné plus haut la figure et la description.

Noctuelle potagère. Noctua (hadena) oleracea Linné.

Elle est un peu plus petite que la noctuelle du chou. Le corselet et les ailes supérieures sont d'un brun rougeâtre, plus ou moins foncé ; celles-ci offrent quelques

95. — Noctuelle potagère, *Noctua oleracea* Linné

raies transversales plus obscures et ont à la base un trait longitudinal noir ; outre cela, on voit sur le milieu au-dessous de la côte, deux taches jaunes, dont une plus petite orbiculaire et l'autre réniforme ; il y a aussi au bord extérieur, près de la bordure, une ligne transversale blanche, dentée, formant dans son milieu une M. Les ailes inférieures sont d'un blanc jaunâtre sale avec l'extrémité noirâtre.

La chenille, lorsqu'elle est adulte, est lisse, verte, ou d'un brun clair, pointillée de blanc, avec trois petites lignes longitudinales, blanchâtres, plus ou moins marquées, dont une dorsale, et une sur les côtés ; mais ce qui la fait facilement reconnaître, c'est une bande latérale, jaune, bien distincte, située le long des pattes, au-dessous des stigmates. La tête est rousse ou d'un roux verdâtre.

Elle est un peu moins commune dans les jardins que celle du chou et par conséquent, moins nuisible à la culture maraîchère. Elle s'accommode de toutes les plantes basses; elle mange aussi des feuilles de groseillier et de framboisier; mais elle a une prédilection marquée pour les Dahlias; c'est elle qui, à l'automne, ronge pendant la nuit, les fleurs de cette plante; elle aime peu la lumière elle se tient cachée, pendant la journée, sous les feuilles et très-souvent même entre les pétales.

Lorsqu'un jardinier s'apercevra que les fleurs de ses Dahlias sont rongées, il devra chercher la chenille dans les fleurs mêmes, ou sous les feuilles du voisinage; il la découvrira sans peine.

La noctuelle potagère paraît aux mêmes époques que celle du chou; elle a de même deux générations par an.

Noctuelle du chénopode. Noctua (hadena) chenopodii Hubner.

Beaucoup plus petite que la noctuelle du choux, d'une couleur plus grise et plus pâle. Ses ailes supé-rieures sont traversées par plusieurs lignes sinuées et dentées d'un gris plus foncé. Elles ont à l'extrémité une raie dentée en scie, d'un gris blanchâtre, formant une M, et sous la côte une tache réniforme empâtée de noirâtre. Les ailes inférieures sont d'un gris blan-châtre avec une bordure noirâtre assez large.

Aux environs de Paris, la chenille est aussi commune que celle de la noctuelle du chou. mais elle cause des dommages moins appréciables, par la raison qu'étant très-polyphage elle se nourrit indistinctement de toutes les plantes basses, sans préférence marquée.

Elle est d'un vert plus ou moins gai, avec une raie d'un rouge-minium, lisérée de blanc des deux côtés, et placée entre les pattes et les stigmates; ceux-ci sont blancs cerclés de noir. Outre cela, au lieu d'être d'un vert uniforme et sans taches, elle offre souvent, dans certaines variétés, deux raies dorsales noires, interrompues sur tous les anneaux. La tête est d'un vert un peu jaunâtre, avec la bouche bordée de brun.

Cette chenille se trouve très-fréquemment dans toute l'Europe tempérée et méridionale ; elle est rare dans nos départements du nord. Dans les jardins elle ronge les fleurs des reines-marguerites, des œillets d'Inde, des *Zinnia*, des geranium, mais principalement les épinards et les arroches.

La noctuelle du chénopode paraît deux fois par an, comme les deux espèces précédentes, en mai et à la fin d'août.

**Noctuelle de l'arroche. Noctua (hadena)
atriplicis** Linné.

Elle est un peu plus grande que la noctuelle du chou. Ses ailes supérieures sont un peu plus larges, d'un très-joli vert olivâtre, un peu marbrées de brun violâtre, traversées par deux lignes sinueuses noirâtres, et marquées sur leur milieu d'une tache blanche en forme de dent. Outre cela, la raie sinueuse de l'extrémité est verte et se prolonge en dents, de scie, dans la frange qui est violâtre. Le corselet participe de la couleur des ailes Les ailes inférieures sont d'un blanc grisâtre avec l'extrémité beaucoup plus obscure.

La chenille de cette noctuelle, malgré son nom, est peut-être plus rare sur l'arroche que sur d'autres plantes basses, telles que chénopode, persicaire, amaranthe, etc. Elle est à peu près de la taille de celle de la noctuelle du chou. Le fond de sa couleur est le brun verdâtre plus ou moins clair, ou plus ou moins obscur, avec une raie dorsale noire, un peu rétrécie aux incisions. On voit, en outre, sur le dos de chaque anneau, quatre points noirs, dont les deux antérieurs sont un peu plus rapprochés de la raie dorsale que les deux postérieurs. Le long des pattes, il y a une bande

36. — Chenille de la noctuelle de l'arroche. *Noctua atriplicis.*

longitudinale assez large, d'un jaune un peu fauve marquée de place en place de taches un peu plus vives et supportant des stigmates blancs. Sur le côté supérieur de cette raie, sont appuyés des traits obliques noirâtres, sinués. Le onzième anneau dépourvu de trait oblique, est marqué, de chaque côté, d'une petite tache d'un fauve rouge, encadrée de noir. La tête et les pattes sont d'un fauve roussâtre.

On la trouve depuis le commencement de juillet jusqu'en septembre parvenue à toute sa taille. Elle se métamorphose dans la terre sans former de cocon proprement dit. Le papillon éclot à la fin de mai ou en juin de l'année suivante : il n'a qu'une génération par an.

Outre les plantes basses dont nous avons parlé, elle est très-avide d'oseille. Nous avons vu à Versailles, il y a quelques années, des plates-bandes de cette plante potagère qu'elle avait entièrement dévorées. Il est assez difficile de trouver cette chenille; le jardinier constate ses dégâts, mais il ne la voit jamais, attendu qu'elle se tient toute la journée à quelque distance, cachée dans les crevasses de la terre, sous les pierres, etc., et qu'elle ne sort que la nuit pour manger.

Les quatre espèces dont nous venons de parler, appartiennent à notre tribu des Hadénides et au genre *Hadena*.

On trouve quelquefois, dans les serres, une chenille toute verte à ventre blanchâtre, qui, pendant l'hiver, mange les plantes molles dans les pots. Elle produit la noctuelle méticuleuse (*Phlogophora meticulosa*).

Noctuelle fiancée. Noctua (triphæna) pronuba Linné.

Cette noctuelle est grande ; elle n'a pas moins de 50
à 60 millimètres d'envergure. Ses ailes supérieures varient beaucoup pour la couleur du fond, qui est tantôt
d'un gris blanchâtre, tantôt d'un gris marbré de brunâtre, et quelquefois d'un roux ferrugineux. Mais, dans
toutes les variétés, il existe, vers le sommet de l'aile,
une tache noire bien visible. Les ailes inférieures sont
d'un jaune d'ocre vif, avec une bande noire presque
marginale ; l'extrémité de la bordure et la frange sont
d'un jaune d'ocre. L'abdomen est d'un gris jaunâtre.

Elle est commune dans les jardins, les parcs et les
bois ; lorsqu'on s'approche d'elle, elle s'envole en plein
jour pour aller se poser un peu plus loin et se cacher
au milieu des herbes.

La chenille est polyphage ; elle se nourrit de toutes
les plantes basses, et est souvent fort nuisible dans
les jardins potagers.

Elle varie autant que le papillon pour la couleur, qui
est tantôt verdâtre, tantôt d'un vert jaunâtre, tantôt d'un
gris terreux, mais le plus ordinairement d'un gris roussâtre pâle. Elle a sur le dos une ligne jaunâtre très-
étroite, un peu ombrée de brun sur les côtés. On voit
au-dessous d'elle, une série longitudinale de taches
noires, oblongues, appuyées sur une ligne jaune plus
ou moins apparente. Dans certaines variétés, ces taches
disparaissent entièrement sur tout le corps. Sur les
côtés, la couleur brune du dessus fait subitement place
à la teinte du dessous, qui est plus pâle, roussâtre ou

jaunâtre. La tête est rousse, marquée de deux lignes noires; les stigmates sont ovales, d'un blanc jaunâtre, cerclés de noir.

Cette chenille devient fort grosse vers le printemps, et consomme beaucoup de nourriture. Dans les jardins elle mange de toutes les plantes potagères, telles que laitue, oseille, épinards, etc.; lorsqu'elle attaque les choux-fleurs ou les choux d'hiver, elle leur fait beaucoup de tort; elle pénètre souvent jusqu'au cœur, comme celle de la noctuelle du chou le fait à l'automne.

L'insecte parfait se montre à la fin de juin et au commencement de juillet. Les œufs éclosent au bout d'une quinzaine de jours, et les chenilles arrivent souvent, à la fin de l'automne, aux deux tiers de leur grosseur; elles passent l'hiver sous les feuilles sèches, dans les mousses ou sous les détritus des végétaux. Dès le mois de février, si le temps est doux, elles commencent à sentir leur appétit se réveiller, et elles rongent toutes les plantes à leur portée. Arrivées, en avril, à leur entier développement, elles s'enfoncent en terre pour se chrysalider sans former de coque.

Quand on rencontre dans les cultures un papillon de nuit à ailes inférieures jaunes, bordées de noir, il faut tâcher de le saisir et l'écraser sans pitié.

Noctuelle compagne. Noctua (triphæna) comes Hübner.

Elle est moitié plus petite que la précédente, avec laquelle elle a quelques rapports par la couleur de ses ailes inférieures. Le dessus de ses ailes supérieures est tantôt d'un gris brunâtre, tantôt d'un gris roussâtre très-pâle, avec des lignes noires transversales plus ou moins bien écrites. La tache réniforme est un peu empâtée de noirâtre dans sa partie inférieure, et l'on voit, tout à fait à l'extrémité, près de la frange, une ligne grisâtre, sinuée, transversale. Le dessus des ailes inférieures est d'un jaune d'ocre avec une lunule centrale et une bande marginale noires; l'extrémité de la-bordure et la frange sont jaunes comme la couleur du fond.

La chenille varie beaucoup pour la couleur générale; elle qui est tantôt d'un gris brun vineux, tantôt d'un gris roussâtre et tantôt d'un gris rougeâtre, avec le dos ordinairement plus foncé. Elle a sur le vaisseau dorsal une ligne blanchâtre peu apparente, interrompue aux incisions, et, de chaque côté, une autre ligne d'un blanc jaunâtre, bordée de noirâtre à sa partie supérieure, bien visible à partir du quatrième anneau ; une tache ou espèce de bande d'un blanc jaunâtre ou grisâtre, demi-circulaire, part de celle-ci sur le milieu de chaque anneau et atteint le commencement du suivant, et ainsi de suite à commencer du quatrième. Sur les dixième et onzième, elles sont remplacées par deux taches en forme de coin liées carrément à leur partie postérieure. Celle du onzième est en outre bordée de blanchâtre en arrière. Entre les pattes et les stigmates, il y a une bande ondulée, d'un jaune-orangé plus ou moins vif. Les stigmates sont blanchâtres, légèrement cerclés de noir. La tête est d'un gris couleur de chair, recouverte d'un léger réseau brun et marquée de quatre traits noirs longitudinaux.

Cette chenille est polyphage ; elle vit, par petits groupes sur une multitude de plantes herbacées ;

nous en avons trouvé jusqu'à vingt-cinq autour d'un
pied de rose-trémière. Lorsqu'elle est abondante dans
un jardin, elle est très-nuisible aux plantes molles
du printemps. Elle dévore les primevères, les oreilles
d'ours, les juliennes, les giroflées, etc. Pendant le
jour, elle se cache sous les feuilles ou les débris de
végétaux. Elle passe l'hiver très-petite, et à la fin
d'avril ou. au commencement de mai, après avoir
changé quatre fois de peau, elle entre en terre et se
transforme en chrysalide dans une cavité ovoïde.

Le papillon est fort commun dans presque toute
l'Europe; pendant le jour, il se tient derrière les volets,
sous la corniche des murs, derrière les treillages, etc.

Cette espèce et la précédente font partie de notre
tribu des Noctuélides et appartiennent au genre *Triphæna* d'Ochsenheimer. Toutes les chenilles des *Triphæna* passent l'hiver; les papillons appartenant à ce
genre, ont, au repos, les ailes croisées sur le dos.

Noctuelle des moissons. Noctua (agrotis) segetum Hubner.

La noctuelle dont il va être question, est peut-être
l'espèce la plus nuisible
à l'agriculture et à
l'horticulture. L'année
dernière, sa chenille a
fait de si effroyables dégâts dans les champs
de betteraves, qu'elle a
fait perdre plusieurs millions aux cultivateurs français.

96. — Noctuelle des moissons.
Noctua segetum.

Le papillon a environ de 30 à 35 millimètres d'envergure. Ses ailes supérieures sont d'un gris brunâtre sombre, enfumées de noirâtre, avec trois lignes ondulées transversales noirâtres, plus ou moins fondues ou

97. — Chenilles de la noctuelle des moissons autour d'une betterave.

absorbées par la couleur générale. La tache réniforme est d'un brun noirâtre ainsi que l'extrémité de la bordure; les ailes inférieures sont blanches dans le mâle, d'un blanc enfumé chez la femelle, principalement sur les nervures.

Dans leur première jeunesse, les chenilles des noctuelles appartenant au genre *Agrotis*, se ressemblent beaucoup. Celles des espèces appelées *segetum*, *aquilina*, *valligera*, *exclamationis* et *tritici* ont entre elles de très-grands rapports. A cette époque de leur vie, elles sont d'un gris plus ou moins pâle, avec trois lignes blanchâtres, parallèles, dont une dorsale. A l'âge adulte, ces lignes se sont effacées à la suite des mues, la couleur du fonds est assombrie, et l'on voit sur le dos de chaque anneau quatre points noirs verruqueux disposés en trapèze, et trois autres points placés en triangle au-dessus des pattes, donnant naissance chacun à un petit poil. Ces points sont plus gros et plus marqués dans certaines espèces ; dans d'autres ils sont très-petits et moins accusés. Outre cela, la plupart de ces chenilles destinées à vivre dans la terre, de racines, comme les vers blancs, ont, après leur dernier changement de peau, les pattes membraneuses presque dépourvues de la couronne de petits crochets, ce qui les met hors d'état de monter et de se cramponner sur les plantes ; elles ont aussi une plaque écailleuse sur le premier anneau.

Celle de la noctuelle des moissons est d'un gris terreux ardoisé, un peu luisant, avec les points trapézoïdaux et latéraux presque effacés, ainsi que la ligne dorsale. Les côtés, en descendant vers les pattes, sont un plus pâles que le dos, sans que souvent la ligne de démarcation soit bien tranchée. La tête est noirâtre ainsi que les pattes écailleuses.

Cette chenille, appelée *ver gris* et *court ver* par les cultivateurs, se métamorphose en terre. La chrysalide est d'un brun ferrugineux ; l'éclosion a lieu à différentes époques : en juin, en juillet, en août, et même à la fin d'octobre pour une seconde fois.

L'année dernière, nous avons reçu, de différents points de la France d'énormes quantités de ces chenilles, avec des betteraves qu'elles avaient dévorées en grande partie ; les unes se sont mises en chrysalides de suite et ont donné leur papillon à la fin d'octobre, les autres, qui étaient de la même taille, sont restées à l'état de larves ; nous les avons nourries tout l'hiver avec des navets et des betteraves ; quelques-unes se sont chrysalidées au mois de mai, et ne sont pas encore écloses ; aujourd'hui 8 juin, les autres se sont desséchées.

Cette chenille est un grand fléau pour les jardins et surtout pour la grande culture ; non-seulement elle mange les racines, mais elle coupe les végétaux au collet ; toutes les plantes potagères et les plantes ornementales de l'automne, telles que reines-marguerites, dahlias, balsamines, etc., sont exposées à sa voracité. Pendant le jour, elle reste cachée dans la terre, et ne mange guère que la nuit. Comme elle ne peut pas grimper, elle sort, tout au plus, la moitié de son corps et ronge le collet de la plante où elle s'est établie. Celle-ci se fane et succombe promptement.

Lorsqu'un jardinier s'aperçoit qu'une de ses plantes est attaquée par le *ver gris*, la première chose qu'il ait à faire, c'est de chercher au pied, à quelques centimètres de profondeur, pour le découvrir, le tuer et éviter par là qu'il n'en attaque une autre ; ce moyen étant inapplicable à l'agriculture, nous en indiquons un autre aux cultivateurs de betteraves et de turneps ;

mais notre conseil ne recevra probablement pas une approbation générale : c'est de propager des taupes dans leurs champs. Ces animaux bienfaisants feront peu de mal aux betteraves, mais ils feront une prompte justice des chenilles et des chrysalides de cette noctuelle ; à l'aide de ces précieux auxiliaires ils sauveront leur récolte.

Le papillon reste caché toute la journée sous les feuilles ou dans les herbes ; le soir il se réveille et vient butiner au crépuscule sur les trèfles, les luzernes, etc.

La chenille de la noctuelle des moissons, de même que la larve du hanneton, aime les terres meubles ; la culture favorise beaucoup sa multiplication.

Noctuelle point d'exclamation. Noctua (agrotis) exclamationis Linné.

La chenille de cette noctuelle, appelée également *ver gris* par les horticulteurs, et confondue par eux avec celle de l'espèce précédente , se trouve assez fréquemment dans les jardins ; mais, comme elle préfère les racines des synanthérées sauvages,

98. — Noctuelle point d'exclamation.
Noctua exclamationis.

telles que chicorée, pissenlit, chardons, jacées, etc. ; elle est plus commune dans les prairies que partout ailleurs. Elle est encore toute petite à la fin de juillet et au commencement du mois d'août. A cette époque, ses pattes membraneuses n'ont pas perdu les *demi-couronnes*

de petits crochets, et elle peut monter un peu sur les
plantes; nous en avons trouvé plusieurs fois de logées

99. — Chenille de la noctuelle point d'exclamation.

jusque dans les boutons de l'œillet des fleuristes, où elles
se tenaient renfermées pour dévorer les pétales et l'ovaire.

Elle est alors roussâtre avec des lignes parallèles plus pâles ; après sa troisième mue, elle devient d'un gris violâtre sale, avec une double ligne médiane plus foncée, souvent presque effacée. Elle est, en outre, marquée sur le dos de chaque anneau de quatre petits points noirs verruqueux, trapézoïdaux, et sur les côtés dont la couleur est plus pâle, par d'autres petits points semblables disposés en triangle. La tête est brunâtre, avec la bouche plus obscure. A l'entrée de l'hiver, elle est presque à sa grosseur ; elle passe toute la mauvaise saison cachée dans la terre. Au premier printemps, elle se réveille, mange encore pendant quelque temps, sans faire de dégâts bien appréciables, et, vers la fin d'avril ou dans le courant de mai, elle se change en une chrysalide brune qui éclot à la fin de mai ou en juin.

Le papillon a le corselet d'un gris-pâle à reflet un peu violâtre ou rosé, avec un collier noir. Les ailes supérieures sont de la couleur du corselet, avec trois raies transversales, sinueuses, un peu obscures, dont celle du milieu offre sur son côté externe, une tache noire en forme de coin que l'on a comparée à un point d'exclamation. La tache réniforme est d'un brun noir et bien marquée. Le bout de l'aile est bordé par une petite bande brunâtre lisérée intérieurement par d'une petite raie sinuée, plus pâle que le fond. Les ailes inférieures sont blanches dans le mâle, et plus ou moins enfumées chez la femelle.

Cet insecte est commun dans presque toute l'Europe, principalement dans le nord ; en France, il occasionne, pendant l'automne, quelques dégâts dans les jardins fleuristes et potagers. La chenille est avide de racines de laitue, de chicorée, de scarole, d'œilletons d'artichaut, d'œillets, de reines marguerites, etc.; elle vit, lorsqu'elle est adulte, comme la précédente, dont elle a toutes les habitudes.

Il paraît qu'en Angleterre, en Suède et dans d'autres contrées septentrionales, elle fait beaucoup de mal à la grande culture, qu'elle ronge les turneps, les raves, les choux, le colza, etc. Il n'est pas impossible qu'un jour, par une cause inconnue, elle vienne à se multiplier dans nos plantations de betteraves, et qu'elle y occasionne le même désastre que l'espèce précédente.

Nous conseillons le même remède.

Nous ne savons pas si elle a deux générations par an. Nous en avons élevé d'œufs pondus à la fin de juillet, dont les chenilles ont mangé pendant six mois.

Noctuelle épaisse. Noctua (agrotis) crassa Hubner.

Un tiers plus grande que la noctuelle des moissons, avec les ailes proportionnellement plus larges et les antennes des mâles plus fortement pectinées. Le corselet est d'un brun roussâtre fuligineux ainsi que les ailes supérieures; ces dernières sont traversées par trois lignes sinueuses d'un gris blanchâtre, et ont, en outre, près de la bordure, une raie dentée de la même couleur, plus ou moins prononcée; la tache réniforme est grande et assez bien circonscrite. Les ailes inférieures du mâle sont d'un blanc plus ou moins pur, celles de la femelle sont plus obscures, principalement vers l'extrémité.

La chenille vit, comme celle des espèces précédentes,

dans la terre où elle dévore les racines des végétaux. Elle est rare dans les jardins ; nous ne l'avons vue qu'une seule année causer des ravages. En 1858, elle a attaqué dans plusieurs localités de la vallée de Montmorency, les racines des asperges qui, cette année-là, ne donnèrent aucun produit, et moururent pour la plupart. A chaque pied on en trouvait trois ou quatre, vivant en compagnie de quelques chenilles de *Saucia*, autre espèce du même genre. Au mois de mars, on nous apporta une certaine quantité de ces chenilles recueillies autour des griffes d'asperges, et d'autres qui s'étaient jetées sur les navets du voisinage. Elles se métamorphosèrent en mai, et nous donnèrent leur papillon en juillet.

La chenille de cette grande noctuelle est d'un gris térreux un peu roussâtre sur le dos, et d'un gris plombé sur les côtés. Elle est marquée, sur le milieu d'une raie blanchâtre, bordée de noirâtre, plus ou moins distincte, et, sur les côtés, d'une raie un peu plus claire que le fond, séparant assez nettement la couleur des côtés de celle du dos. Chaque anneau offre, en outre, sur le dos quatre points noirs, verruqueux, luisants, bien marqués, et, sur les côtés, au-dessus des pattes, trois points semblables disposés en triangle comme dans les espèces précédentes. La tête est roussâtre, avec deux traits noirs.

Cette chenille, que nous ne connaissons pas à son premier âge, mange une partie de l'hiver et est, à la fin de mars, arrivée à toute sa grosseur.

Les trois noctuelles dont nous venons de parler, appartiennent à la tribu des Noctuélides et font partie du genre *Agrotis* d'Ochsenheimer. Elles ont, comme les

Triphæna, les ailes couchées et croisées sur le dos, dans le repos. Leurs chenilles vivent toutes dans la terre comme des vers.

On trouve dans les jardins plusieurs autres espèces d'*Agrotis*, telles qu'*obelisca*, *aquilina* et *tritici* ; mais, jusqu'à présent, nous n'avons pas appris qu'elles aient été préjudiciables aux cultures dans le centre de la France. Cependant, la première, la noctuelle obélisque, fort commune dans le Midi, passe pour être, dans nos départements méridionaux, presque aussi redoutable que la noctuelle des moissons. M. le comte de Saporta, qui a élevé une grande quantité de chenilles aux environs d'Aix , et enrichi la science de beaucoup d'espèces nouvelles, nous l'a signalée dans le temps, ainsi qu'une autre espèce méridionale appelée *Trux*, comme fort nuisibles à l'horticulture. En Algérie, une autre espèce, *Agrotis saucia*, est très-préjudiciable aux plantations de tabac.

Noctuelle dysodée. Noctua (polia) dysodea Hubner.

Cette petite noctuelle n'a guère plus de 26 à 28 millimètres d'envergure. Ses ailes supérieures, dont le fond est d'un blanc grisâtre, ont sur le milieu une large bande brune transverse, sinuée, lisérée en dehors comme en dedans, d'une ligne plus pâle dont l'extérieure est dentée en scie. L'extrémité de l'aile est mélangée de blanc et de grisâtre, avec quelques petites taches éparses d'un jaune fauve : la tache réniforme et la tache orbiculaire sont placées sur la bande brune du milieu, et sont d'un gris pâle. Les ailes inférieures sont

blanchâtres, avec une bordure noirâtre assez large. Le
corselet participe de la couleur des ailes supérieures et
est mélangé de quelques poils fauves, écailleux.

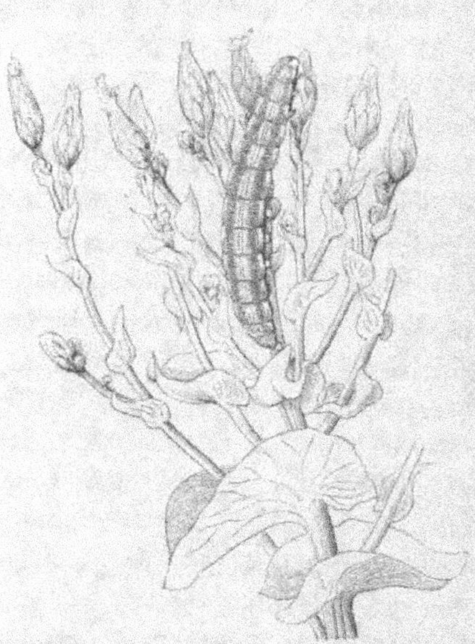

490. — Chenille de la noctuelle dysodée.
Noctua dysodea.

La chenille vit, en petites sociétés, sur les porte-
graines de laitue et de romaine ; elle dévore souvent
tous les boutons avant leur épanouissement et même
les graines lorsqu'elles commencent à se former. Nous
avons vu des localités où il était impossible d'obtenir, à
l'automne, une seule graine de laitue. Elle se tient allongée et collée intimement le long des rameaux florifères
avec lesquels elle se confond, par sa couleur, qui varie
cependant du vert plus ou moins foncé au vert roussâtre.

Elle a sur le vaisseau dorsal une raie brunâtre formée de la réunion de deux lignes très-fines plus ou moins apparentes. La partie comprise, depuis cette raie, jusqu'aux stigmates est divisée par une double ligne longitudinale, peu sensible, disparaissant souvent dans l'âge adulte. Les stigmates sont d'un noir profond, avec le bord épais. La tête et les pattes écailleuses sont roussâtres. Le ventre est d'un vert blanchâtre.

À la fin de juillet et en août, elle entre en terre et se change en une chrysalide assez allongée, d'un rouge ferrugineux, avec les anneaux du ventre marqués de points enfoncés.

L'insecte parfait éclot en juin, de l'année suivante. Dans les années chaudes, il y a une seconde génération en septembre, et l'on retrouve des chenilles jusqu'à la fin d'octobre. Cette espèce appartient à notre tribu des Hadénides.

Il faut visiter de temps en temps ses porte-graines et les débarrasser des petites chenilles qui se tiennent collées le long des ramifications florales.

Noctuelle ambiguë. Noctua (orthosia) ambigua Hubner.

Cette petite noctuelle est à peu près de la taille de la Dysodée. Ses ailes supérieures sont d'un brun-roux plus ou moins clair, quelquefois grisâtre, avec des lignes transversales, sinueuses, peu distinctes, sauf la dernière qui est formée par de très-petits points noirâtres. La tache réniforme est assez bien marquée, légèrement brunâtre ; la tache orbiculaire et moins bien indiquée. Les ailes inférieures sont d'un gris noirâtre. Le corselet est de la couleur des ailes supérieures, les antennes du mâle sont un peu pectinées.

La chenille est extrêmement commune dans les bois au mois de mai et contribue largement avec trois

401. — Chenille de la noctuelle ambiguë.

autres Orthosides, *miniosa*, *stabilis* et *trapezina* à dépouiller les arbres et les arbrisseaux de leurs premières feuilles. Il y a quelques années, nous avons vu M. Pissot désolé en voyant les ravages que ces quatre espèces avaient faits dans quelques parties du bois de Boulogne.

Le fond de la couleur de cette chenille varie un peu, mais, le plus ordinairement, il est d'un brun violet en-dessus, avec une raie jaunâtre sur le vaisseau dorsal et une raie semblable, un peu plus large et plus jaune le long des pattes. Entre celle-ci et celle qui règne sur le dos, on voit, en outre, une ligne longitudinale blanchâtre. Le dessus du premier anneau est noir, écailleux, divisé seulement par la raie dorsale. Le onzième anneau est bordé transversalement par un trait blanchâtre qui forme la croix avec la raie dorsale. Les stigmates sont noirs, petits et peu apparents. Outre cela, le dessus de chaque anneau est marqué de quatre petits points noirs disposés en carré. La tête est grisâtre, marbrée de noir. On rencontre souvent une variété verte qui offre le même dessin.

Cette chenille est parvenue à toute sa taille à la fin de mai; elle entre en terre et se change, au bout de quelques jours, en une chrysalide d'un brun testacé luisant, qui éclot en mars de l'année suivante.

Si la noctuelle ambiguë n'était nuisible qu'aux forêts, nous nous fussions abstenu d'en parler ici, mais nous l'avons vue quelquefois envahir les pépinières, attaquer les poiriers, les cerisiers et les pommiers. On la rencontre aussi assez fréquemment sur les arbres fruitiers dans les jardins voisins des bois.

Cette noctuelle appartient à notre tribu des Orthosides et fait partie du genre *Orthosia* d'Ochsenheimer.

Noctuelle parée. Noctua (dianthœcia) compta Hubner.

Le papillon a 25 à 26 millimètres d'envergure. Ses ailes supérieures sont panachées de brun grisâtre et de blanc; c'est, sans doute, le mélange de ces couleurs qui

lui a fait donner, par certains amateurs d'insectes, le
nom vulgaire de *crotte d'oiseau*. Le fond de la couleur des
ailes est d'un brun-gris assez brillant, varié de blanc
vers la base, traversé au milieu par une large bande

102. — Chenille de la noctuelle parée.

blanche, irrégulière, rétrécie dans son milieu. La tache
orbiculaire est blanche et bien marquée; la tache réniforme est un peu moins tranchée; dans tous les cas, elles
se fondent plus ou moins l'une et l'autre avec la bande
du milieu. Près de la frange il y a une petite ligne
transversale, sinuée, blanche, plus ou moins visible.
Les ailes inférieures sont noirâtres, un peu plus claires
vers le milieu.

La noctuelle parée est très-commune dans les jardins des environs de Paris et du centre de la France. elle est rare, ou tout à fait inconnue, dans les départements du nord et du midi.

La chenille est atténuée aux deux extrémités, d'un blanc sale roussâtre, très-légèrement parsemée d'atomes brunâtres, presque imperceptibles ; elle a sur le vaisseau dorsal une ligne déliée d'un gris blanchâtre, bordée par des atomes bruns. Souvent ces atomes absorbent entièrement la ligne dorsale et forment une raie longitudinale. De chaque côté du dos, on aperçoit ordinairement deux lignes brunâtres, longitudinales, très-fines, un peu sinueuses, interrompues ; mais quelquefois on n'en peut distinguer qu'une seule. Au-dessous d'elles, et à peu de distance, est une raie longitudinale un peu ondulée, formée par des atomes brunâtres, suivie immédiatement par une autre raie d'une couleur grisâtre très-pâle. Outre cela, il y a sur le dos de chaque anneau, quatre petits points noirs disposés en trapèze. La tête est d'un roux clair avec quatre traits bruns longitudinaux.

Elle est, dans certaines années, très-nuisible à toutes les espèces d'œillets cultivés. Elle dévore complétement les graines des œillets de poëte, de l'œillet des fleuristes, des œillets de Chine et même celles de la croix de Jérusalem (*Lychnis chalcedonica*). Dans la campagne elle se contente de l'*œillet prolifère* et du *Dianthus carthusinorum*. On commence à la trouver très-petite, vers la mi-juillet, logée tout entière dans les capsules de ces Caryophyllées, dont elle ne mange que la graine ; lorsqu'elle devient trop grosse pour y faire sa demeure, elle sort et vient se cacher, pendant le jour, au pied de la plante, ou à quelque distance, sous un peu de terre ; le soir elle grimpe le long des tiges, perce adroitement le calice et les capsules d'un petit trou rond, et y introduit la partie effilée de son corps. Vers la fin de juillet, ou au commencement d'août, elle est arrivée à toute sa taille. Elle se fait alors une coque légère en attachant des grains de terre avec quelques fils de soie.

La chrysalide est cylindrico-conique, d'un fauve-rouge foncé, avec une gaine obtuse bien prononcée, renfermant les antennes, la trompe et les pattes.

L'insecte parfait éclot à la fin de juin, ou dans les premiers jours de juillet de l'année suivante. Aussitôt après la fécondation, la femelle, dont l'abdomen se termine par un oviducte saillant, dépose ses œufs dans les fleurs des œillets.

Un horticulteur un peu intelligent découvrira facilement cette chenille cachée au pied des œillets. Il pourra aussi la prendre le soir en s'éclairant d'une lanterne, pendant qu'elle est en train de manger les graines.

La petite noctuelle voltige, le soir, sur les fleurs dans les jardins ; elle appartient à la tribu des Hadénides et fait partie de notre genre *Dianthœcia*, dont toutes les espèces vivent de graines de Caryophyllées, œillets, *silene, lychnis, agrostema, cucubalus,* etc.

Noctuelle du pied d'alouette. Noctua (chariclea) Delphinii Linné.

Cette noctuelle, l'une des plus jolies de nos es-

pèces européennes, a environ 28 millimètres d'envergure. Ses ailes supérieures sont roses ou d'un rose un

103. — Chenille de la noctuelle du pied d'alouette. *Noctua Delphinii.*

peu vineux, traversées par deux raies sinueuses d'un
violet noir, lisérées de rose pâle. La tache réniforme

est située entre les deux raies ci-dessus, et remplacée par une tache irrégulière, d'un violet noir ; l'extrémité des ailes est d'un rose tendre, avec une petite ligne transversale plus foncée, placée près de la frange. Les ailes inférieures sont blanchâtres avec l'extrémité plus ou moins lavée de noirâtre. La tête et le corselet sont d'un gris verdâtre.

La noctuelle du pied d'alouette, appelée vulgairement l'*incarnate*, est commune dans les jardins de Paris, mais elle ne se trouve pas dans nos départements du nord et du midi.

La chenille est aussi assez jolie ; le fond de sa couleur est tantôt blanchâtre, tantôt d'un blanc un peu violâtre, ou d'un blanc-incarnat luisant comme de la porcelaine, avec deux raies latérales d'un jaune-citron et une multitude de points noirs, desséminés sur tout le corps, dont ceux du dos sont plus gros que les autres. La tête est de la couleur du corps, marquée de cinq à six points noirs. Dans sa jeunesse, elle est blanchâtre ou d'un gris blanchâtre, très-légèrement velue, avec le dessin plus confus et moins apparent.

On la trouve depuis le commencement de juin jusqu'à la fin d'août sur toutes les espèces de pieds-d'alouette ou de *Delphinium*, particulièrement sur l'*Ajacis* et sur les variétés sorties de l'*elatum* dont elle dévore les fleurs et surtout les capsules. Les années où elle est abondante, le jardinier récolte à peine quelques graines. En quinze jours de temps, elle arrive à son entier développement. Alors, elle entre en terre, où elle forme une coque en agglutinant quelques grains de cette substance avec des fils de soie.

La chrysalide est cylindrico-conique, d'un brun-rouge à reflet verdâtre sur l'enveloppe des ailes.

L'insecte parfait éclot, depuis les premiers jours de juin jusqu'à la fin de juillet de l'année suivante. Dans les années très-chaudes quelques individus éclosent à la fin d'août, ou dans les premiers jours de septembre. .

Cette noctuelle appartient à notre tribu des Héliothides et au genre *Chariclea* de Kirby.

Dans nos départements méridionaux, où elle ne se trouve pas, elle est remplacée par la *noctua (polia) Cappa* dont la chenille verte dévore aussi les pieds-d'alouette dans les jardins.

Avec un peu de soin, il n'est pas difficile de trouver et de détruire la chenille du pied-d'alouette ; car elle ne se cache pas, et se tient en plein soleil sur les ramifications florales ou sur les capsules des *Delphinium*.

Noctuelle antique. Noctua (Xylina) exoleta Linné.

Cette grande noctuelle a de 55 à 60 millimètres d'envergure. Lorsqu'elle est au repos, avec ses ailes croisées sur le dos, on la prendrait facilement pour un morceau de bois mort, et cette ressemblance est si frappante qu'il faut la toucher pour se convaincre que c'est un papillon vivant. Ses ailes supérieures sont longues, assez étroites, d'un gris blanchâtre sur une grande partie de leur surface, d'un brun roux le long de la côte et à l'extrémité près de la frange. Les deux taches ordinaires sont bien indiquées ; celle qui remplace la réniforme ressemble presque au chiffre 8 ; elle est

rembrunie dans sa partie inférieure, avec le centre
d'un gris pâle. A l'extrémité des ailes il y a quelques
traits sagittés bruns, formant une espèce de raie
transversale, interrompue. Les ailes inférieures sont

105. — Noctuelle antique, *Noctua exoleta*.

larges et d'un gris noirâtre; le corselet est brun avec
les épaulettes blanches ou blanchâtres.

La chenille est grande et assez jolie; elle est tantôt
d'un beau vert pomme et tantôt d'un vert glauque,
avec une raie jaune de chaque côté du dos, et une large
raie d'un rouge minium le long des pattes. Sur le bord

supérieur de la raie jaune, on observe sur chaque anneau, un trait noir plus ou moins bien écrit, marqué
d'un point blanc à chaque extrémité. On voit en
outre sur chaque anneau, depuis le second jusqu'au
douzième, trois points blancs cerclés de noir, placés
en triangle près de la raie latérale. Les stigmates
ressemblent à ces points, mais ils sont plus ovales. La
tête et les pattes écailleuses sont d'un vert jaunâtre.

Elle est parvenue à toute sa grosseur à la fin de juin
ou au commencement de juillet; alors, elle entre en
terre où elle se construit une sorte de voûte dans laquelle elle se change en une chrysalide d'un brun-
rouge luisant.

L'insecte parfait éclot ordinairement vers la fin
d'août, ou dans le courant de septembre. Il arrive
très-souvent que la chrysalide passe l'hiver et que le
papillon ne paraît qu'au printemps suivant. Nous pensons même que les individus provenant de cette éclosion
printanière sont destinés à reproduire l'espèce.

La noctuelle antique se trouve dans toute l'Europe,
plus communément dans le midi que dans le nord. La
chenille est très-polyphage; elle vit, à découvert, sur
une infinité de plantes de familles très-éloignées. Elle
affectionne particulièrement l'œillet, *dianthus caryo-
phyllus*, la scabieuse cultivée, *scabiosa atropurpurea*,
la laitue, les pavots, *papaver somniferum* et *bractea-
tum*. Nous avons vu, en 1839, au jardin des plantes,
un carré d'œillets de semis, cultivés par Champy, sur
lesquels ces larves se trouvaient par centaines. Sans
cette circonstance, nous eussions passé cette espèce
sous silence.

Cette grande noctuelle appartient à notre tribu des Xylinides et fait partie du genre *Xylina* de Treitschke. Les entomologistes anglais en ont fait un genre à part sous le nom de *Calocampa*.

Il y a beaucoup d'autres noctuelles dont les chenilles peu répandues, se rencontrent de temps en temps dans les jardins, mais elles y sont si peu nombreuses que leur présence reste inaperçue, et leurs dégâts à peu près nuls.

FAMILLE DES GÉOMÈTRES.

Cette famille, presque aussi nombreuse que celle des Noctuides, a été, de même, divisée en un certain nombre de tribus, subdivisées elles-mêmes en une grande quantité de genres. Elle constituait autrefois la grande tribu des *Phalénites* de Latreille, ou plutôt son grand genre Phalène. Nous préférons, avec les auteurs allemands, lui laisser le nom de *Géomètre* qui donne une idée plus exacte du premier état de ces insectes, que celui de phalène (*Phalæna*) donné primitivement par Linné à presque tous les nocturnes, et qui s'appliquait tout aussi bien aux deux familles précédentes qu'à celle qui nous occupe en ce moment.

Les Géomètres ont pour caractères principaux : un corps grêle ; des ailes grandes relativement au corps, d'une texture assez mince et peu solide, toujours dépourvues *de taches ordinaires* ; une tête assez petite, munie d'antennes le plus ordinairement sétacées, quelquefois pectinées dans les mâles, jamais chez les femelles ; une trompe nulle ou très-peu saillante.

Les chenilles des Géomètres appelées *Arpenteuses* par Réaumur, ont une manière de marcher qui les fait reconnaître au premier coup d'œil. Comme elles n'ont des pattes qu'aux deux extrémités, elles sont obligées, lorsqu'elles veulent avancer, de rapprocher et d'écarter successivement la queue et la tête, en arquant leur corps à chaque pas qu'elles font ; il en résulte qu'au lieu d'avancer par des ondulations comme les autres chenilles, elles font des enjambées de la moitié de leur longueur. Nous avons dit en parlant des chenilles en général, que très-souvent elles ressemblaient à de petites branches sèches, et qu'elles se tenaient des heures entières cramponnées et immobiles dans une position verticale.

Lorsque l'on touche à une feuille ou à une petite branche où se tient une de ces chenilles, elle se laisse tomber immédiatement, mais elle ne descend pas jusqu'à terre, ayant toujours une corde à sa disposition, qu'elle peut allonger et raccourcir à sa volonté. Quand elle juge le danger passé et qu'elle veut remonter sur l'arbre, elle pelotonne sa corde, qui est un fil de soie très-fin, avec la seconde paire de ses pattes écailleuses, et, lorsqu'elle est arrivée à son but, elle la coupe avec ses mâchoires et débarrasse ses pattes du petit peloton de soie.

La transformation s'accomplit comme dans la famille précédente, c'est-à-dire que les unes filent des petites coques dans lesquelles elles se changent en chrysalides, et que la grande majorité s'enfonce en terre.

Les chenilles des Géomètres sont assez rares sur les

plantes herbacées, mais elles sont si communes sur les arbres forestiers, au mois de mai et de juin, qu'elles les dépouillent quelquefois de toutes leurs feuilles. On rencontre, de temps en temps, quelques espèces sur les arbres fruitiers où elles sont très-nuisibles; on en voit aussi sur les chèvrefeuilles et les lilas, mais comme le nombre de celles qui vivent sur ces arbustes est toujours assez limité et que d'ailleurs elles vivent solitairement, on peut leur faire grâce de la vie.

Nous ne parlerons que des trois espèces suivantes, dont l'une ronge les groseilliers, et les deux autres les arbres fruitiers.

Géomètre du groseillier, Geometra (Zerene) grossularia Linné.

Elle est assez grande; elle a environ 45 millimètres d'envergure. Ses ailes supérieures sont blanches ou d'un blanc très-légèrement lavé de jaunâtre, marquées de deux bandes d'un jaune fauve, entourées de gros points noirs; entre ces deux bandes, dont l'une est à la base et l'autre un peu au-delà du milieu, on remarque une tache sous-costale et quelques autres points noirs, et, tout à fait à l'extrémité, sur la frange, une rangée de gros points également noirs. Les ailes inférieures sont blanches, avec de gros points marginaux et quelques petites taches éparses noires. Le corps est d'un jaune fauve tacheté de noir.

Le chenille de cette géomètre vit sur le prunier, mais principalement sur les groseilliers indigènes, dont elle dévore les fleurs et les feuilles. Généralement elle n'est pas extrêmement commune ; dans les années ordinaires on s'aperçoit peu de ses dégâts ; mais il y en a d'autres, moins heureuses, où elle est tellement multipliée, qu'elle laisse à peine quelques feuilles à ces arbustes. Nous avons vu, il y a une trentaine d'années, dans la côte de Louvecienne, près Bougival, tous les groseilliers envahis par cette chenille et tellement dévastés, qu'il n'y avait aucune récolte à espérer.

Le papillon éclot à la fin de juillet ou dans les premiers jours d'août, et dépose ses œufs sur les groseilliers, pruniers, amandiers, aubépines, etc. La petite chenille éclot en septembre, et passe tout l'hiver engourdie dans les feuilles sèches tombées à terre. Elle se réveille au printemps, et commence à manger les premières feuilles ; vers le milieu de juin, elle est tout à fait adulte ; sa couleur est alors d'un blanc de crème, avec les trois premiers anneaux d'un jaune fauve ; son dos est marqué d'une série longitudinale de petites taches noires inégales. Sur les côtés, au-dessus des stigmates, on voit une raie d'un jaune fauve placée entre deux rangs de petits points noirs. A la fin de juin, ou au commencement de juillet, elle se change en une chrysalide brune, à anneaux bordés de jaune, maintenue seulement par quelques légers fils de soie attachés aux feuilles ou aux branches.

Le papillon éclot au bout de vingt à vingt-cinq jours.

Dans les endroits infestés par cette chenille, il est facile de s'en préserver pour l'année suivante. Il suffit de ramasser pendant l'hiver toutes les feuilles sèches tombées des groseilliers, et de les brûler immédiatement.

Géomètre effeuillante. Geometra (hibernia) defoliaria Linné.

Cette géomètre est grande, elle a de 40 à 45 millimètres d'envergure. Ses ailes supérieures varient beaucoup pour le fond de la couleur et pour le dessin. Le plus ordinairement elles sont jaunes ou d'un jaune roux pointillé de noirâtre, avec deux bandes transversales d'un roux ferrugineux, bordées de noir, dont l'une à la base et l'autre sinuée, placée un peu au-delà du milieu, et suivie, en dehors, d'une tache noirâtre que l'on retrouve dans toutes les variétés. Les ailes inférieures sont d'un blanc grisâtre, bordées de jaunâtre, avec un point central noirâtre. Il y a des individus d'un brun marron, et il y en a d'autres chez lesquels la bande transversale de la base disparaît complétement. Les antennes des mâles sont pectinées.

La femelle est aptère comme une araignée, avec les antennes filiformes; elle a le corps très-gros relativement à l'autre sexe; sa couleur est plus ou moins jaunâtre, avec trois rangées de points noirs sur le dos.

La chenille est excessivement commune; elle vit en mai et juin sur tous les arbres forestiers qu'elle dépouille d'une grande partie de leur verdure; c'est de là que lui est venu le nom d'*effeuillante*. Elle n'habite pas seulement les bois, elle est souvent très-abondante dans les parcs et les pépinières. Il y a même des années où elle est, dans les jardins, un fléau pour les arbres fruitiers.

Elle est d'un rouge-brun ferrugineux, plus ou moins

foncé sur le dos, avec une bande latérale d'un jaune-
citron, marquée sur chaque incision d'une tache fer-

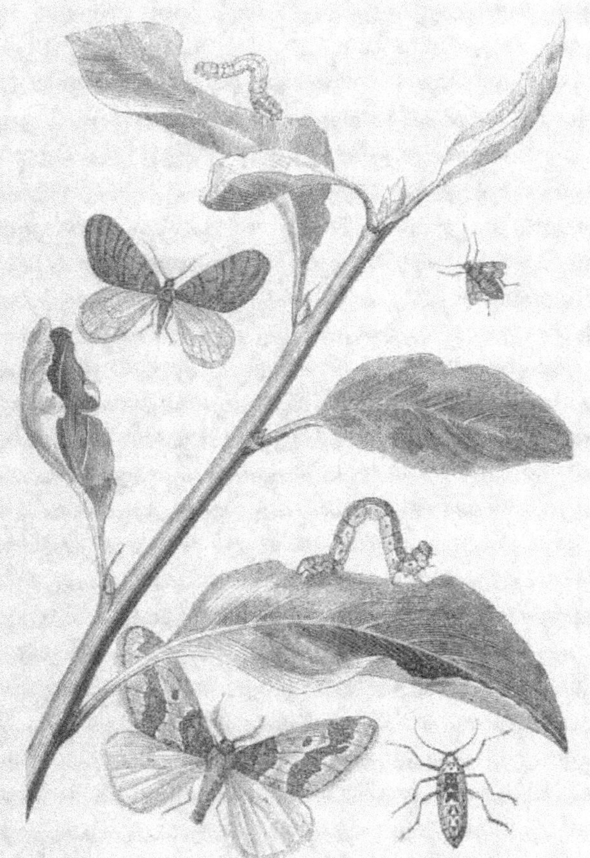

165. — 1. Géomètre effeuillante mâle. *Geometra defoliaria.* — 2. *Idem* la femelle.
3. La chenille. — 4. Géomètre hyémale mâle. *Geometra brumaria.*
5. *Idem* la femelle. — 6. La chenille.

rugineuse ayant un petit point blanc dans son milieu.
La tête est ferrugineuse, échancrée en cœur. Son atti-

tude, lorsqu'elle est au repos, est toute particulière ; elle se tient fixée par ses quatre pattes postérieures, avec le corps courbé en arc, la tête et les trois premiers anneaux redressés en l'air.

Dans le commencement de juin, elle descend des arbres et entre en terre pour se métamorphoser.

L'éclosion a lieu dans les derniers jours d'octobre et dans le courant de novembre ; dès qu'elles sont écloses, les femelles grimpent sur les arbres pour s'accoupler. Les œufs pondus à la base des bourgeons passent l'hiver, et les petites chenilles naissent en même temps que les premières feuilles.

Quelques personnes conseillent de secouer les arbres, ou de frapper les branches avec un bâton pour faire tomber les chenilles sur une toile étendue à terre. Il y a un moyen bien plus efficace, mais qui ne produit son effet que l'année suivante. Il consiste à entourer, au mois d'octobre, le bas des arbres que l'on veut préserver, d'un large cercle de goudron ou de toute autre substance gluante. Les femelles étant aptères sont obligées de grimper pour propager l'espèce, et, comme elles se trouvent arrêtées par la matière collante, on les trouve empêtrées dans ce cercle de goudron. On comprendra facilement l'importance de ce moyen, quand on saura que chaque femelle donne naissance à trois ou quatre cents chenilles.

Géomètre hyémale. Geometra (larentia) brumaria Linné.

Elle est plus petite que la précédente et d'une couleur très-peu brillante. Ses ailes supérieures sont d'un gris roussâtre, traversées par quatre petites lignes d'une teinte plus foncée, légèrement dentées en scie. Ses ailes inférieures sont d'un gris roussâtre un peu plus pâle, avec l'apparence de deux petites raies transversales obscures.

La femelle est d'un gris noirâtre, avec le corps épais et raccourci ; elle est aptère, ou plutôt elle n'a que deux très-petits moignons d'ailes grisâtres marqués d'une petite raie noire.

La chenille est aussi commune que celle de l'espèce précédente ; elle vit sur tous les arbres forestiers et fruitiers. Elle n'est pas très-effilée, elle est plutôt un peu raccourcie ; sa couleur, est tantôt d'un vert tendre, tantôt d'un vert foncé et quelquefois d'un jaune verdâtre ; dans tous les cas, elle est marquée de lignes longitudinales, parallèles, plus claires que le fond ou même un peu blanchâtres. La tête est ordinairement verdâtre ou brunâtre. Dans les derniers jours de mai, elle est entièrement développée ; elle descend des arbres ou des arbustes, s'enfonce en terre et se change en chrysalide.

L'insecte parfait éclot en novembre ou décembre ; on voit, sur les quatre heures du soir, les mâles voler en quantité dans les jardins, les vergers et les bois. La femelle dépourvue d'ailes, grimpe dans les arbres, pour s'accoupler ; après la fécondation, elle se promène sur les branches et dépose ses œufs par petits groupes de quatre à six, à la base des bourgeons. Ceux-ci éclosent aux premiers beaux jours ; les petites chenilles en sortant de l'œuf pénètrent dans les bourgeons et, lorsqu'elles ont changé de peau, elles se cachent entre deux feuilles appliquées l'une sur l'autre, qu'elles n'abandonnent qu'après les avoir dévorées. Cette chenille se trouve dans une grande partie de l'Europe, mais bien plus communément dans le nord que dans les régions méridionales.

Pour se préserver des ravages de la Géomètre hyémale, on a recours au moyen que nous avons conseillé pour l'effeuillante.

Esper, professeur à Erlangen, rapporte que, dans une petite localité de la Suède, on détruisit à l'automne, par ce procédé, 28 millions de ces femelles qui restèrent empêtrées dans la matière gluante. Ces femelles auraient, en moyenne, pondu chacune 250 œufs, soit un total de 6 milliards de chenilles, pour le printemps suivant.

MICROLIPIDOPTÈRES.

Les chenilles dont nous venons de signaler les ravages, produisent des papillons d'une certaine taille ; celles dont il nous reste à parler, n'en produisent que d'excessivement petits ; cette exiguïté leur a fait donner, par les Allemands, le nom de *Microlepidopteren* et, par les Anglais, celui de *Microlepidoptera*.

Malgré leur petitesse, ils n'en sont pas moins nuisibles aux cultures. Ce sont de petits ennemis (*kleinen Feinde*), comme disent les entomologistes allemands, d'autant plus dangereux qu'ils travaillent dans l'ombre et échappent le plus souvent à nos regards. Les jardiniers constatent les dégâts occasionnés par leurs petites chenilles, appelées vulgairement *vers*, mais généralement ils ne connaissent pas les auteurs du mal.

Ces petits papillons désignés maintenant en France sous le nom de Microlépidoptères, sont très-nombreux et divisés en plusieurs familles, dont deux seulement, les *Tortricides* et les *Tinéides*, intéressent les horticulteurs.

FAMILLE DES TORTRICIDES OU TORDEUSES.

Cette famille comprend les petits papillons qui composaient le grand genre *Tortrix* de Linné, et dont Fabricius, sans la moindre raison, a changé le nom en celui de *Pyralis*, pyrale, adopté pendant longtemps, en

France, mais qui n'a jamais été admis en Allemagne ni en Angleterre.

Les tordeuses ou pyrales ont pour caractère saillant : des ailes supérieures croisées sur le dos, arquées à leur base, près de leur insertion au corselet, ce qui leur donne un *facies* tout particulier, et les a fait appeler par Geoffroy *porte-chapes* et par Duponchel *Platyomides* (larges épaules).

Malgré leur petite taille, les pyrales ne manquent pas d'une certaine élégance ; il y en a de vertes, de métalliques, de jaunes, de ferrugineuses, de cendrées, etc.

Leurs chenilles, pourvues de seize pattes, roulent, plient et lient les feuilles des arbres ou des plantes dont elles se nourrissent, à l'aide de quelques fils de soie ; elles en font des cornets, des rouleaux ou des paquets dont elles rongent l'intérieur, et dans lesquels elles se tiennent cachées depuis leur sortie de l'œuf jusqu'à leur dernière métamorphose. Toutes les espèces, cependant, ne se comportent pas de cette manière : quelques-unes vivent dans l'intérieur des fruits, dans les bourgeons des conifères ou dans les bourgeons des arbres, et n'en sortent que pour se mettre en chrysalides, au lieu de subir leur tranformation dans leur berceau. Les Tordeuses ou Pyrales sont réparties aujourd'hui en une trentaine de genres, pour les espèces européennes seulement. Celles qui vivent dans nos jardins, sont assez nombreuses ; mais il y en a dont les dégâts sont insignifiants, et que nous passerons sous silence.

Les chenilles des *Tortrix* ou pyrales, lorsqu'on les inquiète, marchent rapidement en arrière et se laissent tomber en se suspendant avec un fil de soie, comme celles des géomètres.

Pyrale de Pillerius. Tortrix pilleriana Hubner.

Nous commencerons par l'espèce qui a eu, il y a bientôt trente ans, la plus triste célébrité, la pyrale de la vigne. Pendant cinq ans, elle a causé d'affreux ravages dans les vignobles d'une partie de la France et même sur quelques treilles, dans

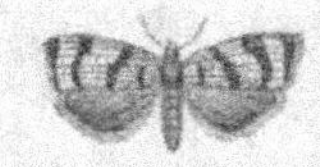

Pyrale de la vigne. *Tortrix pilleriana.*

les jardins ; mais, grâce aux nombreux parasites qui se sont multipliés dans d'énormes proportions, nous sommes aujourd'hui débarrassés de ce fléau.

Le papillon est petit, il a à peine 20 millimètres d'envergure ; ses ailes supérieures sont d'un jaune-fauve plus ou moins clair, ou plus ou moins roussâtre, à reflet métallique un peu cuivreux ; elles sont marquées de trois petites bandes brunes, dont deux un peu arquées sur le milieu, et une tout à fait terminale, près de la frange. Les ailes inférieures sont grisâtres ou noirâtres, un peu plus claires vers leur base.

La chenille ressemble beaucoup à celles des autres espèces congénères ; elle est entièrement verte ou d'un vert un peu jaunâtre, avec la tête d'un vert-foncé luisant, et quelques petits poils roides, peu visibles, épars sur tout le corps. Elle vit à la manière de beaucoup d'autres pyrales. Au printemps, dès que la vigne est débourrée, elle lie en paquet les jeunes feuilles et les grappes qui commencent à paraître; renfermée dans cet abri, elle dévore tout le bourgeon.

Vers la fin de juin, arrivée à toute sa grosseur, elle se change en chrysalide dans l'intérieur du paquet qui lui à servi d'habitation.

Le papillon éclot en juillet et la ponte a lieu dans le mois d'août; la femelle dépose ses œufs par petites plaques de quinze à vingt au plus, sur les feuilles de la vigne. Les petites chenilles naissent en septembre, mangent très-peu et ne font, alors, aucun dégât appréciable; elles passent l'hiver dans l'engourdissement, retirées sous l'écorce des ceps ou dans les fissures des échalas, pour se réveiller au moment de l'évolution des premiers bourgeons.

On a publié beaucoup de mémoires sur cet insecte. Des personnes peu versées en entomologie l'ont regardé comme une espèce nouvelle qui avait apparu tout à coup, et l'ont décrit sous les noms de *pyralis vitana* et de *pyralis vitis*, sans se douter qu'il était connu depuis près de cent ans et figuré dans plusieurs ouvrages. Duponchel en a fait le genre *Ænophthira*.

Audouin a conseillé, dans le temps, aux vignerons, pour combattre cette pyrale, de recueillir les œufs sur les feuilles; d'allumer des feux aux environs des vignes, pour qu'attirée par la lumière, elle vienne se brûler à la flamme. On a proposé aussi de laver pendant l'hiver les ceps avec de l'eau bouillante.

Il est fâcheux qu'on ne connût pas alors la benzine, dont l'emploi eût été probablement d'une plus grande efficacité.

Pyrale du cerisier. Tortrix cerasana Hubner.

Elle a le port et la taille de la précédente à laquelle,
elle ressemble un peu. Ses ailes
supérieures sont d'un jaune plus
ou moins foncé, réticulées de
brun, avec deux bandes transversales d'un brun roux, dont
l'une près de la base, et l'autre

497. — Pyrale du cerisier.
Tortrix cerasana.

plus large située sur le milieu. Les ailes inférieures sont
d'un gris noirâtre.

La chenille est, dans certaines localités, assez commune sur quelques variétés de cerisiers, principalement
sur les *guigniers*. Elle est entièrement verte, avec la tête
d'un brun roussâtre et le corps parsemé de quelques
petits poils roides. On la trouve, au mois de mai, parvenue à toute sa taille ; elle craint la lumière et se tient
cachée entre les feuilles dont elle fait une sorte de rouleau tapissé de soie dans lequel elle se change en chrysalide.

Le papillon éclot au milieu du mois de juin. La ponte
a lieu en juillet. Nous ne savons pas si les œufs éclosent à l'automne, comme chez l'espèce précédente, ou
s'ils passent l'hiver collés contre les rameaux des cerisiers.

Pyrale de Bergmann. Tortrix Bergmanniana Linné.

Cette pyrale est un ennemi très-redoutable pour les
rosiéristes. Sa chenille vit sur presque toutes les variétés

de roses ; elle cause de très-grands dommages et nuit
beaucoup à la floraison de ces arbustes. Elle se tient
à l'extrémité des jeunes pousses, entre les feuilles
quelle roule et lie avec quelques fils de soie ; placée

108. — Pyrale de Bergmann. *Tortrix Bergmanniana.*

dans ce paquet, dont elle augmente la dimension à mesure que la végétation se développe, elle ronge tranquillement les feuilles tendres et les boutons qui commencent à se former. Il arrive souvent qu'elle ne mange
qu'une partie du bouton et qu'elle laisse le pédoncule
intact ; dans ce cas, on n'a que la moitié ou le tiers
d'une rose.

A la fin d'avril, on commence à s'apercevoir de la
présence de cette chenille ; elle croît assez rapidement ; vers les derniers jours de mai, rarement plus

tard, après avoir changé plusieurs fois de peau, elle arrive à sa grosseur. Elle est assez allongée, d'un vert jaunâtre ou d'un vert clair, avec quelques petits poils clair-semés ; sa tête et ses pattes écailleuses sont noires. On voit aussi, sur le dos du premier anneau, un écusson d'un brun noir divisé en deux par une petite ligne.

Pour se métamorphoser, elle tapisse l'intérieur de son habitation avec un peu de soie, et, au bout de quatre à cinq jours, elle est changée en chrysalide. Celle-ci est brune et munie sur le bord de chaque anneau, de deux rangées de petites épines qui lui servent, comme aux espèces voisines, à s'avancer à l'extrémité de sa demeure, lorsque le moment de l'éclosion approche.

Les horticulteurs qui par négligence n'ont pas détruit ces chenilles, sont à même de voir souvent sur leurs rosiers des chrysalides vides à moitié sorties ou presque pendantes entre deux feuilles.

Le papillon éclot à la fin de juin ou dans les premiers jours de juillet ; on le voit, à cette époque, voltiger, le soir après le coucher du soleil, autour des rosiers dans les jardins de toute l'Europe.

Il est un peu plus petit que la pyrale de la vigne, il a environ 15 millimètres d'envergure. Ses ailes supérieures sont jaunes, finement réticulées de brun roussâtre, marquées de trois raies transversales métalliques, couleur de mine de plomb, ou comme argentées. Ses ailes inférieures sont noirâtres.

Avec un peu de vigilance on peut détruire une grande partie des chenilles de cette pyrale, soit en entr'ouvrant les feuilles réunies, soit même en les pressant avec les doigts pour les écraser dans leur domicile.

Les œufs sont pondus isolément au mois de juin ou de juillet, à la base des rameaux ; assez généralement ils passent l'hiver et éclosent au printemps ; dans les années chaudes, il y a une seconde génération dont le papillon paraît en septembre.

Pyrale de Forskael. Tortrix Forskaelana Linné.

Il y a des localités, dans la Brie, où cette petite *Tortrix* est aussi commune que la précédente. Elle paraît à la même époque et vit de la même manière ; il nous est souvent arrivé d'élever l'une pour l'autre ; toutefois, la chenille est plus petite et un peu plus verte ; elle vit sur la plupart des rosiers comme la pyrale de Bergmann ; comme cette dernière, elle attaque rarement les *Bengales*, les *Thés* et les *Banks*.

Le papillon éclot à la fin de juin ; il a les ailes supérieures d'un jaune-soufre, finement réticulées de brun rougeâtre, avec une raie transversale brune, très-élargie sur le milieu du bord interne, où elle forme une sorte de tache, remontant jusqu'à la côte, en s'amincissant et disparaissant en partie dans la réticulation. La frange est jaunâtre et précédée d'une petite bande brune. Les ailes inférieures sont d'un blanc plus ou moins jaunâtre.

Nous avons trouvé des chenilles en août qui nous ont donné une seconde génération en septembre.

On lui fait la chasse comme à l'espèce précédente, dont elle a tout à fait les habitudes.

Ces deux pyrales habitent aussi l'Amérique septentrionale, d'où nous les avons reçues de notre collaborateur, feu John Leconte, de New-York. Probablement elles y ont été transportées d'Europe avec nos ro-siers.

Pyrale de Hoffmansegg. Tortrix Hoffmanseggana Hubner.

Dans quelques contrées de la France, notamment en Normandie, cette jolie petite pyrale est aussi commune et aussi nuisible que celle de Bergmann. Sa chenille roule et plie de même en avril et mai, l'extrémité des jeunes rameaux des rosiers, et se comporte de la même manière. Lorsqu'elle est adulte, elle est d'un vert assez clair, avec la tête, un petit écusson sur le premier anneau et les pattes écailleuses d'un brun couleur de poix ; on voit, en outre, sur son corps des petits points saillants donnant naissance à un petit poil roide.

La chrysalide est allongée, d'un brun noirâtre, garnie de petites épines sur le bord des anneaux comme dans une foule d'autres espèces. Elle éclot en juillet.

Le petit papillon est de la taille des deux espèces précédentes ; il a les ailes supérieures d'un jaune fauve, un peu doré dans la première moitié, et d'un jaune un peu ferrugineux dans l'autre moitié ; elles offrent, en outre, quatre séries transversales de points noirs argentés ou un peu plombés ; la frange est d'un beau jaune vif. Les ailes inférieures sont noirâtres.

Cette petite pyrale se trouve aussi dans les jardins des environs de Paris. Elle ne vit pas exclusivement sur les rosiers, car nous avons pris plusieurs fois la

chenille et la chrysalide dans les feuilles roulées des
poiriers.

Pyrale des églantiers. Tortrix (aspidia) cynosbana Fabricius.

Elle attaque aussi les rosiers, plus souvent, cependant, les églantiers, en avril et

109. — Pyrale des églantiers. *Tortrix cynosbana.*

mai. Le papillon éclot à la fin de juin, et a 20 millimètres d'envergure. Ses ailes supérieures sont panachées de noir bleuâtre et de blanc laiteux, mais la couleur blanche domine et est comme un peu vermiculée et pointillée de brunâtre; la partie noirâtre paraît un peu plombée, elle forme trois taches, dont une à la base, une autre au milieu, et une troisième marginale linéaire. Les ailes inférieures sont d'un gris luisant.

La chenille vit, ainsi que nous l'avons dit, sur les rosiers dont elle réunit les feuilles en paquet. Elle est proportionnellement assez courte, d'un gris-brunâtre sale, avec une ligne dorsale plus obscure et quelques petits poils très-clair-semés, peu visibles; la tête est d'un brun clair ainsi que les pattes écailleuses; le premier anneau est muni d'un écusson noir, divisé en deux par une petite ligne pâle.

Elle se métamorphose dans les feuilles.

Aux environs de Paris, elle est moins redoutable pour les rosiers que les deux précédentes; mais il n'en est pas de même dans d'autres localités où elle est extrêmement nuisible.

Pyrale ocellée. Tortrix (penthina) ocellana Hubner.

Encore une pyrale dont la chenille est très-préjudiciable aux rosiers. Elle ne roule pas les feuilles, mais elle s'en prend aux boutons dont elle ronge l'intérieur.

Le petit papillon a le port et la taille de l'espèce précédente. Ses ailes supérieures sont d'un noir brun depuis la base jusqu'à moitié de leur surface, avec l'extrémité de la même couleur, et la partie intermédiaire blanche. Sur la partie blanche, on voit trois petites taches d'un gris bleuâtre, et une série de trois petits points placés transversalement. Les ailes inférieures sont grises.

La chenille est d'un roussâtre sale, marquée sur le dos et sur les côtés de petites lignes longitudinales noirâtres, et d'une tache brune à la base du huitième anneau. Sa tête et ses pattes écailleuses sont d'un brun noirâtre, ainsi qu'un écusson située sur le cou.

Elle n'attaque que les boutons de rose, dans l'intérieur desquels elle se tient cachée pour les dévorer sans être inquiétée. Le plus ordinairement la métamorphose a lieu dans le bouton même, qui cesse de s'accroître, jaunit et se fane, ainsi que le pédoncule ; mais lorsqu'il vient à se détacher et à tomber par une cause ou par une autre, la petite chenille se métamorphose à terre, en réunissant quelques débris de végétaux avec des fils de soie.

Le papillon éclot à la fin de juin ; il est très-commun dans les jardins, on le voit voltiger le soir autour des rosiers, en compagnie des pyrales de Bergmann et de Forskael.

Lorsqu'un jardinier voit les boutons de ses rosiers jaunir, il doit, vers la fin de mai, et même encore dans les premiers jours de juin, les enlever et les brûler pour empêcher la multiplication de cette pyrale.

Il existe plusieurs autres pyrales polyphages, que l'on rencontre quelquefois sur les rosiers, poiriers et pommiers, mais qui, jusqu'à présent, n'ont été signalées nulle part, comme nuisibles. Telles sont les *tortrix Gentianeana*, *Heparana Lævigana* et *Udmanniana*, beaucoup plus communes dans les bois et dans les buissons que dans les jardins.

Pyrale verte. Tortrix viridana Linné.

110. — Pyrale verte.
Tortrix viridana.

Cette espèce intéresse bien peu l'horticulture proprement dite; mais, l'année dernière, elle a exercé de très-grands ravages dans les parcs et les bois des environs de Paris. Rarement nous l'avions vue en aussi grande quantité. Aux bois de Boulogne et de Vincennes, les chenilles étaient en si grand nombre sur les chênes, qu'il ne restait pas une feuille intacte. Non-seulement toutes les feuilles étaient pliées, roulées et rongées, mais encore on voyait pendre, de toutes les branches au bout d'un long fil, des milliers de chenilles.

L'insecte parfait paraît à la fin de mai ou dans les premiers jours de juin; il a les ailes supérieures d'un beau vert uni avec le bord de la côte blanc ou blanchâtre. Les ailes inférieures sont d'un gris pâle avec la frange blanche.

La chenille commence à se montrer avec les premières feuilles des chênes ; elle est tantôt d'un beau vert et tantôt d'un vert-jaunâtre sale, avec la tête, un écusson sur le premier anneau, et les pattes écailleuses d'un noir luisant ; outre cela, tout son corps est parsemé de petits points verruqueux noirs, donnant naissance, chacun à un petit poil roide. A la fin de mai elle se métamorphose dans la feuille roulée qui lui servait de dernier domicile.

La chrysalide est noire ou d'un brun noir, munie, sur le bord de chaque anneau, de deux rangées de petites épines qui lui servent à accomplir une sorte de progression au moment de l'éclosion.

L'accouplement se fait en juin, et la ponte a lieu immédiatement. Les œufs passent l'hiver appliqués et collés dans le voisinage des yeux. Selon Treitschke (*Die Schmetterlinge von Europa*, t. VII, pag. 96), une partie des œufs éclosent en septembre, les chenilles subissent leur métamorphose à l'automne et passent l'hiver en chrysalide ; nous n'avons jamais observé ce fait aux environs de Paris.

La pyrale verte est la plus commune de toutes nos espèces des environs de Paris. Cela tient évidemment à ce que les oiseaux sylvicoles appelés becs fins, y sont devenus extrêmement rares. On devrait employer tous les moyens possibles pour y attirer ces êtres bienfaisants, même des moineaux qui, malgré leur mauvaise réputation, pourraient dans ce cas, rendre d'utiles services. L'administration forestière pourrait dans ce but, faire semer dans certains endroits isolés, du chanvre ou du millet, dont les mésanges, les moineaux et les friquets sont très-avides.

Dans les forêts de Sénart, de Saint-Germain et de Fontainebleau, cette pyrale est beaucoup moins répandue qu'au bois de Boulogne, parce que les oiseaux y sont plus tranquilles, et que d'un autre côté les faisans mangent toutes les chenilles qui pendent à leur portée; le coucou, les merles et les pies-grièches en font aussi une très-grande destruction.

Les forestiers doivent aussi compter un peu, lorsque cette espèce est très-abondante, sur les parasites nombreux qui vivent à ses dépens; sur plus de quatre cents chenilles que M. Pissot nous a fait remettre l'année dernière, un peu plus de la moitié n'a produit que des ichneumons au lieu de papillons.

Pyrale de Roser [1]. **Tortrix (cochylis) Roserana** Frœlich.

C'est une des petites espèces du genre. Elle a à peine de 10 à 11 millimètres d'envergure. Ses ailes supérieures sont d'un blanc ocracé, traversées dans leur milieu par une bande brune s'élargissant vers la côte, et

---

[1] M. de Roser, conseiller de légation, a donné en 1829 une notice fort détaillée (*Landwirthsch. Vereins in Wurtemb.*) sur cet insecte qui causait alors de grands dommages dans le Wurtemberg. Les vignes de l'île de Reichenau située dans le lac de Constance, et appartenant au grand-duc de Bade furent également si maltraitées, que ce souverain, voulut connaître quel était ce petit ennemi, et quels moyens on devrait employer pour s'en débarrasser. Le professeur Nonning de Constance fit connaître son histoire et le décrivit sous le nom de *Tinea uvæ*.

se rétrécissant insensiblement en arrivant au bord interne ; outre cela, elles sont poin-
tillées) de quelques atomes ferrugineux. Les ailes inférieures sont
d'un gris plus ou moins foncé,
avec la frange un peu blanchâtre.

111. — Pyrale de Roser.
Tortrix Roserana.

La chenille est, dans certaines
contrées, aussi nuisible à la vigne que celle de la pyrale
de Pillerius. Elle se montre dans le courant de mai ; à
cette époque, elle est d'un jaune verdâtre, avec la tête
brune et quelques petits poils clair-semés sur tout son
corps. Elle vit exclusivement de la grappe qu'elle enveloppe de soie au moment de la floraison. Non-seulement elle dévore une partie des grains à l'état rudimentaire, mais la soie dont elle les a enveloppés fait
pourrir le reste en retenant l'humidité.

La métamorphose a lieu dans les grappes, et le papillon paraît en juin ou en juillet. Il y a une seconde
génération de chenilles en septembre ; elles passent
l'hiver à l'état de chrysalides pour éclore à la fin d'avril.

Cette pyrale n'est pas très-rare aux environs de
Paris, mais elle est beaucoup plus commune dans les
parties méridionales de l'Europe, surtout en Italie. Jusqu'à présent elle n'a pas occasionné de grands dommages dans les vignobles français ; cependant, en 1846,
nous avons trouvé à Andresy, près Saint-Germain-en-
Laye, beaucoup de grappes enveloppées de soie, et renfermant chacune une petite chenille.

Selon Frœlich (*Enumeratio tortricum Wurtemb.*,
p. 52, n° 111), elle a, pendant plusieurs années, telle-

ment ravagé les vignes aux environs de Stuttgart, que presque toutes les récoltes furent anéanties.

Le petit papillon a été figuré par Hubner, fig. 153, comme une teigne, sous le nom de *Tinea ambiguella*.

Lorsque des grappes, au moment de la floraison, sont enveloppées d'une soie ressemblant à une petite toile d'araignée, il faut enlever à l'aide de petites pinces appelées *brucelles* le ver qui s'y trouve caché.

Pyrale blanc de céruse. Tortrix (glyphiptera) cerusana Duponchel.

Elle est un peu plus grande que la précédente. Ses ailes supérieures sont d'un blanc couleur de craie, avec quelques petits atomes d'un gris noirâtre sur le milieu. Les ailes inférieures sont noirâtres.

Cette pyrale, dont Duponchel a fait une espèce, pourrait bien n'être qu'une variété de la *Boscana* décrite par Fabricius (*Ent. syst.*, III, p. 269, 116); effectivement, elle n'en diffère que parce que sa taille est un peu plus petite, et que les trois taches brunâtres placées triangulairement au milieu ne sont plus représentées que par un nuage occupant la même place. Leurs chenilles vivent ensemble, et se ressemblent tellement que s'il y a deux espèces, il est bien difficile de saisir la différence qui existe entre elles. Elles sont vertes l'une et l'autre, ou d'un vert un peu jaunâtre, avec la tête brune ainsi que le dessus du premier anneau. Leur corps, vu à la loupe, offre quelques petits poils implantés sur de petits points verruqueux. Elles attaquent, au mois de mai, les bouquets de fleurs des cerisiers, des poiriers et des pommiers, et font, dans

certains jardins, beaucoup de mal aux arbres fruitiers. Les fleurs attaquées par ces chenilles se fanent
et tombent. Lorsque celles-ci viennent à manquer, elles
se renferment entre deux feuilles dont elles rongent
le parenchyme et dans lesquelles elles subissent leur
métamorphose. La chrysalide est noirâtre, munie de
petites épines sur le bord des anneaux. L'insecte parfait éclot en juin et juillet. Il y a une seconde génération de chenilles en septembre, à cette époque elles vivent entre les feuilles, et leurs chrysalides éclosent à la
fin d'avril, pour propager l'espèce au moment de la
floraison des arbres fruitiers.

Cette pyrale ou ces deux pyrales sont très-communes
aux environs de Paris ; le tronc des ormes des boulevards extérieurs en est quelquefois couvert, ce qui
semble indiquer que les chenilles sont polyphages, et
que les œufs ne sont pas toujours déposés dans les fleurs
des arbres fruitiers. Au reste, il est à remarquer que
plusieurs chenilles nuisibles aux jardins ne vivent
pas seulement sur les plantes cultivées, mais qu'elles
s'accommodent très-bien aussi d'une infinité d'autres
végétaux, et que c'est souvent par une cause qui nous
échappe, que nous voyons tout à coup apparaître certaines espèces dans nos cultures. Ainsi, par exemple,
la chenille de la pyrale de Pillerius, qui a causé tant de
désastres aux vignes de la Bourgogne, a été mentionnée
pour la première fois (*Wiener Verzeichniss*) par Denis et
Schiffermüller, qui l'ont trouvée sur le *Stachys germanica*. Il en est de même de la pyrale de Roser que l'on
rencontre fréquemment dans des contrées où il n'y a pas
de vignes.

Pyrale contaminée. Tortrix (teras) contaminana Hubner.

La chenille de cette *Tortrix* est très-commune au
mois de mai, dans les pépinières
des environs de Paris, et même
dans le jardin du Luxembourg.
Elle vit sur le pommier, le prunier, l'abricotier, et principalement sur le poirier. Elle plie et

112. — Pyrale contaminée.
Tortrix contaminana.

lie les feuilles de ces arbres avec quelques fils de
soie comme les espèces précédentes, et subit son accroissement et ses métamorphoses dans cette retraite. Elle est d'un vert obscur, avec la tête, le dessus
du premier anneau et les pattes écailleuses d'un brun
roux. Son corps est couvert de très-petits points
noirs surmontés chacun d'un poil court; le dessous du
ventre est d'un vert pâle. L'insecte parfait est beaucoup
moins commun que sa chenille, qui très-souvent est
dévorée par les moineaux. L'éclosion a lieu en juin et
juillet. Ses ailes supérieures sont un peu pointues au sommet, fortement réticulées de brun, marquées dans leur
milieu d'une tache brune assez grande, s'élargissant et
se bifurquant avant d'arriver à la côte. Les ailes inférieures sont d'un blanc grisâtre, faiblement réticulées.

Pyrale du chèvrefeuille. Tortrix xylosteana Linné.

La chenille de cette *Tortrix* est très-polyphage; elle
vit sur plusieurs arbres forestiers et sur beaucoup d'arbres fruitiers, tels que pruniers, pommiers, poiriers et
cerisiers, mais bien rarement sur les chèvrefeuilles.

où, malgré son nom, nous ne l'avons jamais rencontrée.
Elle est d'un vert foncé et res-
semble beaucoup à celle de la
Bergmanniana. Sa tête, son écusson et ses pattes écailleuses sont
noirs. Il y a des années où elle
est très-commune dans les pépi-

112. — Pyrale du chèvrefeuille.
Tortrix xylosteana.

nières; au mois de mai, on voit souvent les feuilles des
pruniers et des poiriers roulées et mises en paquet par
cette chenille qui ronge tout le parenchyme et les dé-
coupe comme de la dentelle.

Elle se change en chrysalide au commencement de
juin; l'insecte parfait éclot vers la fin du même mois.

Le papillon est de taille moyenne; ses ailes supérieures sont d'un brun-grisâtre luisant, plus ou moins
foncé, marquées de trois bandes couleur de poix,
cerclées de blanc jaunâtre; la bande du milieu,
qui est la principale, se dilate ordinairement en
forme d'Y pour arriver à la côte; quelquefois, cependant, elle est interrompue et ne forme pas la fourche;
celle de la base est tortueuse et assez courte, celle de
l'extrémité est courte et linéaire. Les ailes inférieures
sont noirâtres, un peu plus claires vers la base.

Pyrale des roses. Tortrix rosana Hubner.

Cette pyrale, commune dans la Brie, au milieu
des plantations de rosiers, n'a point été connue de
Duponchel. Nous n'avons pas eu occasion d'élever sa
chenille, qui ne doit pas être rare, si on en juge par le
papillon.

Celui-ci varie pour la taille; il est ordinairement

aussi grand que l'espèce précédente, et quelquefois beaucoup plus petit. Ses ailes supérieures sont un peu tronquées au sommet, d'un brun grisâtre plus ou moins pâle, traversées par de petites lignes ou raies parallèles, courbes, très-légèrement sinuées, d'un brun obscur. Ses ailes inférieures sont d'un jaune d'ocre pâle, avec le bord abdominal largement noirâtre.

114. — Pyrale des roses.
Tortrix rosana.

A Combs-la-Ville et à Suines, nous l'avons vue très-communément vers la Saint-Jean, dans les jardins plantés de rosiers.

Pyrale rosette. Tortrix rosetana Hubner.

115. — Pyrale rosette.
Tortrix rosetana.

Elle est très-rare aux environs de Paris, mais elle paraît être assez commune dans quelques parties de l'Allemagne et en Italie où, dit-on, elle est fort nuisible aux rosiers. Elle est facile à reconnaître à ses ailes supérieures d'un gris cendré, striées transversalement de rougeâtre, avec la frange également rougeâtre.

Ses ailes inférieures sont d'un gris légèrement lavé de rougeâtre. Qui sait si cette espèce, à peu près inconnue en France, n'apparaîtra pas un jour, tout à coup, dans nos cultures de rosiers, comme le fit autrefois dans nos vignes la pyrale de Pillerius?

Pyrale viticole. Tortrix (cochylis)
vitisana Jacquin (1).

Cette petite pyrale nous est totalement inconnue et
nous ne sachons pas qu'elle ait encore été observée en
France. Elle a été décrite et figurée pour la première
fois, par Jacquin, sous le nom de *Vitisana*, et décrite
depuis par Treitschke, sous celui de *Reliquana*. Il paraît que les treilles aux environs de Vienne en Autriche, dit Kollar, ont été cruellement maltraitées par
cet insecte pendant les années 1816 et 1817, et de 1828
à 1835.

En avril et mai, on voit le petit papillon voltiger et se
reposer sur les branches de la vigne. Si on les frappe
avec une baguette, il s'envole et va se reposer dans le
voisinage. A cette époque la femelle dépose ses œufs,
un à un, à la base des bourgeons, et les petites chenilles
les dévorent avant que les feuilles soient encore épanouies.
Quand elles sont un peu plus grandes, elles lient ensemble plusieurs bourgeons et en rongent l'intérieur.
Lorsqu'elles ont fini de manger une grappe, elles passent à une autre, qu'elles enveloppent également dans
un léger tissu soyeux. Il en résulte que les fleurs avortent ; la majeure partie ayant été employée pour la
nourriture de la chenille.

Lorsque celle-ci est arrivée à sa grosseur, elle est
d'un vert sale, longue de trois ou quatre lignes ;
couverte de très-petits tubercules blanchâtres, donnant
naissance, chacun à un petit poil court ; la tête et l'é-

(1) Jacquin Nicol. Joseph. *Collectanea* 1788, p. 97. 100. Vin-
dobonæ.

cusson du premier anneau sont d'un brun jaunâtre ; les pattes écailleuses sont noirâtres. La métamorphose a lieu à la fin de juin dans une feuille roulée. La chrysalide est brune, munie de petites épines sur le bord des anneaux. Le papillon se montre au bout de vingt jours. Il a six lignes d'envergure. Le dessus des ailes supérieures est marbré ou panaché de ferrugineux et de gris bleuâtre.

Les ailes inférieures sont blanches, avec les nervures brunâtres et la frange d'un blanc de neige.

On rencontre des chenilles de la seconde génération, à la fin d'août et au commencement de septembre, sur les rafles des raisins ; mais le mal qu'elles font est moins grand, parce que les grains sont déjà gros. La chenille les perce et se nourrit de la pulpe de ceux qui ne sont pas encore mûrs. Le grain dévoré se flétrit, la chenille passe ensuite dans un autre, qu'elle traite de la même façon. Quatre à cinq grains suffisent ordinairement pour la nourriture d'une seule chenille.

Lorsque les chenilles reparaissent à l'automne, les grappes épargnées au printemps sont à moitié perdues au moment de la vendange.

Ce que nous venons de dire de cette pyrale, qui, Dieu merci, n'a pas encore fait son apparition en France, est extrait de l'ouvrage de Kollar (*Naturgeschichte des schædlichen Insecten in Bezuch auf Landwirthschaft and Forstkultur. Wien*, 1837).

On voit que la pyrale viticole a tout à fait la même manière de vivre que celle de Roser. Il faudrait, le cas échéant, enlever de même, au mois de mai, avec des brucelles la petite chenille cachée dans les grappes.

Pyrale holmoise. Tortrix holmiana Linné.

Quoique plusieurs auteurs français aient appelé cette pyrale le *Holm* et la *Holm*, il est évident que Linné lui a donné le nom de *Holmiana*, parce qu'il la trouvée aux environs de Stockholm, qui se dit en latin moderne *Holmia*.

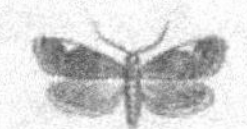

118. — Pyrale holmoise.
Tortrix holmiana.

Elle est très-répandue dans les jardins de Paris. Elle est d'une très-petite taille ; ses ailes supérieures sont d'un roux ferrugineux, avec une tache triangulaire blanche sur le milieu de la côte et quelques petites stries argentées, souvent à peine distinctes, près de l'extrémité. Ses ailes inférieures sont grisâtres, avec la frange ferrugineuse.

La petite chenille vit en mai dans les feuilles pliées des poiriers et surtout des pommiers ; elle est d'un vert jaunâtre, quelquefois presque jaune ou d'une couleur étiolée, avec la tête, l'écusson et les pattes écailleuses d'un brun roux ; elle est très-vive ; dès qu'on touche aux feuilles où elle se tient cachée, elle marche rapidement à reculons et se laisse pendre à un fil de soie. Elle se chrysalide dans le courant de juin et le papillon paraît en juillet.

Il y a des années où elle fait beaucoup de tort aux pommiers sur paradis.

Pyrale du prunier. Tortrix (penthina) pruniana Hubner.

Cette espèce, l'une des plus communes, est dans quelques localités un fléau pour les pruniers. On trouve

la chenille en avril et mai sur le prunier et le cerisier ;
elle est d'abord d'un jaune pâle ; après la seconde mue,
elle devient verte ou d'un vert sale, ou même presque

117. — Pyrale du prunier, *Tortrix pruniana*.

grisâtre, tout son corps est couvert de petits points
verruqueux noirs, donnant naissance à un petit poil
roide ; la tête, l'écusson, les pattes écailleuses et l'extrémité du dernier anneau sont d'un noir luisant.

Dans sa première jeunesse, elle vit au milieu des

bouquets de fleurs de pommier ou de cerisier dont elle
ronge une partie ; lorsque les fleurs commencent à se
faner, elle se retire entre les feuilles, qu'elle lie en
paquet. Arrivée à sa grosseur, elle tapisse de soie l'intérieur de son logement et s'y change en chrysalide.
Celle-ci est brune, moins allongée que la plupart de ses
congénères, avec le bord des anneaux garni de petites
épines. L'éclosion de l'insecte parfait a lieu en juin
et en juillet. Il y a une seconde génération en août,
dont les chenilles, à défaut de fleurs, vivent entre les
feuilles et se transforment en chrysalide à la surface
de la terre, sous la mousse ou quelques brins d'herbes,
pour donner leur papillon au moment où les bourgeons
à fleurs sont sur le point de se développer.

Le papillon est noir et blanc, c'est-à-dire que les
ailes supérieures ont près des deux tiers, à partir de la
base, d'un brun noir ; l'extrémité est plus ou moins noirâtre et la partie intermédiaire largement blanche. Les
ailes inférieures sont d'un gris noirâtre.

Pyrale des bourgeons du pin. Tortrix (coccyx) turionana Linné.

Cette espèce n'intéresse que le jardinier paysagiste
et les forestiers ; en France, on ne la rencontre que dans
les parcs ou les forêts de pins, où elle cause quelquefois d'immenses dégâts.

La chenille est d'une couleur terreuse, un peu brunâtre ; son corps est couvert de petits points verruqueux
noirs, donnant naissance, chacun, à un petit poil roide ;
la tête, l'écusson du premier anneau et les pattes écail-

leuses sont d'un brun couleur de poix. Elle se tient
renfermée, selon Ratzeburg et Zinken, dans les bourgeons allongés des pins qu'elle creuse pour s'en nourrir, de manière à se former une galerie dans laquelle
elle passe l'hiver, pour se changer, en avril et mai, en
une chrysalide d'un rouge brun, qui éclot en juillet et
en août.

Le papillon a de 18 à 20 millimètres d'envergure et
est assez joli ; le fond de ses ailes supérieures est d'un
roux-ferrugineux très-clair, ou un peu violâtre, traversé par une multitude de petites raies d'un blanc légèrement bleuâtre, sinuées et presque toujours gémi-
nées. Les ailes inférieures sont d'un gris pâle.

Il est extrêmement commun en Allemagne, au mois
de juillet, dans les forêts de pins ; en France, il ne se
trouve que dans les parcs et les localités où l'on cultive
en grand le pin sylvestre. Il a été pris une fois ou deux
dans la forêt de Fontainebleau.

Dans les parcs et dans les forêts où cet insecte s'est
propagé, on ne voit pas un pin qui ne soit déformé ou
tordu. La chenille ronge si profondément le bourgeon
terminal qu'il ne reste plus que les écailles. Il en résulte
que, l'aiguille étant détruite, l'arbre, au lieu de filer se
ramifie, et que l'année d'après, la plupart des bourgeons
latéraux développés à la suite de ce ravage subissent
le même sort.

Pyrale des aiguilles du pin. Tortrix (Coccyx) buoliana Fab.

Cette pyrale, appelée par les forestiers allemands
Kieferntrieb-Wickler, est aussi redoutable pour le pin

sylvestre que l'espèce précédente. L'introduction de cet arbre dans les parcs et les forêts de la France nous a, depuis quelques années, gratifiés de cet insecte dangereux.

La chenille ressemble beaucoup à celle de la *turionana* (*Kiefernknospen-Wickler*). Lorsqu'elle est toute jeune, elle est d'un brun foncé ; plus tard, elle devient d'un brun plus clair, avec la tête, l'écusson du premier anneau et les pattes écailleuses d'un noir luisant. Outre cela, son corps est couvert de petits points verruqueux surmontés chacun d'un petit poil roide. Elle vit, comme la précédente, dans les bourgeons de l'extrémité du pin sylvestre ; elle les creuse de la même façon et détermine, à l'endroit où elle s'est introduite, une sorte de bosse formée par une sécrétion résineuse. Elle reste cachée sous ce tubercule de térébenthine jusqu'au mois de mai qu'elle se met en chrysalide. Celle-ci éclot en juillet.

Le papillon, se confond par sa couleur avec l'écorce des pins ; il a les ailes supérieures d'un jaune rouge, avec des bandes ou raies transverses sinuées, d'un blanc argentin, dont une se bifurque près de la côte comme un Y et dont une autre, qui la précède, forme dans son milieu une sorte d'O. Les ailes inférieures sont d'un gris noirâtre assez foncé.

Selon Kollar (*Schädl. ins.*, p. 365), elle ne vit pas seulement sur le pin sylvestre ; en Autriche, elle attaque le maître bourgeon des jeunes pins noirs, *pinus nigricans*, et est une grande calamité dans les lieux où l'on cultive ce conifère.

Nos forêts françaises ne sont pas, comme celles de

l'Allemagne, constituées, en majeure partie, par des
arbres à feuilles en aiguille ; chez nous, au contraire, ce
sont les arbres à feuilles plates qui dominent, ce qui fait
que, jusqu'à présent, nous n'avons pas à nous plaindre
de toutes ces pyrales si funestes aux arbres résineux :
telles que *Coniferana*, *Ratzeburgiana*, *Clausthaliana*,
Hercyniana, *Hartigiana*, *Histrionana*, *Resinana*, *Du-
plana*, etc., dont quelques-unes ne nous sont connues
que par les figures de Hubner ou de Ratzeburg.

Pyrale des pommes. Tortrix (carpocapsa) pomonana Linné.

Cette pyrale, à l'état parfait, est bien peu connue
des jardiniers ; mais tous ont eu l'occasion de remarquer
dans les vergers et les jardins une quantité de poires et
de pommes rongées intérieurement par sa chenille, appelée improprement *ver*.

Nous allons d'abord leur faire connaître le papillon.
Ses ailes supérieures sont d'un gris plus ou moins
cendré, striées transversalement de brun et marquées
sur l'angle interne d'une tache semi-lunaire, d'un brun
roux, cerclée de rouge doré. Les ailes inférieures sont
entièrement noirâtres.

La chenille vit exclusivement dans les pommes et
dans les poires, où d'abord l'on ne soupçonne nullement sa présence. Après la fécondation, la femelle dépose un œuf dans l'œil du fruit nouvellement noué.
Aussitôt éclose, la petite chenille, qui est un peu moins
grosse qu'un fil, pénètre peu à peu jusque dans l'intérieur,
et vient s'établir autour des cloisons renfermant les
pepins ; puis, lorsqu'elle est devenue plus forte, elle

élargit sa demeure, creuse une galerie latérale, plus
ou moins tortueuse, allant du centre à la circonférence,
communiquant avec le dehors, et lui servant à rejeter
l'excédant de ses excréments, et à laisser entrer un peu
d'air. Les fruits attaqués par cette chenille continuent
de grossir, malgré leur ver rongeur, et offrent souvent
l'apparence d'une maturité précoce ; en les ouvrant on
voit qu'une grande partie de la pulpe a été dévorée et
que les galeries sont remplies de déjections sous forme
d'une matière rougeâtre ou brunâtre.

Pyrale des pommes. *Tortrix pomonana.*

En général, les fruits véreux, lorsque la chenille est
arrivée à sa grosseur, ne tiennent plus à l'arbre ; ils se
détachent et tombent. Alors, celle-ci élargit l'ouverture
dont nous avons parlé et qui ressemble à une petite
tache noirâtre ou d'un brun rougeâtre, et sort de sa
demeure pour se préparer à subir sa métamorphose.
C'est ordinairement depuis la fin de juillet jusqu'en
septembre, que cette sortie a lieu.

La couleur de la chenille varie selon la nature du

fruit qui lui a servi de nourriture ; elle est tantôt d'un blanc jaunâtre et tantôt d'un blanc rougeâtre ou presque incarnate. Son corps est garni de quelques petits poils implantés sur de petits tubercules noirâtres ; sa tête et l'écusson du premier anneau sont d'un brun ferrugineux.

Une fois en liberté, elle se retire sous les écorces ou à la surface de la terre et se fait une petite coque soyeuse dans laquelle elle passe l'hiver à l'abri des injures du temps. Au printemps suivant, elle se transforme en chrysalide et le papillon éclot en juin et quelquefois en juillet.

Il y a des années où cette pyrale est si commune, que la plupart des pommes et des poires sont *véreuses*. Il est à remarquer cependant, qu'elle n'attaque pas indistinctement toutes les variétés. En Normandie, on rencontre rarement des pommes à cidre *véreuses*. Cette *Tortrix* paraît avoir une préférence très-marquée pour les pommes appartenant au groupe des *Reinettes*, dont la pulpe est acidule, telles que Rambour d'été, Reinette de Caux, d'Angleterre, du Canada, Pigeonnet, etc. Dans cette même partie de la France, les Calvilles sont aussi moins exposés à la voracité de cette chenille que les variétés dont nous venons de parler.

Il y a peu de moyens propres à combattre ce fléau : pour cela, il faudrait enlever tous les fruits marqués d'une petite tache noire et les écraser avec la chenille qu'ils renferment. On pourrait aussi ramasser ceux qui tombent et qui ne sont pas encore percés, ce qui indique que le ver est encore dans l'intérieur.

Quelques horticulteurs pratiquent sur les fruits véreux

une opération qui consiste à extirper la chenille en enfonçant dans la chair un petit tube de fer blanc, plus étroit, mais analogue à celui que l'on appelle *vide-pomme*. Ils remplissent ensuite la plaie avec un peu de cire ou simplement avec de la terre glaise. Ce procédé est encore peu en usage.

Pyrale des prunes. Tortrix (grapholitha) funebrana Treitsch.

Les prunes et les abricots renferment souvent dans leur pulpe une chenille qui ressemble tellement à celle des poires et des pommes que, pendant longtemps nous les avons confondues ensemble, supposant qu'elles devaient produire le même papillon.

Cette chenille est très-commune aux environs de Paris, dans les prunes de *Monsieur*, de *Reine-Claude* et de *Mirabelle*, ainsi que dans le petit abricot hâtif; elle est plus rare dans les grosses variétés américaines appelées *Washington*, *Golden Drop*, etc.; nous ne l'avons pas encore observée dans la variété dite *Dame Aubert*, ni dans la *Reine-Claude* de Bavey, ni même dans les abricots en espalier.

Il y a des années où elle est tellement abondante que beaucoup de ces fruits à noyau sont véreux et totalement perdus. Lorsqu'on les ouvre, on trouve la chenille nageant pour ainsi dire au milieu d'un magma dégoûtant d'excréments et de jus de prune ou d'abricot. Elle arrive à toute sa taille à l'époque de la maturité des fruits dont elle se nourrit. Ceux-ci tombent un peu avant les autres, et la petite chenille en sort pour entrer en terre, et filer une petite coque dans laquelle elle reste renfermée tout l'hiver; en juin, elle se transforme en une chrysalide qui donne son papillon dans les premiers jours de juillet.

Celui-ci est un peu plus petit que la pyrale des pommes à laquelle il ressemble bien peu, malgré la grande similitude qui existe entre les deux chenilles. Ses ailes supérieures ont le fond brunâtre ou un peu roussâtre, panaché de gris, avec la côte marquée de petites taches blanches lunulées, et le bord interne ainsi que l'extrémité parsemés de petits atomes d'un gris argenté : outre cela, l'angle interne offre une tache grisâtre, arrondie, marquée de quatre points noirs et entourée d'un peu de gris bleuâtre. Les ailes inférieures sont noirâtres.

Si la chenille est commune, il n'en est pas de même du papillon que nous n'avons jamais trouvé dans la nature. Cela tient probablement à ce que la plupart des larves périssent dans leur coque pendant l'hiver. Il y a trois ans, nous avons mis dans un pot avec de la terre, une trentaine d'individus recueillis à Montrouge, dans la propriété de notre collègue, M. Domage ; de ce nombre, il nous est éclos seulement trois papillons, dont un avorté. Les autres se sont desséchés.

Pyrale brillante. Tortrix (carpocapsa) splendana.

L'insecte parfait, ressemble beaucoup à la pyrale des pommes. Ses ailes supérieures sont d'un gris brunâtre, pointillées de gris pâle, et marquées vers l'angle interne d'une tache brune arrondie, cerclée par une ligne argentée lisérée de noirâtre.

Ce petit papillon n'est pas très-rare, pendant l'été, dans
les bois de Versailles et de Meu-
don. C'est à M. le colonel Goureau
que nous sommes redevable de
la connaissance de la chenille :
personne en France ne l'avait éle-

110. — Pyrale brillante.
Tortrix splendana.

vée avant cet entomologiste. Duponchel supposait qu'en
raison de son analogie avec la pyrale des pommes, elle
devait se nourrir de fruits à pepins. M. Goureau nous
a appris qu'elle vivait dans les châtaignes, et que, dans
certaines localités, elle gâtait quelquefois les trois quarts
de ces fruits, ainsi qu'il l'a constaté en 1849, à Cher-
bourg, sur un navire marchand venant de Nantes,
chargé de marrons. La chenille, dit ce savant, « est
blanchâtre ; sa tête est brune et le dessus du premier
segment de son corps est d'un brun plus clair ; les
autres portent des points verruqueux surmontés d'un
poil. Elle prend toute sa croissance dans la châtaigne
et la perce d'un petit trou pour rejeter en dehors une
partie de ses crottes, comme font les chenilles des
prunes et des pommes. Lorsqu'elle a atteint toute sa
taille, le fruit tombe de l'arbre et la chenille en sort pour
se réfugier dans le sol et s'enfermer dans un cocon solide tissu de soie mêlée à des parcelles de terre, ce qui
arrive dans le mois de septembre, un peu avant la maturité naturelle des châtaignes. La chenille reste dans son
cocon pendant l'automne et l'hiver, et se change en
chrysalide au printemps suivant, ou pendant l'été : cet
état dure environ 15 jours. Les papillons les plus hâtifs
s'envolent à la fin du mois de mai et les plus tardifs
dans les premiers jours d'août. »

L'histoire de cette petite pyrale ressemble beaucoup à celle des deux précédentes ; elle intéresse si peu les horticulteurs, que nous eussions pu la passer sous silence. Si nous en avons parlé, c'est que parmi nos collègues, il y en a peut-être quelques-uns qui ne seront pas fâchés de connaître l'insecte qui rend les châtaignes véreuses.

On trouve, dans les bois, deux autres espèces voisines, dont l'une *fagiglandana* de Keller ou *grossana* des auteurs anglais, vit de la même manière dans les faînes (fruit de hêtre), et l'autre *amplana* de Treitschke dans les glands.

Pyrale de Woeber. Tortrix (carpocapsa)
Wœberiana Fab.

Quoique cette pyrale soit placée par Treitschke dans son genre *Carpocapsa*, sa chenille ne vit pas dans les fruits, mais sous les écorces des pruniers, cerisiers, pêchers, abricotiers et amandiers. Elle se tient entre l'écorce et l'aubier, creuse des galeries d'où s'échappe une poussière roussâtre qui décèle sa présence ; le plus souvent, elle détermine dans le voisinage de son habitation, une secrétion gommeuse qui fatigue et épuise les arbres. En Allemagne, où l'on cultive, beaucoup plus qu'en France, les cerisiers et les pruniers, elle est considérée comme une espèce des plus nuisibles.

Au-commencement de septembre, cette chenille a atteint toute sa croissance ; elle est alors d'un vert-jaunâtre pâle, avec la tête, les pattes écailleuses et l'écusson du premier anneau d'un brun ferrugineux ;

son corps est parsemé de quelques poils courts implantés sur des petits mamelons peu sensibles. Elle se change en chrysalide sous l'écorce où elle a vécu, et l'insecte parfait paraît en juin et en juillet de l'année suivante.

Le petit papillon est assez joli; il a le port et la taille de la pyrale de Bergmann; ses ailes supérieures sont d'un roux-ferrugineux doré, réticulées de brun, traversées au milieu par deux petites raies métalliques bleuâtres sinuées; l'angle interne offre une tache ronde, marquée dans son centre de quatre petits traits noirs, et entourée de deux cercles, dont l'interne est noir, et l'externe d'une couleur métallique bleuâtre.

La pyrale de Vœber est commune dans les pépinières et partout où l'on cultive les arbres à noyau.

Pyrale de pois. Tortrix (grapholitha) pisana Guénée.

Une petite chenille, voisine des espèces précédentes, vit, en juillet et août, dans l'intérieur des petits pois et les rend *véreux*.

Cette petite chenille n'est pas rare, mais jamais nous ne l'avons élevée; notre savant et estimable collègue, M. Guénée, de Châteaudun, est, à notre connaissance, le seul entomologiste qui ait réussi à faire son éducation.

Lorsqu'elle est adulte elle est blanchâtre, avec la tête rousse et le corps parsemé de quelques poils courts. Quand elle a fini de dévorer les pois tendres contenus dans une cosse, elle en sort par un petit trou rond et s'introduit dans une autre, où elle fait le même ravage.

A la fin d'août, elle a terminé sa croissance ; alors elle descend et file dans la terre une petite coque de soie, dans laquelle elle passe l'automne et l'hiver pour se transformer en chrysalide au printemps et en insecte parfait dans le courant de juin. Cette éclosion assez tardive explique parfaitement pourquoi les pois, qui arrivent, en mai et juin, sur les marchés, ne sont jamais véreux, tandis que ceux de l'arrière-saison le sont si fréquemment.

Le papillon que nous n'avons jamais vu, est, selon Curtis et M. Goureau, d'un gris de souris satiné. Ses ailes supérieures ont, le long de la côte, quelques petites taches, et leur angle interne est marqué d'un anneau ovale argenté renfermant cinq traits noirs.

Il ne faut pas confondre les pois véreux dont nous venons de parler, avec ceux qui sont rongés, après la récolte, par la bruche du pois ; ce coléoptère que nous avons décrit et figuré, subit toutes ses métamorphoses dans le grain et n'en sort qu'au printemps, à l'état d'insecte parfait, par un petit trou parfaitement rond.

FAMILLE DES TINÉIDES.

Les petits papillons compris dans cette nombreuse famille faisaient autrefois partie du grand genre *Tinea* de Linné. Ils sont, aujourd'hui, répartis en plusieurs tribus, subdivisées elles-mêmes en un grand nombre de genres offrant les caractères généraux suivants : an-

tennes presque toujours simples dans les deux sexes;
palpes inférieurs assez développés, ascendants ou relevés au-dessus de la tête; trompe nulle ou rudimentaire; tête ayant très-souvent une sorte de toupet situé
entre les yeux; corselet non crêté, lisse; ailes roulées
ou moulées sur le corps; les supérieures longues et
assez étroites, les inférieures très-étroites, garnies d'une
frange large; pattes postérieures longues et pourvues
d'ergots.

Chenilles vermiformes, glabres ou presque glabres,
munies de seize pattes et d'une plaque écailleuse sur
le dos du premier anneau, marchant vivement à reculons, comme celles des Pyralides, lorsqu'on les inquiète,
et ne vivant jamais à découvert.

Les Tinéides sont des pygmées dans l'ordre des Lépidoptères; beaucoup d'espèces sont si petites à l'état
parfait, qu'on ne les voit presque jamais dans les jardins; celles qui habitent nos appartements font exception, on les voit souvent le soir voltiger aux lumières
et se brûler à la flamme des bougies ou des chandelles.

Parmi ces petits papillons, certains groupes, malgré
leur exiguïté, ne le cèdent en rien aux autres papillons nocturnes pour la richesse des ornements, et ce
n'est pas sans raison que Scopoli (*Fauna carniolica*) a
dit : *Tinearum pulchritudo stupenda*. Plusieurs de ces
petits animaux présentent, sur leurs ailes supérieures,
des points d'or et d'argent relevés en bosse, qui, vus à
la loupe, sont du plus brillant effet.

Réaumur et Degéer, qui ont passé leur vie à faire de
la véritable science, ont publié de nombreux mémoires,
d'un grand intérêt, sur ces insectes. Le premier de

ces auteurs, ne considère comme *teignes proprement dites*, que celles vivant dans des fourreaux qu'elles transportent partout avec elles; il appelle *fausses-teignes* celles qui ont une habitation fixe.

Les chenilles des Tinéides, connues sous le nom vulgaire de *vers*, se nourrissent généralement de substances végétales comme les Pyralides; mais il y en a quelques-unes qui ne mangent que des substances animales : laine, plumes, soie, crin, corne, etc.

Ces chenilles, en général, intéressent moins l'horticulture que l'économie rurale et domestique, pour qui elles sont un terrible fléau. Quelques espèces vivent dans nos habitations, de substances animales, et occasionnent fréquemment de grands dégâts, telles sont entre autres : la tapissière (*tinea tapezella* Linné), qui dans les magasins et dans les maisons, ronge les étoffes de laine; la fripière (*tinea sarcitella* Linné), la plus commune de toutes, qui dévore nos vêtements d'hiver; la pelletière (*tinea pellionella* Linné), qui coupe le poil des fourrures pour s'en faire un tuyau feutré; la teigne du crin (*tinea crinella* Treitschke), qui dévore le crin des meubles dans les appartements et chez les tapissiers; la teigne à front jaune (*tinea flavifrontella* Fabricius), la peste des collections d'oiseaux et d'insectes dans les Musées.

Au nombre de celles que redoutent le plus les agriculteurs, nous citerons la teigne des grains (*tinea granella* Linné); dans les greniers elle lie ensemble plusieurs grains de blé dont elle mange et détruit la farine; la teigne des céréales (*tinea cerealella* de l'Encyclopédie), très-voisine de la précédente. Cette dernière que nous n'avons jamais vue, vit cachée et à l'abri dans l'intérieur d'un seul grain de blé ou d'orge, dont elle consomme toute la farine ; elle dévora, au rapport de Duhamel et de Dutillet, en 1770, presque tous les grains de l'Angoumois. Il paraîtrait que, depuis cette époque, elle a disparu, car tous les auteurs modernes qui en parlent, ne l'ont pas connue. Nous pourrions encore citer une espèce relativement très-grande, la teigne des ruches (*tinea cerella* Linné), qui dévore dans les ruches la cire des abeilles.

Toutes les Tinéides ne vivent pas isolées ; certaines races aiment la société, forment de nombreuses colonies, et habitent en commun sous la même tente chacune dans un logement particulier. Il y en est d'autres qui ne font pas de fourreaux pour s'abriter : on les appelle *mineuses*, parce qu'elles se nourrissent dans l'épaisseur des feuilles, en laissant intactes les deux lames de l'épiderme. Quelques-unes, mais en très-petit nombre, vivent de fruits ; d'autres lient, à la manière des pyrales, le sommet des plantes qui montent à fleur, et dévorent les boutons.

Le plus ordinairement les Tinéides se transforment en chrysalides dans leur propre berceau. Il faut en excepter celles qui habitent entre les lames de l'épiderme ; généralement elles sortent de leur demeure pour les métamorphoser.

Les espèces de Tinéides propres à l'Europe seulement, sont très-nombreuses : il y en a environ un mille de décrites ou de figurées par les auteurs français et surtout par les entomologistes allemands et anglais. Qui peut dire combien il en reste encore à découvrir ?

GENRE YPONOMEUTE, YPONOMEUTA Latreille.

Ce genre est l'un des plus distincts de la famille. Il est tellement tranché que Stephens, en Angleterre, en a fait une tribu à part. Voici quels sont ses caractères : antennes simples dans les deux sexes; palpes un peu écartés de la tête et un peu recourbés au-dessus du front ; toupet nul; trompe rudimentaire; abdomen grêle et cylindrique ; ailes roulées autour du corps dans le repos ; les supérieures parsemées de petits points noirs; les inférieures plissées en éventail et munies d'une longue frange.

Les chenilles sont glabres, atténuées aux deux extrémités, d'une couleur terne, marquées de points alignés. Elles vivent en sociétés nombreuses dans des nids ressemblant à de grandes toiles d'araignées, et dans lesquels elles ont la précaution de faire entrer les feuilles qui doivent leur servir de nourriture. Elles ne mangent que le parenchyme de la surface supérieure; pour peu qu'on les touche, elles reculent ou avancent dans leur hamac, avec une extrême vitesse, sans se détourner ni à droite, ni à gauche, par la raison que chaque chenille est logée seule, dans une sorte de tuyau ou de longue gaîne. Chaque nid est formé d'un assemblage de ces gaînes disposées parallèlement les unes à côté des autres. Quand les chenilles de ce genre sont en repos, elles forment une espèce de paquet qui souvent approche de la régularité d'une botte d'allumettes.

Chaque individu se transforme en chrysalide dans sa cellule.

Yponomeute du fusain. Yponomeuta Evonymella Linné.

Ailes supérieures d'un blanc pur, parsemées chacune de *plus de cinquante* petits points noirs disposés longitudinalement sur quatre rangées parallèles, mais un peu épars à l'extrémité. Ailes inférieures d'un gris cendré, avec la frange plus claire.

Les chenilles vivent, pendant les mois de mai et de juin, en familles nombreuses dans les parcs et dans les haies, sur les fusains (*evonymus*). Elles enveloppent les rameaux de ces arbustes avec des toiles de soie blanche, où elles se tiennent à l'abri de la pluie et des rayons du soleil. Réunies sous cette tente commune, elles dévorent toutes les feuilles; lorsque la nourriture commence à diminuer, elles élargissent leur habitation, ou bien elles la transportent sur une autre branche, de sorte que, lorsqu'elles sont arrivées à leur entier développement, l'arbre se trouve dépouillé de toutes ses feuilles et entièrement recouvert d'un voile blanc ressemblant à d'immenses toiles d'araignées.

La chenille de cette yponomeute est d'un jaune-d'ocre sale, avec la tête et la plaque du cou d'un brun-noir luisant; son corps est marqué de points noirs veloutés au nombre de quatre sur chaque anneau. Au mois de juillet, elle se change en chrysalide, la tête en bas; le papillon paraît au mois d'août.

Après l'accouplement, la femelle dépose ses œufs par plaques dans la bifurcation des rameaux; ils éclosent en septembre, et les petites chenilles passent l'hiver dans l'engourdissement, abritées sous une petite enveloppe de soie d'où elles ne sortent qu'au mois de mai.

Il y a des localités, et des années, où cette yponomeute est tellement abondante que les fusains sont complétement dépouillés de leurs feuilles et entièrement recouverts d'un crêpe blanc. On la trouve rarement aux environs de Paris.

Nous avons conseillé, dans un petit opuscule publié en 1833, d'enlever les nids des différentes espèces d'yponomeutes, avec un balai de feuilles de houx, ou de les brûler avec une poignée de paille allumée que l'on passe rapidement sur les branches; mais nous préférons le premier moyen; parce que, si on ne prend pas une précaution suffisante, on peut très-bien brûler les petites branches en même temps que les nids, et nuire à la végétation de l'année suivante.

Yponomeute du bois du Sainte-Lucie. Yponomeuta padella Linné.

Cette espèce est excessivement commune aux environs de Paris. Les haies qui bordent les chemins de fer, formées souvent de Sainte-Lucie, sont quelquefois totalement envahies par sa chenille dont les tentes de soie les couvrent comme un immense voile.

120. — Yponomeute du Sté-Lucie grossie.
Yponomeuta padella.

Le papillon a les ailes supérieures blanches, avec tout le milieu largement d'un gris plombé, de sorte qu'il n'y a guère que le bord interne qui soit d'un blanc pur; elles sont en outre marquées d'environ vingt-cinq petits points noirs. Les ailes inférieures sont noirâtres.

Cette yponomeute se comporte tout à fait comme la précédente. Elle est très-abondante dans les pépinières et généralement partout où on cultive le *prunus padus*. Nous l'avons quelquefois rencontrée sur plusieurs variétés de cerisiers.

La chenille ressemble beaucoup à celle de l'*Evonymella*. Son dos est d'un brun livide marqué de deux rangées de taches d'un noir velouté; le ventre est d'un jaune verdâtre, avec la tête et les pattes écailleuses d'un noir luisant.

L'éclosion a lieu en août comme pour les autres espèces.

Yponomeute cousine. Yponomeuta cognatella Treitsch.

Elle ressemble un peu à l'espèce précédente, mais ses ailes supérieures sont entièrement d'un blanc pur, sans le moindre espace plombé; elles sont également marquées d'environ vingt-cinq petits points noirs. Elle éclot à la même époque, et la chenille a les mêmes mœurs; elle vit sur le pommier, et quelquefois sur l'aubépine et le sorbier, jamais sur d'autres arbres. Lorsqu'elle est toute jeune, au commencement de mai, elle est d'un blanc jaunâtre, avec de petits points verruqueux noirâtres; la tête et la plaque du premier anneau sont d'un brun noirâtre. Lorsqu'elle est adulte, à la fin de juin, elle est d'un gris velouté, avec deux rangées dorsales de taches quadrangulaires d'un noir profond. La tête, la plaque du premier anneau et les pattes écailleuses sont d'un noir mat.

Cette chenille, tout aussi commune que la précé-

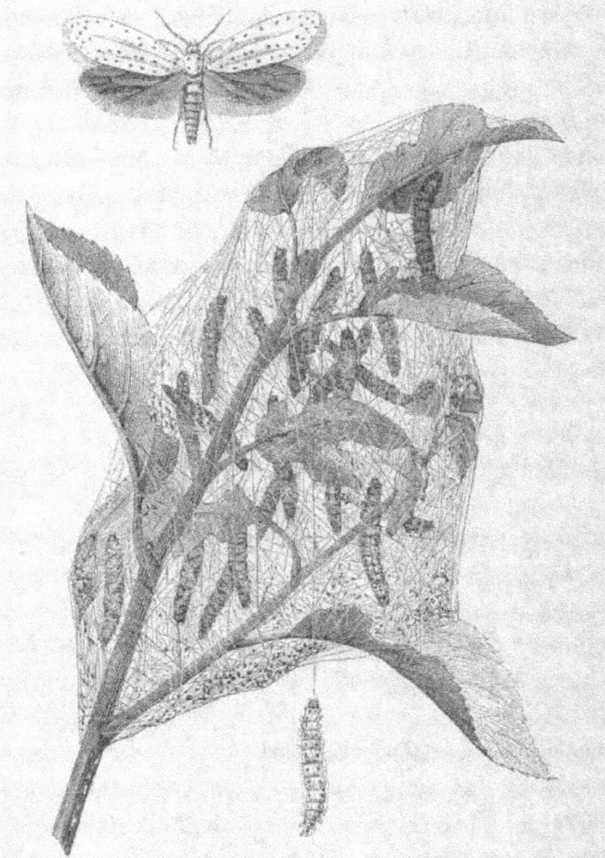

121. — Yponomeute consine grossie. *Yponomeute cognatella*.

dente, est un terrible fléau pour les pommiers. Nous avons vu souvent, au bord des routes, des rangées

de ces arbres dont toutes les feuilles paraissaient
brûlées, et dont toutes les branches étaient enveloppées dans un réseau de soie blanche, ressemblant de
loin à d'innombrables toiles d'araignée. Les gens de
la campagne, par ignorance, attribuent ordinairement,
les affreux ravages que causent ces milliers de chenilles, à des *vents roux*.

La chenille du Bombyx chrysorrhée pour laquelle
l'échenillage est obligatoire, est beaucoup moins funeste
aux pommiers que celle-ci. La première, à la vérité,
effeuille et dévaste les branches où elle s'est établie,
mais celles de cette Yponomeute envahissent l'arbre
tout entier et anéantissent toute espérance de récolte :
on croirait que tous les pommiers ont été brûlés.

Fischer V. Roeslerstamm (*Suppl. zu Treitschkes und
Hubners*, etc.) et Zeller (*Isis von Oken*, t. XII, p. 167)
figurent et décrivent, sous le nom de *Malinella*, une
autre espèce d'Yponomeute vivant sur le pommier ; elle
ressemble tellement à la *Cognatella* qu'il nous a été
impossible de saisir aucun caractère distinctif sur deux
individus *authentiques* venant de Prusse. Peut-être
existe-il quelque différence dans les chenilles. C'est
ce que nous ignorons.

Yponomeute plombée. Yponomeuta plumbella Hubner.

Elle est d'un tiers plus petite que la *Cognatella*. Ses
ailes supérieures sont entièrement d'un gris-blanchâtre
plombé avec trois rangées de petits points noirs, et
l'extrémité près de la frange, d'un gris obscur. Outre
cela, elles offrent sur leur milieu, une petite tache d'un
gris brunâtre. Les ailes inférieures sont noirâtres.

Les chenilles vivent, dans leur jeunesse, en commun sous une toile de soie d'un blanc grisâtre qu'elles établissent à l'extrémité des branches des nerpruns (*Rhamnus*). Les familles sont moins nombreuses que chez les espèces précédentes ; elles se composent rarement de plus d'une quarantaine d'individus.

Ces larves ont la tête et les deux premiers anneaux d'un jaune ferrugineux, les suivants d'une couleur grisâtre, avec une raie dorsale ponctuée de noir et une tache latérale de la même couleur sur chaque anneau. Lorsqu'elles sont pour se chrysalider, elles se séparent, et, chacune file entre deux feuilles une petite coque blanchâtre. Le petit papillon paraît en juillet.

Nous avons vu quelquefois des alaternes dont les jeunes pousses étaient entièrement dévorées par les chenilles de cette Yponomeute, cependant sa plante de prédilection paraît être la bourdaine (*Rhamnus frangula*).

Yponomeute du sedum. Yponomeuta sedella Zeller.

Elle est de la taille de la précédente ; ses ailes supérieures sont d'un gris-cendré un peu plombé, marquées de petits points noirs très-nombreux, disposés sur trois rangées longitudinales.

Les chenilles vivent en familles sur l'orpin (*Sedum telephium*), sous une tente grisâtre, assez claire, ressemblant à une toile d'araignée, dont elles finissent par envelopper toute la plante ; elles sont d'une couleur blanchâtre, avec les côtés des trois derniers anneaux d'un jaune fauve et une raie dorsale grisâtre, précédée de chaque côté d'une série de taches d'un noir profond.

Outre cela, les côtés sont pointillés de noir ; l'écusson du premier anneau offre deux petites taches noires ; la tête est couleur de poix.

La métamorphose a lieu en commun, sous la toile qui enveloppe la plante.

L'insecte parfait paraît dans la première quinzaine de juillet. La chenille de cette Yponomeute est très-commune aux environs de Paris, et même dans les jardins de botanique sur toutes les variétés de *sedum telephium*. Depuis deux ans, elle commence à envahir le *sedum fabaceum*, cultivé aujourd'hui comme plante ornementale et comme plante de marché.

GENRE TEIGNE. TINEA Latreille.

Le genre teigne de Latreille est divisé maintenant en un nombre considérable de genres dont la connaissance importe peu aux horticulteurs. Les caractères généraux propres à ce groupe sont : des antennes simples dans les deux sexes ; une tête aussi large que le corselet, très-velue ; une trompe à peine rudimentaire ; un abdomen cylindrique terminé en pointe chez les femelles ; des pattes longues ; des ailes supérieures longues et étroites ; des ailes inférieures largement frangées au bord abdominal.

Chenilles vermiformes vivant isolément, dans des fourreaux, ou logées entre les lames de l'épiderme des feuilles, ou quelquefois entre des feuilles liées ensemble par des fils de soie.

Teigne de la julienne. Tinea (alucita) porrectella Linné.
Hesperidella Hubner.

Tous les jardiniers et tous les amateurs ont pu remarquer que la majeure partie des juliennes achetées, au mois de mars, au quai aux Fleurs (*grand rameau, petit rameau, violette ou rouge*), sont presque toujours attaquées par une très-petite chenille de Tinéide qui lie avec des fils de soie les feuilles les plus tendres et qui, un peu plus tard, emmaillotte et dévore les boutons au moment où ils commencent à se former. Cette petite chenille, dont on n'aperçoit pas d'abord la présence, est d'un vert plus ou moins obscur, avec la tête roussâtre ; son corps est garni de petits points verruqueux noirâtres surmontés d'un petit poil roide. Dans la première quinzaine de mai, arrivée à toute sa croissance, elle file sous une feuille une petite coque blanche dont les mailles écartées laissent voir, comme au travers d'un treillis, une petite chrysalide roussâtre qui éclot à la fin de mai ou dans les premiers jours de juin.

L'insecte parfait est très-petit ; ses ailes supérieures sont un peu falquées d'une couleur grisâtre, avec les bords pointillés de noirâtre et une raie longitudinale obsolète plus obscure que le fond. Les ailes inférieures sont d'un gris de cendre.

Cette inéide s'accouple aussitôt après l'éclosion et dépose ses œufs sur les feuilles les plus rapprochées du centre (*cœur*). Les petites chenilles provenant de cette génération, n'attaquent pas les rameaux qui sont alors en pleine fleur, elles vivent dans les feuilles. Elles se métamorphosent de la même façon et donnent leur papillon en septembre. Nous ignorons si les œufs ou les petites chenilles à l'état rudimentaire, passent l'hiver pour propager l'espèce au printemps.

Les juliennes de certaines localités, vendues sur les marchés de Paris, sont plus fréquemment attaquées par cette teigne que celles venant d'un autre endroit. Ainsi, celles qui proviennent des environs de Chevreuse, renferment très-souvent de petites chenilles cachées dans leurs feuilles, tandis que celles qui sont cultivées à Mantes, sont généralement exemptes de cette vermine.

On peut, avec un peu de soin, éviter les dégâts de cette teigne ; il suffit de se donner la peine, au mois de mai, de chercher la chenille dans les feuilles réunies en paquet par quelques fils de soie, principalement dans les rameaux qui commencent à monter.

Nous avons remarqué, depuis plusieurs années, une autre petite teigne, voisine de cette espèce; elle vit de la même manière, à l'extrémité des rameaux florifères des campanules. Cette espèce, que nous appelons *campanulella*, nous paraît être nouvelle. Elle appartient comme l'*hesperidella* au genre Alucite.

Teigne des ails. Tinea (lita) alliella.

La petite chenille de cette Tinéide est certainement la même que celle que M. Goureau regarde comme la *vigeliella* de Duponchel ; mais l'insecte parfait qu'elle produit, ressemble si peu à la figure que cet auteur donne de cette espèce, que nous n'osons l'y rapporter.

La chenille appartient à la section des mineuses ; elle vit dans l'intérieur des feuilles de diverses espèces de Liliacées, où elle creuse de longues galeries dans lesquelles elle rampe, sans entamer l'épiderme. Elle est d'un vert-blanchâtre plus ou moins étiolé, selon la plante qui lui sert de nourriture ; la tête et la plaque du premier anneau sont d'un jaune ferrugineux. Lorsqu'elle est arrivée à son entière grosseur, elle sort de sa prison et file, comme l'espèce précédente, une petite coque de soie, à mailles très-lâches, qu'elle fixe à quelques débris de végétaux ou à la feuille dont elle est sortie.

C'est au mois de mai et d'octobre que l'on rencontre cette chenille, dans les jardins fleuristes, sur les *Alstrœmeria*, les asphodèles, les hémérocales, et, dans les jardins de botanique, sur plusieurs *Phalangium* et l'*Allium* à feuilles plates. Elle est souvent nuisible dans les cultures maraîchères, par le mal qu'elle fait aux jeunes poireaux, dont elles occasionne le dépérissement et quelquefois la mort.

Cette chenille est assez commune depuis quelques années ; elle se montre à deux époques, en mai et juin et au commencement de l'automne.

Les papillons de la première époque éclosent au commencement de juillet, ceux de la seconde paraissent au milieu du mois de novembre

L'insecte parfait est extrêmement petit ; il voltige dans les jardins, après le coucher du soleil ; il est d'un gris jaunâtre comme l'*hesperidella*. Ses ailes supérieures sont

un peu pointues au sommet, d'un gris-noirâtre obscur,
et offrent, sur le milieu, une petite tache triangulaire
blanche pointillée de brun ; les ailes inférieures sont
noirâtres.

Selon M. Goureau, il paraîtrait qu'une partie des
chrysalides de l'automne passerait l'hiver pour éclore au
printemps et propager l'espèce.

Teigne de l'olivier. Tinea (elachista) oleella Fonscol.

Nous pourrions presque nous abstenir de parler de
deux teignes mineuses qui, en Provence, en Algérie et
en Italie, font beaucoup de tort aux oliviers, d'autant
mieux que nous n'avons jamais été à même d'observer
leurs ravages, et que ce que nous en dirons est extrait
d'un mémoire, publié en 1835, sur ces deux insectes,
par Boyer de Fonscolombe.

La première *tinea oleella* vit, à la fin de l'hiver, du
parenchyme des feuilles de l'olivier. A cette époque de
l'année, on voit qu'une très-grande quantité des feuilles
présentent des taches irrégulières brunes. Si l'on
soulève l'épiderme de la page supérieure, on trouve
dessous une petite chenille mineuse, grosse comme un
fil et n'ayant guère plus de deux lignes de longueur ;
elle est d'un vert brun ou d'un vert sale ; sa tête
est jaunâtre, marquée de deux taches noires ; elle a, sur
le premier et sur le dernier anneau, une plaque noire.
Cette petite chenille, lorsqu'elle est arrivée à un certain
âge, sort souvent de sa retraite et vient se loger entre
les bourgeons ou les pousses les plus tendres, qu'elle
lie avec quelques fils de soie (n'y aurait-il pas là deux

espèces ?). A la fin de mars, elle file une petite coque dans laquelle elle se change en chrysalide.

Le petit papillon éclot au mois d'avril ; il est d'un gris-cendré luisant ; ses ailes sont allongées et très-luisantes, pourvues d'une longue frange grisâtre ; les supérieures sont marbrées de nuances noirâtres ou foncées, dont quelques-unes forment souvent une ou deux petites taches au bord et au milieu de l'aile.

Cette petite teigne cause de grands dommages aux oliviers du département du Var et du comté de Nice.

Fonscolombe ne parle que de l'éclosion du mois d'avril, mais il doit y avoir plusieurs générations dans la même année ; les petites chenilles qui rongent les feuilles à la fin de l'hiver, proviennent très-probablement d'individus nés à l'automne.

Le docteur Charles Passerini, de Florence, a publié, en 1832, un mémoire inséré dans le journal de l'*Academia dei Georgofili*, où il décrit une autre teigne (*tinea accessella*), très-voisine de l'*ocella*, laquelle ronge les geons des oliviers, et fait en Toscane un tort considérable à l'agriculture.

Teigne des olives. Tinea (œcophora) olivella Fonscolombe.

Cette seconde mineuse que nous ne connaissons pas plus que la précédente, a une tout autre manière de vivre. Sa chenille, beaucoup plus pernicieuse, se loge dans l'amande même de l'olive. Après sa sortie de l'œuf, elle pénètre dans le noyau encore tendre et s'y nourrit de la substance de l'amande ; l'olive croît, sans que d'abord son extérieur annonce aucune lésion ; le

fruit est semblable aux autres. A la fin d'août, la chenille
ayant atteint toute sa grosseur, perce le noyau à
l'insertion du pédicule, se laisse tomber et cherche
une retraite pour se changer en chrysalide. Les olives
ainsi perforées tombent sous l'arbre et sont entièrement
perdues.

La chenille est un peu plus grosse que la mineuse
des feuilles; elle est d'un vert-grisâtre marbré, avec
quatre lignes dorsales noires et deux taches de la
même couleur sur la tête. La chrysalide est d'un jaune
brunâtre, renfermée dans une petite coque de soie à
mailles très-claires.

L'insecte parfait éclot dans la première quinzaine de
septembre; il ressemble beaucoup au précédent, sauf
qu'il est un peu plus grand et que ses ailes supérieures
sont moins marbrées.

Teigne du lilas. Tinea (gracillaria) syringella Fabricius.
Ornyx ardeæpenella Treitschke.

Quoique très-répandue dans les jardins de Paris,
cette Tinéide est d'une si petite taille, qu'il faut être
entomologiste et avoir l'œil bien exercé pour l'apercevoir. Elle paraît au premier printemps au moment où
les lilas commencent à se développer. La femelle pond
ses œufs sur les feuilles tendres de cet arbuste ; aussitôt
nées, les petites chenilles percent les feuilles d'un petit
trou imperceptible, pénètrent dans le parenchyme et
creusent entre les deux épidermes une galerie dans
laquelle elles vivent et croissent pendant quelque temps.
Les feuilles habitées par cette espèce de *ver*, se bour-

souffent un peu et toute la partie dont le parenchyme a
été dévoré, se fane, se dessèche et paraît comme brûlée.

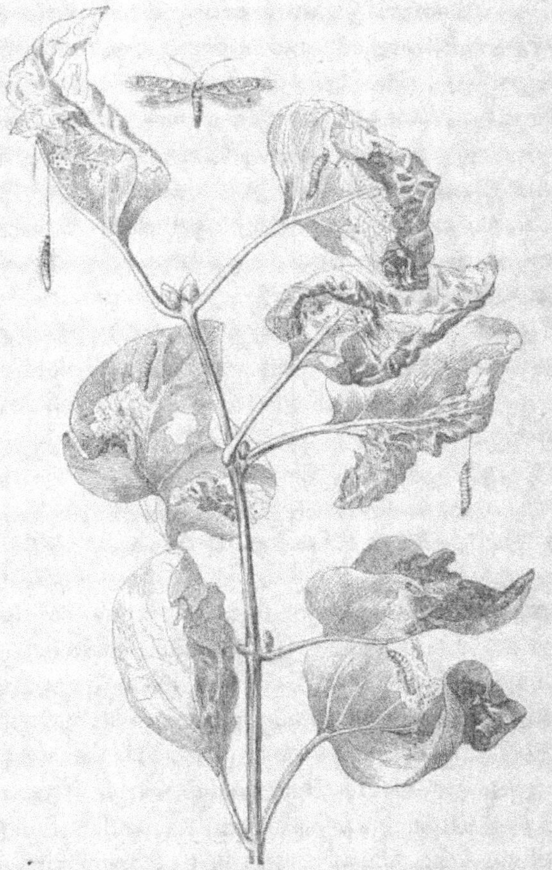

122. — Teigne du lilas très-grossie. *Tinea syringella.*

Si l'on soulève une des lames de l'épiderme, au mois
de mai, on y trouve une petite famille de jeunes larves,

ou leurs excréments, sous la forme de petits grains
noirâtres. Lorsque ces petites chenilles se sentent
logées trop à l'étroit et que la nourriture va leur manquer, elles font une petite ouverture dans une portion
de l'épiderme, sortent de cette retraite devenue insuffi-
sante, et lient ensemble quelques feuilles de lilas à l'aide
de fils de soie. Une fois installées dans ce paquet, elles
continuent de croître en rongeant la face supérieure de
ces organes. Au mois de juin, arrivées à toute leur taille,
elles sont d'un vert-blanchâtre étiolé ; alors, elles abandonnent leur dernière demeure ; la petite colonie se
disperse et chacune se fait une petite coque de soie,
les unes entre les feuilles, et les autres dans les gerçures de l'écorce.

Nous avons vu quelquefois dans le jardin de M. Laurent, des centaines de ces chenilles suspendues à des fils
de soie, cherchant un lieu convenable pour se métamorphoser. L'éclosion de l'insecte parfait a lieu au
bout de douze à quinze jours. Au mois de juillet, les
petites teignes du lilas s'accouplent de nouveau et donnent une seconde génération, dont l'insecte parfait
paraît en septembre. Les individus provenant de cette
seconde époque, s'accouplent de même et donnent une
troisième génération de chenillettes, dont les chrysalides passent l'hiver pour propager l'espèce au printemps suivant.

Le petit papillon, malgré son exiguïté, est richement
vêtu ; ses ailes sont très-étroites, linéaires ; les supérieures, dont le fond est brun, sont marquées de quelques
petits traits blanchâtres et de petites raies irrégulières
d'or bruni. Les inférieures sont allongées, pointues,

extrêmement étroites et munies d'une longue frange soyeuse. Les antennes sont longues et sétacées.

La teigne du lilas, inconnue du temps de Linné, est aujourd'hui extrêmement commune aux environs de Paris ; il n'y a pas un jardin, pas une pépinière où l'on ne voie des lilas dont les feuilles paraissent brûlées sur une certaine étendue de leur surface. D'où nous est-elle venue ? Est-elle, comme la plante, originaire de l'Orient ? Nous n'en savons absolument rien.

Dans les petits jardins, on peut détruire cet insecte en enlevant et brûlant, au mois de mai, les feuilles qui présentent sur leurs bords un commencement de boursouflure et dessiccation de l'épiderme.

Teigne hémérobe. Tinea (coleophora) hemerobiella Zeller.

La chenille de cette petite Tinéide fait, dans certaines localités, beaucoup de tort aux poiriers ; elle perce en dessus l'épiderme de la feuille pour dévorer le parenchyme, sans cependant s'enfoncer entièrement dans son épaisseur. Elle se tient cachée dans un petit fourreau portatif noirâtre, et introduit seulement par le petit trou qu'elle a pratiqué avec ses mandibules, toute la partie antérieure de son corps, qu'elle fait sortir à volonté de l'étui qui le renferme. Elle ronge, dans une étendue de deux ou trois millimètres, presque circulairement tout le parenchyme, sans entamer la pellicule. Les feuilles où cette petite chenille s'est établie, se couvrent de taches noires vésiculeuses, et la lame supérieure de l'épiderme se boursoufle, se dessèche, se soulève et s'exfolie facilement.

Lorsque la petite chenille est arrivée à sa croissance, vers la fin de mai, elle déménage, en emportant son habitation sur son dos, et va se fixer à une branche de l'arbre pour se changer en chrysalide. Le papillon éclot en juin. Il est extrêmement petit. Ses ailes sont allongées, étroites, linéaires, munies d'une frange soyeuse ; les supérieures sont grisâtres, pointillées de brun, avec un point un peu plus gros et plus obscur sur le milieu.

Il y a une seconde génération de chenilles, au mois de septembre, dont les chrysalides passent l'hiver pour éclore au printemps suivant.

M. Rivière nous a apporté, l'année dernière, de la propriété de M. le marquis de Reversau, située dans le département d'Eure-et-Loir, des paquets de feuilles de pommier, mais surtout de poirier, affreusement maltraitées par la chenille de cette Tinéide.

Pour se débarrasser de cet insecte destructeur, il faut enlever et brûler, au mois de mai et de septembre, toutes les feuilles où l'on aperçoit de petits tuyaux noirâtres redressés perpendiculairement et paraissant immobiles.

Teigne de la carotte. Tinea (hæmilis) daucella Treitschke.

La chenille de cette espèce se nourrit des ombelles de la carotte et du panais, dont elle dévore les fleurs et les graines ; elle lie ensemble les petites ombellules avec des fils de soie, pour se faire une habitation dans laquelle elle reste renfermée jusqu'au moment de sa métamorphose. Elle est d'un vert sale, un peu grisâtre, avec la tête et la plaque du premier anneau couleur de poix. Outre cela, tout son corps est couvert de petits points noirs surmontés d'un poil roide. Lorsqu'elle est parvenue à toute sa grosseur, elle s'introduit dans la tige pour se changer en chrysalide ; celle-ci passe l'hiver et éclot au mois de juillet de l'année suivante.

Le petit papillon est d'un brun roussâtre ; ses ailes supérieures sont marquées de petites stries longitudinales, noirâtres, interrompues, et de petites écailles d'un gris blanchâtre. Les ailes inférieures sont grisâtres, avec la frange un peu jaunâtre.

Cette teigne, sans être très-nuisible, occasionne cependant quelques dommages en dévorant tous les porte-graines, mais moins que l'espèce suivante plus commune dans nos cultures maraîchères.

Teigne déprimée. Tortrix (hæmilis) depressella Fabricius.

Elle a tout à fait la même manière de vivre que l'espèce précédente. Sa chenille est un peu plus jaunâtre et plus petite, avec les points verruqueux plus gros et plus saillants ; elle se métamorphose de la même façon et le papillon paraît aussi en juin et juillet. Il est d'un gris roussâtre ; ses ailes supérieures sont d'un roux foncé, striées longitudinalement de noirâtre et pointillées de gris blanchâtre. Les ailes inférieures sont d'un gris cendré, avec la frange jaunâtre.

Ces deux teignes de la carotte sont très-voisines l'une de l'autre.

On trouve aussi, de temps en temps, sur la carotte, le panais et le céleri, deux autres espèces : *albipunctella* Hubner, et *cicutella* du même auteur. On rencontre encore quelquefois, dans les jardins de botanique : *heracleella* Hubner, *pastinacella* Fischer et *angelicella* Hubner, qui mangent les ombelles des *heracleum*, des fenouils, des impératoires, des angéliques, etc.

Toutes les teignes mangeuses d'ombelles se ressemblent plus ou moins et ne sont pas toujours très-faciles à bien distinguer les unes des autres. Elle s'éloignent par le port des autres Tinéides : leurs ailes sont proportionnellement plus larges, ce qui les a fait confondre par les anciens auteurs avec les *Tortrix* (pyrales), dont elles diffèrent cependant essentiellement par leurs palpes ascendants et recourbés sur ledevant de la tête.

Teigne du pêcher. Tinéa (hypsolopha) persicella Linné.

Cette teigne porte chez les arboriculteurs le nom vulgaire de *véreau* ; M. Forest, dans ses Cours de taille d'arbres, ne la désigne pas autrement.

La chenille est allongée, d'un vert tendre, avec la tête brunâtre et quelques petits poils implantés sur de petits points verruqueux. Elle vit, en mai et juin, enveloppée dans les feuilles du pêcher qu'elle plie avec des fils de soie et qu'elle ronge intérieurement. Lorsqu'elle est arrivée à toute sa taille, elle file une petite coque de soie blanchâtre qui a la forme d'un bateau, d'où l'insecte parfait sort au commencement de juillet.

Le petit papillon a les ailes supérieures un peu pointues, d'un jaune-soufre pur, avec les écailles un peu relevées et deux petites stries brunâtres, dont une oblique vers la base et l'autre tortueuse près du bord interne. Les ailes inférieures sont d'un gris cendré, avec la base blanchâtre.

Il y a une seconde génération en septembre dont les chrysalides passent l'hiver.

Cette petite teigne est très-commune dans les jardins de Montreuil et généralement dans tous ceux où l'on cultive les pêchers aux environs de Paris.

On rencontre aussi quelquefois, dans les mêmes localités, une espèce voisine (*tinea asperella*), dont les ailes supérieures sont d'un gris jaunâtre, ou un peu verdâtre, avec une grande tache brune semi-lunaire, placée sur le milieu de leur bord interne. La chenille de cette dernière vit dans les feuilles des poiriers et des pommiers qu'elle plie de la même manière. L'insecte parfait éclot aux mêmes époques. Il est beaucoup moins répandu que le précédent et les dégâts qu'il a causés, jusqu'à présent sont insignifiants.

7me ORDRE. — DIPTÈRES.

Les insectes qui font partie de cet ordre, le dernier
dans la classification de ces petits animaux, n'ont que
deux ailes, lesquelles, ordinairement, sont transparentes, étalées, veinées et accompagnées de deux petits balanciers, que quelques naturalistes considèrent
comme représentant les ailes inférieures. Ils ont six
pattes, presque toujours grêles et allongées, se terminant par un tarse de cinq articles ayant à son extrémité
deux crochets, et souvent, en outre, deux ou trois pa-
lettes vésiculeuses, qui font l'office de ventouses, et per-
mettent à ces petits animaux de marcher sur les corps les
plus polis. Leur tête offre deux palpes maxillaires, deux
antennes de trois articles, insérées sur le front, deux yeux
brillants à facettes, et deux ou trois petits yeux lisses.
Leur bouche est constituée par un suçoir de deux à
six pièces écailleuses en forme de soies ou de lancettes,
et servant, dans certaines races, de siphon ou de pompe
aspirante. Le corselet ou thorax est raccourci et donne
attache à l'abdomen par une petite portion de son
diamètre; celui-ci est membraneux, assez mou, et se
termine ordinairement, dans les femelles, par une saillie
de l'oviducte en forme de pointe.

Les Diptères ont des métamorphoses complètes. La
majeure partie de leurs larves porte les noms vulgaires

d'*asticots*, de *vers* ou de *guillots*. Elles se nourrissent le plus ordinairement de substances organiques en décomposition, ou dont elles hâtent elles-mêmes la décomposition. Elles sont généralement apodes (sans pattes), munies d'une tête armée d'un ou de deux crochets rétractiles, leur servant à entamer les substances alimentaires. Elles respirent par des trachées placées sur le dernier anneau, ou réunies en un faisceau formant une queue à l'extrémité du corps, quand elles sont destinées à vivre dans des matières fluides. Leur marche en avant ou en arrière, est une sorte de reptation qu'elles exécutent en contractant les anneaux de leur corps. Elles sont d'une consistance mollasse, d'une couleur blanchâtre ou d'un gris pâle.

Lorsqu'elles ont atteint toute leur croissance, ce qui, pour beaucoup d'espèces, est l'affaire de trois ou quatre jours, elles se changent en nymphes dans leur propre peau qui se contracte, se durcit et prend l'apparence d'un barillet ovoïde ou d'une graine. Lorsque le moment de l'éclosion est arrivé, l'insecte sort, en faisant sauter la partie antérieure de cette enveloppe qu'il pousse et soulève avec sa tête comme un couvercle (1).

La durée de l'existence chez les diptères est en général assez courte ; souvent elle ne s'étend pas au-delà de huit à quinze jours, à partir du moment où ils sortent de l'œuf, comme cela a lieu pour les mouches à viandes (*musca carnaria*, *vomitoria*, etc.).

(1) La famille des Tipulaires fait exception à la règle générale, en ce que, dans plusieurs espèces, les larves sont quelquefois pourvues de petites pattes antérieures rudimentaires, et que pour se métamorphoser en nymphes, elles changent de peau.

Beaucoup de Diptères nous rendent de véritables services, soit, comme agents de la salubrité, en faisant disparaître rapidement des foyers d'infection qui répandraient des miasmes pestilentiels dans l'atmosphère, soit en déposant leurs œufs dans le corps des chenilles, dont les petites larves parasites font périr de grandes quantités : telles sont, par exemple, dans la famille des Muscides, les mouches appelées *tachines*, qui ont pour type la *musca larvarum* de Linné.

Malheureusement, il en est d'autres, et en grand nombre, qui sont très-nuisibles à l'agriculture et à l'horticulture, ou qui nous incommodent par leur piqûre : telles sont parmi ces dernières, les *maringouins*, les *moustiques* et les *bizigayes* des colonies, et chez nous, le cousin (*culex pipiens*), le stomoxe (*stomoxis calcitrans*), si semblable à la mouche commune (*musca domestica*) ; mais qui, à l'automne, nous fait souvent sentir vivement l'effet de son suçoir ; ce qui fait dire à quelques personnes que les *mouches piquent*. N'oublions pas la mouche aux yeux d'or (*chrysops cæcutiens*) des bois, des parcs et des prairies, qui, au moment des grandes chaleurs, se jette sur les mains ou le visage et enfonce, avec la rapidité de l'éclair, son dard dans la peau.

L'homme n'est pas seul exposé à la voracité de ces buveurs de sang : les animaux domestiques en sont souvent fort tourmentés et en souffrent d'autant plus qu'ils ne peuvent s'en débarrasser. Dans les temps chauds et orageux, ces diptères féroces leur mettent le corps en sang et les rendent furieux ; nous citerons comme exemples, le taon des bœufs (*tabanus bovinus*), qui attaque aussi les chevaux, les mulets, et même l'homme; le taon marocain (*tabanus Marrocanus*) qui, en Algérie, couvre souvent tout le corps des malheureux chameaux; l'hématopote pluvial (*hæmatopota pluvialis*), si acharné après les chevaux, qu'il accompagne souvent pendant des lieues entières, etc., etc.

Pendant les journées chaudes et orageuses de l'été, les chevaux et quelquefois les bœufs sont aussi très-incommodés par une autre espèce de mouche (*hippobosca equina*), plus connue sous les noms vulgaires de *mouche araignée*, *mouche guenille*, *mouche bretonne*, etc. Ce Diptère d'une consistance plus dure et plus coriace qu'aucun autre insecte du même ordre s'attache et se cramponne fortement aux parties dénudées de poils, principalement sous la queue.

Les Diptères que nous venons de citer bien connus de toutes les personnes qui de campagne, ne tourmentent l'homme et les animaux qu'à l'état d'insectes parfaits; mais il est d'autres espèces appartenant à la famille des OEstrides, dont les larves vivent dans l'estomac, les sinus frontaux ou sous la peau, et causent des accidents d'une autre nature.

La plus commune est l'OEstre du cheval (*OEstrus equi*); elle vit dans l'estomac du cheval et quelquefois dans celui de l'homme. Lorsque la larve est arrivée à son entier développement, elle se détache de la membrane muqueuse et se laisse expulser avec les excréments pour accomplir sa métamorphose en terre. On a cru longtemps, d'après Vallisnieri, que la femelle déposait ses œufs sur la marge de l'anus des animaux (cela paraissait assez probable), et que les petites larves remontaient le tube digestif jusqu'à l'estomac ; mais, selon feu Bracy Clarck, l'une des célébrités vétérinaires de l'Europe, qui a fait une étude spéciale des insectes de cette famille (*An essay of the bots horses and other animals*), la femelle, au contraire, pond ses œufs, un à un, sur les côtés et la partie interne de l'épaule du cheval. Les petites larves, selon ce savant, éclosent sur les poils où les œufs ont été collés ; l'animal, en se léchant, les introduit dans son estomac, où elles adhèrent fortement, à l'aide des petits crochets qui garnissent les segments de leur corps. Clarck n'explique pas trop comment ces mêmes larves pénètrent dans l'estomac de l'homme.

Depuis la belle Monographie de Clarck publiée en 1815, augmentée de suppléments insérés dans les *Transactions de la Société Linnéenne* de Londres, en 1843, et reproduits par l'*Isis* en 1845, la science s'est enrichie de beaucoup d'observations nouvelles et de faits très-curieux consignés dans les recueils de diverses sociétés savantes, en France, en Angleterre et surtout en Allemagne.

Notre collègue, le docteur Coquerel, a décrit dans les *Annales de la Société entomologique de France*, sous le nom de *Lucilia hominivorax*, une espèce d'Œstride, dont la larve vit à Cayenne, dans les sinus frontaux de l'homme et détermine la mort. Le même docteur Coquerel (*Revue zoolog.* 1859) a, dans la même colonie, extrait du bras d'un homme la larve d'une autre d'Œstride vivant sous la peau dans le tissu cellulaire. Des faits analogues à ce dernier ne sont pas, dit-on, très-rares au Mexique et même à la Nouvelle-Orléans.

En Europe, des accidents de cette nature n'ont pas encore été bien constatés, mais ils sont fréquents chez les animaux à l'état sauvage et domestique.

Il y a des contrées où l'on trouve, dans les fosses nasales, ou sous la peau des bœufs, des moutons, des chèvres, des cerfs, des lièvres, des lapins et surtout des rennes, des larves d'Œstrides appartenant aux genres *Cutérèbre*, *Hypoderme*, *Céphènemye*, *Ædemagène*, etc.

Il y a aussi des exemples où des *mouches à viandes* ont déposé leurs œufs sur des êtres vivants ; on a vu plus d'une fois aux armées, dans des ambulances, des essaims de *vers* grouiller sur des plaies comme sur une proie morte. Nous avons vu aussi la même espèce de mouche (*Musca carnaria*), trompée par l'odeur cadavéreuse qu'exhalent les fleurs de certaines espèces de *Stapelia* et d'*Arum* déposer ses œufs dans leur corolle.

Nous avons rapporté dans le temps (*journal analytique de médecine*) un fait bien plus extraordinaire ; c'est celui d'un homme ivre-mort qui s'était couché et endormi sur un tas d'ordures, dans un lieu isolé, à côté d'un ancien établissement d'équarrisseur, et qui est resté dans cette position pendant près de trois jours. Lorsque l'on s'est aperçu de sa présence sur ce fumier, il était encore vivant, mais toutes les cavités du visage étaient dévorées par une énorme quantité de vers ; la bouche, les oreilles, les fosses nasales en étaient remplies et les yeux étaient presque vidés. M. J. Cloquet a retiré de cet ivrogne qui a encore vécu deux jours, plein une assiette de larves appartenant à la *musca vomitoria*.

Beaucoup de personnes sont persuadées que les corps mis en terre deviennent la proie des vers ! C'est une absurdité que chacun répète de confiance, parce qu'il l'a entendu dire. Que les personnes qui craignent d'être mangées par les larves se rassurent ; ni les lombrics, dont la nourriture exclusive se compose de terre végétale, ni les vers des *mouches à viandes* ne descendront dans leur tombe pour se nourrir de leurs restes mortels. Leurs dépouilles se décomposeront tout doucement dans le sein de la terre, à l'abri du contact de tout être vivant, et s'y réduiront en terreau, puis en poussière, comme le dit l'Écriture.

On admet assez généralement qu'une mouche peut, dans certaines circonstances, donner le *charbon*. Nous croyons la chose possible. Lorsqu'un Stomoxe (*stomoxis calcitrans*), par exemple, s'est posé sur une charogne dont il a pompé un peu de la matière putride et qu'il vient ensuite enfoncer son suçoir infecté de virus dans une partie du corps humain, la piqûre peut parfaitement occasionner la pustule maligne et des accidents mortels.

Il existe, dans plusieurs contrées de l'intérieur de l'Afrique, un Diptère appelé *mouchetsetse*, *zimb*, ou *tsastsalya*, dont la piqûre dit-on, quelquefois mortelle pour l'homme, fait périr les animaux domestiques qui traversent ces localités à certaines heures de la journée. Au rapport des voyageurs naturalistes, la piqûre de cette redoutable mouche, ne paraît pas avoir d'action sur les animaux vivant à l'état sauvage, comme le zèbre, l'hémione, etc. M. Westwood est porté à croire que c'est à cet insecte qu'il faut attribuer la quatrième plaie de l'Egypte dont il est question dans l'Exode.

L'ordre des Diptères renferme une quantité incalculable d'espèces, dont beaucoup, probablement, ne sont pas encore connues, malgré les travaux spéciaux de Meigen, de Wiedmann, du D' Robineau-Desvoidy, de Macquart, etc. (1). Pour en faciliter l'étude, il a été divisé en un très-grand nombre de familles, de tribus et de genres.

La plupart des larves de ces insectes sont peu ragoûtantes et assez difficiles à élever ; excepté les syrphes et les mouches tachines, nous avons obtenu peu d'individus à l'état parfait ; tout ce que nous dirons des habitudes des Tipulaires et des Muscides est emprunté en partie aux ouvrages de Bouché, de Nördlinger, de Kollar, de Schmidberger, de Fonscolombe, et surtout au travail si remarquable de notre collègue, M. Goureau. Les principales espèces nuisibles aux jardins appartiennent aux genres *Ortalide*, *Cécidomye*, *Tipule*, *Anthomye*, *Pégomye*, *Psytomye*, *Phytomyze*, *Sciare*, *Lasioptère* et *Bibion*.

(1) Il n'y a pas d'année où les entomologistes qui s'occupent de cet ordre, malheureusement trop négligé de nos jours, ne découvrent des espèces nouvelles. Depuis un peu moins d'un demi siècle, une espèce jusqu'alors inconnue s'est montrée tout à coup à Paris et s'y est multipliée avec une abondance extrême. Elle a été décrite par Robineau-Desvoidy, sous le nom de *Scotella urinatoria*. C'est une petite mouche d'un brun noirâtre à écusson d'un gris-blanchâtre qui pullule dans tous les endroits imprégnés d'urine. Il n'y a pas très-longtemps, ce Diptère n'existait qu'à Paris ; il s'est étendu peu à peu dans les environs et commence déjà à se répandre dans les grandes villes. D'où nous vient cette mouche? Personne ne le sait au juste ; tout ce que l'on sait, c'est qu'elle s'avance du nord au midi.

Cécidomye noire du poirier. Cecidomyia nigra Meigen.

Tous les jardiniers ont remarqué, au mois de mai et au commencement de juin, lorsque déjà les poires sont nouées, qu'une partie des jeunes fruits, au lieu de s'allonger, prennent une forme sphéroïde, noircissent et tombent. Les arboriculteurs désignent ces poires globuleuses sous le nom de *calbasses*. En les ouvrant, on trouve dans leur intérieur de petites larves jaunes ou d'un blanc rougâtre, qui en rongent la pulpe. La petite mouche qui cause cette maladie, n'a pas plus d'un millimètre et demi de longueur; elle est noire, avec l'écusson gris et le bord des segments de l'abdomen d'un jaune fauve.

C'est dans le courant d'avril, selon Schmidberger (*Beiträge Obstbaumzucht*, etc.), qu'a lieu l'éclosion de l'insecte parfait et que sa femelle dépose ses œufs dans les bourgeons à fleurs du poirier. Dès que les petites larves sont écloses, elles pénètrent dans l'ovaire dont elles dévorent la substance. Lorsqu'elles ont atteint leur croissance, le fruit noircit par place ou totalement, se détache de l'arbre et tombe à terre. Les petites larves sortent de la *calbasse*, s'enfoncent en terre pour se métamorphoser et reparaître à l'état d'insecte parfait au printemps suivant.

Dans un jardin fruitier, on devra enlever toutes les poires *calbassées*, les écraser ou les brûler pendant que les larves sont encore dans l'intérieur du fruit.

Le professeur Nördlinger (*Die kleinen Feinde*, etc. p. 527, décrit une seconde espèce sous le nom de *ceci-*

domyia pyricola, et Bouché une troisième sous celui de *cecidomyia pyri* ; elles vivent également dans les petites poires qu'elles *calbassent* de la même manière. Avons-nous aussi ces deux dernières espèces dans nos jardins, ou sont-elles véritablement distinctes de la première ? Cette question, fort intéressante pour un entomologiste, est peu importante pour les horticulteurs.

Ortalide des cerises. Ortalis cerasi Meigen.

La larve de cette mouche ne vit pas dans les cerises dont la pulpe est acide ou acidulée, telles que les cerises dites *de Montmorency*, *Reine Hortense*, *Royale*, *Anglaise*, etc., mais on la rencontre très-fréquemment dans certaines variétés de guignes et de bigarreaux. Il y a même des années où l'on mange autant de vers que de fruits.

La mouche est commune, au mois de mai, dans les campagnes où l'on cultive les guignes et les bigarreaux ; elle est facile à reconnaître, par sa couleur noire, avec la tête jaune et ses ailes transparentes coupées par quatre bandes noires.

Après l'accouplement, cette mouche dépose un œuf sur chaque fruit ; aussitôt que la petite larve est née, elle le perce et s'enfonce dans la chair pour ronger la pulpe. Elle est blanche, un peu conique, et ressemble beaucoup à un petit *asticot*. Elle continue de se nourrir au milieu de la masse juteuse, sans pour cela empêcher les bigarreaux de grossir et d'arriver à leur maturité. Cependant, il y en a quelques-uns qui tombent de

l'arbre un peu avant leur entier développement. Le
ver sort du fruit et s'enfonce en terre pour se changer
en nymphe et éclore au mois de mai de l'année suivante.

121. — Ortalide des cerises. *Ortalis cerasi.*

L'ortalide des cerises n'attaque pas indistinctement
toutes les guignes ; il y a, en Normandie, une variété
très-cultivée, sous le nom de *guigne à collier*, parce
que la corolle forme autour du fruit une collerette per-
sistante, dans laquelle on ne trouve pas de vers. Nous
n'en avons jamais observé non plus, dans le type sauvage de nos cerisiers, la merise (*prunus avium*).

Mouche de l'olive. Musca oleæ Linné.
Dacus oleæ Meigen.

L'histoire de cette mouche, si funeste aux oliviers, a été parfaitement étudiée à Aix par Fonscolombe. L'insecte parfait a été décrit par plusieurs auteurs et figuré par Bernard et par Coquebert.

Nous n'avons jamais été à même de l'observer; quoiqu'il soit fort commun dans les départements méridionaux, il n'existe à notre connaissance dans aucune collection de Paris, sauf peut-être chez M. Guérin-Meneville qui a fait, sur les lieux mêmes, de savantes recherches, sur les moyens à employer pour conjurer les dégâts que fait ce Diptère. Tout ce que nous en dirons est emprunté au mémoire de Fonscolombe.

» L'olive, vers l'époque de sa maturité, est sujette à être attaquée par les larves d'un Diptère, qui sont le plus dommageable de tous les ennemis de cet arbre précieux. Elles se logent dans la pulpe même du fruit : une seule olive en contient quelquefois deux ou trois ; elles en sortent souvent avant leur maturité et paraissent sous la forme de mouches, pour se reproduire dans la même saison, par une nouvelle ponte ; mais c'est principalement à l'époque de la récolte qu'elles quittent les olives, surtout lorsque celles-ci sont entassées dans les greniers, pour se changer en chrysalide dans la poussière et les balayures. La larve, lorsqu'elle est adulte, est vermiforme comme celle de l'ortalide, d'un blanc jaunâtre et de forme un peu conique, elle se métamorphose de même.

Les nymphes de la dernière génération passent

les mois les plus froids dans l'engourdissement. La petite mouche est longue de 4 millimètres environ, ses pattes, son front et ses antennes sont d'un jaune fauve. Son corselet est gris, marqué dans son milieu d'une croix jaunâtre peu distincte. Son abdomen est noirâtre, avec une bande longitudinale jaune, dilatée postérieurement. Les ailes sont transparentes, marquées au sommet d'une petite tache obscure. »

Fonscolombe conseille, pour diminuer le nombre de ces insectes nuisibles, d'enlever avec soin toutes les balayures des greniers à olives et de les brûler immédiatement.

Le procédé de notre collègue, M. Guérin-Meneville, nous paraît bien préférable, en ce qu'en sauvant une partie de la récolte, on détruit un grand nombre de larves ; il consiste à recueillir les olives un peu avant leur maturité et à les détriter le plus tôt possible ; en agissant ainsi, selon cet observateur, on obtient encore une demi-récolte d'huile, tandis qu'en attendant l'époque ordinaire de la cueillette des olives, on laisse aux vers le temps de ronger tout le parenchyme, ce qui leur enlève l'huile qu'elles auraient pu donner.

M. Guérin-Meneville ajoute qu'ayant voulu s'assurer par lui-même de l'efficacité de ce procédé, il a visité, en 1846, un assez grand nombre de moulins à huile aux environs de Toulon et de Grasse, entre autres le bel établissement de M. Sennequier, et que, dans cette usine, seize doubles décalitres d'olives attaquées par les vers avaient donné, jusqu'au 12 octobre, de 33 à 34 litres d'huile de qualité médiocre, mais que, passé cette époque, la mesure ne donnait plus, jusqu'au 21 oc-

tobre, que 15 à 16 litres de la plus mauvaise huile.
Plus tard, le résultat était si minime et de si mauvaise
qualité qu'on avait renoncé à porter les olives au mou-
lin. Dans les bonnes années, seize doubles décalitres
d'olives, épargnées par les vers, produisent de 50 à
80 litres d'huile excellente. (voy. *Annales de la Société
Entomolog. de France*, t. X., 1849.)

Feu notre ami et collègue, le docteur Passerini, de
Florence, a aussi publié, en 1829, (*Giornale agrar.,
Toscano*, n° 16, *Osservazioni sul baco danneggiatore delle
ulive*), un mémoire fort intéressant sur la mouche des
olives et sur les ravages qu'elle fait en Toscane.

La grande tipule des jardins. Tipula oleracea Linné.

Ce diptère est très-reconnaissable à son corps allongé,
à ses grandes ailes étroites et à ses longues pattes, qui le
font ressembler à un énorme cousin. Il est long de

124. — Grande tipule des jardins. *Tipula oleracea.*

25 millimètres, d'un gris cendré, un peu pulvérulent,
avec le museau, les antennes et des pattes d'un jaune
ferrugineux ; le corselet est brunâtre, rayé de noir.

L'abdomen est d'un gris bleuâtre très-allongé et terminé en massue ; les ailes, plus longues que le corps, sont étendues dans le repos et d'une couleur enfumée.

Nous avons souvent trouvé les larves dans la terre au pied des Balsamines, des *Zinnia*, des Reines-Marguerites, etc., mais jamais nous ne les avons élevées. Réaumur, qui en a fait l'éducation, dit qu'elles vivent de terreau à la manière des lombrics. M. le colonel Goureau prétend, au contraire, qu'elles rongent les radicelles des plantes et que souvent elles les font périr. Voici ce qu'écrit ce savant observateur à propos de l'histoire de cet insecte :

« Les femelles pondent leurs œufs probablement en volant ou lorsqu'elles sont reposées sur l'herbe ; ces œufs sont lancés comme par un fusil à vent ; ils ressemblent à de petits grains coniques d'un noir d'ébène. Ils forment une masse qui occupe presque tout l'abdomen de la femelle ; on en compte plus de 300. Les larves qui en sortent croissent jusqu'à ce qu'elles aient atteint la grosseur d'une plume d'oie ; elles sont cylindriques et d'une longueur de 25 millimètres ; elles sont alors couleur de terre et revêtues d'une peau très-coriace. Lorsqu'elles marchent ou rampent, car elles n'ont pas de pattes, elles font sortir leur petite tête noire et cornée. Elles sont formées de treize segments et, lorsqu'elles sont dressées, elles ressemblent à de petites chenilles. »

M. Goureau ajoute : « Depuis le commencement de mai jusqu'à la première semaine d'août, j'ai observé ces larves à la racine des fèves, des laitues, des betteraves et des pommes de terre ; pendant la même période, elles étaient de très-incommodes visiteurs des jardins fleuristes où elles causaient de mortels dommages aux Dahlias, aux œillets, etc. »

On dit qu'elles sortent pendant la nuit, en multitude, pour se nourrir et probablement pour changer de place, lorsque la nourriture devient rare, et aussi pour chercher un lieu convenable à leur métamorphose : les rosées de la nuit leur conviennent mieux que la lumière et la chaleur du jour. Quelques-unes des plus avancées se transforment en août, les autres en septembre, dans la terre, sous les mauvaises herbes. Les nymphes sont aussi grosses que les larves, d'une couleur terreuse, avec deux petites cornes et de petites épines sur le corps, qui leur servent à accomplir un mouvement de progression et à se rapprocher de la surface du sol, quand le moment de l'éclosion est arrivée.

Selon Curtis (*Gardners chronicle* 1858, et *Farm insects* 1860), le seul moyen qu'il y ait, pour détruire la larve de cette tipule revêtue d'une *jaquette de cuir*, est de fouiller au pied des plantes malades, ce qui doit être fait tous les jours de grand matin, sans quoi la peine que l'on se donne est inutile. On pourrait aussi essayer des arrosages avec l'eau tenant en dissolution un peu de sulfure de chaux ou de sulfate de cuivre.

Les jardiniers rencontrent souvent, en labourant, la nymphe à deux cornes de cette grande tipule.

La famille des Tipulaires se compose d'une très-grande quantité de genres et d'espèces. Leurs larves allongées, vermiformes, vivent tantôt dans les fumiers, ou dans le détritus des végétaux, tantôt dans la terre humide et

souvent dans l'eau ou dans la vase. Leur couleur est le
plus ordinairement blanchâtre ou d'un blanc jaunâtre,
quelquefois d'un rouge vif. On voit souvent à la campagne, sur la vase, dans les eaux stagnantes peu profondes, des millions de ces petites larves rouges, ressemblant, à s'y méprendre, à du sang répandu et
déposé au fond de l'eau. Dès que l'on touche un peu à
la vase, ces innombrables essaims disparaissent comme
par un coup de baguette. C'est probablement à une
abondante apparition de ces larves qu'il faut attribuer
la première plaie de l'Egypte, *les eaux changées en sang*.
D'autres larves, vivant également dans la vase, et appelées
vulgairement *vers rouges*, *vers de vase*, sont très-recher-
chées des pêcheurs à la ligne. Les *marchands d'asticots*
en sont toujours bien pourvus.

La plupart des vers qui rongent les champignons
hâtent leur décomposition et sont aussi des larves de
Tipulaires. Ces moucherons, qui se réunissent, le soir,
en nombreuses légions, pour exécuter leurs danses
aériennes, appartiennent de même à cette grande famille
de Diptères.

Il faut encore rapporter à la famille des Tipulaires
ces petites mouches si abondantes dans les carrières et
la partie des catacombes occupées par des champignonistes. Il y a des époques où elles sont excessivement
multipliées; elles pénètrent dans la bouche, le nez et
dans les yeux, et éteignent souvent la lumière que l'on
tient à la main pour se diriger. Les œufs ou les larves
sont introduits dans ces souterrains avec les fumiers.

Anthomye du choux. Anthomyia brassicæ Robin, Desvoidy.

Les navets que l'on cultive pour l'usage domestique et les turneps destinés à la nourriture des bestiaux sont, dans certaine années, minés par des petits vers d'une couleur blanchâtre, qui creusent leurs galeries jusqu'au cœur. Les navets attaqués seulement dans une portion de leur substance, peuvent encore être utilisés pour la cuisine en enlevant toute la partie malade, mais il arrive souvent qu'ils sont tellement véreux qu'ils sont entièrement perdus.

C'est pendant les mois d'automne que la larve de cette petite mouche exerce ses ravages. Lorsqu'elle est arrivée au terme de sa croissance, elle se change en nymphe dans sa galerie même, et n'en sort qu'au mois de mai à l'état d'insecte parfait.

La mouche est plus petite que celle de nos habitations. Elle est d'une couleur grisâtre un peu obscure, avec des raies noirâtres sur le dos du mâle ; les yeux sont rouges dans les deux sexes.

Le nom de *Brassicæ*, donné à cette anthomye par feu le Dr Robineau-Desvoidy, pourrait faire croire qu'elle vit exclusivement sur les choux. Le nom de *Napi* lui aurait été mieux appliquée.

Bouché décrit sous le nom d'*anthomyia Radicum*, une espèce très-voisine, qui vit, depuis le printemps jusqu'à l'automne, dans les raves et les radis.

Anthomye des oignons. Anthomyia ceparum Meigen.

La larve de ce petit Diptère, moitié plus petit bue la mouche commune, fait, dans certaines localités,

un tort immense aux oignons et généralement à toutes
les espèces cultivées du genre *allium*, telles que poireaux, ciboules, échalottes, ail, etc.

L'insecte parfait est d'un gris cendré dans la femelle,
d'un gris un peu plus obscur dans le mâle, avec des
raies noirâtres sur le dos; les ailes sont tout à fait
hyalines à reflet irisé, avec les nervures d'un brun jaunâtre.

125. — Anthomye des oignons. *Anthomyia ceparum.*

Les larves sont blanches, vermiformes, et ressemblent,
comme leurs congénères, à de petits *asticots*. Elles
vivent quelquefois isolément, plus souvent cependant
en petites sociétés de quatre à cinq individus. Il y a
plusieurs générations successives : c'est en juin qu'on
les rencontre pour la première époque. La transformation en nymphe se fait dans la terre, et l'éclosion a
lieu au bout de dix à vingt jours, dans la belle saison ;
mais les dernières métamorphosées passent l'hiver, et la
mouche paraît en mai.

Après la fécondation, la femelle dépose ses œufs sur

les feuilles des oignons. Les petits vers, aussitôt après leur naissance, descendent à la base des feuilles et pénètrent dans le bulbe dont ils déterminent assez promptement le destruction.

Les plantes attaquées par ces larves prennent un aspect souffreteux, elles jaunissent et meurent. Lorsqu'on arrache un de ces oignons dont les feuilles sont flétries, il répand une odeur infecte, due à son état de décomposition ; en écartant un peu les squames, on voit grouiller les vers qui rongent le cœur.

Il arrive souvent que les oignons ou les échalottes d'une même planche sont perdus en totalité ; on a essayé de plusieurs moyens pour éloigner cette vermine. On a conseillé des irrigations avec une légère solution de sulfate de fer ou avec une décoction de feuilles d'if. Kollar (*Naturgeschichte der schädlichen Insecten*, etc.) dit que les cendres ou le poussier de charbon ont été employés en Allemagne, mais sans un résultat bien satisfaisant. Il recommande avec raison d'arracher tous les oignons malades et de les brûler pour ne pas laisser à la mouche le temps de se multiplier.

Pégomye de l'oseille. Pegomya acetosæ Robin-Desvoidy.

L'oseille, trop fréquemment dévorée par les chenilles et les limaçons, est exposée à un autre fléau. Dans certains jardins, ses feuilles sont minées par un *ver* caché entre les lames de l'épiderme, dont la présence se manifeste sous forme de taches d'un blanc sale plus ou moins étendues. Ces feuilles, impropres à aucun usage se fanent, tombent en décomposition et se collent sur les inférieures. Ce petit *ver* se montre depuis le mois de juin jusqu'à la fin de l'automne, dans presque tous les endroits où l'on cultive l'oseille (*rumex acetosa*); il ressemble aux autres petits *asticots* par sa couleur d'un blanc sale et sa tête pointue et rétractile; lorsqu'il est arrivé à toute sa taille, il sort de la feuille et entre en terre pour se changer en nymphe. Les individus transformés en juin et juillet éclosent en août; les cocons provenant de la seconde génération, passent l'hiver et donnent l'insecte parfait en mai.

La mouche de l'oseille est très-commune dans les jardins; elle est longue de 6 à 7 millimètres; sa tête est d'un cendré blanchâtre, marquée d'une bande noire; le corselet est grisâtre, avec les ailes transparentes plus longues que le corps; l'abdomen est d'une couleur ferrugineuse ainsi que les pattes.

Le seul moyen qu'il y ait à employer pour atténuer le mal que fait cet insecte, consiste à enlever toutes les feuilles maculées de blanchâtre et à les brûler.

Plusieurs auteurs donnent, comme nuisible à l'agriculture une mouche voisine de la précédente (*pegomyia hyosciami*), dont la larve mine les feuilles de la betterave. Les dégâts qu'elle fait sont en général très-peu sensibles; les taches blanches qu'elle occasionne sur les feuilles n'empêchent pas le développement des racines.

Psylomye des carottes. Psylomyia rosæ Meigen.

Les carottes de nos jardins sont souvent rongées par des vers qui creusent des galeries dans leur substance, au-dessous du collet. Les racines attaquées par ces larves cessent de croître, leurs feuilles jaunissent et les parties malades se présentent sous la forme d'excavations d'une teinte ferrugineuse, appelée *rouille* par les maraîchers. Ces carottes altérées sont impropres à l'usage de la cuisine, et sont sans valeur sur les marchés.

Les vers qui causent ce dégât, ne sont pas rares en été et surtout à l'automne, dans les carottes dites à *collet vert*; elles sont peut-être un peu moins communes dans les autres; on ne les rencontre pas dans les variétés hâtives ni dans celles cultivées sous châssis pendant l'hiver.

Les larves de cette mouche prennent un peu la couleur de leur nourriture; elles sont plus ou moins jaunes, pointues antérieurement, avec la tête noire rétractile. Les cocons sont en barillet comme ceux des autres Muscides. Ceux de la première époque éclosent au milieu de l'été, ceux de l'automne passent l'hiver en terre, et l'insecte parfait se montre au milieu du printemps de l'année suivante.

La mouche est longue de 2 lignes, environ 5 millimètres; elle est d'un noir luisant, légèrement velue, ou d'un gris métallique; sa tête est d'un jaune rougeâtre; ses pattes sont jaunâtres avec les ailes transparentes à nervures légèrement lavées de jaune.

Pour détruire cet insecte nuisible et en purger les jardins, Kollar conseille d'arracher toutes les carottes malades au moment où elles sont encore habitées par les vers. Les cultivateurs les reconnaissent facilement à leur aspect languissant et à la couleur jaunâtre de leurs feuilles radicales.

Nous ignorons la raison qui a fait donner le nom de
Rosæ à un insecte dont la larve vit exclusivement de
carottes. C'est probablement parce que l'auteur qui a
décrit la mouche le premier, l'aura prise accidentel-
lement sur un rosier.

Phytomyze géniculée. Phytomyza geniculata Meigen.

On voit souvent, en été, sur la face supérieure
des feuilles de julienne, de giroflée, de chou, de capucine et d'autres plantes, des raies blanchâtres plus
ou moins tortueuses, parcourant une partie de leur surface. Ces lignes contournées recouvrent des galeries
creusées par un petit ver blanchâtre logé sous l'épiderme, et rongeant le parenchyme. Cette larve, semblable à un très-petit *asticot*, grossit et se métamorphose dans la feuille elle-même, en une petite coque
d'un roux jaunâtre en forme de barillet.

La mouche éclot en été ; elle est très-commune dans
les jardins pendant le mois d'août. Il y a une génération
automnale dont les nymphes passent l'hiver pour donner l'insecte parfait en mai.

La petite mouche est à peine longue d'un millimètre
et demi ; elle est noire, pointillée de grisâtre, avec le
front et les genoux blancs ; les ailes sont transparentes.

Pour détruire cet insecte, quelquefois assez nuisible
aux plantes crucifères, il faut enlever en juin toutes
les feuilles qui sont rayées de blanc et les brûler.

Téphrite de l'onoporde. Tephritis onopordinis (1) Fab.

La larve de cette petite mouche vit, dans les jardins de botanique, du parenchyme des feuilles de plusieurs grandes ombellifères, et, dans les potagers, de celui des feuilles du panais (*Pastinaca sativa*); elle creuse, entre les lames de l'épiderme, des galeries plus ou moins grandes, dont la présence se manifeste par de larges taches blanchâtres ou roussâtres. On aperçoit très-bien, en regardant à travers ces macules, le petit ver qui cause cet état maladif. Il est d'un blanc verdâtre étiolé, et ressemble à un petit *asticot*. Lorsque, vers le milieu de juin, il a pris tout son accroissement, il perce l'épiderme et se laisse tomber pour se transformer en une petite coque roussâtre.

La mouche éclot en juillet et août; les larves métamorphosées à l'automne, passent l'hiver à l'état de nymphe, et donnent l'insecte parfait en mai. Celui-ci est long de six millimètres environ; il est d'un brun verdâtre, avec le front testacé à reflets blanchâtres; ses ailes sont noirâtres, un peu testacées vers la base, avec deux petites taches transparentes situées sur le bord extérieur, et trois autres le long du bord interne.

On cultive le panais pour la racine seulement, de sorte que les taches blanches que cette larve mineuse occasionne sur ses feuilles, ne sont pas très-préjudiciables à la culture de ce légume.

(1) Le mot *Onopordinis* nous paraît un affreux barbarisme, attendu que tous les botanistes disent *Onopordum-di*.

Nous avons quelquefois vu de grandes feuilles d'*Heracleum* et de *Ferula* plus ou moins maculées de blanchâtre, sans que les plantes parussent en avoir souffert; l'année d'après, elles repoussaient avec autant de vigueur que celles qui avaient été épargnées par cette Téphrite.

Lasioptère rembrunie. Lasioptera obfuscata Macq.

Tous les jardiniers ont remarqué ces espèces de gonflements ou d'excroissances qui se développent le long de tiges des framboisiers. Nous avons souvent ouvert ces sortes de galles et nous avons vu qu'elles renfermaient de petits vers, les uns blancs et les autres rouges, mais jamais nous n'avons fait l'éducation de ces larves; tout ce que nous en disons est extrait du travail de M. Goureau.

Ces galles, dit-il, « s'élèvent toutes sur l'emplacement d'un bourgeon qu'elles ont empéché de se développer. Si on en ouvre une, on voit qu'elle est formée par l'expansion de la matière ligneuse qui s'est introduite entre les fibres du bois et les a fait écarter. La moelle centrale et le bois contigu sont réduits en poussière noirâtre et présentent une masse désorganisée dans laquelle se trouvent de petites larves rouges, auteurs de tout ce désordre. Outre ces vers rouges on en remarque d'autres, qui sont blancs, et qui se tiennent au milieu d'eux, les mangeant à leur aise. Ces larves blanches, après avoir dévoré les larves rouges contenues dans une cellule, passent dans la cellule voisine pour en manger les habitants, et continuent

ainsi jusqu'à ce qu'elles aient pris leur entière croissance. Les larves rouges qui ont échappé à la dent de
leurs ennemis, s'enveloppent dans une toile blanche
très-fine et très-mince dans laquelle elles se changent
en chrysalides, et ensuite en insectes parfaits qui s'é-
chappent de leur nid dans les premiers jours de mai. »

La petite mouche est longue de deux millimètres ;
ses antennes sont noires ; sa tête et son corselet sont
également noirs et velus ; l'écusson est rougeâtre ;
l'abdomen est noirâtre, velu, avec les segments lisérés
de poils blancs ; les ailes sont blanches, avec la côte
noire marquée d'un point blanc ; les pattes sont garnies
de poils blanchâtres. »

Cette espèce de Cécidomye ne se trouve pas seulement dans les jardins ; nous avons vu souvent, dans les
bois, des framboisiers sauvages et des *Rubus cæsius*
dont les tiges offraient des galles semblables.

Le seul moyen de détruire cet insecte est d'enlever
les excroissances des framboisiers dès qu'elles commencent à paraître.

Bibion des jardins. Bibio hortulanus Fab.

Cette petite mouche est connue sous le nom
vulgaire de *mouche de Saint-Marc*, parce que son
apparition printanière correspond assez exactement à
l'époque de la fête de ce saint. On la voit voltiger en
abondance, dans les jardins, autour des arbres fruitiers auxquels elle ne fait aucun mal, malgré la croyance
contraire de quelques ignorants.

Les deux sexes diffèrent notablement par la couleur

du corps; le mâle est entièrement noir, la femelle a le corselet rouge et l'abdomen d'un jaune rougeâtre; chez les deux sexes, les ailes sont transparentes, un peu enfumées, avec le bord extérieur noir; les pattes et les antennes sont noires; la tête est fort petite et presque entièrement occupée par les yeux.

La larve que l'on accuse, en Allemagne, de ronger les racines des anémones, des ancolies et autres renonculacées, est apode, allongée, garnie de quelques petits poils; elle ressemble, au premier coup d'œil, à une petite chenille. Elle est commune dans les bouses de vache et dans le terreau.

Les individus provenant de l'éclosion d'été passent l'hiver en terre et donnent l'insecte parfait en mars.

Les larves des bibions, appelés *mouches de Saint-Marc*, *mouches de Saint Jean*, et autres espèces, vivent en général dans la fange, la fiente des animaux et les fumiers de vache. Nous n'avons jamais remarqué ni entendu dire qu'aux environs de Paris elles aient rongé les racines des plantes.

Les bibions ont, pour ennemis, de grands Diptères appelés *Asiles*, principalement les espèces désignées sous les noms d'*Asile germanique* et d'*Asile crabroniforme*. Ces insectes sont très-voraces, ils en détruisent des quantités prodigieuses.

Sciare des poires. Sciara pyri Schmidberger.

Cette petite mouche a tout à fait les habitudes de la cécidomye noire; elle appartient de même à la famille des tipulaires. Elle est un peu plus grande et pubescente;

la tête, les antennes et le corselet sont noirs; l'abdomen est grisâtre, avec les incisions lisérées de noir; les pattes sont minces, allongées et d'un gris noirâtre.

L'insecte parfait paraît en mai; après l'accouplement, la femelle, dont le corps est un peu pointu, dépose ses œufs dans les fleurs des poiriers; dès que les petites larves sont écloses, elles pénètrent dans l'ovaire où elles vivent à la manière des cécidomyes; les fruits qui recèlent ces vers cessent de profiter et tombent.

Le cousin commun. Culex pipiens Linné.

On nous dira peut-être que les cousins ne nuisent en rien à l'horticulture, cela est vrai; mais comme ce sont des hôtes très-incommodes dans les jardins et dans les parcs et que leur piqûre est souvent assez douloureuse, il n'est peut-être pas inutile de dire deux mots de leur histoire pour les personnes qui l'ignorent complétement.

126. — Cousin commun et sa nymphe. *Culex pipiens.*

Le cousin commun, appelé improprement par quelques personnes *moustique* ou *maringouin*, est une espèce de moucheron à longues pattes, connu de tout le monde. Il est brunâtre, avec des stries longitudinales plus obscures sur le corselet; sa tête est petite, pourvue de deux yeux assez grands et de deux longues antennes plumeuses dans les mâles, plus grêles et légè-

rement barbues chez les femelles ; sa bouche se compose de plusieurs pièces, dont la réunion forme une
espèce de gaîne ou d'étui renfermant la trompe constituée elle-même par de petites lancettes très-fines et
très-déliées ; ses ailes sont allongées et transparentes ;
son abdomen est mince et allongé ; ses pattes sont
grêles, relativement très-longues, servant plutôt à
soutenir l'insecte qu'à marcher.

Lorsqu'un cousin veut piquer, il enfonce sa trompe
assez profondément jusqu'à ce qu'il ait atteint un vaisseau sanguin. Une fois l'ouverture faite, il fait jouer les
différentes pièces de son appareil, qui agissent presque
à la manière d'une pompe aspirante. Si l'on a la patience
de le laisser se rassasier, on voit son corps se gonfler
tout doucement comme celui d'une petite sangsue ; en
l'écrasant, il en sort une goutte de sang.

Les cousins sont très-abondants dans les lieux frais
et humides, surtout dans le voisinage des eaux stagnantes. Ils n'aiment pas la lumière du soleil, ils se
tiennent cachés, et se montrent peu au milieu du jour ;
c'est le matin de très-bonne heure, le soir après le coucher du soleil ou par un temps sombre et orageux,
qu'ils sortent de leur retraite et deviennent très-tour-
mentants. Ils sont presque nocturnes ; le soir ils entrent
dans les appartements en signalant leur présence par
un *piaulement* tout particulier. Dans les pays chauds,
même en Espagne, en Italie et dans les parties les plus
méridionales de la France, ils sont si nombreux et si
incommodes, que, pour éviter leur piqûre, on est obligé
d'entourer les lits de cousinières ou moustiquaires en
mousseline.

Nous n'avons jamais vu de cousins accouplés; cet acte a sans doute lieu en l'air et pendant la nuit. Les femelles sont très-fécondes et font de deux à trois cents œufs. Lorsqu'une femelle veut pondre, elle s'accroche au plus petit objet flottant, et dispose ses œufs en un petit tas pointu des deux bouts, ressemblant par derrière à une petite nacelle nageant à la surface de l'eau. Les petites larves éclosent au bout de trois ou quatre jours et se mettent à nager et à chercher leur nourriture. Ces larves sont fort curieuses : elles sont composées de dix anneaux y compris la tête : celle-ci est munie de deux yeux, de deux mâchoires et de plusieurs aigrettes de poils ; le premier anneau est beaucoup plus gros que les suivants qui vont toujours en diminuant de grosseur ; le dernier segment se termine par une espèce de tube respiratoire, leur servant à prendre l'air lorsqu'elles s'élèvent à la surface de l'eau. Pour peu qu'on agite le liquide, elles se précipitent au fond en nageant avec une extrême agilité.

Lorsqu'après plusieurs changements de peau, ces larves sont arrivées à toute leur croissance, elles se changent en nymphes, fort remarquables elles-mêmes par leur organisation ; la partie contenant la tête est repliée sous le corselet, lequel est surmonté de deux cornets aériens servant à la respiration ; les anneaux du corps sont mobiles et le dernier se termine par une nageoire en queue de poisson. Ces nymphes sont fort agiles ; elles s'élèvent souvent à la surface de l'eau pour prendre un peu l'air, mais, au moindre mouvement, elles se précipitent au fond. L'insecte parfait éclot au bout de huit jours ; il donne cinq à six générations par année.

Les larves du cousin commun vivent dans les eaux dormantes, dans les lieux marécageux, dans les bassins et principalement dans les tonneaux de jardins, où l'on voit flotter à leur surface de petits amas d'œufs.

Si l'on voulait se donner la peine d'écumer ces sortes de réservoirs, on détruirait des milliers d'œufs.

On trouve dans les bois humides des environs de Paris une autre cousin (*culex pulicaris*), moitié plus petit, dont la piqûre est tout aussi douloureuse.

Le remède le plus efficace contre la piqûre des cousins est tout simplement de laver la partie gonflée ou douloureuse avec de l'eau fraîche dans laquelle on met quelques gouttes de vinaigre ou d'extrait de saturne.

Il ne faut pas confondre avec les cousins de petits moucherons fort inoffensifs appartenant au groupe des *petites tipules culiciformes*. Ils leur ressemblent au premier coup d'œil ; ils entrent aussi dans les appartements, mais ils sont *muets* et hors d'état de faire la moindre piqûre.

Nous nous plaignons en Europe de l'importunité des cousins ; mais que dirions-nous si nous étions obligés de résider dans certaines régions tropicales, où ces Diptères sont un si terrible fléau pour les habitants et surtout pour les voyageurs ? Pour en donner une idée à nos horticulteurs, nous allons leur faire connaître quelques passages d'une note que notre savant ami M. Lacordaire, doyen de la faculté des sciences de Liége, nous a remise au retour de ses voyages dans l'Amérique méridionale.

« Les insectes, dit-il, que l'on désigne vulgairement sous les noms de *maringouins*, *mack*, *moustiques*, appartiennent à des genres tout à fait différents. Les deux premiers font partie du genre Cousin (*Culex* de Linné), et le second appartient au genre Simulie (*Simulium* de Latreille). Les maringouins sont les *Zancudos* et les moustiques, les *jejenes* des colonies espagnoles. Le mot *moustique* n'est, lui, qu'une traduction altérée de *mosquito* (moucheron). Les *macks* ne sont qu'une espèce de cousin de grande taille. Ces insectes habitent principalement les lieux bas, marécageux, les savanes, le bord des rivières ; le naturaliste voyageur n'en rencontre qu'un petit nombre, à une certaine distance des eaux, dans l'intérieur des grandes forêts vierges. Leurs espèces sont très-nombreuses et paraissent à des heures différentes. Les unes ne sortent de leur retraite que la nuit, et disparaissent au point du jour ; d'autres les remplacent, et, après quelques heures, font place à d'autres, et ainsi de suite, presque sans interruption.

Les tourments que ces petits animaux font endurer aux habitants des tropiques, sont bien connus, mais cependant aucune description ne peut en donner une idée. Dans quelques endroits, ils sont en telle quantité, qu'il est absolument impossible d'y rester, si peu de temps que ce soit ; ils fondent par milliers sur le passant, comme autant de tigres affamés, pénètrent dans les yeux, les oreilles, le nez, la bouche, et rendent pour ainsi dire furieux le malheureux qui est exposé à leurs attaques. Il n'y a pas assez de son mouchoir ou des branches d'arbres pour les éloigner et obtenir un instant de repos. On a vu, à Surinam, des nègres *marrons*, exposés nus dans ces endroits par des maîtres barbares, expirer en trois ou quatre heures, dans des tourments horribles. Les Européens qui arrivent dans ces pays, dont la peau est probablement plus tendre, sont plus exposés que les habitants à la piqûre de ces insectes : toutes les parties du corps qui sont découvertes, telles que les mains, le visage, enflent et se couvrent de boutons qui les rendent méconnaissables pendant quelque temps.

Les moustiques sont encore plus redoutables que les maringouins, malgré leur petitesse extrême. Leur piqûre produit le même effet que celui d'une gouttelette d'huile bouillante qui tomberait sur la peau. Ils ne paraissent que le soir, à l'entrée de la nuit, et ne restent que deux ou trois heures.

On a coutume, pour les éloigner, de faire du feu et de se procurer une épaisse fumée en y ajoutant des feuilles vertes ; mais ce moyen, outre son incommodité, ne produit souvent qu'un léger effet. Les moustiques, malgré la fumée, pénétrent dans l'appartement et se précipitent dans les cheveux et sur le visage des personnes présentes.

Il n'y a qu'un seul moyen de se préserver de la férocité de ces petits animaux ; il consiste à envelopper son lit d'un moustiquaire en mousseline et à ne se coucher qu'après avoir examiné avec soin, si aucun de ces insectes n'a pénétré dans son intérieur ; un seul suffit pour empêcher de dormir. »

DIPTÈRES UTILES A L'HORTICULTURE.

Après avoir esquissé rapidement l'histoire des Diptères malfaisants ou nuisibles à nos cultures horticoles, il nous reste à dire quelques mots en faveur de ceux qui sont pour nous des auxiliaires précieux. Ces derniers appartiennent à deux tribus différentes, les Tachinaires et les Syrphides, divisées les unes et les autres en beaucoup de genres.

Les Tachinaires, ou *mouches tachines*, sont très-nombreuses. Pour les personnes étrangères à l'entomologie, elles ressemblent à des mouches ordinaires de différentes tailles ; mais leurs mœurs sont bien différentes. Leurs larves, au lieu de se nourrir de proies mortes ou de végétaux, vivent toutes, à la manière des Ichneumons, dans le corps des chenilles, dont elles font périr d'énormes quantités.

Les chenilles renfermant dans leur sein ces vers parasites, n'en paraissent pas trop souffrir, elles filent et se métamorphosent comme si de rien n'était, mais on est tout étonné de voir sortir de leurs chrysalides des mouches au lieu de papillons.

Les œufs des tachinaires sont pondus sur le corps des chenilles ; aussitôt qu'elles sont nées, les petites larves pénètrent sous la peau, pour se nourrir du tissu adipeux ; elles achèvent leur développement en dévorant entièrement la substance de la chrysalide.

Ces Diptères, selon leur espèce, choisissent pour y placer le berceau de leurs familles, les chenilles qui leur conviennent, glabres, velues ou épineuses. Robineau-Desvoidy, dans son volumineux ouvrage sur les Myodaires, assure que chaque espèce de chenille nourrit une espèce particulière ; notre expérience nous a appris le contraire ; une même espèce de ces mouches parasites, de même que beaucoup d'Ichneumonides, vit indistinctement dans le corps de plusieurs espèces de chenilles.

Les horticulteurs devront donc regarder comme des amies toutes ces petites mouches qu'ils verront voltiger autour des chenilles ; ce sont des femelles, pour la plupart, qui cherchent des nourrices pour leurs enfants.

Les Syrphides sont nombreuses ; Meigen et Macquart décrivent une grande quantité d'espèces réparties en une cinquantaine de genres. Elles sont en général d'assez grande taille pour des mouches et souvent ornées de bandes ou de taches tranchant vivement sur la couleur du fond. Il en est quelques-unes, bien qu'elles n'aient que deux ailes au lieu de quatre, qu'un œil peu exercé confondrait volontiers avec des bourdons, des guêpes, des abeilles, dont elles portent la livrée.

On rencontre des Syrphides depuis les premiers beaux jours du printemps jusqu'au milieu de l'automne, dans les haies, sur les chatons des saules, les prunelliers et les aubépines en fleurs ; dans les prairies et les allées des bois, sur les renonculacées, les synanthérées et les ombellifères, et dans nos jardins sur beaucoup de fleurs composées et sur les fruits ; il y a aussi quelques espèces que l'on trouve sur les plaies des arbres en compagnie des frélons et des Vanesses *Atalante* et *grande tortue*.

Sous leur premier état, elles ont des habitudes différentes : les unes vivent dans la terre, dans les fumiers, les détritus des végétaux ; d'autres, comme les *Volucelles*, vivent dans les nids de guêpes ou de bourdons dont elles dévorent la progéniture ; d'autres larves de Syrphides, connues sous les noms caractéristiques d'*asticots à queue*, de *vers à queue de rat*, se nourrissent dans la fange, grouillent par milliers dans les matières fécales demi-fluides, et finissent par produire une grosse mouche (*Eristalis tenax* Lin.) ressemblant un peu à une abeille.

Les larves du genre *Syrphus* proprement dit, les seules qui intéressent les horticulteurs, font aux pucerons une guerre aussi acharnée et aussi redoutable que celles des hémérobes. Elles sont très-allongées, effilées du côté de la tête, aveugles et dépourvues de pattes. Il est facile de les observer au milieu des colonies de ces hémiptères, portant la tête tantôt à gauche, tantôt à droite, pour trouver leur proie. Rien n'est plus curieux que de les voir prendre leur repas ; lorsqu'elles ont saisi un puceron, elles se dressent comme de petits reptiles, tiennent en l'air le corps de leur victime, qu'elles sucent avec une grande promptitude. Elles répètent cette manœuvre jusqu'à ce qu'elles soient repues. Deux douzaines de pucerons suffisent à peine aux adultes pour leur premier déjeuner.

Les larves de Syrphes, parvenues à leur entier développement se fixent sur les feuilles à l'aide d'une matière gommeuse qu'elles sécrètent, se raccourcissent et se changent dans leur propre peau, en une nymphe turbinée.

Les espèces suivantes sont communes dans nos jardins; nous leur devons des égards et de la reconnaissance pour les services qu'elles nous rendent.

Syrphe sélénitique. Syrphus seleneticus Meigen.

Il est de la taille de la grosse mouche à viande, mais un peu plus allongé : il est d'un bleu d'acier, à reflet vert sur le corselet; la tête est brune, avec les yeux roussâtres, gros et proéminants; l'abdomen est marqué, sur chaque côté, d'une rangée de trois taches jaunes semi-lunaires; l'écusson est également jaune.

La larve est allongée, d'un cendré pâle, ayant sur le dos des lignes plus claires et d'autres plus obscures entrecoupées de taches noirâtres, rougeâtres et blanchâtres.

La coque est ovoïde, pointue à l'extrémité postérieure; elle éclot, comme la plupart des espèces, en mai et en août.

Syrphe à bandelettes. Syrphus tæniatus Meigen.

Il est plus mince et plus allongé que le précédent, avec l'abdomen plus cylindrique. Son corselet est vert, comme dans une infinité d'espèces congénères, avec une ligne jaune latérale; son écusson est jaune; son abdomen est noir, avec les deuxième, troisième, quatrième et cinquième segments marqués d'une ceinture d'un jaune-citron. Ses pattes sont jaunes.

La larve que l'on trouve communément au milieu des pucerons, ressemble beaucoup à celle de l'espèce précédente; elle est d'un gris blanchâtre, variée sur le dos de noirâtre et de rougeâtre.

L'éclosion de l'insecte parfait a lieu en mai et en août. On trouve aussi dans les jardins une espèce très-voisine (*Syrphus scriptus* Latr.); elle ne diffère de la précédente que par les bandes jaunes de l'abdomen, dont la première est interrompue et la quatrième en forme de croissant.

Sa larve est aussi commune que celle du syrphe à bandelettes, dont il est difficile de la distinguer.

Syrphe du groseillier. Syrphus ribesii Latreille.

Il est assez grand, long de 10 millimètres au moins. Son corselet est d'un vert bronzé; son abdomen est noir marqué de quatre bandes jaunes, dont la première est interrompue et les autres échancrées; ses pattes sont fauves.

Très-commun sur les groseilliers.

Syrphe des nectaires. Syrphus nectareus Fabr.

Il est de la taille du précédent. Son corselet est d'un vert bronzé brillant; son abdomen est noir, avec une tache latérale jaune sur le premier anneau, une bande d'un roux fauve sur le deuxième, deux bandes ferrugineuses sur le troisième et le quatrième; le cinquième

anneau est entièrement ferrugineux ; ses pattes sont
jaunes.

Sa larve ressemble à celle du sélénitique. Elle est
très-commune au milieu des pucerons, dans les pépinières.

Syrphe du poirier. Syrphus pyrastri Latr.

Il est un peu plus grand que les deux précédents ; il
a de 12 à 13 millimètres. Le corselet et l'abdomen
sont d'un noir bleuâtre ; les deuxième, troisième et
quatrième anneaux de l'abdomen sont marqués chacun
de deux lunules blanches ; les pattes sont d'un jaune
roussâtre.

Aussi commun que le précédent.

FIN.

TABLE ALPHABÉTIQUE

DES MATIÈRES.

A

D

E

Ecrivain, 179.
Elater, 414.
Elater crocatus, 443.
— *hæmatodes*, 143.
— *lineatus*, 443, 446.
— murinus, 442, 414.
— nébuleux, 442.
— *obscurus*, 443, 445.
— *sputator*, 443.
Emploi des insectes comme objets de luxe pour la toilette des dames, 43.
Engoulevent, 25.

Entimus Augustus, 45.
— *imperialis*, 45.
Epeiches, 24.
Epeires, 74.
Epéire diadème, 74.
Ephémères, 246.
Erinaceus europæus, 20.
Erysiphe, 84, 86.
Eumolpe de Surinam, 45.
— de la Vigne, 479.
Eumolpus, 479.
— *vitis*, 479.

F

Famille des Aphidiphages, 489.
— des Bombycines, 449.
— des Brachélytres, 406.
— des Carabiques, 404.
— des Chilopodes, 57.
— des Chrysomélines, 177.
— des Criocérides, 473.
— des Curculionides, 435.
— des Diplopodes, 53.
— des Géomètres, 524.
— des Lamellicornes, 447.
— des Longicornes, 470.
— des Noctuides, 487.
— des Pupivores, 384.
— des Rhynchophores, 435.
— des Serricornes, 408.
— des Tinéides, 568.
— des Tortricides ou tordeuses, 533.
— des Xylophages, 462.
Faucheurs, 59.
Fausse-chenille, 43.
— 390.
Fauvettes, 23.

Feuille-morte du pin, 459.
Forda formicaria, 277.
Forficula, 496.
— auricularis, 496.
Forficule auriculaire, 496.
Fourmi brune, 394.
— jaune, 370.
— *du Manioc*, 368.
— mineuse, 374.
— *de l'Oyapock*, 368.
— rouge, 374.
— *voyageuse*, 368.
Formica, 364.
— cunicularia, 374.
— flava, 370.
— fusca, 374.
— rubra, 374.
— *rufa*, 372.
— *rufescens*, 372.
Fleurs animales, 44.
Fripière, 570.
Frelon, 377.
Fumagine, 332.
Fumago citri, 332.

G

Galeruca, 482.
— alni, 483.

Galéruque de l'aune, 183.
— de l'orme, 183.

H

I

J

K

L

M

N

O

P

Q

R

S

T

Paris. — Imprimerie de E. DONNAUD, rue Cassette, 9.

www.ingramcontent.com/pod-product-compliance
Lightning Source LLC
LaVergne TN
LVHW050656060726
842527LV00001B/50